本书属于2009年山西省软科学课题：
山西民生科技产业群发展战略研究

民生科技研究

解决民生问题的新视野

STUDY ON PEOPLE'S LIVELIHOOD SCIENCE AND TECHNOLOGY

A New Outlook on Solutions to People's Livelihood Issues

苏玉娟 郭智渊 著

人民出版社

序

21 世纪是一个高科技时代。科学技术已成为第一生产力，成为经济和社会发展的决定力量，成为人类生活的一个重要部分。

中国作为四大发明的国度，华夏文明所创造的奇迹是炎黄子孙永远的骄傲。近代以降，中国的科学技术发展明显落后于西方。新中国成立以来，中国科学技术发展取得“两弹一星”的辉煌成就。特别是“863”计划的实施，中国在信息技术、生物技术、空间技术、新能源技术、新材料技术、海洋技术等取得了一系列先进成果。有些成果处于世界前列。现代科学技术的发展促进了中国经济建设、政治建设、文化建设、社会建设和生态建设。科学技术发展的同时也促进了中国产业结构的不断升级，使中国从农业和工业社会逐步向信息社会转变。但是，科学技术是一把双刃剑，人们利用它在促进社会发展的同时，也带来了一系列问题，如环境问题、资源问题和能耗问题等。这促使人们去反思科技的研究开发和利用的伦理问题、人类社会的可持续发展问题以及运用科技解决民生问题。

21 世纪初的近十年，威胁人类安全和生存的事件不断发生。从 2001 年美国的“9・11”事件到 2004 年西班牙的“3・11”事件，从 2003 年的“非典”到近年来频频爆发的禽流感，从 2004 年年底的印度洋海啸到 2005 年的南亚大地震，从 2008 年中国汶川大地震到 2009 年的甲流，安全问题日益突出，成为对人类和平与发展的严重威胁。在新的世纪里，我们中华民族的现代化事业既面临着发展的机遇，也同样面临着极大的挑战。随着社会经济的发展，中国所面临的涉及民生的安全问题、健康问题、人口问题、环境问题等也越来越多。这些问题给人类造成了巨大的经济损失、环境破坏和人员伤亡。党的十七大报告提出：“社会建设与人民幸福安康息息相关。必须在经济发展的基础上，更加注重社会建设，着力保障和改善民生，推进社会体制改革，扩大公共服务，完善社会管理,促进社会公平正义,努力使全体人民学有所教、劳有所得、病有所医、老有所养、住有所居,推动建设和谐社会。”科学技术作为服务于人类社会发展的手段,在民生问题越来越突出的情况下,客观上要求科学技术服务于解决民生问题。国家“十一五”科技发展规划中,在发展农业科技、工业科技、高科技的基础上,增加了发展公共安全科技、健康科技、人口科技等内容。这表明当代科学技术的发展越来越向解决民生问题的方向转变。在这种背景下,民生科技便应运而生。

民生科技作为一个新生事物,它直接反映科学技术解决民生问题的程度和领域。“民生科技”作为一个新概念,2007 年首次由重庆市科委主任周旭提出。他指出:“对省级以下的科技部门来说,我认为目前主要应把精力放在民生科技上,也就是让先进的实用技术成为我们科研的主要方向。”之后,周元、王海燕、王瑟、孟宪平、刘莉、朱彤、刘恕等对民生科技的元理论及其价值进行了研究。有人认为民生科技是与民生问题最直接相关的科学技术;有人认为民生科技是在民生科学基础上融合了相关的技术。在本书作者看来,民生科技是用于解决民生问题的所有科学技术,不仅包括直接民用化的科学技术,还包括军用科技民用化的科学技术。由于民生问题处于动态的变化之中,因而民生科技也是处于动态变化之中。不同时代民生科技发展的重点不同,一方面它的发展受科学技术本身发展水平的制约;另一方面也受到社会需求的影响。民生科技直接拉近了科学技术与经济社会发展的距离,使科学技术成为服务于人类的重要工具。

如何抓住机遇、迎接挑战,把中国的事情做好,是我国政府当前的首要任务。顺利完成这一任务的关键是解决好中国目前面临的民生问题,这极有必要对民生科技进行深入的探讨。本书作者认为民生科技的发展涉及历史维度、认知维度、科学维度和社会维度,只有系统地研究民生科技,才能更好地促进民生科技的转化与应用,解决中国面临的民生问题,最终实现科学发展。

虽然关于科技与社会发展的书不少,不过有的侧重于科学技术发展的社会功能,有的侧重于现代科技发展的领域,有的侧重于科技与社会之间的互动关系,而将科技与民生问题结合起来论述的还不多。

这本书立足于现实社会,从理论层次对民生科技进行了深入的分析,寻求民生科技解决民生问题所存在的不足,并提出相应的对策;理论结合实际,以山西民生科技发展作为案例进行分析,实现了理论和实践的融合。方法上采用语境分析、三圈理论分析和案例分析，实现了方法的综合运用。对于通过发展民生科技解决中国的民生问题有重要的理论价值和现实意义。

魏屹东

2009年10月28日

目　　录

绪　论

进入21世纪以来,人们对科学技术与社会的关系进行了新的研究,科学技术与社会融合在一起,民生科技的提法正是在这种时代背景下提出来的。然而,对于民生科技的由来、意义、特征等则少有系统说明的著作,下面就我们的理解简要说明一下。

一、民生科技提法的由来

2007年"民生科技"首次被重庆市科委主任周旭带进了人们的视线。他说:"对省级以下的科技部门来说,我认为目前主要应把精力放在民生科技上,也就是让先进的实用技术成为我们科研的主要方向。"之后,周元、王海燕、王瑟、孟宪平、刘莉、朱彤、刘恕等对民生科技的元理论及其价值进行了研究。他们有人认为民生科技是与民生问题最直接相关的科学技术,也有人认为民生科技是在民生科学基础上融合了相关的技术。我和魏屹东教授合作写了一篇《民生科技解决民生问题的维度分析》的文章,认为民生科技是用于解决民生问题的所有科学技术,不仅包括直接民用化的科学技术,还包括军用科技民用化的科学技术。扩展了民生科技的内涵,并认为民生科技的提法直接来源于社会需要,使科学技术与社会之间的关系越来越紧密。虽然过去曾有军用科技和民用科技的提法,但它是从科学技术应用的范围进行划分的,使科学技术的社会应用处于两个极端,似乎科学技术应用于军用领域和民用领域是两个分开的空间。军用科技就是服务于军用领域,而民用科技就是服务于社会生活中的科学技术。军用科技与民用科技的提法是一定时代发展的产物。

但是在和平时代,军用科技与民用科技走向融合,出现了军用科技民用化,民用科技军用化的趋势。军用科技与民用科技的提法越来越不能适应科学技术与社会发展的需要。现在,科学技术的应用已没有必要非要说明它是军用还是民用。这样一来,军用科技与民用科技的提法就显得不能适应社会发展的需要。概念的创新成为科学技术与社会发展的需要,并且客观上要求消解军用科技与民用科技这种提法,出现一种能客观反映现在科学技术与社会发展的新名词、新概念。

党的十七大报告将解决民生问题作为目前需要解决的重要问题,而民生是任何时代都必须关注的重要领域。只有解决好民生问题,民众才能安居乐业,社会才能稳定,国家才能发展。所以,民生问题是不同时代的共同问题,只不过是在不同时代,需要解决的民生问题侧重点不同而已。科学技术作为服务于社会的工具,在任何时代解决民生问题的过程中都起到了巨大的推动作用。科学技术与社会民生问题紧密联系在一起。一方面,社会民生问题为科学技术发展提供方向和研究领域;另一方面,科学技术发展应用于社会领域,促进了民生问题的解决。科学技术与民生问题的有机结合,推动了人类社会的不断前进。

二、民生科技提法的意义

"民生科技"这种概念的创新体现了大科学时代科学技术发展的特征,体现了民生科技解决民生问题的共同与个性问题,体现了军用科技与民用科技融合的需要等。

科学技术进步过程就是新概念不断创新的过程。每一次科技革命都促进了新概念的产生。如蒸汽机、电动机、发电机、电脑、纳米技术、基因工程、克隆技术等。而每一次科技革命都促进了社会的进步。近代科技革命将人类从农业社会推进了工业社会,现代科技革命将人类从工业社会推进到知识经济社会。科学技术与社会的关系越来越密切。特别是大科学时代的到来,科学技术研究的经费、人才、研究方向越来越受到社会的影响。而民生科技这种提法反映了大科学时代科学技术与社会之间的关系问题。在大科学时代,科学技术解决民生问题的价值取向越来越明显,因而民生科技客观反映了科学技术运动的客观现象。

"民生科技"虽然是近期才提出来的新概念,但在人类发展过程中,科学技术一直都存在服务于解决民生问题这样一个功能。原始社会的石器技术,使当时的民众有熟饭吃,有房屋住,有相关的做饭工具,为民众解决最基本的生存问题提供了条件。而漫长的农业社会里,青铜器技术、铁器技术促进了农耕技术的发展,为民众解决温饱问题提供了工具。农业时代的生产力的进步离不开科技创新。近代科技革命通过产业革命,大大提高了生产力的发展,为社会提供了丰富的社会产品，满足了民众生存、生活的需要。现代科技革命不仅解放了人类的体力劳动，而且解放了人类的脑力劳动，为民众全面发展提供了时间和精力。因此，科学技术的发展与社会的进步紧密联系在一起。民生科技这种提法既体现了不同时代民生科技解决民生问题的共性，又对研究不同时代民生科技解决民生问题的特殊性提供了方法论，坚持了历史唯物主义原理与辩证唯物主义原理。社会实践是民生科技解决民生问题的立足点与落脚点。

"军用科技"与"民用科技"的提法作为一定历史时期的产物，现在越来越不适应科学技术与社会的发展。从我国科技规划发展过程也可以看出，不断存在军用科技民用化、民用科技军用化、军用科技与民用科技融合的提法。换句话说，军用科技与民用科技融合越来越多，对科学技术来讲，有的初衷可能是为了发展军用科技，有的初衷可能是为了发展民用科技，但在现实中是既可以用于军用科技，也可以用于民用科技，这样一来，军用科技与民用科技的提法显得跟不上科学技术与社会发展的趋势，二者之间的界限越来越模糊。同时，不管科学技术是服务于军用领域还是民用领域，从广义的民生问题来讲，都是民生问题。在战争年代，国家安全和主权是最大的民生问题。所以，军用科技说到底也是要解决民生问题，只不过是要解决国家层次面临的大问题。这样一来，概念的创新显得非常必要，而民生科技这种提法融合了军用科技和民用科技的特点。将二者融合民生科技发展之中。民生科技这种概念的创新，就如同科学与技术的融合一样。在英文中我们找不到"科技"这个词的翻译，常用的是科学和技术。但是，当代科学技术发展之间的界限越来越不明显。一些科学发现很快就转化为技术发明。如纳米科学与纳米技术的转化之间可能就相隔几年。

所以，民生科技的提法体现了科学技术发展的规律与特征，实现了民生科技解决民生问题的共性与个性的统一，具有理论价值和现实价值。

三、民生科技解决民生问题分析方法的创新

民生科技解决民生问题是一个重大的研究课题，它虽然是从民生科技发展来研究民生问题的解决过程。但是，民生科技解决民生问题不只是民生科技、民生问题的事情，包括历史因素、社会条件等相关因素。因此，对于民生科技解决民生问题我们采取了系统分析方法、广义语境分析方法和三圈理论分析方法。

首先，民生科技解决民生问题是在一个复杂的开放系统中进行的。从一个特定的历史时期看，该系统包括自然因素、科技因素、社会因素及国际发展水平

等。民生科技解决民生问题的过程就是实现这些要素有机整合的过程。这些要素的组合、结构决定最后的功能。所以,系统论分析方法将有助于分析相关要素的关系,实现我们所需要的目标。

其次,民生科技解决民生问题的客观性反映在它们相互作用的过程中,而且民生科技和民生问题的产生与发展都有一个历史过程或历史因素,如目前,我们所面临的环保问题,就是一个历史问题。所以,我们需要从历史语境、科学语境和社会语境中客观分析它们之间的关系。语境论认为客观性存在于语境要素之间的关系之中。民生科技解决民生问题的过程就是多语境因素相互作用的过程。关于语境论与系统论的区别与联系一直在学术界有争论。我们认为,系统论是对特定时期特定问题的研究,如我国目前民生科技解决民生问题这个系统的研究,是一个平面结构系统。而语境论更广泛些,它可以是一个立体结构,如可以具有一个历史语境,在一个立体的结构系统中研究要素之间的关系,反映它们之间联系的客观性、普遍性和多样性。

再次,民生科技解决民生问题的过程就是历史因素、科学技术因素与社会因素相互作用的过程。而三圈理论能够更形象地说明它们之间的关系问题。

三圈理论是美国肯尼迪政府学院最常用的分析工具。关于这一理论,达奇·莱昂纳德教授是这样解释的:我们要实现一个战略计划,必须考虑三个问题,第一是作为一个机构有没有足够的能力来进行这项计划?画一个圈代表能力,如果说有能力做,这项行动就落到这个圈内;没有能力做,则落到圈外。第二是有没有获得与这个项目成功执行的相关人士的支持?也画一个圈作为支持圈。传统的公共管理理论主要是强调这两点。对于有效的领导人来讲,仅仅两个圈是不够的。因此,还要问第三个问题,我们要实施的这项措施能不能创造公共价值?这就是价值圈。所以,三圈理论,就是关于能力圈、执行圈、价值圈的理论(见图绪论-1)。

民生科技解决民生问题也是需要能力、执行力和价值目标的。如果三者之间没有交叉,民生科技解决民生问题就不可能得到实现。三圈理论还可以作进一步的扩展。一方面,从三圈内容来看,它可以根据分析问题的不同有不同的内容。另一方面,三圈模式代表一种分析问题的方法,而且“三”,在中国传统文化中并不一定就代表数字“三”,它可以表示多,如“白发三千丈”、“三不管”、“一问三不知”等。因此,三圈理论并不一定是用三个圈来分析问题,它可能有四个圈,或更多的圈。另外,三圈理论分析的目的最主要是要加强相关因素之间的联

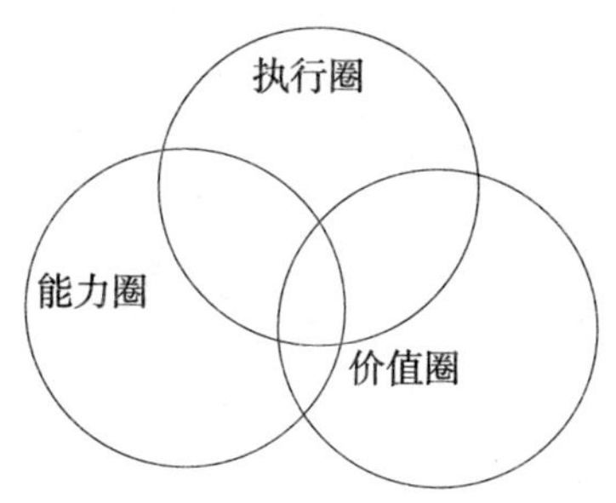

图　绪论-1　三圈理论分析

系，防止各自为政，内耗过多，也就是强调不同要素之间的关系问题，加强它们之间的协同，避免浪费不必要的能量。三圈理论更形象地融合了系统论方法和广义语境分析方法，所以，我们可以用三圈理论来分析民生科技解决民生问题。

"他山之石，可以攻玉"，民生科技本身的发展涉及传统民生科技、高技术、公共科技，它们三者之间形成一个三圈，而且彼此之间既相互独立，又相互转化。民生科技解决民生问题的过程就是历史因素、科学技术因素与社会因素相互作用的过程，也可以用三圈理论进行分析。对于历史因素、科学技术发展因素和社会因素又可以分别用三圈理论进行分析。所以，民生科技解决民生问题的过程就是多个三圈模式不断作用和发展的过程，只有多个三圈内部整合得越多，不同三圈之间融合得越多，民生科技解决民生问题的力度就越大。

对于民生科技解决民生问题，一方面应加强不同要素之间的协同作用，另一方面应防止"短板"的产生。因为"短板"是制约系统演化的最主要因素，所以，我们还要做到统筹不同要素的发展，避免一些太长，一些太短。三圈理论还可以分析民生科技解决民生问题的"短板"。

本书整体结构就是围绕民生科技解决民生问题的三圈理论模式展开的。坚持了理论性与实践性相结合，思维创新、制度创新与实践创新相结合，案例分析与历史分析相结合。对于通过民生科技解决中国目前面临的民生问题具有重要的理论价值和现实意义。

第一章　民生问题的内涵及其特征

民生是指民众的生存、生活、生计，包括社会全体成员的衣食住行和生老病死等所有涉及民众的生存、生活和生计。民生是不同时代关注的重要领域，是社会稳定和发展的基础和前提。由于不同时代，历史条件、科技水平和社会因素的不同，民生问题在不同时代呈现出不同的关注领域。

第一节　民生问题的内涵

民生问题是一切文明社会关注的共同领域。党的十七大报告指出："必须在经济发展的基础上，更加注重社会建设，着力保障和改善民生，推进社会体制改革，扩大公共服务，完善社会管理，促进社会公平正义。"改善民生是解决社会问题的关键。关注民生、重视民生、保障民生、改善民生是中国特色社会主义的本质要求，是全面贯彻落实科学发展观的核心内容，是构建社会主义和谐社会的关键环节，是我们党和政府的根本宗旨和基本职责。

民生问题贯穿于人类社会发展的全过程。在人类社会发展的不同阶段，民生问题的内涵、特征、发展水平呈现出不同的趋向，表现出民生问题与其他社会因素之间的互塑关系，体现出系统性特征。

一、系统论概述

横断科学，它不同于各门具体的自然科学，如物理、化学、生物等都有自己特定的研究对象，它不以特定的物质形态和运动形式为研究对象，撇开各种事物、现象和过程的具体特征，用抽象的方法研究它们共有的某一方面的规定性及其规律。系统论是一门典型的横断科学，它以系统及其机理为对象，探索系统的存在方式和运行规律的科学，系统科学涉及的范围广泛，现已形成了一个学科群，包括系统论、信息论、控制论、耗散结构论、协同论以及运筹学、系统工程、信息传播技术、控制管理技术等许多学科在内，是20世纪中叶以来发展最快的一大类综合性科学。系统论、控制论和信息论是20世纪40年代先后创立并获得迅猛发展的三门系统理论的分支学科。虽然它们的历史仅有半个世纪，但在系统科学领域中已是资深望重的元老，合称“老三论”。人们摘取了这三论的英文名字的第一个字母，把它们称之为SCI论。耗散结构论、协同论、突变论是20世纪70年代以来陆续确立并获得极快发展的三门系统理论的分支学科。它们虽然时间不长，却已是系统科学领域中年少有为的成员，故合称“新三论”，也称为DSC论。

1. 一般系统论

古代人由于实践水平和认识水平的局限，他们关于系统的思想，一方面零散地表现在他们的具体实践的成果中，另一方面大量地表现在他们关于宇宙、整体、秩序、组织和相互关系等概念中。如亚里士多德，他是古希腊思想家中知识最渊博的人，用系统思想描述宇宙，认为月亮以上的世界完全是由以太组成的，而月亮以下的世界则由火、水、土、气的相互转化，由此构成为运动变化的一种系统。他第一次把形式逻辑变成了系统科学。

我国古代的系统思想主要体现在技术成果之中。在农业方面，最突出的是水利建设的璀璨明珠——都江堰工程。都江堰由战国时期秦国太守李冰父子主持修建。这一伟大水利工程巧妙地将分洪、排水和排沙结合起来，使各部分组成一个整体，它由“鱼嘴”分水工程、“飞沙堰”分洪排沙工程和“宝瓶口”引水工程组成，这三个主体工程与120个附属的渠堰形成相互联结的有体整体，它们相互依赖、相互调节、相互制约，构成一座具有灌溉、防洪和航运等多种效益的系统工程。都江堰的整个工程从规划、设计、施工到维护，都是在系统思想指导下完成的。在军事方面，早在公元前500年的春秋时期，就有著名的军事家孙武写出了《孙子兵法》十三篇，指出战争中的战略和策略问题，如进攻与防御、速决和持久、分散和集中等之间的相互依存和相互制约的关系，并依此筹划战争的对策，以取得战争的胜利。

系统：由两个以上具有特定属性的要素经相互联系、相互作用所组成的、具有一定结构和功能的整体。一般系统论创始人是贝塔朗菲（Bertalanffy，Ludwig von，1901—1972），加拿大籍理论生物学家。1901年9月19日，贝塔朗菲生于奥地利首都维也纳附近的阿茨格斯多夫，1972年6月12日卒于纽约州布法罗。

1926年获维也纳大学哲学博士学位，并在该校任教。1937年起，他先后在美国芝加哥大学、加拿大渥太华大学、阿尔贝塔大学、纽约州立大学等处任教。1954年，与A.拉波包特等人一起创建一般系统论研究会，出版《行为科学》杂志和《一般系统年鉴》。

对于自然界中存在的系统，可以从不同角度进行分类。

(1)根据系统与环境的关系，可将系统分为封闭系统和开放系统。封闭系统是与环境只进行能量交换而不发生物质交换的系统。如给封闭系统中的水加热所形成的系统。开放系统是与环境进行能量、物质和信息交换的系统。

(2)根据系统与时间的关系，可把系统分为静态系统和动态系统。

(3)根据人对自然物的参与程度，可把系统分为天然系统、人工系统和复合系统。

(4)根据人对系统状态的认识程度，可把系统分为黑系统、白系统和灰系统。

2. 信息论

在我国古代，就已存在对信息的利用和阐述。如我国古代的伟大建筑万里长城，当时为防御外敌侵入，各个国家修筑的长城比较多，今天保存较为完整的是明代修建的长城，长城上每隔一段都有方形的烽火台，这是古代作通信用的，一旦有外敌来侵犯，烽火台就一个接一个地点起大火，以示战事紧急，要求增加兵力对抗敌人，烽火台的设立体现了古代人的通信方式，体现了古代人民所蕴涵的信息思想的萌芽。

目前对于信息是什么，学术界尚无定论，人们在不同领域、不同角度对它有不同理解。目前已形成三种不同的信息概念。

(1)语法信息。是指事物运动状态以及状态变化的方式，认为信息是物质属性的反映。也称为技术信息或客观信息。

(2)语义信息。指认识主体所感受或所表述的事物运动的状态以及状态变化的方式。它强调信息的逻辑，即语义观点。认为信息反映关于外部世界的某种知识，即主观信息。

(3)语用信息。是指某种含义的事物运动状态及其变化方式对认识主体的价值和效用。强调信息的效果，把信息看成是价值性、有利性、经济性及其类似特性方面的知识，也称为效用信息。

这三种信息概念都有它自己的信息理论。现在比较成熟的是语法信息理论，代表是申农的信息论和维纳的控制论，即所谓的狭义信息论。

克劳德·申农（Claude Elwood Shannon）是美国数学家，信息论及数字通信时代的奠基人。1948 年他在《贝尔系统技术杂志》上发表了著名论文《通信的数学理论》，1949 年，他又发表了一篇《在噪声中的通信》，标志着现代信息论的诞生。申农信息论的基本内容研究信源、信宿、信道和编码。信息论自创立至今，经历了 20 世纪 50 年代的创新开拓、60 年代的消化传播、70 年代的新发展，现已形成三个不同层次的信息理论。

（1）狭义信息论。主要研究消息的信息量、信道容量及消息的编码问题。

（2）一般信息论。主要研究通信问题，在狭义信息论的基础上还包括了噪声理论、信号滤波与预测，调制与信息处理问题。

（3）广义信息论。除了包括狭义信息论和一般信息论之外，还包括所有与信息有关的领域，如心理学、遗传学、人工智能等。

3. 控制论

控制论产生的标志是美国数学家维纳 1948 年出版的《控制论》一书。目前，控制论在深度和广度方面都取得了巨大发展，它几乎与人类生活的各个部分、各个方面都有联系，它不仅促进了人们的思维方式和哲学观念的变革，而且还成功地应用于不同的领域和方面，促进科学技术、社会管理、经济发展。

控制论是自动控制、电子技术、无线电通信、神经生理学、生物学、医学、心理学、数理逻辑、统计力学等多种学科相互渗透、彼此交叉的结果。它经历了三个阶段：

（1）经典控制论时期。20 世纪 40—50 年代，主要研究单输入、单输出的线性正常控制系统的稳定性。

（2）现代控制论时期。20 世纪 60 年代，研究多输入、多输出，由自动调节到最优控制。

（3）系统理论与智能控制时期。20 世纪 70 年代以来，研究如何用多级递阶控制解决大系统的最优控制问题。

控制论所研究的系统，基本要素包括施控系统和被控系统。控制系统的基本矛盾是施控系统和被控系统之间的矛盾。根据不同标准，控制系统可分为不同的控制系统。按信息的传递方式的不同，可把控制系统分为开环控制系统、闭环控制系统和组合控制系统。按学科性质的不同又可分为工程控制系统、社会控制系统、经济控制系统、生物控制系统等。按控制的目的不同又可分为程序控

制系统、随动控制系统、最优控制系统、自适应控制系统等。根据控制目的的不同包括以下内容:

(1)工程控制论,主要指控制论应用于技术科学领域。

(2)生物控制论,主要指将控制论应用于生物科学领域。在此领域又分为生物信息控制论、医学控制论、仿生学等。

(3)经济控制论,将控制论应用于经济学领域,如国民经济核算体系以投入—产出为依据,就是利用负反馈的控制原理来实现的。

(4)社会控制论,如环境污染的控制、人口的控制等。

(5)理论控制论,研究关于控制论的基本问题。

4. 耗散结构理论

耗散结构理论是比利时物理学家普利高津于1969年提出来的。一般说来,开放系统有三种可能的存在方式:(1)热力学平衡态;(2)近平衡态;(3)远离平衡态。耗散结构论者认为,系统只有在远离平衡的条件下,才有可能向着有秩序、有组织、多功能的方向进化,这就是普利高津提出的"非平衡是有序之源"的著名论断。在长期的研究工作中普利高津发现,当一个远离平衡态的开放系统,由于许多复杂因素的影响而出现非对称的涨落现象,当达到非线性区时,在不断与外界进行物质和能量交换的条件下,系统将可能发生突变,由原来的无序混沌状态自发地转变为一种在时空或功能上的有序结构。事物的这种在非平衡状态下新的稳定有序结构就称为耗散结构。而耗散结构论则是探索耗散结构微观机制的关于非平衡系统行为的理论。系统论所要寻求的也就是这种具有有序性的稳定结构,从这个意义上说,耗散结构论与系统有异曲同工之妙。

5. 协同论

协同论是20世纪70年代联邦德国著名理论物理学家赫尔曼·哈肯在1973年创立的。他科学地认为自然界是由许多系统组织起来的统一体,这许多系统就称为小系统,这个统一体就是大系统。在某个大系统中的许多小系统既相互作用,又相互制约,它们的平衡结构,由旧的结构转变为新的结构,则有一定的规律,研究本规律的科学就是协同论。协同论理论是处理复杂系统的一种策略。协同论的目的是建立一种用统一的观点去处理复杂系统的概念和方法。协同论的重要贡献在于通过大量的类比和严谨的分析,论证了各种自然系统和社会系统从无序到有序的演化,都是组成系统的各元素之间相互影响又协调一致的结果。它的重要价值在于既为一个学科的成果推广到另一个学科提供了理论依据,也为人们从已知领域进入未知领域提供了有效手段。

6. 突变论

突变理论是比利时科学家托姆在1972年创立的。其研究重点是在拓扑学、奇点理论和稳定性数学理论基础之上,通过描述系统在临界点的状态,来研究自然多种形态、结构和社会经济活动的非连续性突然变化现象,并通过耗散结构论、协同论与系统论联系起来,并对系统论的发展产生推动作用。突变理论通过探讨客观世界中不同层次上各类系统普遍存在着的突变式质变过程,揭示出系统突变式质变的一般方式,说明了突变在系统自组织演化过程中的普遍意义;它突破了牛顿单质点的简单性思维,揭示出物质世界客观的复杂性。突变理论中所蕴涵着的科学哲学思想,主要包含几方面的内容:内部因素与外部相关因素的辩证统一;渐变与突变的辩证关系;确定性与随机性的内在联系;质量互变规律的深化发展。

7. 系统的层次结构特点及其演化

对于系统来讲,它具有层次结构特点:

①低层系统对高层系统有构成性关系,低层系统必定是包含在高层系统中为高层系统的构成部分。②同一层次系统之间存在着相干关系。根据系统演化原因的不同,可分为上向因果关系和下向因果关系。

上向因果关系由于高层系统由低层系统经相干作用而产生,以低层系统为其基础和载体,故低层子系统及其相互作用作为原因会对高层系统产生一定的结果,这种低层次系统协同对高层次系统起到的根源作用、原因作用或影响作用,叫做物质层次结构的上向因果关系。

下向因果关系构成高层系统的低层子系统与单独存在时的低层系统有所不同,低层子系统会受到高层次系统及其规律的影响、制约和支配。这种高层系统对低层系统的支配和限制作用,叫做物质层次结构的下向因果关系。

二、民生问题的系统论内涵

民生问题表现出明显的系统论特征,从构成性关系看,民生问题是民生问题与外在环境相互作用的过程。它不仅应包括与民生直接相关的生存、生活、生计等紧密相关的问题,涉及与民众直接相关的衣、食、住、行等方面,而且包括与民众相关的生态环境、社会环境、人文环境等问题。因此,民生问题体现了民生问题之间及与外在的社会环境、自然环境和人文环境之间的关系问题。

从系统的演化看,民生问题体现了社会大系统演化过程中突现出不断变化的民生问题。生产、消费和积累过程的社会经济是最重要的社会系统。资本主义社会早期的经济学认为社会经济系统应该是无须政府干预的自由市场经济。20世纪20年代末从美国开始的全世界经济大萧条的灾难使人们认识到,即便是资本主义的经济系统也必须由政府适度控制,才能减轻自由市场经济本身所蕴涵的极大危险性。社会主义经济学则认为,对社会主义经济必须进行宏观控制才能保证全社会的协调发展,同时还应该充分利用市场经济的特点,发挥个人、集体和企业的能动性。这样,在任何制度的社会中,社会经济活动是人类必须能够施加控制的系统。不同时代,由于科学技术和社会发展的水平不同,呈现出不同的民生问题。演化的原因也可分为上向因果关系和下向因果关系。一方面,由于人们固有的价值观、社会制度、文化和科学技术发展的局限性,使民生问题关注的热点领域不同;另一方面,由于人们追求提高生活质量的愿望和理想,促使民生问题不断发生变化。从人类发展史看,民生问题体现了与社会制度、科学技术发展相关的演化过程,是社会因素、民众需求和科学技术共同作用演化的过程。

新中国成立以来,我们也可以看出民生问题不断变革的过程。毛泽东同志提出,我们党的根本宗旨是“全心全意为人民服务”。邓小平同志提出要以“人民群众拥护不拥护、赞成不赞成、高兴不高兴、满意不满意”作为评价一切工作的标准。江泽民同志提出“三个代表”重要思想,强调建设有中国特色的社会主义全部工作的出发点和落脚点,就是全心全意为人民谋利益。以胡锦涛同志为核心的新一届中央领导集体,提出以人为本,全面、协调、可持续发展的科学发展观,大力倡导权为民所用、情为民所系、利为民所谋。体现了不同时期民生问题价值取向的不同。

从系统的存在方式和运行规律看,民生问题的存在方式和运行规律需要通过“旧三论”和“新三论”来解决。如民生问题质变过程体现突变论特征,处于动态变化中的民生问题需要通过与外界进行物质、能量、信息的流通,达到一个新的平衡,因此,民生问题的解决过程需要通过协同论、耗散结构论、信息论、控制论等来解决。因此,民生问题存在方式和运行规律是具有明显的系统性特征。

根据以上分析,我们可以认为民生问题是不同时代社会价值观、社会制度、文化、科学技术和民众需要共同作用产生的与民众紧密相关的问题,包括民众的衣、食、住、行及外在的自然环境、社会环境和人文环境等相关问题。

第二节　民生问题产生的原因

民生问题伴随人类社会而产生,在不同时期表现的重点有所不同。但是,从产生的来源看,主要来源于社会发展需要、民众需求及科学技术发展的不完善性等。

一、不同社会发展阶段产生的民生问题

马克思是第一个对人类社会制度发展和变迁的一般规律做出系统阐述的思想家,包括社会发展一般规律和动力论。

对于社会发展的一般规律来讲,马克思本人以及其他马克思主义经典作家都多次强调过,生产力决定生产关系,生产关系或者说财产制度、经济制度,也会对生产力发生反作用,最终起作用的因素还是生产力。同样,经济基础决定上层建筑,上层建筑对经济基础具有反作用。不同时代的生产力决定了不同的社会发展水平。先进的生产工具历来是积累财富和产生、发展先进的革命思想的决定性的物质力量。生产的变化和发展,始终是生产力的变化和发展的微观体现。从一定意义上讲,石器时代决定原始社会形态,青铜器时代决定奴隶社会形态,铁器时代决定了封建社会形态,蒸汽机和电力技术决定了资本主义社会形态,信息技术决定了知识经济社会形态。

社会发展阶段的不断提升,使民生问题从追求满足民众生活数量向提升质量方向转变,从追求物质文明向物质文明、精神文明、生态文明和社会文明等方向转变。社会发展的不同阶段也使民生问题的重点发生了转移。从人类发展过程看,古代农业社会民生问题重点解决低层次的温饱问题和国家安全问题,近代社会开始从温饱向小康社会奋斗。现代社会民生问题发展的重点向更高的阶段奋斗。

所以,从社会发展阶段看,民生问题处于不断的运动与变化之中。社会发展阶段决定了民生问题发展的领域与水平。而民生问题的不断变化,一方面反映了社会发展的不同水平;另一方面,也反映了社会发展过程中存在的突出问题;再次,民生问题也能反映同一国家不同时代的发展特征,及不同国家同一时期发展的水平。

二、人的需求层次变化产生的民生问题

在世界文明史发展进程中,唯物史观与唯心史观围绕人的动机产生的争论从来没有停止过。如对于需求是人的主观意识还是客观存在?需求决定了人性,还是人性决定了需求?物质需求与精神需求是相互联系的吗?辩证唯物主义认识论出现以后,才正确地解释了存在与意识的关系,存在决定意识,意识反作用于存在。人有需求才会从事劳动实践,劳动实践又维持并且拓展了人的需求。

马克思将人的需求分为物质需求和精神需求。虽然马斯洛先生不是马克思主义者,也并非哲学家,他在20世纪40年代发表的名著《人的动机理论》一文中,率先提出"人的动机产生于人的需求"、"激励源于人对需求的满足"等论断。为了阐明这些论断,他主张将人的基本需求划分为五个层次,其排序为:生理需求——安全需求——交往需求(社交的需求)——尊重需求(自尊的需求)——自我价值实现需求(成就的需求),并且由低向高排列呈金字塔形结构。这个动机理论模型的创立,极大地推动了人本学说的发展,促进了心理学与哲学、人文学的交融。他提出人的需求层次理论依然反映了人的主观能动性依托于客观存在、人的需求是可以认知的、人性主要表现为人的社会性等唯物主义原理,这些正是马斯洛理论的科学价值所在。具体来说,人的需求受到以下几方面的作用。

1. 人们的需求受社会发展阶段的约束

不同社会发展阶段反映了人们不同的需求特征。虽然,人们的衣食住行在任何社会都是非常重要的,但发展的方式与种类存在很大的差距。所以,在不同社会形态下,人们的需求受社会发展阶段的约束。例如,古代人们就有飞天梦,但在当时的科学技术发展条件下,是不可能的事情。

在同一社会发展阶段,不同地位或地域的人的需求也是不同的。需求是一个千差万别、千变万化的东西。平民大众在温饱和安全满足之后最需要的是社会的尊重和认同,对于富翁、名人、君主来说,在尊重需求和自我价值需求极大地满足之后更侧重于安全需求和交往需求。虔诚的僧侣会把修行作为自我价值实现的唯一目标,而把人一些最基本的生理需求也看成是龌龊的东西,甚至笼统认为人的欲念就是万恶之源。他们如此清心寡欲,也有温饱的需求和对美好人生归宿的向往。

2. 人们的需求受意识形态的影响

物质决定意识,意识反作用于物质。孔子有"君子谋道不谋食,君子忧道不忧贫"之说,意思是强调有知识教养的人应当淡泊物欲、注重道德操守。中国自古就有"士可杀而不可辱"之说,意思是当需求不能两全时,不求生命安全但求人格尊严。董存瑞、邱少云式的英雄烈士,用鲜血和生命承担起责任和道义;白求恩、格瓦拉式的仁人志士,宁愿抛弃财产和仕途,投入到改变人类命运的事业中。我们把这种舍生取义、舍己为人的现象解释为人性、人格的升华,表现为"小我"向"大我"的升华。一个人的价值取向、道德水准、文化素养总是不断调适和改变着自己的需求定位和行为方式,并且在矛盾发生时做出判断和取舍。

3. 人的需求受所处环境的影响

人的需求与环境处于互动的变化之中,环境可以塑造人也可以改变人。几千年来,各民族文明的孕育、繁衍会聚成世界文明。文明发展的过程和阶段是相似的,起源和趋势是相同的,物质生活条件也是相近的。但是不同民族、不同社会时期需求的诉求方法和特点却有显著的差异和偏好。譬如,西方人更注重需求个性的发挥,东方人更注重需求共性的作用。个人受教育的方式和耳闻目睹社会现象,也会获得强烈的情绪感染。因此,人们的需求水平受所处环境的影响。古代孟母三迁等故事都说明了环境的重要性。所以,为了使人们有健康的物质需求和精神需求,国家需要在社会环境、人文环境建设方面起到比较好的引导与监督作用。

4. 人的物质需求与精神需求处于动态的变化之中

静态地看,人任何时候都必然处在某一个具体阶层;动态地看,人一生中的社会位置、身份会不断改变。人的社会位置及职位决定人的生存状况,人的生存状况又会改变个人的需求指向和需求标准。人的物质需求是多元的,包括衣、食、住、行等,在不同发展阶段,物质需求的数量与质量都在发生变化。而精神需求更是处于动态变化之中,没有止境。

随着社会经济发展,恩格尔系数会呈现较快的下降趋势。人们更加注意如何满足精神愉悦的需要,消费能力提升必然引起消费目的和消费对象的变化,孔子就曾有"食不厌精,烩不厌细"之说。今天,美食文化、服饰文化包含的精神之需、享受之需已远在温饱目的之上。就以服装的功能来说,从人类最早的赖以御寒(生理的需求)到借以遮羞(尊重的需求)、再到满足审美(价值取向的需求),凡此等等,不胜枚举。

总之,由于人们需求层次的不断变化,使民生问题处于不断的调适状态中。而人们的需求层次的变化受到社会发展阶段、意识形态、环境等方面的影响。

三、科学技术发展的不完善性产生的民生问题

人们在自己生活的社会生产中发生一定的、必然的、不以他们的意志为转移的关系,即同他们的物质生产力的一定发展阶段相适合的生产关系。这些生产关系的总和构成社会的经济结构,即有法律的和政治的上层建筑竖立其上并有一定的社会意识形态与之相适应的现实基础。物质生活的生产方式制约着整个社会生活、政治生活和精神生活的过程。不是人们的意识决定人们的存在,相反,是人们的社会存在决定人们的意识。社会的物质生产力发展到一定阶段,便同它们一直在其中运动的现存生产关系或财产关系(这只是生产关系的法律用语)发生矛盾。于是这些关系便由生产力的发展形式变成生产力的桎梏,那时社会革命的时代就到来了。随着经济基础的变更,全部庞大的上层建筑也或慢或快地发生变革。① 这段经典表述说明,在马克思看来,生产力的发展是社会制度变迁的根本动力。生产力中包括科学技术。马克思的论断是在总结资本主义生产发展基础上提出的。

邓小平在总结当代高技术发展基础上提出了“科学技术是第一生产力”的伟大论断。1991 年,江泽民同志就指出:现代国际间的竞争,说到底是综合国力的竞争,关键是科学技术的竞争。在科学技术上落后,就会被动挨打。在党的十五大报告中,江泽民同志又指出:要充分估量未来科学技术特别是高技术发展对综合国力、社会经济结构和人民生活的巨大影响。

科技实力成为综合国力的主导力量,经历了一个漫长的历史发展过程。在 20 世纪 70 年代中期以前,科学技术在综合国力及国力较量中长期没有地位。这是因为,在第一次科技革命即工业革命以前,科学技术在社会经济发展中的作用极小。原始社会生产力发展的平均速度是每万年提高 1%—2%,奴隶社会和封建社会每百年提高 4%。而工业革命之后至 20 世纪初,科学技术虽然获得长足进展,但科学技术在经济社会发展中的作用并不显著。第二次世界大战后至 70 年代中期,科学技术进入飞速发展时期,科技对经济的贡献率不断提升。特别是高科技时代,科技促进生产力的发展过程中具有四个方面的作用。

---

① 参见《马克思恩格斯选集》第 2 卷,人民出版社 1995 年版,第 32—33 页。

1. 战略作用

高科技对发展国家的经济、政治、文化及增强军事实力都有重要战略意义。从总体上说，由于高科技以其特有的科学技术形态所显示出的实力，能直接对一个国家的政治、经济、国防和在世界格局的地位产生不可忽视的影响，高科技已成为衡量一个国家的经济、政治、军事实力，即综合国力的重要标志之一。发展高科技无疑是国家的一项重大战略决策。面对21世纪的国际竞争，人们越来越认识到，只有掌握高科技，才能掌握战略主动权，增强在国际上的竞争能力，立于不败之地。

2. 导向作用

在新科技革命中，科学技术已经走在经济和军事的前面，特别是高科技对经济和军事有极强的导向作用，新的产业、新的工业、新的产品、新的生活方式和消费方式在高科技的带动和诱导下，层出不穷地展现出来。

3. 渗透作用

一项成功的高技术往往是多种知识的融合、多门学科的交叉和多学科人才合作的成果，这些作为崭新的学科综合体的新技术和新产品，对相关领域的适用性大大增强，因而能广泛地向各高技术领域横向流动和向各传统产业部门渗透，在它周围形成一个新的高技术产业群体。它的触角已深深地渗透到商业、交通、国防、医疗卫生、文化教育、组织管理、社会服务及家庭生活等各个方面，对产业结构、就业结构、社会结构、生活方式、思维方式甚至观念意识均将产生深远的辐射效应，从而使高技术在现代国际竞争中扮演了一个举足轻重的角色。

4. 效能作用

当一项重大高技术转化为生产力时，可以显著地提高劳动生产率、资源利用率和工作效率，还可能开发出崭新一代产品带动若干行业和产业的发展，甚至形成一个新的产业，从而产生巨大的社会效益和经济效益。如果说，传统农业劳动年产值人均1000—2000元，传统产业年产值人均10000—20000元，那么高技术产业的年产值人均则达100000—200000元。

从历史上看，科学技术确实促进了生产力的发展，但由于科学技术本身发展的不完善性也带来一些新的民生问题，如技术本身可能存在的安全性、环保性、伦理性、社会性等问题而产生新的民生问题。

第三节　民生问题的特征

民生问题作为人类社会发展的重要领域，是与民众息息相关的生存问题和发展问题。从人类发展史看，民生问题的发展过程体现出以下的显著特征。

一、系统性

民生问题的产生过程和发展过程都体现了系统性特征，涉及社会的价值取向、制度、文化、科学技术的发展水平和民众的需求等多方面系统要素互塑与发展的过程。系统性是民生问题产生和发展的本质性特征。

从人类发展史看，民生问题的系统构成要素包括民众的衣、食、住、行，社会的价值取向、制度、文化、科学技术发展水平及自然环境和人文环境。系统论告诉我们，系统不仅分析系统主要要素和次要要素，还考虑由要素构成的结构及由结构决定的功能，来分析系统的演化趋向。民生问题的要素结构决定了其功能，也决定了其演化的方向。民众的衣、食、住、行是任何社会十分关心的民生问题，从追求温饱向追求小康的水平发展。在这个过程中科学技术因素起了关键的作用。特别是近代科技革命以来，化工技术、制造技术和电力技术取得的进步，使民众的衣、食、住、行的数量和质量得到质的提升，但同时又产生新的民生问题，如自然环境问题、生态问题、人口问题等。结果是近代以来，人们的衣、食、住、行等得到很大改善，又产生新的民生问题，使民生问题的系统边界在不断地扩展，呈现出民生问题系统要素变化、结构重组、功能变革、不断演化的系统特征。

二、历史现实性

民生问题的发生与发展过程既具有历史性又具有现实性，是历史性与现实性的辩证统一。

不同历史阶段，人类关注的民生问题是不同的，呈现出历史性特征。农业时代与工业时代和信息时代所关注的民生问题是不同的。即使是同一时代，不同国家关注的民生问题也是不同的。因此，民生问题既具有历史共性，又具有不同国家的个性，是共性与个性的辩证统一。信息时代，环境问题、资源问题、人口问题和生态问题是全球性的问题，各个国家都有责任解决这些问题。而这些民生问题的产生问题体现了历史继承性特征。如能源问题，由于工业时代，能源主要依靠煤、石油和天然气等不可再生资源，使这些资源的耗费越来越向枯竭的方向发展，而替代能源的发展水平又比较慢，最后导致能源危机，特别是在经济发展比较过热的情况下，能源危机更明显。而传统能源在使用过程中，还产生了环境污染、生态破坏等新的民生问题。因此，现在人类所面临的共同的民生问题，是历史发展的结果，体现了历史的继承性。

民生问题的提出与解决又具有现实性。民生问题的提出是由不同国家的国情决定的。从我国的发展历程看，改革开放初期，最突出的民生问题是解决人民的生活质量，主要从消费的数量和种类来解决。但是，在发展的过程中，环境问题、健康问题、安全问题等越来越突出，特别是资源型省份的环境问题，"三鹿奶粉事件"、"非典"、"甲型 H1N1 型流感"等引起的健康问题和安全问题等。因此，不同时代不同国家所面对的民生问题是历史性与现实性的统一。如对于环境问题，各个国家都很重视，想通过多途径来解决。发展循环经济是解决环境问题、资源问题、可持续发展问题比较好的路径。但是，从世界循环经济发展的经验看，只有人均收入达到3000—5000美元，才可能有能力发展循环经济。所以，民生问题的产生过程和解决问题是非常复杂的，受到不同国家和地区的历史性与现实性的共同作用。历史性为民生问题的提出与发展提供了依据，现实性为解决民生问题提供了可选择的路径。

三、社会性

人本身具有自然属性和社会属性。人的自然属性，也称为人的生物性，它是人类在生物进化中形成的特性，主要由人的物质组织结构、生理结构和千万年来与自然界交往的过程中形成的基本特性，如食欲、性欲、自我保存等。在社会活动中表现出来的利己性、独立性、排他性、对物质利益追求，甚至贪婪、凶残、冷酷等特性都可以看成是人的自然属性的具体表现。人的自然属性与动物的自然属性非常相似。几百万年的时间里，在人类的特性中，自私、残酷、野蛮、凶狠这些特性已经深深地保留在人体之中，甚至可能已经在人类的基因中都有所反映。如果把几亿年进化过程中，人类从各种生物基因遗传下来的特性也考虑在内，那么在人类的基因中反映的与野兽相似的特性可能会更加多一些。

那么什么是人的社会性呢？人的社会性完全体现在人的社会关系中，人的社会属性包括多个方面的特性，如利他性、服从性、依赖性以及更加高级的自觉性等。历代以来，任何一个社会和国家都会对其社会成员的社会性提出很具体的要求,如中国古代封建社会信奉"君君臣臣,父父子子"的次序;西方资本主义信奉"自由、平等、博爱"的规则;现在我们国家实施的《公民道德建设实施纲要》提出:"社会主义道德建设要坚持以为人民服务为核心,以集体主义为原则,以爱祖国、爱人民、爱劳动、爱科学、爱社会主义为基本要求,以社会公德、职业道德、家庭美德为着力点。"这都对人的社会性提出了具体的规则和要求。所以人的社会性是社会正常运行与继续发展的需要,无论是奴隶社会、封建社会、资本主义社会还是社会主义社会都一样,只不过不同的社会中具体的社会性标准不同。而且,无论是哪种社会都会采取一系列措施来保证和培养社会成员的社会性。

民生问题的提出与解决受到社会价值选择、社会制度、文化等方面的制约,体现了民生问题的社会属性。如从价值选择来看,西方追求高消费的价值理念,按照他们的消费理念可以提高他们的生活质量。但是,会加剧资源问题、生态问题等新的民生问题。这样产生了一种境况:一方面,我们在尽力地解决民生问题,但与此同时,我们又在制造新的民生问题,或加剧原来存在的其他的民生问题。从民生问题的总量来看,也许最后的结果是民生问题的总量在不断增加。因为我们解决民生问题的速度赶不上新出现的民生问题的增长速度。另一方面,随着人民生活水平的提高,人们需求的领域也在不断地扩展,民生问题呈现不断增加的趋向,是符合马克思所说的人类需求层次的不断提升,必然带来民生问题从简单的衣、食、住、行到精神享受、自我价值实现等民生问题的不断出现。

四、科学技术性

科技进步是社会发展的主要推动力量,从一定意义上来讲,社会发展过程就是科技进步的过程,人类社会的文明史就是一部科技演化史。从古到今,科学技术的发展经历了三次大的飞跃:从渔猎科学技术到农业科学技术的飞跃;从农业科学技术到工业科学技术的飞跃;从工业科学技术到信息科学技术的飞跃。与此相适应,民生问题也经历了三次质的转变:从渔猎社会重视捕猎到农业文明重视与民众紧密相关的农业发展的转变;从农业文明重视与民众紧密相关的农业发展到重视民众衣、食、住、行工业发展的转变;从重视民众衣、食、住、行工业发展向现代重视民众生存问题和发展问题的转变。

1. 农业科技革命与农业时代的民生问题

从猿人开始使用天然的石器起,在一个极其漫长的过程中,人类科学技术主要是狩猎、捕鱼和采集植物方面的技术和知识。这时的科技称为渔猎技术，这时的社会我们把它称为渔猎社会。大约在1万年前，人类科学技术发生了第一次质的飞跃。这时发生了农业科技革命，农业科学技术诞生了。随着农业科学技术的发展，人类也从渔猎社会进入农业文明，人类的民生问题从关注通过渔猎解决民众的衣、食、住、行向农业时代大力发展农业技术解决民众的衣、食、住、行的领域发展。在人类早期的科学技术中，技术起了先导作用，人类早期的科学知识大多来源于技术应用。但是科学知识一旦产生，它就对技术的发明和应用起指导作用，尽管这些知识还只是简单的经验知识而不是高深的理论科学。

（1）农业科学革命。早期的人类在漫长的渔猎和采集活动过程中不断积累经验知识，大脑也在不断进化。他们发现了播种与收获之间的关系。关于天文、历法方面知识的产生是农业科技革命的一项重要内容。制定历法与观测天象有密切的关系。早期的天文观测为了制定历法和预测未来。历法除指导生产的季节变化时限外，还确定世俗的宗教的各种节日。人们用天上日月星辰的周期性变化规律来作为地上人间生活的基本节律。除此之外，人们在医学、物理学和数学方面也掌握一些简单知识。

（2）农业技术革命。人类在农业知识方面发生革命性飞跃的同时，在技术方面也进行了一场变革。其内容是种植技术、养殖技术、冶金技术、纺织技术和制陶技术等。种植农作物和饲养动物的技术是从渔猎技术向农业技术转变的一个非常重要的标志。这种技术使人类从单纯依靠自然界现成的赐予转向通过自己的劳动来增加天然赐予的不足。大约在1万年前，人类在掌握了某些植物生长发育方面的基本知识和某些动物的生活习性的基础上，开始人工种植某些农作物和饲养某些动物。除此之外，他们还发明了制陶技术和冶金技术。在原始人长期用火的基础上，人们发现经火烧过的黏土变得很坚硬，可以用来盛水或其他食物，于是人们发明了制陶技术。在烧制陶器的过程中，人们接触到一些金属矿石，这些矿石经过火烧后形成了金属。于是人们发明了冶金技术。与此同时，人们还发明了纺织技术、制造车轮技术等。

农业科技革命不是短时期内突然发生并完成的，它是一个过程。每一个地方的农业科技革命从开始发生到基本完成都经历了一段较长的时期。总的来说，从大约一万年前到四千年前，四大文明古国先后完成了农业科技革命，率先进入农业社会。

（3）农业时代的民生问题同渔猎社会相比，农业时代的民生问题主要有以下几个特征。

①居住安定化、悠闲化。在生活方式方面,从渔猎社会过渡到农业社会的一个重要变化就是从漫游式的生活过渡到定居式的生活。由于有了种植技术和饲养技术,人们的活动场所就固定下来。在那些土壤比较肥沃和人口相对集中的地方就形成了原始村落。在农业社会,由于秋天能收获较多的粮食储存起来供人们过冬,因此,冬天可以有较多的闲暇时间。由于农业生产的季节性强,人们的生活随着季节的变化而变化。

②人类文明化。渔猎社会还是一个野蛮社会,由于生产力水平低,人们还像动物一样谋生。人们还没有能力创造人类所特有的物质文明和精神文明。在农业社会,由于生产力的发展,人们有闲暇时间发展文化和教育事业,从而产生了早期的精神文明。物质生活方面大大改善。农业科学技术革命使社会从野蛮社会转变为文明社会,使人由野蛮人转变为文明人。

③人们的生活水平相对比较低。农业社会,由于生产力水平比较低,决定了人们的衣、食、住、行等质量比较低。人们在消费的种类和数量上都无法跟现代的人进行比较。

2. 工业科技革命与工业时代的民生问题

农业科技革命之后,人类进入文明社会,此后科学技术经过很长时间的积累。从 17 世纪后期到 19 世纪,人类的科学技术的发展又发生了一次质的飞跃,这就是工业科技革命。

(1)工业科技革命的基本内容。工业科技革命与农业科技革命相比,科学理论知识的先导作用更加明显。工业科学革命起源于 17 世纪末 18 世纪初的牛顿经典力学体系的诞生。工业技术革命发端于 18 世纪中叶的蒸汽机的发明和使用。工业技术不再是以经验为基础的技术,而是以科学为基础的技术。

①工业科学革命。近代工业科学革命是以物理学为核心,包括化学、数学、生物学和天文学等一系列学科的质的飞跃。物理学上的革命反映了近代工业科学革命的典型特征。在物理学上,17 世纪末 18 世纪初,牛顿提出了他的力学三定律和万有引力定律。继牛顿的经典力学之后,近代物理学上的又一重大进步是电动力学的诞生。电动力学经欧姆、法拉第和麦克斯韦等科学家一系列发现,有了重大进展。物理学革命为近代以机械技术为主的工业技术革命提供了理论基础。此外,化学、数学、生物学等学科都发生了革命性的变化,也为工业技术革命奠定了基础。

②工业技术革命。工业科学革命为工业技术革命奠定了基础。一场以机械技术和能源技术为核心的工业技术革命发生了。农业社会,人们用以征服自然的物质力量是以人力和畜力等现成的自然力为主的,而工业革命则使人们用以改造和征服自然的物质力量由天然的人力和畜力变成由人工创造出来的机械力。

工业技术革命的核心内容是机械技术革命,关键是动力技术和能源技术。工业技术革命的第一个重要标志是蒸汽机的发明和运用。18 世纪 60 年代,经过瓦特改造的蒸汽机可以为所有工业提供动力。从而使蒸汽机成为工业革命开始的标志。19 世纪,随着热力学研究的进展,汽油机、柴油机、电动机等的发明,作为强大的动力广泛进入工厂车间。18 世纪中叶,煤开始作为工业动力机的主要燃料,从此,能源技术进入煤炭时代。19 世纪 80 年代,开采石油技术的出现,能源技术又进入石油时代。

机械技术和能源技术是近代工业技术革命的核心内容,正是这些技术延伸了人的体力,使人们征服自然的物质力量获得了巨大增长。

(2)工业时代的民生问题。工业技术革命引发了一场巨大的社会变革,社会开始从农业社会进入到工业社会。同农业社会相比,工业时代民生问题具有以下特征。

①生产交通机械化。农业社会中的工业是以人的手直接进行操作的手工工业。1733 年,英国工人凯伊发明飞梭,到 1800 年,英国的纺织技术经过飞梭、纺纱机、织布机等已基本实现了机械化。从 1782 年英国发明了蒸汽锤,到 1800 年机床的发明,实现了机器制造的机械化。其他工业也相继进入了机械化时代。

②社会城市化和生活节奏快速化。由于在工业社会农业也实现了机械化,农业人口开始向城市转移。英国是实现工业革命最早的国家,工业革命后,英国兴起了许多大大小小的城市,同时生活节奏加快。由于工厂不受四季变化的影响,工厂主为了追求更多的利润,牺牲人们更多的自由时间。工厂的产生为人们超负荷地工作提供了可能和必要。

③经济商品化及贫富两极化。农业社会的经济以自然经济为主,每一个经济单位依靠自己的经济条件生产自己所需的产品。工业社会,社会分工发生了质的飞跃,行业之间、行业内部都有了明确的分工。分工使每一个人无法满足自己所需要的消费品,于是产品交换就成为必然,商品经济占据了绝对的统治地位。有商品交换,必然有商品竞争,不仅一国之内、国与国之间存在竞争,最后形

成南北之间、东西之间的贫富分化。

④环境问题、人口问题和资源问题越来越突出。全球环境污染问题带给人们的影响是多方面的、深远的，甚至是难以预料的。目前，全球性的环境污染问题主要包括大气污染、水体污染、海洋污染、固体废弃物污染、噪声污染等。工业革命以来，随着人类活动的增加，以及科学技术的大量使用，对生态环境的破坏随之而来，造成生物损失与灭绝、森林锐减、土地荒漠化、淡水资源短缺等问题。水污染的直接后果是严重威胁人类的健康和其他生物的生存。生活污水中常含有许多致病菌、病毒和寄生虫，含有这些病原物的污水一旦污染了饮用水，并进入人体，就会迅速引起各种疾病。饮用水被重金属离子以及有毒的有机物污染后，后果也非常可怕，据联合国儿童基金会的一份资料披露，不安全饮用水引起的腹泻和其他疾病，每年造成数百万儿童死亡。

3. 信息科技革命与现代民生问题

人类科学技术的发展是按照加速度的方式进行的。渔猎社会持续了300万年左右。从农业科技革命到工业科技革命，只经历了不到1万年的时间。从农业科技革命与信息科技革命，只有短短200年的时间。人类的科技发展到20世纪中叶又发生了一次伟大变革。

(1)信息科学革命。信息科学革命是以信息论、控制论和原子能科学为主，包含生命科技、纳米科技、环境科技、宇宙科学等尖端科学在内的一场新的科学革命。1948年，美国数学家申农发表了《通信的数学理论》，标志着信息论作为一门科学的正式诞生。申农首次从理论上阐述了通信的基本问题，提出了通信系统的数学模型。现在信息论已广泛应用于人工智能、生命科技、物理学和化学等学科。1948年维纳的《控制论》一书出版，标志着控制论作为一门科学正式诞生了。控制论是用数学方法研究控制系统运行规律的科学，它是现代自动化技术的重要理论基础。20世纪70年代以来，控制论与计算机的发展日益联系起来。此外，原子核物理学、基因科技、材料科学等也是信息科学革命必不可少的内容。

(2)信息技术革命。信息技术革命是以计算机技术和通信技术为核心的一场技术革命。与此同时，能源技术、材料技术、生物技术、海洋技术和空间技术等一批高新技术也产生了。

人类在很早以前就开始探索计算工具了。中国宋代发明的算盘是古代最先进的技术工具。计算技术的重大突破是计算机的发明。1945年世界上第一台电子计算机的问世,使人类社会从此进入了计算机时代。随着计算机的发展,它已成为信息技术的核心。通信技术革命是信息技术革命的又一重要内容。目前光纤通信和卫星通信,为电子计算机国际互联网和信息高速公路奠定了技术基础,使庞大的地球变成了一个村庄——“地球村”。

(3)信息时代的民生问题。信息科技革命的发生同样引起一场社会大变革。随着20世纪中叶信息科学和技术革命的发生,人类社会开始向现代文明迈进。大体上,信息时代的民生问题有以下特征。

①生产办公自动化。工业革命使机器代替了人手的直接操作,只是对人的躯体的延伸。工业机械没有智能,它不能操纵自己。20世纪70年代,随着电子计算机的发展,第一代由计算机控制的机器人被研制出来。随后,智能机器人被广泛应用于工业生产之中。机器人的发明和应用,使人类创造出来的机器不仅代替了人的体力劳动,而且也代替了人的脑力劳动。从此,人们创造物质财富的生产便进入自动化时代。在20世纪70年代后期,科学家还研究出更先进的整体性自动化生产技术——计算机集成制造系统。这种高度自动化系统,为“无人工厂”的出现奠定了基础。1984年第一座“无人工厂”在日本诞生,它由计算机辅助设计、机器人自动操作、数控车床自动加工、电脑化经营管理等系统构成。这种自动化设备使人从体力劳动和脑力劳动中解放出来。随着生产自动化,工厂、农场、公司、政府等所有行业的办公室都实现了自动化。

②服务交往网络化。20世纪90年代发展起来的互联网大大改变了人们的生活方式,开辟了网上服务、网上交往的新时代。电子邮件、网上信箱、网上电子图书馆、网上电子新闻等为人们提供了方便的服务。另外,网上聊天打破了人们之间的地理空间的界限,人们可以自由地与世界各地朋友交谈。互联网使“天涯若比邻”变得名副其实。

③生活闲暇化。工业社会代替农业社会，使过去那种田园式的悠闲生活消失了。工业社会带给我们的是快节奏的紧张生活，机器就像套在人身上的一个巨大的枷锁，剥夺了人们闲暇娱乐的自由。信息时代，生产自动化和办公自动化使人们只需花费很少时间就能完成工业时代很长时间才能完成的工作。人们的闲暇时间越来越多。人们可以有计划地、主动地、充实地利用自己的闲暇时间。

④健康问题、安全问题、可持续发展问题等越来越受到人们的关注。目前中国正处于经济和社会的转型期,公共安全保障相对薄弱。中国工程院院士范维

澄认为,公共安全涉及自然灾害、事故灾害(生产安全事故、环境生态问题等)、公共卫生事件和社会安全事件。国家“十一五”规划纲要提出要加强公共安全建设,增强防灾减灾能力、提高安全生产水平、保障饮食和用药安全、维护国家安全和社会稳定、强化应急体系建设。

总之,科学技术的发展,促进人类社会从渔猎社会进入农业文明、工业文明和现代文明社会,促进了人们生活水平、交流方式、民主制度、产业结构等方面的大调整,同时产生了新的民生问题。

五、民众参与性

民生问题直接涉及民众的利益,因此,民众的参与程度对于解决民生问题具有重要的现实意义。

首先,民生问题的发展过程是由民众的客观需要决定的。不同时代民众的客观需要成为解决民生问题的最大动力。农业时代,解决温饱问题是最大的民生问题;工业时代,民众的温饱问题逐步得到解决,又凸显出环境问题、资源问题、人口问题等新的民生问题;信息时代,民众越来越关注健康问题、安全问题、可持续发展问题,这又成为该时代需解决的民生问题。因此,民生问题的发展过程与民众的需求紧密相关。民众有什么样的需求就有什么样的民生问题。因此,对国家来讲,应根据民众的客观需要确定相应的解决民生问题的战略和对策。

其次,民生问题的解决过程需要通过民众的广泛参与来解决。不同时代民生问题的解决需要民众的广泛参与。工业时代,为了解决民众的衣、食、住、行等问题,开始了机械化、电气化的生产过程,广大的妇女、儿童等都成为产业革命中的主要力量。信息时代,为了解决环境问题、资源问题、可持续发展问题,需要每一个人的广泛参与,不仅包括生产方式的变革,而且包括消费方式的变革。民众参与的领域、范围在不断地扩展。如鼓励民众节约用能,使用环保袋和环保建筑材料。

最后,对民生问题的认知度需要民众的广泛参与。由于民生问题的边界在不断扩展,涉及个人问题和公共问题,涉及小我利益和大我利益。对于涉及民众个体的民生问题,他们会根据自己的能力选择相应的生产和生活方式。对于涉及公共方面的民生问题,需要通过不断提升民众的认知度,提高民众的参与度来解决。特别是信息时代,公共安全的保障、健康问题的解决等需要最广泛民众在认知基础上的参与才能解决。

总之,对于任何社会来讲,民生问题都是比较复杂的,涉及的领域和程度都是比较广和比较深的,具有系统性、历史性、社会性、科学技术性和民众的参与性等特征。因此,对于民生问题的定位与解决需要结合民生问题本身的特征,才可能具有针对性和实效性。

第四节　民生问题演变过程分析

民生问题演变过程是社会价值观、制度、文化、科学技术等共同作用的结果,体现了民生问题与相关因素共同作用的过程。重点讲述科技革命背景下民生问题的演变历程。

一、科技革命与社会转型分析

在社会历史发展过程中,科学革命通过技术革命促进社会变革,技术革命对社会转型具有直接的作用。

1. 历史中发生的科技革命

历史地看,科技革命与社会转型存在正相关关系。每一次科技革命都促进了社会生产结构、生活方式、分配方式等的转变。

(1)科学革命

科学革命指正在成长的新科学传统取代旧科学传统的活动或过程,这种传统的变化意味着人类认识的飞跃。由于对科学革命概念的理解角度不同,有不同的分类,到目前为止,一般认为在世界范围内发生过四次大的科学革命。

第一次科学革命,16—17 世纪,1543—1687 年,从哥白尼开始到牛顿力学体系建立。

第二次科学革命,19 世纪 30 年代开始,一组带头学科出现理论综合,科学全面发展的时期。如经典电磁理论的建立和完善。

第三次科学革命,20 世纪初开始,以相对论、量子力学的创立为标志。在自然科学领域实现了学科之间的综合,生物工程学、物理化学、激光化学等学科的出现。

第四次科学革命,20 世纪 50 年代后,也称世界新科技革命,以一组带头学科和技术科学、综合科学的出现为标志。主要是系统论、信息论、控制论等学科的产生。

(2)技术革命

技术的发展同样具有量的积累和质的突破。技术革命是指技术本身发生影响全局的、飞跃性的进步。包括技术体系、技术结构、技术规范的根本变革。一般认为历史上共有四次大的技术革命。

第一次技术革命,18 世纪,以蒸汽机为主导技术,以蒸汽机、纺织机、机床、火车为主导技术群。首先发生在英国,推动了社会生产方面。首先使社会生产力得到巨大飞跃,使社会生产从手工劳动进入到机器时代。主要是轻工业,就业结构发生了变化。1788 年统计,英国的 42 个纺纱厂中,女工占 3.1 万人,童工占 2.5 万人,成年男人占 2.6 万人。社会上从事第一产业的人数剧增。企业管理方面从经验管理过渡到标准化管理。

第二次技术革命,以电力技术的大量推广应用为标志。发生于 19 世纪 70 年代,首先发生在德国,使人类文明进入了以电气化为标志的新时代。推动社会生产力方面,电力技术的大力推广应用,不仅使传统产业得到改造,水平提高,而且创造出一些新的产业,如电气、化工、汽车,工业结构从轻工业向重工业发展。就业结构发生了变化。内燃机取代畜力,拖拉机的使用,促进了农用工作机的大量制造和应用,完成了农业机械化进程。农业人口急剧下降。

第三次技术革命,自 20 世纪 40—70 年代以来,在相对论、量子力学等现代科学革命的基础上,出现了以原子能技术、电子计算机技术和空间技术为主体的技术革命。有人也称之为第三次技术革命的第一个阶段。这次技术革命对生产的影响不大。因为无论是电子计算机、原子能还是空间技术多数是由于军事和政治的原因,民用化是后来才发生的。

第四次技术革命,20 世纪 70 年代,由于科学与技术结合日益紧密,将科学革命与技术革命区别开来是很难的,所以也称世界新技术革命或现代科技革命的第二个阶段。主要是以信息技术、生物技术、新材料技术、新能源技术、空间技术、海洋技术为技术群。产业结构方面,随着信息技术的发展,产业结构从农业、工业、服务业再到知识产业。就业结构发生变化,从事第三产业的人数在增加,劳动方式也发生变化。科技革命促进了物质文明、精神文明和政治文明的发展。

由以上分析可以看出,第一、二次技术革命使发达资本主义国家从传统农业社会转型到工业社会,第四次技术革命使西方发达国家从工业社会转型到后现代社会,同时促进社会产业结构、就业结构、企业管理方式、分配方式等发生转变。并且科技革命是先导,社会转型是科技向社会各个方面渗透的宏观表现。

2. 科技革命与社会转型之间的辩证关系

科技革命促进社会转型，主要是通过知识、物质、制度和观念等方面来实现的。其中，科学革命通过知识间接促进社会转型。技术革命通过物质、制度和观念作用于社会来促进社会转型。

（1）科学革命主要通过知识与社会系统中的文化发生作用。

首先，科学破坏传统文化。传统文化，可以理解为前工业文化，是建立在传统的农业、手工业和畜牧业的基础上。春秋战国时期开始形成的儒家传统文化强调社会关系，用“仁”、“礼”、“中庸之道”来规范社会。道家主张天人合一的自然观，但抵触变化。科学革命破坏传统文化主要从它的知识体系、思维方式两个方面来实施作用的。对文化影响最深最大的是由科学形成的自然观。比如在传统文化中人与自然是和谐的古人非常重视天人合一的自然观。但是近代科学革命带来的机械自然观深深地破坏了传统的自然观。注重人是自然的主人，人可以支配自然界的一切事物，人控制自然，而不是遵守自然界的规律。最后的结果我们都知道，近代科技革命之后带来的是人类对自然界的过渡破坏，而换来经济的暂时繁荣。

其次，科学诱导文化。20 世纪初的科学革命，爱因斯坦的相对论和微观世界中的测不准关系，使人们对客观事物的判断必须有主观的介入，对客观事物的认识已经有主观判断的因素在里面，你不注重人行吗？尤其是系统科学的自组织理论，大大提高了个体的自由创造、个体间的交流，以及系统与环境相互交流的地位。科学诱导现代文化向以人为本，重视个体参与、开放的方向发展。

同时，文化通过知识影响科学。

首先，文化制约科学。传统文化特点是人与自然合一的观点，以人的行为、目的解释自然。但近代科学革命割开了自然和人的联系。认为自然是被人类对象化了的自然，应该服从人类的一切需要。近代科学革命的发生于 16—17 世纪，中国正是明末清初。中国传统文化重视技术的实际应用，否定理论研究的重要性，过早强调科学的社会关系而打击科学的发展，抵制近代突变的科学。1543—1840 年是中国抗拒西方科学的 300 年，也是代价的 300 年。文化对科学具有很强的制约性，当然还有其他方面的因素。

其次，文化也可以引导科学。19 世纪形成的辩证唯物主义自然观促进了科学发展。另外还有当代反科学思潮的兴起，这种思潮的矛头指向近代科技，尤其指向以近代科学为基础的工业技术所带来的一系列社会问题。集中体现在环境污染、生态危机、人口危机、人与自然的关系、人的自由发展等方面。与此同时呼唤现代科学及建立于现代科学基础之上的高技术的到来,促进了高技术的发展。高技术的发展正是在反思近代技术的消极方面基础上形成的。信息技术使人从服从于机器到支配机器;新能源技术一方面解决能源危机问题,另一方面,有利于环境保护。

(2)技术主要通过物质、制度和观念三个层次与社会系统发生关系。

首先,技术与社会经由物质系统相互作用。

技术主要是通过对象、手段和产品来影响社会。技术作用的对象经过农业时代的土地——工业时代的不可再生的能源——信息时代的知识。生产中的关键要素经过传统农业时代的土地——工业时代中的资本和劳动——信息时代的知识和信息。由技术生产的产品影响人们的消费结构和产业结构。传统社会形成第一产业(农业),近代科技革命形成第二产业(工业),新科技革命促进第三产业(服务业)和第四产业(技术、知识、信息和服务)的发展,并且不同时期主导产业是不同的。

就业结构发生了变化。美国在 15 年内淘汰了 8000 种职业,同时也产生了 6000 多个新职业。整体就业趋势由劳动密集型向技术密集型、知识密集型产业转移。在信息革命时代,又出现了一些新的行业,必须产生一些新的职业,如由 IT 行业产生的技术营救者、CIO(高级信息主管)、信息解读员、网络策划师、IT 行业顾问、数据通信人员、IT 审计师、网站策划师。

分配方式:农业时代典型的是封建社会,地租是主要的分配形式。在工业经济时代,资本家按资分配,产业工人拿到的是工资,按照社会必要劳动时间来计算的。高技术驱动的后现代社会财富分配以知识要素及智力劳动量在经济中的贡献为衡量标准。

其次,技术与社会经由制度相互作用。

这里的制度不涉及所有权和分配权等经济学和管理学中的制度问题,而集中分析在改造人与自然关系的过程中形成的特定的人与人之间的关系。技术决定制度,处于某种水平的技术规定了相应的制度(人与人、人与物之间形成的制度),以保证该项技术的实施,同时推动人际关系的变革。在传统农业技术基础上形成的是建立在血缘基础上的以家庭和家族为基本单位或组织,农业技术规定并维系家族组织。第一次工业革命后,组织的建立以机械技术为基础,机械规律取代了宗教、家法与人情形成的制度。人与人之间必须按照机器运行的规律和节奏相处。人是被机器异化了的人。第二次技术革命不但没有改变这种组织,而且把电缆所到之处的人际关系都变为机械关系。企业管理的控制仍需遵循机械运转的规律。管理者与大多数人之间形成线性的、垂直的、自上而下的信息流动路线。现代信息技术在各个领域的广泛使用又一次重塑人际关系。特别是网络技术的推广应用,要求企业的管理模式向扁平状、网络状的组织结构发展。最后,技术与社会经由观念相互作用。技术与制度关系中,技术是第一位的,技术决定社会的组织形式。

技术对社会的作用是主动的,社会对技术的反作用是被动的。一是人际关系和行为方式对技术的反作用,如果传统的垂直、由上而下的刚性的组织管理结构不改变,必然影响高新技术的发展。二是文化通过人们变革人际关系及行为方式的要求对技术施加压力。突出表现是前面说过的当代反科学思潮,对高技术发展的促进作用。

技术与社会一方面各自具有自身发生、发展的规律;另一方面,它们又相互制约、相互促进,在错综复杂的关系中推动人类前进。中国的现代化进程正是在技术物质层次——制度层次——观念层次上进行的。并且首先是自上而下的。

二、科学技术因素作用下民生问题演变分析

科学技术革命作为推动社会变革的重要因素,也成为民生问题产生与解决的重要因素。从科技发展史看,由于科学技术发展的价值取向、发展领域、应用程度等而成为民生问题产生与解决的重要依据。

1. 科学技术发展理念的演变历程

科学技术发展的动力来源于社会需求和自身规律。农业社会向工业社会转型过程中,特别是资本主义社会制度确立后,促进经济发展成为当时科学技术发展的主要理念。当时为了解决动力问题,而蒸汽机革命正是在这种需要下产生和发展的。首先使社会生产力得到巨大飞跃,使社会生产从手工劳动进入到机器时代,主要是轻工业。1785 年英国的棉布产量是 4000 万码,1850 年增到 20 亿码,工人劳动生产率提高 20 倍。其次推动了产业结构与内容的变化。1785 年应用第一台蒸汽机开始,30 年后蒸汽机猛增到 15000 台,纺织企业从 1796 年的 143 个增加到 1840 年的 1800 个。国民收入从 1740 年到 1840 年的 100 年间增加了近 8 倍,从 64 万英镑增加到 515 万英镑。

(1)科技乐观主义。

资本主义社会在工业化过程中,突现出科学技术是生产力,促进了资本主义物质财富的极大增长。所以,当时的资本主义对科学技术持一种乐观的态度,似乎科学技术能够解决人类社会所有的问题。科学技术的发展在当时就像一辆极速列车,所有的人都向它欢呼。它不仅提高了劳动生产率,改变了人们的生产方式、生活方式和消费方式,而且成为救世主,面对新的民生问题,人们想借助科学技术的力量来解决。

日本的汤浅光朝分析了科技与经济发展相对应的现象,表现为科学中心和经济中心转移的一致性。意大利曾经是世界近代科技和经济的第一个中心(5—15 世纪)。当时中国的指南针(宋代发明的,在元朝用于全天候的航行)、火药(唐代的孙思邈在他的丹经中已有记载)、印刷术(唐代的雕版印刷术)这三大发明在古代中国并没有发挥很大的作用。但这三大发明通过阿拉伯国家传入欧洲,成为资本主义发明的主要工具。马克思曾说过,火药、指南针、印刷术这是预告资产阶级社会到来的三大发明,火药把骑士炸得粉碎,指南针打开了世界市场并建立了殖民地,而印刷术则变成了新教的工具。英国成为近代世界科技的第二个中心(17 世纪初到 1830 年)——蒸汽机革命。当时中国的科技、经济实力都已落后于西方,在乾隆、嘉庆年间,我们看不到自己的落后反而采用视而不见的鸵鸟政策,封闭、自守。近代科技的第三个中心是在法国(18 世纪末 19 世纪初进入高峰)。抓住第一次、第二次技术革命成为世界科技、经济的中心。近代科技的第四个中心是在德国(19 世纪后期,1875—1895 年的 20 年间),世界科技中心转移到德国,世界的经济中心随之也转移到了德国。主要是大力发展电力技术。世界科技的第五个中心在美国(20 世纪)。大力发展电力技术和信息技术。

但是,科学技术在促进经济发展的同时,带来了一些副作用而使科技乐观主义受到挫折。

(2)科技悲观主义。

19 世纪 40 年代,英国是工业革命和近代大工业的典型,同时也是环境污染的典型,伦敦曾于 1873 年、1880 年、1892 年先后多次发生煤烟污染的“公害事件”。20 世纪初,世界范围发生过多次重大的环境事件,著名的有十大事件,分别是:

马斯河谷烟雾事件:1930 年比利时马斯河谷工业区由于二氧化硫和粉尘污

染,一周内有近60人死亡,数千人患呼吸系统疾病。

洛杉矶光化学烟雾事件:1943年美国洛杉矶市汽车排放的大量尾气在紫外线照射下产生化学烟雾,使大量居民出现眼睛红肿、流泪、喉痛等,死亡率大大增加。

多诺拉烟雾事件:1948年美国宾夕法尼亚州多诺拉镇,因炼锌厂、钢铁厂、硫酸厂排放的二氧化硫及氧化物和粉尘造成大气严重污染,使5900多居民患病,事件发生的第三天有17人死亡。

伦敦烟雾事件:1952年英国伦敦两个星期死亡4000人,两个月内又有8000多人死亡。

四日市哮喘病事件:1961年前后日本四日市由于石油化工和工业燃烧重油排放的废气严重污染大气,引起居民呼吸道疾病骤增,死亡10余人。

水俣病事件:1953—1956年日本熊本县水俣市因石油化工厂排放含汞废水,人们食用被汞污染和富集了甲基汞的鱼、虾、贝类等水生生物,造成大量居民中枢神经中毒,死亡率达38%,汞中毒者达283人,其中60余人死亡。

富山痛痛病事件:1955—1972年日本富山县神痛川流域,因锌、铅冶炼厂等排放的含镉废水污染了河水和稻米,居民食用后中毒,1972年患病者达258人,死亡128人。

爱知米糠油事件:1968年日本北九州市爱知县一带,因食用油厂在生产米糠油时,使用多氯联苯作脱臭工艺中的热载体,这种毒物混入米糠油中被人食用后造成中毒,患病者超过10000人,16人死亡。

博帕尔事件:1984年设在印度中央邦博帕尔市的美国联合碳化物公司农药厂储罐爆裂。

切尔诺贝利核污染事件:1986年苏联基辅地区的切尔诺贝利核电站反应堆爆炸,污染范围波及邻国,核尘埃遍布欧洲。

在这些事件的笼罩下,人们发现很多事件的发生都与科学技术的应用有直接的关系,一些是由于科学技术本身的缺陷造成的,如烟雾事件是由于科学技术发展只重视经济,没有考虑可能引起的环保问题。一些是由于人们使用科学技术不当引起的,如核污染事件。一些是人们滥用技术造成的,如食物中毒事件等。

1962年,美国学者卡尔逊的《寂静的春天》一书通过实例说明人类所面临的环境问题,揭开了国际社会对环境和可持续发展问题的关注。1972年,罗马俱乐部提出的零增长理论。停止地球上的人口增长和工业投资增长，维护全球性平衡，是极端的科技悲观主义的代表。20世纪70年代，联合国将环境因素引入了发展过程。

（3）科技可持续发展观。

1985年5月第15届联合国环境署理事会通过了《关于可持续发展的声明》，在《声明》中认为：可持续发展，系指满足当前需要而又不削弱子孙后代满足其需要之能力的发展。联合国首次提出可持续发展定义。从20世纪80年代起，可持续发展理念不仅成为社会领域发展的指导思想，而且也成为科学技术领域发展的指导思想。可持续发展是一种全新的关于人与自然、环境协调发展的新观念。

①强调发展观念的更新性。也就是要从传统的人是自然的主人转变到人是自然的成员，只有充分认识到人与自然的相互关系，才能从根本上纠正单纯求经济增长，以破坏生态环境为代价的发展理念。实现经济、社会、环境三方面利益的协调。

②强调发展空间上的人口、资源、环境的协调性。实行控制人口、节约资源、保护环境的发展战略，实现人类社会的全面进步。但从1992—2002年，从世界范围来讲，可持续发展战略在人口、资源、环境方面执行得不好，整体上比预期的迟缓，比需要的更慢。人口问题，数十万年间，人类到1830年第一次工业革命时，世界人口才10个亿，170年后，到1999年世界人口达到了60亿，增长了6倍。1992—2002年，世界人口增长了7.5亿。现在每天都有20多万人出生。人口压力伴随而来的是贫困和环境问题。联合国预计到2025年世界人口达80亿，2050年达93亿。资源问题：现有的能源供应和消费模式显然不可持续的。目前全球20亿人用不上电，占世界人口的1/3；全球矿物能源耗费在1992—1999年培长了10倍；1965—1998年，CO_2的排放量增加了一倍，并且以每年2%的速度增加。需要大力发展新能源技术。

③强调发展的代际和代内的平衡性。从世界范围来讲，代际之间是不平衡的。联合国数字表明：目前对地球资源的掠夺性使用已超出了地球承载能力的25%，影响下一代人的能源消费。

代内之间也是不平衡的。发达国家人口占世界1/5，耗费世界能源的58%，鱼类的45%，纸张的54%，但却没有承担对全球环境应负的责任。如美国在1894年成为经济最发达的国家，20世纪90年代抓住第三次技术革命，连续10

年实现了两低一高,高经济增措、低失业率和低通货膨胀率,但它的发展建立在对发展中国家的生态掠夺基础上,如果都按美国模式发展经济,我们至少需要2.6个地球。

④强调发展主体的系统性。发展主体是科技进步、政府调控、公众参与三位一体的系统工程。概括起来就是:从横向上强调人口、资源、环境、代内在空间的协调性,纵向上强调代际的平衡性,发展主体上强调三位一体。

20世纪80年代以来,科学技术的发展越来越受到可持续发展理念的指导,以解决由于科学技术本身缺陷或应用不当产生的民生问题。所以,从该时期起,环保技术、新能源技术、节能技术等得到了长足的发展。科学技术体系在不断得到完善。

2. 科学技术发展引起民生问题变革的演变过程

每一次科学技术的发展都推动了生产力的巨大发展,同时又产生新的民生问题。蒸汽机革命在促进生产力巨大发展的同时,又引起社会领域其他方面的变革。表现在:

(1)产业结构发生了转型。蒸汽机的发明和利用首先在纺织、采矿业中得到推广。其次,新发展了一些产业。如机械制造业的发展,使得制造刨床、铣床、磨床等工作母机相继发明,机器制造业逐渐成为一个强大的工业部门。蒸汽机应用于铁路运输,造就了火车的诞生。

(2)就业结构发生了变化。1788年统计,英国的42个纺纱厂中,女工占3.1万人,童工占2.5万人,成年男人占2.6万人。社会上从事第二产业的人数剧增。

(3)蒸汽机技术革命造成了近代环境污染。19世纪40年代,英国是工业革命和近代大工业的典型,同时也是环境污染的典型,伦敦曾于1873年、1880年、1892年先后多次发生煤烟污染的“公害事件”。

而同时期的民生问题涉及由于不同产业利润的差异及分配的不公,引起的就业问题、贫富差距问题和环境问题。

第二次技术革命在促进社会生产力取得重大进步的同时,也引起其他方面的变革,表现在以下几方面:

(1)推动产业结构变革。一方面,电力技术的大力推广应用,不仅使传统产业得到改造,水平提高,而且创造出一些新的产业,电气、化工、汽车,工业结构从轻工业向重工业转变。1860—1870年钢产量只增加1倍,1870—1880年间钢产量增加了7倍。另一方面，还推动并促进了资本主义生产方式的变化，生产进一步的专业化、集中化、社会化，使工业部门带有垄断性质。同时电能的使用使大工业的发展摆脱了地区条件的限制。

（2）就业结构发生了变化。内燃机取代畜力，拖拉机的使用，促进了农用工作机的大量制造和应用，完成了农业电气化进程，农业人口急剧下降。

（3）推动社会文明和生活方式方面的变化。电力内燃机创造了新的物质文明，人们至今仍然在享受着。通信载体、交通方式等都受益于第二次技术革命。

（4）企业管理方面从经验管理过渡到标准化管理。1897 年，美国泰勒创立了现代管理，是管理学之父。目的是通过科学管理，解决如何提高企业的劳动生产率问题。

与此同时，也产生了一些新的民生问题，如科学技术发展带来的异化问题，人成为会说话的工具。人类的活动受机器的支配和控制，工厂实现了流水线生产，管理实现了标准化管理，人成为机器的附庸。

第三次技术革命在促进社会生产力取得重大进步的同时，也引起其他方面的变革，表现在以下方面：

（1）产业结构的高级化。在农业社会，农业是主导产业；在工业社会，工业是主导产业；到了信息社会，服务业成了主导产业。一般认为，服务业主要包括以下四大类：第一类分配性服务业，如交通运输、公共事业、零售业等；第二类是生产性服务业，如银行、保险、地产、信息和广告等行业；第三类是社会性服务业，如医疗、教育、邮政、政府管理等行业；第四类是个人性服务业，如私人护理、饮食、理发等。科学技术的飞速发展，使物质生产所需要的劳动力大大减少，非物质生产所需要的人员越来越多，服务业在国民生产中的比重越来越大。据统计，发达国家服务业在国民生产总值的比重在 20 世纪 60 年代已超过 1/2 以上，80 年代已接近 2/3。

（2）生产方式的变化。机械化生产转变为自动化生产、刚性生产转变为柔性生产、集中生产转变为分散生产。人的创造性个性，才能在生产活动中的作用越来越大。这就使企业管理部门日益重视人的因素。

（3）阶级构成的变化。资产阶级的多层次化：家族资本家继续存在、经理资本家逐渐出现、大量的法人持股者出现、知识分子中的上层部分占有特殊地位。工人阶级的多元化：蓝领，从事繁重体力劳动；白领，管理人员、营销人员、技术人员；金领，高精尖技术工人，收入多，含金量多；灰领，从事精密仪器维修或设计、开发、营销的工人；粉领，专指女性，女售货员、女会计、女教师、女护士等。中间阶级的分化及扩大化：以脑力劳动领取薪金为主要谋生方式、经济状况优越，文化程度高、引导社会思潮的流向，既对资本主义抱有希望，又对社会弊病深感不安。

第三次技术革命不同于前两次技术革命，主要体现在：

①与前两次技术革命相比较，它是新发展的一个技术群，不是某一项技术。

②它是对人类脑力劳动的全面解放，不单是生产效率的提高。

③它是全面解决前两次技术革命导致的工业革命产生的环境问题、资源问题、健康问题、材料问题等的重要手段。

④它具有技术的根本变革和回到更高层次的人、自然、社会和谐相处状态的双重含义。

所以，第三次技术革命主要是修复和完善第一、二次技术革命的不足，从根本上解决目前所面临的环境问题、资源问题、安全问题和健康问题。

3. 科学技术发展依靠力量的变革促进民生问题解决的演变过程

科学技术作为一种社会活动，它的依靠力量不仅涉及科学家和技术专家，而且涉及社会力量。特别是大科学时代的到来，科学技术的发展方向、发展领域越来越受到社会的影响。

古代科学技术的发展，多是依靠一些人的个人兴趣而发展起来的。科学技术发展所依靠的人力和财力多数是由个人来解决。科学技术推广的速度比较慢。

近代以来，随着科学技术的发展，它所需的人力与财力是个人无法承担的，国家逐步成为科学技术发展的重要支撑力量，这样一来，科学技术的发展就从小科学时代进入大科学时代。大科学时代科学技术发展的特征表现在以下几个方面。

(1)经费投入、参与人数在不断增加。20 世纪 40 年代，美国的曼哈顿计划动员了 10 万多人参加这一工程，历时 3 年，耗资 20 亿美元，于 1945 年 7 月 16 日成功地进行了世界上第一次核爆炸，并按计划制造出两颗实用的原子弹。这是大科学时代科学技术发展的显著特征之一。

(2)科研项目多来源于政府组织的项目，包括国家项目、省项目等，体现国家层次、区域层次的不同需要，是不同层次社会力量共同作用的结果。如我国每年都需要投资大量的资金用于科学技术研究。

（3）科研团队的培养。科学技术发展既具有继承性又具有突破性。因此，科研要求有相应的团队作支撑。小科学时代，科研是个人行为，而大科学时代，科研工作需要有不同优势的人才共同完成。特别是在现在多学科融合的时代，各种人才的集聚与融合是创新的基础和前提。

但是，在大科学时代，也是需要一些小科学时代的科研路径。例如，对于小发明或小创造来讲，个人就可以完成，不需要国家投入很多的经费。因此，我们应因地制宜地利用好国家经费和国家人才。

大科学时代科学技术这种发展模式有利于民生问题的解决，特别是对于涉及公共领域的民生问题，大科学时代科学技术发展的特征更有利于解决。如对环境问题、资源问题、安全问题、健康问题的解决需要政府投资，通过国家战略来解决。我国发展高技术是从"863"计划开始的，"863"计划选择生物技术、航天技术、信息技术、激光技术、自动化技术、能源技术和新材料 7 个领域 15 个主题作为我国高技术研究与开发的重点。1996 年 7 月，国家科技领导小组批准将海洋高技术作为"863"计划的第八个领域。目前，"863"计划共有八个领域、20 个主题。2004 年《当前优先发展的高技术产业化重点领域指南》指出，我国目前发展的高技术有九大领域，分别是信息、生物及医药、新材料、先进制造、先进能源、环保和资源综合利用、航空航天、农业、现代交通等。

4. 不同时代所依赖能源引起的民生问题的演变历程

能源是产生各种能量的资源，是人类生存和发展不可缺少的物质基础，它的开发和利用状况是衡量一个时代、一个国家经济发展和科学技术水平的重要标志，直接关系到人们生活水平的高低。长期以来，人类大量使用煤炭、石油和天然气等化石能源，不仅使这些有限的资源日益枯竭，而且对环境造成严重污染，人类已面临能源与环境的双重挑战。因此，世界各国都在研究开发利用清洁和可再生的新能源，以求人类的持续发展。

按能源的来源可分为三类：第一类是来自地球以外的天体的能量，其中最主要的是太阳的辐射能。除了太阳直接照射到地球的光和热外，还有煤炭、石油、天然气，以及生物质能、水能、海洋热能和风能等，都间接地来自太阳。第二类是来自地球自身的能源，其中一种是地球内部蕴藏着的地热能，常见的地下蒸汽、温泉、火山爆发的能量都属于地热能。另一种是地球上存在的铀、钍、锂等核燃料所蕴有的核能。第三类是由于地球和其他天体相互作用而产生的能量如潮汐能等。

根据应用范围、技术成熟程度等条件又可将能源分为常规能源和新能源两类。煤炭、石油、天然气、水能、核裂变能都已得到大规模经济开发和利用,被称为常规能源;而太阳辐射能、地热能、风能、海洋能、核聚变能、潮汐能、生物质能、氢能等都是正在开发研究中的能源,尚未得到经济开采和利用,被称为非常规能源,又叫新能源。人类利用能源的历史,就是不断进行能源更换的历史,也是人类发展和社会进步的历史。

从人类发展史看,人类依赖的能源经过三个阶段。第一个阶段,传统的农业社会,人类所依赖的主要能源是简单的可再生的木材、树枝等能源。第二个阶段,工业时代,人类所依赖的主要能源是不可再生的煤、石油和天然气能源,而这些能源在使用过程中又产生环境问题和资源问题等新的民生问题。第三个阶段,信息时代,人类所依赖的主要能源正在从传统的不可再生的能源向新型可再生的能源转变。新型能源的开发和利用是解决环境问题和能源问题的重要途径。

总之,民生问题的内涵体现了系统性特征,民生问题发展过程具有系统性、历史现实性、社会性、科学技术性和民众的参与性等特征,民生问题的演变过程既具有共性又具有个性,而且与科学技术发展的理念、领域、依靠力量及人类所依赖的能源等都有直接的关系。

第二章 解决中国目前民生问题的科技需求

胡锦涛同志在党的十七大报告中提出，社会建设与人民幸福安康息息相关，必须在经济发展的基础上，更加注重社会建设，着力保障和改善民生。在当前全面贯彻落实科学发展观、构建和谐社会的新时期，探索现阶段我国民生问题具有非常强的现实意义。而很多民生问题的解决需要科技支撑。

第一节 新中国成立以来我国民生问题分析

民生问题的产生与发展有一个过程。新中国成立以来，我国发展战略经过了从经济建设向经济建设、政治建设、社会建设、文化建设等方面转变的过程。从这一过程来看，一方面，反映人们需求的层次在不断上升，从追求物质财富向精神财富转变；另一方面，突现社会在发展过程中出现的新的民生问题。而一些民生问题的产生与科学技术发展有密切的关系。

一、目前我国民生问题的现状

民生问题，简单地说，就是与百姓生活密切相关的问题，最主要表现在吃穿住行、养老就医子女教育等方面。民生问题关乎社会治乱与政权兴亡。“国以民为本，民以食为天”，是我国古代朴素的民本思想，也是对民生问题重要性的认识。关注民生、重视民生、保障民生、改善民生，同党的性质、宗旨和目标一脉相承。教育是民生之基，就业是民生之本，收入分配是民生之源，社会保障是民生之依，这四大问题都是民生的基本问题。党的十七大报告指出：经济建设、政治建设、文化建设、社会建设是我国目前需要建设的四大领域，也反映了我国民生问题存在的现状。

1. 经济发展中的民生问题

随着社会的不断进步,民众需求层次的不断提高,客观要求经济实力的不断增强。这也是建设有中国特色社会主义的客观需要。具体来说,发展经济是由我国目前的民生问题决定的。

(1)贫困问题。中国现行的农村贫困人口的标准,是1986年由国家统计局在对6.7万户农村居民家庭消费支出调查的基础上计算得出的。经测算,1985年中国农村贫困人口的扶持标准为206元,此后根据物价指数变动逐年调整。到1990年这一标准相当于300元,1999年为625元。中国的贫困标准是一个能够维持基本生存的最低费用标准,约每天每人消费2元人民币的标准,虽然这一标准与国际上通用的每人每天1美元的消费支出贫困标准有很大的差异;但对于中国这样的发展中国家来说,是一个实事求是、可以帮助绝大多数贫困人口在解决最基本生存问题的标准问题。

据《中国青年报》报道,由于中国庞大的人口基数,按照国际标准计算得出的中国消费贫困人口数在国际上仍排名第二,仅次于印度。2005年直接问卷调查数据显示,按当年美元购买力平价,中国仍然有2.54亿人口每天的花费少于国际最新贫困线。这一贫困人口数字远高于中国官方估计的农村1500万贫困人口。这份名为《从贫困地区到贫困人群:中国扶贫议程的演进》的报告指出,这主要是因为中国官方贫困线标准偏低所导致。巨大的贫困人口温饱问题、发展问题的解决需要大力提升我国的经济实力。

(2)发展循环经济问题。从世界发展情况看,当一个国家的人均GDP达到3000—5000美元时,就被认为是基本上进入了后工业时代,有能力发展循环经济。美国、日本、德国、丹麦在20世纪70年代全面开始实施循环经济。1992年,巴西、韩国开始全面实施循环经济。

我国自20世纪90年代以来,关键是三种资源的不可持续发展:水、能源和土地。我国水资源总储量约2.81万亿立方米,居世界第六位,但人均水资源量不足2400立方米,仅为世界人均占水量的1/4,相当于美国的1/5,苏联的1/7,加拿大的1/48,世界排名第110位,被列为全球13个人均水资源贫乏国家之一。

中国的石油储量世界排名第12位,所占比重1.4%,人均石油储量只有世界水平的1/15,世界人均国土面积为44.5亩,中国人均只有12.4亩,少32.1亩;人均耕地面积为4.8亩,中国人均只有1.3亩,少3.5亩;中国人均可耕地资源不到世界平均水平的1/2，中国现有森林面积17491万公顷，森林覆盖率18.21%，占世界第5位，但仍然是一个少林国家，林产品供需矛盾依然突出，与世界差距巨大。中国人均森林面积和蓄积量为世界的134位和122位；森林覆盖率仅为世界平均水平的61.3%。要改变经济发展模式，提高经济发展质量，必须提高经济实力，才可能解决相关的问题。

(3)科学发展的问题。胡锦涛同志在党的十七大报告中指出，在新的发展阶段继续全面建设小康社会、发展中国特色社会主义，必须坚持以邓小平理论和"三个代表"重要思想为指导，深入贯彻落实科学发展观。科学发展观是我国经济社会发展的重要指导方针，是发展中国特色社会主义必须坚持和贯彻的重大战略思想。可以说，深入贯彻落实科学发展观是全面建设小康社会的必由之路，也是构建社会主义和谐社会的行动指南。

科学发展观以发展为第一要义，强调夯实和谐社会的物质基础。社会要和谐，首先要发展。发展是我们党执政兴国的第一要务，也是当今世界各国面临的共同课题。党的十六大以来，我们党坚持以邓小平理论和"三个代表"重要思想为指导，在准确把握世界发展趋势、认真总结我国发展经验、深入分析我国发展阶段性特征的基础上，提出了科学发展观这一重大战略思想，深化了对社会主义建设的认识。发展是科学发展观的第一要义，是解决中国一切问题的治本之策。必须把发展作为促进社会和谐的根基，充分认识发展在促进社会发展中的决定性作用，坚持通过科学发展来促进社会和谐。

发展是有中心的，必须牢牢抓住经济建设这个中心。发展对于全面建设小康社会、加快推进社会主义现代化具有决定性意义。要牢牢抓住经济建设这个中心不动摇，为发展中国特色社会主义打下坚实的物质基础。目前，我国经济社会中的许多不和谐因素，在很大程度上都与经济发展还不充分有密切联系。只有经济充分发展了，才能为构建社会主义和谐社会提供雄厚的物质基础，才能最大限度地满足人民群众日益增长的物质文化需要。因此，在解决民生问题的过程中，实现科学发展，必须始终坚持把经济建设放在首位，坚持在以经济建设为中心的基础上统筹协调经济、社会、文化等各方面发展，用发展的办法解决前进中的问题。

(4)构建和谐社会的问题。实现社会和谐，建设美好社会，始终是人类孜孜以求的一个社会理想，也是包括中国共产党在内的不懈追求的一个社会理想。我们所要建设的社会主义和谐社会，应该是民主法治、公平正义、诚信友爱、充满活力、安定有序、人与自然和谐相处的社会。民主法治,就是民主得到充分发扬,做到依法治国,各方面积极因素得到广泛调动;公平正义,就是社会各方面的利益关系得到妥善协调,人民内部矛盾和其他社会矛盾得到正确处理,社会公平和正义得到维护和实现;诚信友爱,就是全社会互帮互助、诚实守信,融洽相处;充满活力,就是能够使一切有利于社会进步的创造愿望得到尊重;安定有序,就是社会组织机制健全,社会管理完善,社会保持安定团结;人与自然和谐相处,就是生产发展,生活富裕,生态良好。这些基本特征是相互联系、相互作用的。

构建社会主义和谐社会,要通过发展生产力来不断增强和谐社会建设的物质基础,为解决人民各种不和谐因素创造经济条件。如对于低保水平的提升,对生态文明建设的投入等都需要经济作基础。

(5)改善民众生活质量问题。随着民众需求层次的不断提升,对经济发展的内容、方式、目标等提出了更高的要求。恩格尔系数是衡量民众生活质量的重要指标,它是食品支出占收入的比例,该比例越大表明经济发展水平越低,民众生活水平也就越低。国际上认为恩格尔系数30%—39%为富裕,低于30%为最富裕。改革开放以来,我国城乡居民家庭恩格尔系数显著下降,人民生活水平明显提高。1978年到2007年,城镇居民家庭恩格尔系数由57.5%下降到36.3%;农村居民家庭恩格尔系数由67.7%下降到43.1%。北京社会心理研究所公布的一项调查显示:北京市民的生活质量已达到国际上认可的富裕水平——在北京市民2005年各项消费支出中,食品支出比例(恩格尔系数)为35.2%。① 随着民众消费水平的不断提升,民众对消费产品的品种、功能、循环性等有了更高的要求,消费决定生产。消费模式与种类,决定了经济发展方式与途径的转型。如民众,对环保型产品、循环型产品的热衷,客观上要求我们从粗放型经济向集约型经济模式转变。

2. 政治建设中的民生问题

《中国的民主政治建设》白皮书始终贯穿着一个基本原则,即中国的民主只能是适合中国国情的中国特色的民主。在后发展国家,民主政治建设是一个历史过程,大致可分为四个阶段:“国家的统一、确立中央权威阶段、政治组织和政治过程的制度化、程序化、法制化阶段和大众广泛参与的普遍民主化阶段。”②我

① 参见《北京娱乐信报》2008年2月5日。

② 中虎吉:《我国民主政治建设的特性》,《学习时报》2005年第312期。

国正处于第三、第四阶段。而现阶段的民生问题表现出对政治建设的需要。

(1)民主制度不完善。支持人民政协围绕团结和民主两大主题履行职能,推进政治协商、民主监督、参政议政制度建设;把政治协商纳入决策程序,促进政党关系、民族关系、宗教关系、阶层关系、海内外同胞关系的和谐,对于增进团结、凝聚力量具有不可替代的作用。对于领导干部,民主监督力度不够;政治安排上副职多,非领导岗位多,这些制度也需要进一步完善。重点加强对领导干部特别是主要领导干部、人财物管理使用、关键岗位的监督,健全质询、问责、经济责任审计、引咎辞职、罢免等制度。落实党内监督条例,加强民主监督,发挥好舆论监督作用,增强监督合力和实效。

(2)基层民主建设存在某些不足。受教育程度与民主政治参与程度成正比,民生参与能力随着教育水平和职业地位的升高而增长。目前,我国农民的知识文化水平相对较低,文盲、半文盲者居多,大专以上文化程度的寥寥无几。诚如列宁所说:“文盲是处在政治之外的,不识字就不可能有政治。”由于缺乏科学文化知识,农民的民主意识淡薄,对民主的作用认识不到位,因而也就无法正确履行自己的民主权利。企业职代会作用发挥不够,特别是非公经济企业难以实行民主管理。对于公共管理部门来讲,民主建设需进一步完善。

(3)民主形式需进一步完善。民主应体现严格按照法律、法规、制度办事,让群众享有知情权并参与重大问题的决策,在操作上公开、透明,让群众监督。现在民主形式主要有选举、票决、公示、听证、协商、对话、质询、罢免等各种民主形式。随着科学技术的发展,民主形式也需要不断创新。例如,对于常年在外务工的农民工来讲,参与村里的民生活动几乎不可能。另外,对于普通民众参与公共管理活动的民主形式也是比较少。

(4)行政管理体制需进一步改革。目前政府职能正在向服务型政府转变,组织结构、运行机制、管理方式等方面需进一步改进。政府职能转变还不到位,社会公共管理与服务比较薄弱;一些部门由于存在利益冲突,导致权责脱节,相互推诿,办事效率低下;另外,一些政府工作人员服务意识不强,素质不高,将人民赋予的权力当做个人摆威风、要个性的平台。

(5)权力运行的制约和监督机制需要大大加强和改进。有的地方的决策权、执行权和监督权还没有分开,一些权力部门自己制定规矩又自己执行,权力与部门利益直接挂钩,必然导致权力滥用。特别是在行政审批、干部人事、建设工程招投标、经营性土地使用权出让、政府采购等领域和环节,由于对权力运行缺乏有效监督,致使各种腐败现象滋生。随着科学技术的发展,一些监督机制可以通过网络或其他手段进行不断的完善。

(6)民众的政治参与需要进一步的扩大。公民政治参与度是反映一个社会进步的重要指标。而目前,民众参与民主活动存在主动性差,热情不高,参与主体两极分化等问题。无序参与时有发生,如群体事件、暴力冲突、越级上访现象不断发生。我们需要在民众参与民主的渠道、方式、范围等方面不断地创新,扩大民众的参与强度与力度,促进社会进步。

3. 文化建设中的民生问题

民众生活质量在很大程度上取决于经济发展程度,取决于居民实际收入的多寡,但是也必须清醒地看到,经济指标只是居民生活的一个方面,如果没有相应财富文化的进步,单纯经济的层次提升就可能导向利己主义、功利主义、唯利趋向。文化作为社会经济发展的根,是需要不断继承与发展的。马克思主义指出:经济基础决定上层建筑,随着经济的高速发展,社会文化需不断的创新。党的十七大报告准确把握我国经济社会发展对文化建设的新要求和物质生活改善后人民群众对文化工作的新期待,作出了兴起社会主义文化建设新高潮的重大部署。近30年来,我国经济社会保持持续快速健康发展,经济实力和综合国力迈上新台阶,经济总量跃居世界第四位。这在客观上要求文化有一个大发展大繁荣。在改革进程中,我国文化建设虽然也取得巨大成就,但总体实力和总体水平同经济社会发展不相适应,同我国的国际地位不相适应,主要表现为以下几个方面的问题。

(1)文化事业发展不均衡。城市文化建设速度快于农村。目前,农村文化基础设施建设薄弱。乡镇文化站是农村文化服务机构的主体。目前,乡镇文化站发展困难,巩固率不高,办公环境差,部分文化站成了无人员、无阵地、无经费、无活动的"四无"文化站。其主要原因:一是部分乡镇领导重经济发展,轻文化建设;重物质利益,轻社会效益。二是取消农业税后,财政困难,对文化建设无力投入。三是专业人才缺乏,人员素质偏低。近年来,基层文化部门因条件差、待遇低,导致人才外流,专业文化人才出现人才断层和老化现象。文化站正式人员偏少,人员不到位的问题仍然突出。近年来各项培训经费短缺、培训渠道过窄等问题,导致农村文化工作内容贫乏,方法简单,缺乏创新,难以产生吸引力和凝聚力,无法满足民众的需要。而城市文化事业发展要好于农村。无论是在形式上还是在内容上都在不断地创新。

(2)文化产业发展模式正处于探索阶段。按工业标准生产、大规模批量化是文化产业的重要特征。文化产业化是对精英文化的世俗化、大众化、普及化。为强调产品的消遣娱乐,充分挖掘其文化精神所具有的市场价值,需要对文化内涵进行市场化改造,以获得经济利益与社会利益。我国国家统计局2004年发布的《文化及相关产业分类》和《文化及相关产业指标体系框架》两个文件,将文化产业定义为:为社会公众提供文化、娱乐产品和服务的活动,以及这些有关的活动的集合。根据国家统计局的界定,文化及相关产业可分成三类:一是主体层,包括①新闻服务;②出版发行和版权服务;③广播、电视、电影服务和文化艺术服务。二是环境层,主要包括①网络文化服务;②文化休闲娱乐服务;③其他文化服务,如广告、会展等新兴文化产业。三是关联层,主要包括文化用品、文化设备、文化产品的生产和销售。

目前我国主要存在政府主导型、社会主导型、政府和社会主导型等形式发展的文化产业,形成经济与文化联动的发展模式。但是,对于一些有丰富文化资源的地区来讲,由于发展模式比较单一,缺乏有效的发展途径,制约了前进的发展步伐。

(3)文化与经济的交融存在一些问题。当今世界,文化与经济和政治相互交融,在综合国力竞争中的地位和作用越来越突出。文化的力量已熔铸在民族的生命力、创造力和凝聚力之中。世界文化遗产与非物质文化遗产在保护的同时,也促进了经济的发展。在当今时代,文化已经渗透到现代经济活动的各个方面,商品的品牌、城市的品位、区域的发展等都有赖于文化含金量的提高。经济与文化紧密相融,呈现出彼此依存、相互促进、共同发展的态势。

但现在存在“先经济后文化”或者“就经济抓经济,就文化抓文化”等不良现象,既不可能把文化搞好,也不可能真正把经济做好。很多民众缺乏对文化的认识和了解,包括传统文化与现代文化。现在文化涉及的范围特别广,很多文化中渗透着科技因素,应实现科技、经济与文化的有机融合。因此,一切经济活动都要渗透文化内容,在产品生产过程中,加强企业文化建设,提升劳动者素质,大力发展文化产业。目前,文化可以通过多种形式与经济结合。如通过发展旅游业,促进经济文化发展。通过发展影视业,促进经济文化发展。通过发展公共文化服务业,促进经济文化的发展。通过发展工业旅游业,促进科技经济与文化的发展。通过城市建设,发展经济与文化。

(4)传统文化与现代文化缺乏有机的融合。20世纪,似乎存在这样的一种认识,西方文化中心论、西方文化霸权主义等。改革开放以来,西方文化不断涌入国内,西方对华文化霸权的战略构想,是以经济全球化上的优势为主要依托,附加西方文化价值观念的推行,从经济领域入手再向教育、文化等领域扩展。西方的价值观念已渗透到民众的生产、生活中。西方可口可乐公司、一些快餐等实业在进入国内时,同时传播西方的消费文化、价值选择等,在进行经济渗透的同时进行文化渗透。西方现代文化的强行侵入,造成中国传统文化的忽视。而有资料显示,21 世纪的世界是中国的世界,关键是中国传统文化的优越性,是 21 世纪人类经济社会文化发展的需要。

中国传统文化中的"天人合一"等价值观反映了人与自然之间的辩证关系。而西方文明倡导经济中心主义、人类中心主义等使人与自然、人与社会、人与人之间的发展越来越不和谐。而且,西方文化与中国传统文化处于彼此分离的状态。年轻人比较信奉西方文化,吃西餐,信奉西方企业文化等,反而把自己老祖宗的东西全忘记了。传统文化与现代文化的分离表现在:

①传统教育体系中重视现代文化的教育。从我国教育体制可以看出,涉及西方的政治史、文化史、哲学史、管理史等特别多,而涉及中国传统文化的内容相对比较少。我们在吸收西方现代文化的同时,将自己的东西给丢了。

②在器物层次上,西方经济实体在进入中国的同时,在器物层次上对中国传统文化具有很大的冲击。主要表现在:中国在从农业经济转变为工业经济的过程中,传统工业在器物层次对中国传统文化具有重大冲击。传统生产模式、消费模式等在器物层次上发生了重大变化。传统生产模式、消费模式逐步被新的模式所取代。如交通工具方面,节能环保的自行车逐步被汽车等现代交通工具所取代。标准化的生产模式取代了传统手工作坊,生产效率大大提高。

③在文化层次上,西方的价值取向、观念等对中国传统文化造成重大冲击。中国传统的和谐观念、忠孝理念等在西方经济中心论、个人主义等价值观的影响下越来越淡薄。现在是我们应该发展和弘扬传统优秀文化的时候了。特别是 70 后、80 后、90 后缺乏对中国传统文化的认识。盲目信奉西方文化,会使中国传统文化处于被边缘化的境界。一些本属于中国的传统文化遗产被韩国等国家申批已充分说明了这种境况。

(5)文化传播手段有些简单。人类社会中信息存在形式和信息传递方式以及人类处理和利用信息的形式所产生的革命性变化。根据信息传播手段的不同,迄今为止,人类社会已经发生五次信息技术革命。第一次信息技术革命是语言的创造,发生在猿向人转变的时期。人类创造了语言,获得了人类特有的交流信息的物质手段和加工信息的工具。第二次信息技术革命是文字的发明,发生在原始社会末期。使人类信息突破了口语的直接传递方式,可以将信息储存在文字中加以传播。第三次信息技术革命是造纸术和印刷术的发明,发生于封建社会时期。这两项发明扩大了信息的交流、传递的容量和范围,使人类文明得以迅速传播,并且使信息的传播可以突破时间与空间的局限,大大扩大了信息传播的范围。第四次信息技术革命是电报、电话、电视等现代通信技术的运用。现代通信技术信息的传递手段发生了根本性变革,大大加快了信息传输的速度,缩短了信息的时空跨度。由于信息传播速度的提升,使科技传播速度、文化传播速度发生了质的飞跃。第五次信息技术革命是电子计算机的发明和应用,发生于20世纪中叶。电脑的出现从根本上改变了人类加工利用信息的手段,突破了人类大脑及感觉器官加工利用信息的能力,将使人类进入信息社会时代。

信息技术革命大大促进了文化事业的发展。目前文化传播可以通过文字、语言、电视、网络、影视等手段传播。但是,目前,由于很多文化属于公共文化,由于存在投资主体的矛盾、公共性特征,使文化传播速度、效率、范围、方式等受到很大局限。一方面,城市与农村传播手段存在很大的差异。特别是对于农村来讲,还是主要以文字、舞台表演、电视来传播文化为主。这与农民的文化素养有很大的关系。对于网络传播等新型手段利用远远不够。另一方面,不同文化层次所使用的传播手段差距很大。知识型民众多采用网络、影视、电视等来接受文化;文化水平比较低的民众主要通过电视、报纸等来接受文化产品。再次,不同群体对文化的理解等方面存在很大的偏差。这些都影响文化传播的手段与效率。

(6)文化创新力度不够。前文化部长孙家正先生在论及文化创新问题时曾指出:“优秀的艺术传统是中华民族祖先文化创新的积累和结晶,不断创新是这一传统得以延续和发展的决定性因素。当代中国的艺术创新是中国传统艺术向现代形态的转化与重塑……”要繁荣文化事业,需要在创新中不断发展。创新,体现着创造能力,超越意志和追求变化的愿望。“新”具有在继承基础上创造的含义。因此,创新将显示出不同国家、民族文化自我更新的活力和艺术家个体的智慧才能。

文化创新涉及文化内容、文化形式、文化传播途径等方面的创新。而目前我国文化创新从内容上看,出现两种情况,一种是在借鉴西方文化基础上的创新;

另一种是在传承中国传统文化基础上的创新。如对《三字经》的修改,对老子、庄子、孔子等思想的重新解读,对中国传统文化中的忠孝等的解释。文化产业发展形式上表现出不同民众发展水平的差异。文化传播途径上表现出政府主导、社会主导、企业主导等多种形式,一些途径处于探索阶段。此外,科技对文化的贡献力度不够。

4. 社会建设中的民生问题

社会建设作为"四位一体"的中国特色社会主义事业总体布局的重要组成部分,与每一个民众的幸福安康息息相关。以胡锦涛同志为总书记的党中央高度重视我们国家的社会建设问题,加快推进以改善民生为重点的社会建设工程。社会建设的提出与中国目前经济、社会发展的阶段性是紧密联系的。

目前我国的社会建设的内涵体现为以下几方面:

(1)社会性。也就是要从整个社会的利益出发,制定策略。改革开放以来,我国的阶层差距从平衡态越来越向非平衡态发展,收入差距是越来越大,不同群体的利益冲突也越大越多,社会个体利益远远超过公共利益。社会建设的社会性正是要实现从非平衡态达到一个新的平衡态。

(2)缩小不同阶层的差距。改革开放以来,不同阶层在收入、经济地位、社会地位、文化享受等方面的差距呈扩大的趋势。很多群体事件、突发事件的发生已充分说明了阶层差距带来的"仇富"问题。

(3)体现经济与社会、人与自然的和谐性。我国经济改革在29年的时间里,成果非常突出,我们跃居世界经济总量第四位。但是在经济建设的过程中产生了很多的问题需要解决。所以,社会建设的意义在于要解决社会问题,缓和社会矛盾、构建和谐社会,实现科学发展。

(4)体现社会的公平、公正、公开。社会建设是解决非平衡态的公共问题,表现为推进公平、公正和公开的进程,促进社会民主发展、社会安定团结。

现阶段中国面临的社会建设问题表现为以下几方面:

(1)教育问题。对于中国来说,要实现人力资源强国向人力资本强国转化,最终目标是要提高全体国民的教育水平。联合国曾做过一项调查,发现穷国与富国的差距关键是教育的差距。教育的差距直接影响一个人的收入,间接影响国家利益。目前我国平均受教育年限比较低。从保护最大多数人的最大利益的角度看,我们确实应该首先把基础教育的水平提高,创新大学教育和职业教育,大力发展远程教育。

（2）就业问题。新中国成立以来，就业问题一直是中国的一个大问题。在计划经济时代，我们采用平衡的就业模式，保障大学生都有工作做，但最后的结果是人浮于事，效率低下。20 世纪 90 年代经济体制的改革，使很多人下岗，打破平衡的就业模式，经济效益明显提高。但是，从社会建设的角度来讲，不利于社会稳定。特别是处于转型中的中国，产业结构的不断升级，也造成了结构型的失业。所以，就业是我国社会建设的重要组成部分。

（3）公平问题。体现为缩小阶层的收入差距、文化差距、教育差距，优化社会资源。强调初次分配和再次分配都要处理好效率和公平关系。古人早就说过：不患贫而患不均。改革开放以来的不均衡发展已经到了必须缓和的阶段。耗散结构理论告诉我们：系统在非平衡态进入平衡态，需使系统处于开放的状态，解决公平问题。

（4）医疗健康问题。随着人们生活水平的提高，医疗与健康受到人们的重视。而目前，我国庞大的农村需要不断完善医疗体系，解决民众看病难的问题。由于现代科学技术的发展，食品的健康问题、安全问题等越来越受到人们的关注。

（5）社会管理问题。我们知道，经济高速发展的时期，也往往是社会矛盾和社会问题比较突出的时期。社会管理是减少社会矛盾，提高社会效率、促进社会发展的重要措施。政府管理水平越来越成为社会发展的重要领域。

（6）社会安全问题。“稳定是民生之盾”，就是说“稳定”是人民安居乐业的可靠保障和坚强后盾。“稳定压倒一切”，“利莫大于治，害莫大于乱”，就是要重视社会稳定工作，健全社会矛盾纠纷处理机制，把各种矛盾化解在萌芽状态，加强社会治安防控体系建设，依法严厉打击各种刑事和民事犯罪行为，争取社会治安状况的根本好转，增强人民群众的安全感。

5. 生态文明建设中的民生问题

党的十七届四中全会指出“我国经济建设、政治建设、文化建设、社会建设以及生态文明建设全面推进，工业化、信息化、城镇化、市场化、国际化深入发展，我国正处在进一步发展的重要战略机遇期，在新的历史起点上向前迈进”。生态文明建设已成为我国需要解决的民生问题的重要领域。

生态文明，是指人类遵循人、自然、社会和谐发展这一客观规律而取得的物质与精神成果的总和；是指人与自然、人与人、人与社会和谐共生、良性循环、全面发展、持续繁荣为基本宗旨的文化伦理形态。2007 年党的十七大报告提出：

"要建设生态文明,基本形成节约能源资源和保护生态环境的产业结构、增长方式、消费模式。"倡导生态文明建设,不仅对中国自身发展有深远影响,也是中华民族面对全球日益严峻的生态环境问题作出的庄严承诺。民生问题的解决也是生态文明不断建设的过程。

二、目前我国民生问题发展的特点

民生问题不是一蹴而就的,是一个社会长期发展产生的问题。目前,我国各地区之间、不同群体之间发展不平衡,民生问题体现了我们这个时代的特征,社会性特征和广泛性特征。

1. 时代性

我国目前正处于从工业社会向知识社会的转型期,新技术革命正在改造传统产业。社会产业结构、就业结构、分配模式等都处于转型阶段,也成为矛盾不断突现的阶段。

产业结构的变化原因是由科技因素和社会需要决定的。每一次科技革命都促进了产业结构的变化,而产业结构的变化直接引起就业结构的变化。我国正处于从工业经济向知识经济转变的过程中。产业结构的变化,使技术含量低、粗放型经济处于淘汰的边缘。产业的淘汰与改造直接促使就业人员处于动态的变化之中,也使一些人员处于下岗状态。同时,每一次科技革命都大大提高了劳动生产率,加大了就业的压力。所以,目前中国的民生问题之一就是就业问题,这与时代的转型特征具有直接的关系。

知识经济社会与传统工业社会分配模式具有很大的区别。按照要素分配理论看,传统工业经济主要参与分配的要素是资本和劳动力。知识经济社会参与分配的主要要素是知识资本。对于高科技企业来讲,主要投入资本从物质要素向人力资本要素转变,表现为企业 R&D 投入的不断增加。知识社会的分配模式使财富的积累呈现出跳跃性特征。一个现象就是很多 80 后的大学生成为社会发展的主力军,财富增长速度特别快。财富的这种分配模式扩大了阶层之间的收入差距,进一步加剧了贫富之间的差距。特别是 2003 年以来,社会群体事件的不断升级,已充分说明了收入差距引起的民生问题,这与知识社会的分配模式有很大的关系,这个问题需要通过二次分配来解决。

2. 社会性

民生问题涉及民众的利益问题,是一个明显的社会问题。涉及民众的衣、食、住、行等方面。关注民生、重视民生、保障民生、改善民生是构建和谐社会的关键所在,也就是从很多问题已经从个体问题上升为社会问题。民生问题已成为构建和谐社会的重要组成部分。目前民生问题的社会性体现在以下几个方面:

(1)公共安全问题。自2003年的"非典"以来,公共安全问题越来越突出。包括社会安全问题、生产安全问题、食品安全问题等方面。从社会发展阶段来看,公共安全问题涉及不同群体的利益问题、管理问题、投入问题、社会道德问题等方面,对于复杂的公共安全问题我们需要协同个人利益、集体利益和社会利益。

(2)就业问题。就业问题是中国各种问题里最令人关注的问题。城镇中无数下岗职工和各种待业人员已经让人头疼,农村还有几亿潜在失业人口,大学生和研究生就业问题也比较突出。2008年以来的经济危机,更加剧了中国就业的压力。就业对于年轻人来讲,创业更重要。从目前情况看,就业问题不仅是个人问题,也是国家问题和社会问题,涉及国家安全、家庭利益和社会利益。

3. 广泛性

民生问题不仅涉及与民众直接相关的衣、食、住、行等问题,而且涉及与民众直接相关的环境问题、安全问题、健康问题等。中国目前要解决的民生问题已经从系统的要素向系统的边界转变,优化系统的要素与环境,达到要素与环境的优化整合。我国民生问题的广泛性与我国目前发展阶段有直接的相关。

改革开放以来,我国的民生问题从发展主体来讲,已经从经济建设向经济建设、社会建设、政治建设和生态建设过渡。一方面,反映了社会进步过程中,人们需求层次的提高;另一方面,反映了社会发展的不平衡性,客观上要求解决各种矛盾,实现经济、政治、社会等方面的协调发展。

从发展手段来讲,目前要解决民生问题,包括国家发展战略、技术创新、制度创新、管理创新、教育创新等在内的不同层次的发展问题。从发展战略来看,我国确定了可持续发展战略、科技兴国战略、人才强国战略和自主创新战略等,从中长期发展战略解决我国的民生问题。从创新角度来看,我国确定了不同层次的创新战略,整合各种社会资源,促进经济、社会等方面的良性运作。

三、目前我国民生问题产生的根源

改革开放以来,我国民生问题的产生与发展过程,与我国价值观选择、发展特性、社会转型、科技因素等有直接的联系。

1. 多元价值观的影响

价值观是社会成员用来评价行为、事物以及从各种可能的目标中选择自己合意目标的准则。价值观通过人们的行为取向及对事物的评价、态度反映出来。它支配和调节一切社会行为,涉及社会生活的各个领域。价值观的产生与民众所处的自然环境和社会环境有直接的关系。

自改革开放以来,我国的价值观处于一种多元化状态,不同群体由于受教育的差距、家庭影响和生活环境影响,形成不同的价值取向。根据民众追求的不同,我们可以把价值观划分为真理价值观、美的价值观、权力价值观、社会价值观、经济价值观和信仰价值观。有些人重视小我,忽视大我,强调个体利益,忽视群体利益。特别是一些领导干部强调经济中心论,忽视社会协调论,造成经济与社会的不协调发展。一些县由于经济发展速度快,成为全国的百强县,后随着考核体系的变革,一些已经不再是了,就是因为它的社会问题、环境问题等比较突出。由于价值的多元化发展特征,使同一社会、同一区域、同一单位的管理显得非常困难。价值观选择直接决定了人们的行为。

当代人类核心价值理念的缺陷已经导致了许多不良后果。这些不良后果主要可以从个人与自身、个人与个人、国家与国家、人类与自然四个方面的关系来看。

从个人与自身的关系来看,由于过分刺激对实利的欲望和鼓励对实利的无限追求,日益被欲望所主宰、所奴役,欲望得不到满足感到痛苦,而欲望又在不断地被刺激、被开发,事实上永远不可能得到充分的满足。现代人的累,很大程度上是欲望驱使下的心灵的累。人们为了各种欲望,不断地在痛苦中生活。这很大程度上是由于人本身的心灵与行为的不协调造成的。现代人的生活水平、受教育程度等比古代人强很多,但是,很多现代人有钱了,不快乐;没钱人也不快乐,这与现代人的价值观有很大的关系。

从人际关系来看,由于不同价值观的人在一起生活和工作,必然会产生各种矛盾,特别是改革开放以来,不同群体之间差距的扩大,更加剧了不同群体之间的矛盾。在当代,这种不平等不仅突出地表现为贫富两极分化,而且更深层地表现为富人与穷人、强者与弱者的对立,而这是当代公正理念所难以解决的,因为当代的公正理念是以维护个体自由和权利平等为目的的。而这种对立又产生新的民生问题,包括安全问题、健康问题和社会问题。

从人类与自然的关系来看,人类为了满足欲望,把地球看做是用之不竭的宝库,野蛮地掠夺地球。在人类真正成为地球的主人的同时,地球再也承受不了人类的蹂躏,环境污染,生态平衡破坏,人类赖以生存的地球生态系统已经走向崩溃的边缘。人类虽然已经普遍确立了环境保护的理念,但这种理念无法抵御人类日益张大的欲望。特别是不可再生资源的过度开发,已造成各种自然灾害。

人类如果不努力克服主宰自己的价值理念的缺陷,人类将会从辉煌走向灭亡。因此,今天人类需要反思和批判已经确立的价值观念,克服现行价值理念的缺陷,使之走向完善、合理。特别是我们应树立社会价值观,这也许就是人类公认的价值理念的未来走向。

2. 非平衡发展的必然结果

自改革开放以来,我国的经济、社会等方面从计划经济时代的平衡态向市场经济的非平衡态发展,中国的经济体制、就业体制、教育体制等都围绕经济目标取得了显著的成绩,取得了经济平均9%的增长速度,民众的生活水平有明显提高,但是,也产生了很多不平衡态发展的特征,从经济与政治、社会发展的协调性;教育与就业的不协调性等。从耗散结构理论看,只有开放,一个非平衡态系统才可能达到一个新的平衡。为了实现中国经济、社会、文化的协调发展,中国必须进一步扩大开放,实现各种要素的优化整合,已期望达到一个新的平衡。

社会的发展规律遵循耗散结构理论,即从平衡态——非平衡态——新的更高的平衡态的螺旋式上升发展。我国目前正处于从非平衡态向新的平衡态发展的关键时期。如我国的产业结构、就业结构、教育体制等的变革已充分说明了这一点。

3. 社会转型的代价

我国正处于从工业经济向知识社会转型期,各地区发展水平差距比较大。根据2008年中国现代化报告,北京、上海、台湾等地区已进入知识经济社会,大多数省份处于从工业经济向知识经济的转型期,新疆、海南等地区正处于从农业经济向工业经济的转型期。转型期是旧矛盾、新矛盾产生与发展期,是多种民生问题集中发展期。

4. 科技因素带来的结果

每一次科技革命都促进了生产力的巨大发展,生产效率的提升给就业带来了巨大压力。另外,第一、二次科技革命还带来了环境问题、生态问题和资源问题。第三次现代科技革命促进社会从工业经济向知识经济转型,而知识经济很重要的规律就是按照知识、信息、技术等主要生产要素进行分配，而这种分配方式会扩大收入之间的差距，使收入之间的不平衡越来越大。

第二节 经济建设过程中的科技需求

自改革开放以来，我国的经济发展经历了从计划经济向市场经济转型，经济增长模式经历了从粗放型向集约型转变，从经济增长模式向经济发展方式的转变，从数量型向质量型转变，经济发展的依靠力量也向科技和高素质人才转变。我国在经济建设过程中，产业转型、人才素质提高、能源转型等都需要现代科技作为支撑。

一、科技与经济互动机制理论研究

科技在世界范围内成为第一生产力，无论是经济史实还是经济理论，都给予了充分的肯定。科技不仅能转化为第一生产力，而且与经济之间存在客观的互动机制。

1. 科技与经济内在互动机制分析

人们在从事生产活动时，随着科学技术的发展以及生产活动规模的日益扩大，也就逐渐地开始了科技发展作为一步，经济发展与社会进步作为另一步的循环式互相促进的过程。这种过程的完善以及循环周期的日益缩短，正是今天科技长入经济发展的一个鲜明特点。

一方面，科学技术的进步推动了经济的发展与社会的进步，促进着生产方式、生活方式、思维方式的变革，推进了经济的繁荣与生活质量的提高，使得科技作为第一生产力的作用被普遍地认识。另一方面，经济社会的不断发展又为科学技术的发展提供了动力和源泉。强大的社会需求推动与刺激了科学技术的发展，经济积累中分配给科技的份额更为科研与技术发展注入了强大的活力。它们的互为促进形成了推进整个人类文明的双轮车。

2. 科技、经济、体制三者之间的分析模型

科学技术发展的最终目的，就是要把其成果积极地转化为经济增长的推动力并且满足人类不断增长的需求。科技、经济与管理体制，作为一个互为联系的大系统，在发挥科学技术作为第一生产力的内涵上，具有十分重要的意义。三者之间必须互相调适，才能使得系统的行为合理，而且促进和增长系统的自我调节

功能与自我增值功能,促进科技与经济的互动。

经济发展要依靠科学技术,是经济增长提高效率的根本途径。人们通过先进的发明与具有创新性的技术,大大提高物质、能量和劳动力的利用效率,并且达到资源承载力与环境容量等限制条件下的集约化生产。

科学技术要面向经济发展,是科学技术进步的根本目的和取得持续发展的必然选择。现代社会生产和科研规模的扩大,使得过去科学家的自由研究,改变到成为整个社会链条的组成部分,因此它与经济发展的结合程度,从不自觉到自觉,已经成为衡量科学技术本身健康发展的标志。

总之,在知识经济时代,科技与经济要实现互动发展不仅需要科技进步、经济发展,而且需要体制作保证。

二、经济建设过程中的科技需求

经济建设过程中科技是很重要的支撑力量。具体表现在以下几个方面。

1. 提高经济实力需要科技自主创新能力的提升

胡锦涛同志在党的十七大报告中说,要促进国民经济又好又快地发展,实现未来经济发展目标,关键要在加快经济结构战略性调整,更加注重提高自主创新能力、提高节能环保水平、提高经济整体素质和国际竞争力。

党的十七大报告提出的自主创新能力指原始性创新、集成创新和引进消化吸收再创新三个层次。现代世界各国的竞争是经济的竞争,经济的竞争说到底是科技的竞争,而科技能力的竞争就看各国的自主创新能力。特别是在知识经济时代,科技创新能力决定企业发展的潜力,所以,科技自主创新能力成为促进经济发展的第一需要和支撑。

而科技自主创新能力的提升需要加快建设国家创新体系、支持基础研究、前沿基础研究、社会公益性技术研究。加大科技投入力度,实施知识产权战略,培养世界一流人才等是提高我国自主创新能力的关键。自主创新能力的提升直接决定了经济发展的实力和水平。

2. 转变经济发展方式需依靠科技

我国经济发展方式从依靠物质资源消耗向主要依靠科技进步、劳动者素质提高、管理创新等方面转变。经济增长从主要依靠第二产业向依靠第一、二、三产业协同发展转变。而产业结构的转变需要依靠现代科技水平,如第一产业农业,已不是传统意义上简单的种植业,而是以生物技术、现代能源技术、节能技术等支撑和发展起来的现代农业。第二产业的发展已不是简单的传统工业，而是通过信息化带动工业化，工业化促进信息发展形成的新型工业经济。第三产业表现为以信息技术作为支撑的现代服务业。因此，转变经济发展方式需要科技作为支撑。

3. 实现经济科学发展需要科技支撑

科学发展指以人为本，全面、协调、可持续发展。目前，我国可持续发展能力比较弱，经济快速增长与资源大量消耗、生态破坏之间的矛盾比较突出，经济发展水平的提高与社会发展相对滞后之间的矛盾比较明显，区域之间经济社会发展不平衡的矛盾、人口众多与资源相对短缺的矛盾也是很突出的。另外，人口综合素质不高，人口老龄化加快，社会保障体系不健全，经济结构不尽合理，市场经济运行机制不完善，清洁能源发展速度比较慢，资源开发利用中的浪费现象突出，环境污染仍较严重，生态环境恶化的趋势没有得到有效控制，资源管理和环境保护立法与实施还存在不足。要实现人与自然的和谐发展必须大力发展新能源技术、环保技术、节能技术等。

而目前我国相关技术发展速度比较慢，能源转型速度慢，节能技术研发与转化滞后，环保技术推广应用的积极性不高等，这需要我们从制度建设、文化建设等方面促进新技术的研发与转化。

三、我国科技与经济互动关系中存在的主要问题

自改革开放以来，党和政府有关经济工作的历次文件都要求经济建设要注重依靠科学技术提高效益，但时至今日，此问题依然没有解决，其原因是复杂的、多方面的，最主要的是经济体制和运行机制的问题，具体表现在以下几方面。

1. 计划经济体制束缚科技进步在经济增长中的作用

“机制不适应社会主义市场经济的需要，是造成科技与经济两张皮的重要原因。”具体表现：在科技管理体制方面，条块分割的管理体制切断了民用和国防科研部门、高校、产业部门之间的有机联系。而“技术创新过程是创新要素（信息、思想、物质、人员）在创新目标下的流动、实现过程”。在上述条块分割的体制下，不可能实现要素围绕创新目标的重新组合。结果造成：一是科技与经济结合重视不够，大量的科技成果不能应用于企业。二是在科研立题、执行中，企业作为技术进步主体之一参与不够。三是导致了研究工作的分散化、小型化、短期化，集约不够。四是导致了引进、消化、吸收、再创新的脱节。五是导致了在我

国技术发展过程中单元技术的突破占有较大的比例，而集团式的、组装式的、系统化的技术群，仍处于相对落后状态和较低的层次。这样，我们在整体技术水平上的提高和基础产业的升级就比较慢，生产规模和生产效益就得不到充分的保障。同时，由于缺乏先进的支撑性的技术群，也造成了结构上的不平衡和竞争力的低下，达不到资源优化、技术优化和人才优化的总目标。

2. 过渡期软约束

我国现在处于由计划经济向市场经济的过渡期，随着计划经济指令性约束的放松，这方面不可避免地被削弱；而市场经济的硬约束还没有建立起来，市场不规范，市场机制还没有充分发挥作用。国有企业，特别是一些垄断性企业，其产权还是不清晰的，难以找到真正的行为主体为企业的效率、风险、亏损和经营状况负责。从财产所有者讲，党委、政府、国资局、经贸委、主管部门、组织部门等，都有一定的人财物等产权处置权，但都不承担亏损的责任和风险。因此造成企业吃国家的大锅饭，企业支出软约束，银行信贷软约束，财政预算软约束，这就是投资"一收就死、一放就乱"和企业经营的浪费、低效率的根本原因。企业是否依靠科技进步和加强科学管理，是企业的一种行为或功能，在这种责任不清、权利不清的产权结构下，企业缺乏依靠科技进步和加强科学管理的内在动力，要求企业普遍和持久地具备这种行为是不现实的。

3. 我国传统自然经济排斥依靠科技进步促进经济发展

中国封建社会的经济以农业为主，土地和劳动力是最重要的生产要素。历史上中国农业的发展主要是要素外延的再生产。这种生产方式所要求的技术创新并不侧重要素生产率的提高，而主要是适应新种类外延环境的创新，也就是将经验型技术发明的成果应用于新开垦的土地，因此生产发展对新发明的要求并不迫切，这是中国没有从以经验为基础的发明方式转换到基于科学和实验的创新上来。这就束缚了科技对经济发展的促进作用。

4. 我国外延和模仿扩大再生产的方式仍在继续

在我国扩大再生产的过程中，存在大量的盲目模仿、重复建设、一哄而上的事例。自我复制的结果，破坏了合理的社会分工，这样，一是造成了各地经济结构的雷同，我国中部与东部地区经济重复率为 93.5%，西部与中部为 97.9%。二是造成了生产集中度过低，我国产业的集中度不仅没有加大，反而更加趋于分散。模仿和外延式扩大再生产的方式，忽略了企业内生变量的增长以及培育集中型的、有技术竞争能力的企业，使得我国整体经济效益下降，不仅老厂得不到更新改造,而且经济对科技的需求力度也不够。

总之,我国科技与经济互动发展中,由于体制、产权、传统自然经济等方面问题,使经济对科技需求不足,因此要实现经济增长方式转变,促进科技与经济互动发展,必须加快有利于提高经济效益的社会主义市场经济体制和运行机制建设。

四、我国科技与经济互动关系对策分析

由于我国科技与经济互动发展中,经济对科技需求不足,主要原因是科技体制和经济体制改革中从科技和经济相互作用、相互促进,要素新组合考虑较少;从改进科技供给角度考虑较多,从促进对科技需求、衔接供需角度考虑较少,为此我们必须做好以下几个方面。

1. 改革中国科技创新体制

我国科技创新体制大致有宏、微观两个层次,政府、企业、公共 R&D 机构、教育与培训机构四个组成部分。政府在科技创新体制中的核心职能是制定政策和分配资源,为项目开发、人力资源的发展、科技能力建设和基础建设提供支持。在我国当前条件下,存在的主要问题是政府各部门间如何协调一致,形成合力。微观层次的企业、公共 R&D 机构、教育与培训机构既有差别,又具有互补性。三者间关系的有机协调,是科技体制整体结构调整的重要问题。

2. 建设有利创新的现代企业制度

关于现代企业制度,在中共中央、国务院、人大有关文件中已经有较为全面的论述,其实质是由一定的产权结构、治理结构和责任制度所决定的企业组织结构制度。但在上述有关文件中关于如何在企业中建立创新机制的论述不够。我认为除了在企业中建立技术中心,组织技术创新项目、开发新产品之外,关键在于在企业中构建创新主体并调动其积极性。

3. 建设有利于创新的现代研究所制度

《中共中央国务院关于加速科学技术进步的决定》第 24 条指出:建立科学的科研院所管理制度,使科研院所成为享有充分自主权、实行科学管理的法人。因此,公共 R&D 机构除成为法人实体外,还必须成为现代市场经济中参与社会竞争的主体。还必须明确研究所与出资者、与社会、与其他研究所等基本关系,才能确立研究所的现代市场经济竞争主体地位及其权利、责任和利益。为此,研究所必须具有一定的产权结构、治理结构和人事制度,才能保证形成有利创新的

新型科研机制。

4. 建设有利创新的宏观科技管理体制

目前,随着全国改革开放形势的发展,尽快建立符合国情的宏观科技管理体制是当务之急。为了进一步深化科技体制改革,政府必须加大改革力度,充分发挥政府、企业、社会在科技管理过程中的作用。

总之,知识经济时代,为了促进科技与经济的互动发展,我们必须力求在制度、体制上不断革新促进二者的有机结合,有力地推进经济发展和社会进步。

第三节 政治建设过程中的科技需求

胡锦涛在党的十七大报告中指出,扩大社会主义民主,更好保障人民权益和社会公平正义,公民政治参与有序扩大。依法治国基本方略深入落实,全社会法制观念进一步增强,法治政府建设取得新成效,基层民主制度更加完善,政府提供基本公共服务能力显著增强等政治建设任务,政治建设需要科技支撑。

一、网络参与政治的特征

21 世纪,科技为政治建设提供了可依托的技术保障。信息技术通过网络可以扩大民主,促进政治体制改革。具体来说,网络参与政治的特征为以下几个方面。

1. 网络参与政治的方便性

传统政治参与往往受到时间、地域、交通状况、经济条件等因素的制约。网络参与政治的方式与手段方便快捷,能克服传统的政治参与受时间、地域、交通等因素制约的缺点。借助于低成本、高速度的网络,公民政治参与活动更加方便快捷,参与形式也多样化,可以通过评论、博客、帖子等多种形式参与,使民众参与政治的效能大大提高。

2. 网络参与政治的公平性

互联网的存在状态是无形的,它通过虚拟世界使民众看到文字、图像,听到的声音。在网络虚拟世界里,公民能够摆脱现实社会生活中权力、财富、身份、地位等的影响,具有平等的网络权力主体地位,能够公平公正地进行沟通交流,促进社会民主的进步。

3. 网络参与政治的开放性

互联网是一个四通八达、没有边界、没有中心的分散式结构，体现的是自由开放的理念和堵不住打不烂的原则。任何人可以通过网络向世界发布信息，传播自己的观点和理念，发表自己的政治观点。网络的开放性，使得公民的民主权利和政治自由得到了充分的张扬，公民能够在信息相对来说比较对称的条件下自由地表达政治见解。① 网络的开放性越来越体现了以人为本的理念，促进民众的政治参与热情。

4. 网络政治参与的互动性

网络具有双性交流的特征，对于重大的政治事件，可以通过民众的广泛参与讨论，促进民主的建设。特别是近年来突发事件的不断发生，网络成为推进民主建设的重要力量。网络时代，民众参与政治的路径越来越方便、高效、开放与互动。

二、网络加快了社会民主建设的步伐

网络作为现代科技发展的重要方面在促进政治建设过程中具有重要作用，加快了我国民主建设的步伐。

网络的方便性、公平性、开放性、互动性已成为民主建设的重要工具。但是，目前我国存在网络应用人群的不平衡性，年轻人、知识分子、公务员和事业单位的人是应用网络的主要民众，而农民、弱势群体等应用网络的机会与程度比较低，这成为网络推动民主建设的最大瓶颈。我国处于社会主义初级阶段，民众的差距影响了网络发挥作用的程度与范围。因此，为了进一步提高网络的作用，我们应加大对农民、弱势群体等网络水平的普及和提高。

另外，除网络之外，现代科技革命间接促进了民生政治建设的步伐。科技作为第一生产力，间接影响政治的进程。

第四节 文化建设过程中的科技需求

党的十七大报告指出：加强文化建设，应明显提高全民族文明素质。社会主义核心价值体系要深入人心，良好思想道德风尚进一步弘扬。覆盖全社会的公

① 参见胡善德：《浅论网络政治视野中的民主建设》，《岭南学刊》2009年第6期。

共文化服务体系应基本建立,文化产业占国民经济比重明显提高、国际竞争力显著增强,适应人民需要的文化产品更加丰富。文化建设中的科技需求集中体现为科学史的文化功能。

一、我国先进文化建设的特征

文化,向来被认为是"经国之大业,不朽之盛事"。民族文化是我们中华民族集体智慧的结晶和精粹,意志和理想的体现,思维和劳动的成果,并演化成社会发展的精魂和民族进步的动力。发展和创造中国特色社会主义和谐文化,是凝聚和激励全国各族人民的重要力量,是综合国力的重要标志。中华民族五千年的历史文明,如何在改革和发展中实现崛起和伟大复兴,是我们追求的文化目标。如何将具有悠久历史、深厚积蕴、丰富遗存和鲜明特色的中华民族文化繁荣和发展成为社会主义先进文化与和谐文化,体现出革命与建设、改革与开放、发展与进步的时代鸿迹,使之在与世界文化的交融和对弈中独显深厚磅礴、瑰丽魅人,尤显其必要性和重要性。

1. 我国先进文化建设的历史性特征

马克思、恩格斯曾明确地将人类生产分为自身的生产、物质生产和精神生产三个部分,强调了文化作为一个社会基本构成要素的重要意义。判断一个国家能否真正强大和崛起,要看这个国家是否有崛起文化,看国民是否具有崛起的思想观念和精神,是否具有崛起的思维方式和行为方式,看文化本身是否实现了发展和崛起。

1983 年,在我国改革开放之初,邓小平就指出,在社会主义国家,一个真正的马克思主义政党在执政以后,一定要致力于发展生产力,并在这个基础上逐步提高人民的生活水平,这就是建设物质文明。与此同时,还要建设社会主义的精神文明,最根本的是要使广大人民有共产主义的理想,有道德,有文化,守纪律。建设物质文明和建设精神文明,不是孰先孰后的问题,而是要同时进行的两个方面。

江泽民对"中国特色社会主义的文化建设"作了新的概括和要求,他指出:中国特色社会主义的文化,是凝聚和激励全国各族人民的重要力量,是综合国力的重要标志。三个文明必须都搞好,才是有中国特色社会主义。

胡锦涛总书记在中央党校关于社会主义和谐社会的讲话中也多次强调了文化建设,足见社会主义文化建设的极端重要性与紧迫性。社会主义文化建设在

"四位一体"(即经济建设、文化建设、政治建设和社会建设)的总体布局中起着主线和理论支持的功能。它在上层建筑以其精神的、思想的、观念的、价值导向的作用,贯穿经济建设、政治建设和社会建设的始终,并指导着其他建设,文化建设是构建社会主义和谐社会的推动力。社会主义文化是大文化,包括理论、意识形态、文艺、文字创作及图书文博等内容,这就要求我们各级领导干部不断提高领导建设社会主义先进文化的能力,以文化的上层建筑为作用来推动社会主义和谐社会的建设和发展。

中国特色社会主义的文化建设之战略地位的确认,是21世纪中国历史前途的客观要求。我们必须充分认识中华文化资源的博大深厚和价值意义,更应该加倍地珍惜它、科学地利用它、大力地弘扬它和积极地发展它。因为我们的民族文化既涵寓着灿烂的历史,又育存着光辉的未来;既彰显着鲜明的个性,又具有优异的资质;既承载着和谐的内容,又蕴存着创新的精神。我们必须进一步加深对中华文化的认识,阐析其内涵,把握其精华,发掘其价值;需要把中华文化同火热的现实生活结合起来,与时俱进,开拓创新,使之成为推动经济社会发展的强大引擎,成为造福民族和人民的千秋大计。

2. 我国先进文化建设的时代特征

文化作为一种软实力是一个国家兴旺发达的不竭动力,它对于我国的发展体现了很强的时代性。具体来说,有以下几方面的时代功能与特征。

(1)有助于培育和弘扬民族精神。精神文明是渗透在先进文化之中的内在禀性,是社会主义精神文明的精微品格。江泽民在党的十四大报告中明确要求在全党大力倡导和弘扬五种时代精神,即解放思想、改革创新的精神,尊重科学、真抓实干的精神,顾全大局、团结协作的精神,谦虚谨慎、崇尚先进的精神,艰苦奋斗、无私奉献的精神。民族精神,是一个民族赖以生存的和发展的精神支柱。

(2)有助于培养爱国主义精神。千百年形成和发展起来的对自己祖国的深厚感情,集中地表现为对祖国的忠诚与热爱,表现为民族自尊心、自信心、自豪感和为祖国的独立、富强而英勇奋斗的献身精神。在我国历史上,爱国主义从来就是动员和鼓舞人民团结奋斗的一面旗帜,是各族人民共同的精神支柱,在维护祖国统一和民族团结、抵御外来侵略和推动社会进步中发挥了重大的作用。

(3)有助于培育有理想、有道德、有文化、有纪律的公民。有理想就是要具有社会主义、共产主义理想和信念。理想和信念具有超前性和价值导向功能,它给人们提供精神支柱和精神动力。有道德就是要提倡共产主义思想道德,同时把先进性要求和广泛性要求结合起来,鼓励一切有利于国家统一、民族团结、经济发展、社会进步的思想道德,发挥社会主义的人道主义精神。有文化就是要具有较高的文化知识技术水平,尤其是要注意人文社会科学知识和自然科学知识的全面协调发展,注重综合素质的培养和提高。有纪律就是要具有高度的法制观念、纪律观念、具有遵纪守法的行为习惯。有了共同的理想,也就有了铁的纪律。

(4)有助于提高整个中华民族的思想道德素质和科学文化素质。思想道德建设决定中国特色社会主义文化建设的性质,是中国特色社会主义文化建设的中心环节。提高整个中华民族的科学文化素质,是刻不容缓的紧迫的文化建设任务,只有着眼于整个民族科学文化素质的提高,才能在新的国际经济政治和文化格局中取得有利于中华民族和人类进步事业的发展地位。思想道德建设,要解决的是整个民族的精神支柱和精神动力问题。社会主义思想道德集中体现着精神文明建设的性质和方向,对社会政治经济的发展具有巨大的能动作用。在改革开放和现代化建设的整个过程中,思想道德建设的基本任务是:坚持爱国主义、集体主义、社会主义教育,加强社会公德、职业道德、家庭美德建设,引导人们树立建设中国特色社会主义的共同理想和正确的世界观、人生观、价值观,不断提高全民族的思想道德水平。

思想道德建设和教育科学文化建设作为精神文明建设的两个方面,互相渗透,互相促进。思想道德建设对教育科学文化建设有巨大的推动作用,主要表现在两个方面:一是为教育科学事业提供了马克思列宁主义的指导思想;二是用共产主义思想和道德观念鼓励人们去努力提高自己的文化修养和科学知识水平。教育科学文化建设对思想道德建设的作用也是很大的,主要表现在:一是科学文化知识帮助人们接受马克思列宁主义;二是科学文化知识帮助人们树立科学的世界观;三是全社会思想道德的进步,离不开教育科学文化的发展。

二、科学技术在文化建设中的作用

随着社会的发展科学技术的文化功能越来越得到体现,它在文化建设中的作用越来越得到人们的认可。从传统意义上讲,科学与文化是融为一体的,后二者之间处于分离状态。现代科学技术的发展使二者越来越走向统一。对二者关系的分析有助于大力发展科技促进我国文化建设的大发展、大繁荣。

1. 文化、科学、技术的内涵分析

美国学者 A. Kroeber 和 C. Kluckhohn 指出:"文化是借助符号获得有关交流的各种明确的和模糊行为的方式,它构成了人类群体的各项成果,包括物化的成就、文化的基本核心是传统观……"我们认为文化是指"人类在社会历史发展过程中的创造的物质财富和精神财富的总和"。不同的历史阶段,文化具有不同的发展特征,也就是说文化作为一种历史现象,每个社会和组织者都有与之相适应的文化,并随着社会的政治、经济、科技的发展而发展。文化的发展有着历史的继承性,新文化总是在吸取利用旧文化成果基础上创新出来的。文化还有着它自己的构成要素,它的形态类别分为三类:物质文化、规范文化和精神文化,物质文化包括物化的房屋、器皿、工具、科学技术转化为现实生产力的产品等;规范文化包括社会组织制度、政治建设、法律、伦理、道德、习俗、礼仪等方面;精神文化包括科学技术知识、宗教信仰、文学、艺术等。

那么,何为科学呢?科学一词,英文为 science,源于拉丁文的 scio,后来又演变为 scientin,最后成了今天的写法,其本意是"知识"、"学问"。日本著名科学启蒙大师福泽瑜吉把"science"译为"科学"。到了 1893 年,康有为引进并使用"科学"二字。严复在翻译《天演论》等科学著作时,也用"科学"二字。此后,"科学"二字便在中国广泛运用。现在普遍认为:科学是反映自然、社会、思维等的客观规律的分科的知识体系。

从词源上来讲,science 的本来含义是系统知识,是个外来词。经常存在这种争论,中国古代有没有科学?中医是否是科学?科学与伪科学的区别是什么?科学与宗教的区别是什么?等等。而这些问题又是非常非常吸引人的问题。根据"科学"的定义,中国古代当代有科学,中国古代的科学不称为科学,而是"格物",意思与今天的科学基本是一致的。我们中国具有悠久的科学历史和灿烂的古文明,我们祖先的"四大发明"都远比外国早得多,我国的古代科学文明为世界做出了巨大贡献。中国古代有完整的医学体系、数学体系、天文学体系、农学体系等,因此,说中国古代没有科学,是不符合历史事实的。当然,这种认识存在辉格式研究传统的嫌疑,即用今天的眼光看过去发生的事情。但是我们都是生活在今天语境中的人,怎样才能做到完全不受今天理论等方面的影响,是不现实的。因此,用今天科学的含义分析中国古代科学技术的发展,能保持对古代、近代、现代科学技术分析采用统一的标准,能体现科学技术发展的继承性、创新性、整体性。

从词源上讲，技术产生于人们的劳动过程中。技术通常是指一真实物件，和能被使用及值得被使用的事物。技术的最原始概念是熟练。所谓熟能生巧，巧就是技术。技术远比科学古老。事实上，技术史与人类史一样源远流长。广义地讲，技术是人类为实现社会需要而创造和发展起来的手段、方法和技能的总和，包括工艺技巧、劳动经验、信息知识和实体工具装备。法国科学家狄德罗主编的《百科全书》给技术下了一个简明的定义："技术是为某一目的共同协作组成的各种工具和规则体系。"技术的这个定义，基本上指出了现代技术的主要特点，即目的性、社会性、多元性。

科学与技术往往联系在一起，但是，二者的目的和任务等是不同的。科学的目的是要回答"是什么"和"为什么"的问题；技术则回答"做什么"和"怎么做"的问题。科学的基本任务是认识世界，有所发现，从而增加人类的知识财富；技术的基本任务是发现世界，有所发明，以创造人类的物质财富，丰富人类社会的精神文化生活。科学和技术的成果在形式上也是不同的。科学成果一般表现为概念、定律、论文等形式；技术成果一般则以工艺流程、设计图、操作方法等形式出现。科学产品一般不具有商业性，没有阶级性和国界，而技术成果可以商品化。但是，现代科学与现代技术的发展越来越走向融合，呈现科学技术化和技术科学化的趋向。

2. 科学技术的文化建设功能

从词源上讲，科学、技术都属于文化的一部分，科学技术促进文化建设具体表现在以下几个方面。

首先，科学作为一个知识体系，本身就是文化发展的一部分。技术作为工具、方法和技能的总和，是物质文化发展的重要依托。从人类发展史看，科学、技术与人类文化发展紧密相连。古代科学技术的发展创造了传统农业文明，近代科学技术的发展创造了工业文明，现代科学技术的发展创造了知识经济文明。所以，科学技术发展水平与人类文明发展阶段是密切联系的。

其次，科学与技术通过多途径促进文化的发展。科学从物质文化、规范文化、精神文化三个方面促进文化的发展。科学通过技术转化为现实生产力，促进物质文化的发展；科学的发展，特别是近代以来，科学组织机构的变革，即从事科学研究的人从个人爱好走向集体，研究经费也从个人投资走向政府、社会投资。科学组织机构的变革，影响了社会领域规范性建设，进而促进规范文化的发展；科学作为人类探索未知世界的领域，它的每一步发展，都扩展了人类认识世界的领域,丰富了人们的精神生活,促进了精神文化的发展。

技术作为工具、方法和技能,成为物质文化建设的主要手段。技术主要通过物质文化、规范文化和精神文化促进文化发展。技术物化于房屋、建筑、机器等方面,本身是就能促进物质文化建设,是物质文化发展的重要内容。技术还可以作为文化遗产成为人们精神文化建设的一部分。现在,我们对很多文明古迹的旅游,多数是考察当时的科技发展水平、制度文化和其他的物质文化。现代信息技术的发展,正在改变过去金字塔式的管理模式、政治建设模式和组织方式,克隆技术的发展正在改变人们传统的伦理道德等。所以,科学与技术发展与转化的历史就是人类文化发展的历史。

再次,科学技术与文化经过了融合、分离和再融合的发展过程。在古代的农业社会,科学技术与文化同属于哲学的范畴。到牛顿时代,他还将他的物理学方面的专著命名为《自然哲学的数学原理》,同时体现了文化对科学的影响。我国古代科学的发展也体现了探索人类的一种价值需要。如中国古代的炼丹术、天文学、农学等学科的发展为了解决人与自然的关系问题。古代科学技术与文化呈现一体化的特征。科学技术的发展促进文化的发展,而文化的发展反过来又促进科学技术的发展。从古代科学技术与文化发展史看,科学技术与文化呈现相融性,基本上科学技术与人类处于和谐状态,人与自然、人与机器处于和谐状态。

近代,科学技术与哲学是分离的研究领域。科学、技术纷纷从哲学中分离出来。而且科学又可以分为数学、物理学、天文学、化学、地学和生物学等;技术也分化为化工技术、制造技术、煤炭技术等。但是,科学技术从哲学中分离出来,处于各自为政的状态,大大促进了科学技术的发展。特别是技术的功利性,在近代西方的工业革命中得到充分体现。但是,科学技术与哲学的这种分离也带来了一些很明显的社会问题。表现在两个方面,一个方面是技术的异化问题,另一个方面是环境污染问题。哲学的发展已明显滞后于科学技术的发展,最终导致人与自然、人与机器的不和谐问题的产生。

现代科学技术与文化又呈现出新的融合趋向。首先,现代科学技术本身呈现融合趋向,而且科学技术与社会科学的发展也呈现融合趋向。出现了大量的综合性学科和交叉学科。其次,现代科学技术发展的领域越来越受到社会文化的影响。如伦理学和社会学反对克隆人,那么为了整个人类的和谐发展,科学技术必须在克隆人技术方面止步。否则,科学技术将可能引起整个人类的灾难。

再次,现代科学技术的文化功能突现在文化方面的教育、历史、科学技术等不同领域。而科学史教育可以作为联结科学技术与文化的重要桥梁。科学史学家萨顿、李约瑟等都很重视科学史教育的文化功能。因为,科学史学科本身具有科学、历史、文化、社会等方面学科的特征。科学史教育越来越受到很多国家的重视。我国成立了科学史研究机构,创办了科学史专业期刊,一些大学建立了科学史系。

三、科学史教育的文化特征

科学史作为一门科学与历史相交叉的学科,它的教育内容包括科学、历史、文化、社会制度等内容,是科学知识、科学思想、科学精神、科学方法相统一的历史,它描述了科学中的成功与失败、先进与落后、真理与谬误、辩证与教条、真与假、善与恶、美与丑。

1. 科学史教育的多元性与多层次性

科学史教育涉及科学史传播者、传播渠道、受众三个关键因素。从科学史教育的传播者来讲,它包括科学家、历史学者、科学史学者、科学哲学方面的研究者。传播者的学术背景使他们在进行科学史传播过程中的侧重点是不同的。科学家侧重从科学内史分析科学史,也就是传播科学内容、科学研究过程及科学方法和科学精神。而对于历史学者来讲,他们传播的主要内容是从社会学角度解读和分析科学史。科学史学者目前主要通过三条路径解释和传播科学史,一条路径是内史进路,也就是以科学为主体,研究科学内部发展规律及特征,科学史家萨顿、库瓦雷就是科学内史的代表人物,在科学史教育过程中,他们侧重科学内史的传播。另一路径是外史进路,代表人物是黑森,他主要研究了牛顿力学体系建立的社会因素,使人们开始从社会学角度关注科学的发展特征,科恩在对牛顿、富兰克林等科学家科学成就进行研究的同时,也分析了他们的科学成就对社会政治等方面产生的影响。第三条路径是综合史进路,代表人物是科恩,他将科学史放入广义的科学、历史、社会等语境中进行研究,开辟了科学史研究的新领域,实现了历史语境与逻辑语境的统一、辉格式与反辉格式研究的统一、内史与外史的统一。特别是现代科学的发展,不仅需要遵循科学规律,而且需要社会在人力、物力等方面的支持。科学本身发展的多语境性,决定了科学史研究的多语境特征。科学哲学研究者从哲学角度研究科学发展的规律,对于推进科学发展具有重要的指导意义。

从科学史传播渠道来讲，科学史包括图书杂志、传媒、讲授等多种形式。随着信息技术的发展，网络在促进科学史教育的过程中发挥越来越重要的作用。科学史传播的渠道是由受众的特征决定的。根据不同的受众，科学史教育的内容和方式都需要不断地创新。就目前看，科学史教育的受众主要包括农村人口、青少年、大学生、党政领导干部四个群体。根据不同的群体科学史教育的内容是不同的，对于农民来讲，实用技术的传播及基本科学素养的传播成为主要内容；而对于青少年来讲，科学史教育主要满足他们的好奇心，如《十万个为什么》等科学读物的传播过程；而对于大学生来讲，科学史教育主要是讲授科学知识、科学方法、科学精神、科学对社会产生的影响等内容。通过科学史教育培养他们创新能力。对于领导干部来讲，科学史教育可以提升他们的执政能力和科学决策能力，特别是西方科学在促进社会进步的过程中给我们的启示对我国的社会转型、提高管理能力等方面具有借鉴价值。

2. 科学史教育是促进中西文化、古今文化融合的重要途径

"科学史研究科学思想、技术和知识的起源、发展和影响。涉及它们本身与文化、物质文明的联系。科学史主要目的是为了阐明我们文明进步的脉络。"科学史创始人萨顿认为文明史主要集中于科学史。萨顿的科学史观强调科学史与文化史的沟通，他所撰写的《科学的历史》就是科学史与文化史相融合的重要范例。科恩作为萨顿的学生，继承并创新了萨顿的观点。科恩在对一本关于耶鲁大学250年庆贺的书的评论中指出，"如果美国科学史是很重要的，超过地方古物研究，它一定是文化史和智力史的一部分。"

科学史本身是一种文化现象，它是对古代科学、近代科学和现代科学进行纵向梳理的跨越边界。拒绝外国的文化就是教训；吸收了、成功地化为中华文化的一个部分了，中华文化就发展了，这是经验。像我国的汉代、唐代就是这样。当前所谓改革开放的"开放"不仅仅是经济对外开放，也包括了文化的对外开放，那就是我们要大胆地引进、吸收，最后让西方、东方等非中国的文化，让那些有益于我们、适合我们民族的文化和中华文化结成一体，构成新时期的中华文化。任何一个民族要想前进，包括文化上要前进，一定要吸收别的民族的文化，我叫"异质文化"，二者融合，吸收了营养，民族的文化才能发展壮大，向前进。无论是世界还是我们国内，多元是前进的前提，事实上现在我们国家从各个角度看都是多元。

科学史教育是在总结国内、外科学发展经验、科学发展历程基础上进行的教

育,是跨文化传播的最好形式之一,也是古今科学与文化融合传播的最好形式之一。科学史教育不仅传播成功的科学发展的特征,而且传播历史上失败的科学发生的原因,对当今科学研究具有重要的现实意义。科学史作为一种文化现象,体现了科学与政治、经济、文化方面相互作用的历程,对于促进我国文化发展具有重要意义。

3. 科学史教育具有服务现实的特殊功能

科学史教育包括了国家科技发展战略、科技政策、科技的社会功能等方面的内容,对于贯彻和落实国家发展战略具有重要意义。可以帮助受众更好地理解"科学技术是第一生产力"、"科教兴国"、"可持续发展"、"人才强国"战略等。目前科学史教育对于提升我国自主创新能力、落实科学发展观、构建和谐社会等具有重要的现实意义。

科学史教育内涵丰富,可以通过大量案例说明自主创新能力提升的渠道与方法,可以"以史为鉴"。科学史教育以历史的角度为出发点,全面解释人与自然和谐发展的关系,特别是科学本身就是追求一种天与地、人与自然的和谐发展,和谐是科学发展的内在动因,它对于今天人们认识和谐社会具有重要意义。

四、科学史教育在先进文化建设中的地位和作用

先进文化建设包括爱国主义精神、民族精神、四有公民、思想道德素质和科学文化素质的提升等方面的内容,而科学史教育具有服务于我国先进文化建设的重要功能,它是先进文化建设的重要组成部分。

1. 科学史教育具有服务于意识形态的功能,可以加强爱国主义精神、民族精神的培养

20 世纪 50 年代我国科学史研究的一个主要动机是为了激发爱国主义。爱国主义通常是在国家落后、国力不振、人们意识形态出现危机、国运危难之际的一种特别强烈的时代要求。我国在 20 世纪基本上是一个经济上比较落后的发展中国家。为了激发人们的爱国热情、民族精神,抵消一些消极悲观、崇洋媚外的情绪,50 年代起,我国科学史学会及专业科学史学会先后成立,他们的研究内容立足于现代科学的框架,在历史中寻找中国曾经是领先的足迹。特别是中国古代科学的发展,农学、天文学、数学、医学在当时处于世界领先水平。科学史学家李约瑟的工作使西方人了解了中国人的诸多"领先",改变了长期以来存在的西方中心论的观点;使人们认识到世界文明是东方与西方共同创造的灿烂文明,

而不是某个区域的文明。中国老一辈科学史学家主要侧重对古代数学、天文学、农学和医学的研究，取得了丰硕成果。如席泽宗先生主要研究了古代天文学，成为目前职业科学史家中唯一的中国科学院院士。他的研究说明中国古代天文学成就斐然，对于激发国人的爱国主义和民族精神具有重要作用。但是，这种为了特殊目的而进行的科学史研究，大多采用"辉格式"的研究方式，即用当代的眼光看待过去的历史。随着科学史学科自主性的不断增强，他的意识形态功能将会弱化，但决不会消失，就像完全的反辉格是不可能一样。如我国目前提出的建设自主创新型国家，在科学史上我国有很多自主创新的科学案例，对于弘扬爱国精神和民族精神，提升我国自主创新的信心具有重要的意识形态的价值。

2. 科学史教育有助于培养四有公民

有理想、有道德、有文化、有纪律是我国对公民的基本要求。科学史教育通过对成功或失败科学案例的分析，以此达到培养四有公民的目的。第一，科学史告诉我们在科学的道路上要有作为，必须有远大的理想，心有多大，舞台就有多大。如爱因斯坦，向往宏观与微观和谐的理念，以此理念为基础，开始了他的相对论研究。有理想是科学获得成功的重要条件。第二，做好科学研究，要求有靠得住的人品，也就是一个人的道德水平。历史上一些科学家，因为剽窃其他人的科学成果或者采用假数据、假报告等形式暂时获得科学荣誉，但科学本身是追求真理，不允许弄虚作假。科学史教育有助于培养有道德的人。第三，科学史作为一种文化，有助于东西文化、古今文化的融合，对于培养有文化的人具有重要价值。第四，科学史教育传递给我们一种务实的精神。也就是说做科学研究应体现自然的客观规律，我们的创新是建立在尊重客观规律的基础上的创新，而不是凭空的设想。不同领域我们所要求的纪律是不同的，但基本精神是一致的，也就是说要培养务实、遵循客观规律的人。总之，科学史教育有助于四有公民的培养。

3. 科学史教育是提升中华民族的思想道德素质和科学文化素质的重要渠道

多年来我国的教育是文理分科，重科学而轻科学史，重科学宣传而轻科学史教育，忽视科学史的先进文化功能。科学史教育对于提高文科学生的科学素养，理工科学生的人文素养具有重要价值，对于促进综合型的人才培养具有重要价值。从诺贝尔奖获得者的情况看，科学家的知识结构很重要。科学史教育有助于优化不同群体的知识结构，是提升中华民族的思想道德素质和科学文化素质的重要渠道，对于优化我国的人才结构具有重要作用。科学史教育内容包括人文的、科学的、历史的，科学与社会之间的内容。科学史研究水平决定了科学史教育水平。从历史上看，科学史研究经过从内史、外史到综合史研究的过程。内史研究主要从科学语境和历史语境研究科学史，分析在历史中科学文本演进的过程。而一些人文学者从外史角度研究了科学史，主要从科学的社会功能研究科学史。随着大科学时代的到来，社会对科学的推动作用越来越强，科学对社会的改造作用越来越强，这就要求从广义语境中研究科学史。科学史研究的创新速度决定了科学史教育创新的速度。而我国目前科学史研究的繁荣速度决定了我国科学史教育美好的前景。

教育科学文化建设，要解决的是整个民族的科学文化素质和现代化建设的智力支持问题。实现现代化需要教育、科学和文化的发展，文盲半文盲人口较多的中国要实现现代化更需要教育、科学和文化的发展。教育和科学是文化建设的基础工程。培养同现代化要求相适应的高素质的劳动者和专门人才，关系到21世纪我国社会主义事业的全局。要切实把教育摆在优先发展的战略地位，大力培养德智体等全面发展的社会主义事业的建设者和接班人。要引导人们普及科学知识，树立科学精神，掌握科学方法。一定要消除愚昧，反对各种迷信活动。

4. 科学史教育是培养创新文化的重要平台

创新，是要在了解旧有的基础上再出新的点子、新的思路。要成为一个创新型的民族，首先应该是一个学习型的民族，学习型民族要读书、看报，这样我们的出版事业就会更加发达。人类文明史告诉我们，创新是文化永葆活力、永葆先进的源泉。我们要坚持思想理论创新，保持与时俱进的精神状态，不断开拓马克思主义理论的新境界；坚持文化观念创新，敢于从不适应时代发展要求的文化观念中解放出来，确立与社会主义市场经济相适应的新观念；坚持文化体制创新，积极探索建立符合当代先进文化要求、遵循精神产品创作规律的管理体制和运行机制，开创文化事业和文化产业发展的新路。

科学史教育具有培养创新文化的重要功能。它可以通过大量案例说明创新精神与文化在科学、社会、文化发展中的重要作用。特别是对诺贝尔奖获得者的分析，有助于培养我国创新精神和创新能力。任何一个国家和民族文化的延续和发展，都是在既有文化传统基础上进行的文化传承、变革与创新。如果离开传统，割断血脉，就会迷失自我、丧失根本。中华民族在几千年的历史长河中，创造了灿烂的中华文明，形成了优良的文化传统，不仅成为凝聚中华民族的精神纽带，而且对世界文明做出了重大贡献。特别是我国古代科学发展的光辉历程，对于培养民族创新能力具有重要价值。实现在科学史发展过程中东西文化、古今文化基础上培养民族的创新精神和创新能力。

5. 科学史教育是培养当代可持续发展文化的重要方式

科学技术是一把双刃剑。近代科学革命以来，科学技术通过产业革命在促进经济发展的同时，也给人类带来了环境污染、生态破坏等一系列的问题。目前培养可持续发展文化是落实科学发展观、构建和谐社会的重要举措。而科学史教育有助于培养可持续发展文化。首先，可持续发展观的提出过程正是科学史研究与科学技术哲学研究的结果。历史告诉我们，要实现可持续发展需要可持续文化作支撑。其次，科学史教育包含了人与自然、人与社会演进的历程，客观反映了可持续文化存在的必然性。古代因为“天人合一”可持续发展理念的存在，使古代科学技术与社会处于一种和谐发展的状态。到了近代由于经济中心论和人是自然的主人等观念的存在，使科学技术越来越成为征服自然的工具，科学技术的功能在违背自然规律的条件下，必然要付出沉重的代价。现代科学技术的发展正是在可持续文化的指导下实现人与自然的可持续发展。科学史为我们提供了科学技术与社会、人类整体的发展脉络，对于实现可持续发展具有重要价值。

6. 科学史教育是提升全民科学素养的重要途径

有关公众科学素养的调查起源于美国。早在 1972 年，美国科学基金会就通过定义和测量一系列“事实存在”的科学知识，对公众实施以科学为中心的标准化调查，使得对公众是否“理解”科学的判断具有可操作性。20 世纪 80 年代，J. D. 米勒提出科学素养的三个维度，对于什么是科学素养，世界经济合作与发展组织（OECD）认为，它包括运用科学基本观点理解自然界并能做出相应决定的能力，还包括能够确认科学问题、使用证据、做出科学结论并就结论与他人进行交流的能力。换句话说，如果一个人不具备一定的科学素养，就无法读懂媒体所报道的各种信息，无从了解科学技术的发展，无法识别政府科技政策的对错，无力进行意见的表达和参与。此后，美国学者米勒提出了国民科学素养测量的 3 个维度：科学的准则和方法、科学的主要术语和观点、科学对社会的影响。正是这套起源于美国的测量方法，先后被全世界 33 个国家引用，形成了米勒体系。中国自 1992 年首次进行正式的公众素养调查，到现在这个调查已经进行了 6 次。2006 年美国发布的《科工指标》一书，第一次将中国在 2001 年进行的调查列入国际比较分析，说明我国的公众科学素养调查工作已经得到了国际同行的认可。但整体来讲，我国的科学素养比较低。中国科协的一项调查显示，虽然我国公众具备科学素养的比例正稳步增长，但仍然不到2%，与美国、日本等相比，仍然十分落后。我国亟须提高全民族的科学文化素质，实现劳动力优势向人力资源优势转化。

科学史教育有助于提升全民科学素养。科学史教育可以从两个方面提升全民科学素养。一方面科学史通过传播科学知识，提高公众对科学的理解水平，另一方面，科学史教育通过融合科学社会学、科学哲学等学科的内容，传播科学方法、科学精神、科学对社会的功能等方面的内容，提高公众应用科学，理性对待科学的能力。只有公众理解和应用科学的能力提升了，才可能在更广泛的领域实现科学与社会的可持续发展，使人们对科学的理解转变为实际的行动，促进人与自然、社会的和谐发展。

7. 科学史教育是促进科学精神与人文精神融合的桥梁

对于大学生来讲，不仅需要人文精神，而且需要科学精神。而普通的社会科学能够从多方面促进大学生人文精神的培养，而普通的理工科能够从多方面促进大学生的科学精神的培养。而文理分科使大学生的精神培养是残缺的。从科学发展历程来看，著名的科学家不仅具有科学精神，而且具有丰富的人文精神，科学精神为科学发展提供动力和手段，人文精神为科学发展提供方向。19世纪末，德国政府要求科学家研制原子弹，但当时很多科学家反对将科学用于战争，因而延缓实验进程，最终原子弹并没有在德国产生。如果说科学家没有一定的人文精神，科学将会成为人类的敌人，而不可能成为人类的朋友。人文精神简单地说，就是一切以人为出发点，一切以人作为最后的目的。人文精神是特定文化所推崇的基本价值，是对人的生存意义的最高追求。人文精神，是关于“价值的知识”，是对“价值”和“善”的追求，要求行为要符合道德，解决“善与恶、美与丑”、回答“应当怎样”的问题。我们常说，确立正确的世界观、价值观和人生观，我们的行为、做任何一件事，要有明确的意义、正确的目标、符合社会理想和信念，要有高尚、善良、纯洁和健康的情操与精神，真善美的生活态度，等等。这些都是人文精神的范畴。科学史教育可以从科学家案例、科学革命案例等中传播科学发展所需要的人文精神。

胡锦涛总书记曾在看望农工党、九三学社的全国政协委员并参加联组讨论时强调，创新型国家应该是科学精神蔚然成风的国家。科学的理念和精神是人类文化的结晶。科学的精神品质及其重要性，许多科学家和科学史专家早就有了深刻的认识。著名的科学史专家贝尔纳指出：科学是一种重要的观念来源和精神因素，是构成我们诸信仰的最强大的势力之一。爱因斯坦也指出：科学的方法背后如果没有一种生机勃勃的精神，他们到头来不过是笨拙的工具。概括地说，科学的文化背景是科学精神的源泉，而科学的发展实质上就是一个物质技术和人文因素相互作用的过程。科学精神是一个国家繁荣富强、一个民族进步兴盛必不可少的精神。要在全社会广泛弘扬科学精神，加强科学知识的宣传教育，大力加强科普工作，使全社会真正形成讲科学、爱科学、学科学、用科学的良好风尚。科学精神是现代化社会的一种普遍的价值追求。科学精神具有十分丰富的思想内涵，概括起来主要包括：崇尚真理的精神；科学理性主义和实事求是的精神；不畏权威、敢于怀疑和批判的精神；永不止步、不断创新的精神。科学精神并不等于具体的科学理论或知识，而是指在人类历史中尤其是近代以来科学理论和科学实践发展进程中所形成的一种精神传统和人文特质。它是人类理性传统和实践探索历史的升华。从思想层面来看，科学精神和科学理性是近现代文明的基本观念和核心，是近现代思想启蒙过程的基础，从而也是“现代化的实质过程”。从社会实践层面来看，科学精神和科学理性是近代以来社会、政治、经济等领域制度创新和体系变革的基本动力。从人的发展层面来看，科学精神则代表着现代化进程中人的一种新的精神和思想追求。

科学史教育有助于培养大学生的科学精神，科学的发展历程就是科学精神延续的过程，科学史本身就是追踪科学发展过程、科学家科学精神发展的历程。科学史教育可以培养大学生以追求真理的精神服务于科学研究，以科学理性和求是精神指导实践，以怀疑和批判精神促进科学技术与社会的发展。

科学史作为历史与科学相交叉的学科，作为先进文化建设的重要组成部分，它在多方面、多层次促进先进文化的建设，而且对于促进科学技术与社会的发展具有重要价值。

第五节　社会建设过程中的科技需求

党的十七大报告指出：我们应加快社会建设，发展社会事业，全面改善人民生活。现代国民教育体系更加完善，终身教育体系基本形成，全民受教育程度和创新人才培养水平明显提高。社会就业更加充分。覆盖城乡居民的社会保障体系基本建立，人人享有基本生活保障。合理有序的收入分配格局基本形成，中等收入者占多数，绝对贫困现象基本消除。人人享有基本医疗卫生服务。社会管理体系更加健全。社会建设包括的范围之广、内容之丰富、任务之艰巨。而科技对社会建设提供了支撑。

一、远程教育为完善教育体系，促进全民教育和培养创新人才提供了方便

当今世界，科学技术突飞猛进，国力竞争日趋激烈。进入数字化、信息化时代的21世纪，人们对教育的需求日益增加。现代远程教育作为一种新的教育模式，是提高全民族科学文化素质，促进教育思想、内容和方法改革，满足社会日益增长的终身学习需求的重要手段。远程教育兴起于20世纪60年代，经历了函授教育、电视教育、网络教育三个发展阶段。虚拟大学、电子教室、网上培训已成为人们熟知并广泛应用的教学方式。

1. 远程教育扩展了人们的学习方式

远程教育意味着传统教育机构学习方式的改变。教师所扮演的角色与传统也有所不同，他们必须投入更多时间和精力来设计教材，使用不同的教学方法，通过传媒与学生沟通，提供学生所需的服务等。另外，远程教育可以跨越国界，实现国内外教育资源的融合与共享。

2. 提高教学质量

据研究结果，人类学习知识有83%是通过视觉，11%是通过听觉，3.5%是通过嗅觉，1.5%是通过触觉，1%是通过味觉。通过现代远程教育网络，教师将教学要求、教学内容等资源编制成HTML文件，存放在Web服务器上，学生通过浏览这些页面进行学习。这种教学方式要求有一套能充分体现学习者特点，并能适合网上教学信息表达与传输的图、文、声并茂的优秀电子教材。现代远程教育网络不仅可以加强师生之间的交流，还可以加强学生之间的交流。

3. 体现了个性化需要

现代远程教育是将信息技术作为一种先进的工具平台，将信息技术和现代教育思想有机结合起来。现代远程教育除具备教与学相互分离的特征外，更体现了个性化教育。现代远程教育几乎融入了20世纪90年代以来所有通信信息领域的最新技术、建立在计算机技术、网络技术、多媒体技术、双向电子通信技术与教育传播理论的基础上，以交互性、网络化、实时性、适应性为基本特征。这些新的技术和理论体系为新的教育模式带来强大的技术和发展契机，为个性化服

务提供了现实基础。

二、公共安全科技、健康科技等公共科技的发展为社会建设提供了支撑

公共安全是国家安全和社会稳定的基石。公共安全问题的解决离不开公共安全科技的支撑。在国务院制定的《国家中长期科学和技术发展规划纲要（2006—2020年）》中，首次将公共安全科技作为独立领域进行战略研究。在市场经济和现代科技发展的条件下，公共安全科技活动面临很多风险。本节就公共安全科技活动中存在的风险进行分析，并提出解决路径。

公共经济概念首次出现于20世纪50年代，"主要研究政府的收入和支出，即财政收支，如税收、公债等"。20世纪60年代以来，政府经济管理范围越来越广，出现了专门研究公共经济的公共经济学，"主要研究公共部门经济活动的范围和组织、公共部门经济活动的结果和效率、对政府经济政策的评价"。这样一来，我们可以将社会部门分为公共部门和私人部门，社会产品分为公共产品和私人产品。公共安全活动涉及公共部门和公共安全产品。狭义的公共产品主要指具有非排他性、非竞争性的社会产品，如国防、环境保护等。

从世界发展趋势看，公共安全活动的范围在不断地扩大，进而使公共安全科技活动的范围也在不断地扩大。日本作为自然灾害频发的国家，"20世纪中期，日本的公共安全管理一直以应对自然灾害为中心"。20世纪90年代已形成包括自然灾害、事故灾害和事件安全的综合管理体系。美国的公共安全活动也从服务于国家安全向服务于国家安全、社会安全、经济安全和道德、社会责任方向转变。公共安全科技活动也从服务于国家安全的军事科技向民用科技、环保科技等方面转变。

我国的公共安全科技活动也经历了管理范围和职能权限不断扩大的过程。从公共安全科技活动主体看，自新中国成立以来已形成包括政府公共管理部门、高校等研发机构、企业和公众参与的多元主体。从政府的职能看，"现代政府是以提供公共产品、为人民服务为首要职责"。公共安全科技是最重要的公共安全产品，是公共安全的重要支撑。很显然，政府是公共安全科技发展中承担领导责任和服务责任。一方面，公共安全科技的基础研究需要政府投入。另一方面，公共安全科技管理体系的运作需要政府管理。再次，公共安全科技人才的培养需要政府加大投入。因此，政府在公共安全科技发展过程中具有重要作用。"美国建立以总统为中心，以国家安全委员会为决策中枢的管理模式。日本建

立采用内阁危机管理总监统一归口管理的方式。俄罗斯危机管理机制也是以总统为核心。”中国设置了公共安全组织管理体系，总理是总负责人，每个省一般都是由省长来负总责。新中国成立以来，我国先后成立地震局、国家煤矿安全监察局、国家防汛抗旱总指挥部、国家环保总局、国家煤矿安全监察局和国家安全生产监督管理局等政府公共安全科技部门。

2006 年一些高校和科研院所成立了公共安全研究中心，如清华大学公共安全研究中心、中国科技大学火灾科学国家重点实验室、同济大学有关风洞方面的研究优势。企业作为公共安全的参与者，既是公共安全科技的应用者，又是公共安全科技的转化者。公众是公共安全科技的使用者和推动者。一方面，无论公共安全科技发展的好与坏，都由公众来承担；另一方面，公众又是公共安全科技的推动者。因此，公众对公共安全科技的需求成为推动公共安全科技发展的重要推动力。

随着公共安全问题的不断多元化，我国公共安全科技服务的对象也走向多元化。新中国成立初期，我国的公共安全科技主要服务于自然灾害，从地震局、国家防汛抗旱总指挥部的职能也可以看出。改革开放初期，随着环境问题的不断加剧，我国的环保科技产业不断壮大。1992 年 11 月 1 日，国家标准《学科分类与代码》(GB/T13745—92)，将安全科学技术列为一级学科，包括 5 个二级学科、27 个三级学科组成的学科群，主要涉及公共安全工程技术、公共卫生工程技术、公共安全系统工程等。2006 年《国家中长期科学和技术发展规划纲要(2006—2020 年)》首次把公共安全科技作为独立领域进行战略研究，形成包括自然灾害、事故灾难、公共卫生和社会安全等的公共安全科技发展体系。所以，我国公共安全科技的服务对象从狭义的服务于自然灾害向社会安全、公共卫生安全等方面扩展。

第六节　生态文明建设过程中的科技需求

生态文明建设体现了社会发展到一定阶段的客观要求，是实现人与自然和谐发展的重要举措。

一、节能技术、环保技术为生态文明建设提供技术性保障

能耗水平是一个国家经济结构、发展方式、科技水平、管理能力、消费模式以

及国民素质的综合反映。国家发展和改革委员会主任马凯指出，节能是解决我国能源问题的根本途径。2006 年我国节能目标是单位 GDP 能耗下降 4% 左右，而上半年能耗增长速度快于经济增速，单位 GDP 能耗不降反升，实现全年节能目标面临严峻挑战。

节能首先是国民经济结构问题，必须大力调整和优化经济结构。目前，我国经济增长过于依赖第二产业，第三产业比重偏低，第三产业增加值仅占 GDP40%，而发达国家第三产业增加值占 GDP 平均超过 70%，印度为 51.2%。从工业内部结构看，高能耗行业比重大，高技术含量、高附加值、低能耗行业比重低。2005 年，高技术产业增加值占工业增加值的比重只有 10.3%。如果高技术产业增加值比重提高 1 个百分点，而高能耗行业比重下降 1 个百分点，万元 GDP 能耗可降低 1.3 个百分点。

通过技术进步节能的潜力也非常大。例如，我国火电平均供电煤耗比国际先进水平高 22.5%，如果每度电的供电煤耗下降 10 克标准煤，全国一年可少消耗 2000 万吨标准煤；再如节能灯，我国节能灯产量占世界 90% 左右，但 70% 以上出口，如果把现有普通白炽灯全部换成节能灯，全国一年可节电 600 多亿度。

环保技术有助于解决我国目前面临的环境问题。环保技术涉及领域之广，影响范围之大，它对促进我国生态文明建设具有重要作用。环保技术可以通过渗透、延长产业链等方式促进人与自然的和谐发展。

二、循环经济发展模式为生态文明建设提供实践基础

在党的十七大报告中，胡锦涛总书记在谈到“实现全面建设小康社会奋斗目标的新要求”时，提出：建设生态文明，基本形成节约能源资源和保护生态环境的产业结构、增长方式、消费模式。循环经济形成较大规模，可再生能源比重显著上升。主要污染物排放得到有效控制，生态环境质量明显改善。生态文明观念在全社会牢固树立。

党的十七大报告中，胡锦涛总书记在谈到“促进国民经济又好又快发展”时，指出：加强能源资源节约和生态环境保护，增强可持续发展能力。开发和推广节约、替代、循环利用的先进适用技术，发展清洁能源和可再生能源，保护土地和水资源，建设科学合理的能源资源利用体系，提高能源资源利用效率。发展环保产业。加大节能环保投入，重点加强水、大气、土壤等污染防治，改善城乡人居环境。加强水利、林业、草原建设，促进生态修复。加强应对气候变化能力建设，

为保护全球气候作出新贡献。

循环经济(cyclic economy)即物质闭环流动型经济,是指在人、自然资源和科学技术的大系统内,在资源投入、企业生产、产品消费及其废弃的全过程中,把传统的依赖资源消耗的线形增长的经济,转变为依靠生态型资源循环来发展的经济。以“减量化、再利用、资源化”为原则,以物质闭路循环和能量梯次使用为特征,按照自然生态系统物质循环和能量流动方式运行的经济模式。它要求运用生态学规律来指导人类社会的经济活动,其目的是通过资源高效和循环利用,实现污染的低排放甚至零排放,保护环境,实现社会、经济与环境的可持续发展。循环经济模式成为生态文明建设的实践基础和具体措施。

第三章　民生科技解决民生问题的维度研究

党的十七大报告将解决民生问题作为社会建设和构建和谐社会的重要任务。民生科技作为科学技术发展的分支,作为解决民生问题的支撑,作为社会变革的重要力量,体现了民生科技解决民生问题的历史维度、认知维度、科学维度和社会维度等方面的特征及其关联性。

第一节　民生科技的内涵及其特征

民生问题逐步成为社会关注的焦点,而解决民生问题的重要支撑就是与民生问题相关的民生科技。对于民生科技的内涵及其特征必须细致考察。

一、民生科技的内涵

民生科技作为科学技术发展的重要领域,是科学技术发展到一定阶段的产物,是自然科学与社会科学相融合的结果。

1. 科学、技术及相关概念

"科学"一词是英文"Science"翻译过来的外来名词。清末,"Science"曾被译为"格致"。明治维新时期,日本学者把"Science"译为"科学"。康有为首先把日文汉字"科学"直接引入中文。严复翻译《天演论》和《原富》两本书时,也把"Science"译为"科学",20世纪初开始在中国流行起来。传统认为,科学是人类所积累的关于自然、社会、思维的知识体系。我们所说的"科学"是狭义的自然而然科学,即研究自然现象及其规律的自然科学,科学由四个层面组成:科学事实、概念、定律、理论等科学知识构成的解释层面;器物技术表现的技术层面,科学知识独立认识价值的社会认同和体制依托表现的社会制度层面;科学精神、科学思想和科学方法代表的精神文化层面。科学具有客观真理性、社会实践性、理论系统性和动态发展性。

“技术”一词的希腊文词根是“Tech”,原意是指个人的技能或技艺。早期的技术指个人的手艺、技巧,家庭世代相传的制作方法和配方,后随着科学的不断发展,技术的涵盖力大大增强。技术泛指根据自然科学原理生产实践经验,为某一实际目的而协同组成的各种工具、设备、技术和工艺体系,但不包括与社会科学相应的技术内容。技术系统由物质手段(工具、机器、仪器等)和知识、经验、技能等要素所构成的整体系统。技术具有自然属性和社会属性。自然属性指技术是对自然界有目的的改造,使天然自然转化为人工自然,形成人类所需要的物质形态的东西。技术的社会性指技术是社会的人在社会劳动中创造和使用发展起来的。

“科学技术”一词,包含着科学和技术两个概念,它们虽属于不同的范畴,但两者之间相互渗透,相辅相成,有着密不可分的联系。科学是技术的理论指导,技术是科学的理论基础,结合生产实际进行开发研究,得出的新的方法、新材料、新工艺、新品种、新产品等,技术是科学的实际运用,是科学和生产的中介,没有技术,科学对生产就没有实际意义。技术对科学也有巨大的反作用,在技术开发过程中所出现的新的现象和提出的新问题,可以扩展科学研究的领域,技术能为科学研究提供必要的仪器设备。科学技术这种提法反映了现代科学与技术融合的发展特征,科学走向技术化,技术服务于科学研究。

与科学技术相关的提法还有高科技、高新技术等。高科技具有科学和技术融合的特征,“高科技”的概念,已经被国际规范化了,是特指意义上的,它既不是指比自身层次高的科技,也不是指全国范围内最高层次的科学技术。第二次世界大战之后,出现了一些对人类生活产生很大影响的技术,如核聚变反应堆技术、半导体和第一代计算机技术等,它们被统称为“新技术”。新技术的特点是“新”,但是新的技术往往不一定就是高技术。例如,世界上每年都有百万件的专利发明诞生,但是其中相当大部分的技术都是简单的技术革新和工艺改进,并没有很高的科技成分。

高技术是指在 20 世纪 70 年代以后出现的许多新技术，由于当时科学与技术之间的原有界限越来越模糊，到了 80 年代这批新技术就被称为“高技术”，成为了一个专用名称。高技术的主要特征是：高效益、高智力、高投入、高竞争、高风险、高潜能。应该指出的是，一些注入了高科技的传统技术并不就是高科技，近来美国汽车技术已注入了许多上述高技术，但它仍然是传统技术，虽然高技术成分大大提高，按国际科技工业园区的规定超过70%时，传统技术才被创新为高科技。以汽车技术为例，如发动机改为新能源燃料电池，不再污染环境；现在控制系统全都电子化，操纵安全性极大提高才可能成为综合性的高科技。随着科学技术融合的不断加速，高科技与高技术所指含义越来越趋同。

现代科学技术的发展呈现出学科互相渗透、相互交叉的态势，诞生了众多的边缘和交叉学科，各种高新技术是纷繁芜杂、名目繁多，因此产生了多种分类标准和分类方法。许多不同国家和地区的各种研究机构、组织、学者们都从不同角度对现代高科技的内容和范围作了自己的解释。根据美国的权威科技杂志，如《自然》、《科学的美国人》、《科学》所做的综合分析，认为现代高科技包括以下几个方面的内容：信息技术、交通运输技术、能源利用技术、新材料的开发与利用、生物工程与技术、环境科学与技术等六种技术。

根据我国原国家科委的分类，高新技术主要是指：(1)微电子科学和电子信息技术；(2)空间科学和航天技术；(3)光电子科学和光电子一体化技术；(4)生命科学和生物工程技术；(5)材料科学和新材料技术；(6)能源科学和新能源、高效节能技术；(7)生态科学和环境保护技术；(8)地球科学和海洋工程技术；(9)基本物质科学和辐射技术；(10)医药科学和新医药技术；(11)其他在传统产业上应用的新工艺、新技术。1986年3月，我国制定了《高技术研究发展计划纲要》，简称"863"计划。该纲要提出了以下七个技术领域的十几个主要项目作为研究开发的目标：生物技术、航天技术、信息技术、激光技术、自动化技术、新能源技术、新材料技术。

根据联合国的分类，高科技主要有信息技术、生命科学技术、新能源与可再生能源科学技术、有益于环境的高新技术和管理科学技术（又称软科学技术）、新材料科学技术、海洋科学技术。本书在讨论过程中，所论及的高科技是指联合国组织的分类标准所包括的内容。

2. 民生科技内涵

"民生科技"从字面上看，是民生与科学、技术相融合的概念。民生科技这种提法突出了自然科学与社会科学之间融合的特征。2007年两会期间，重庆市科委主任周旭第一次将"民生科技"的概念带进了人们的视线。"对省级以下的科技部门来说，我认为目前主要应把精力放在民生科技上，也就是让先进的实用技术成为我们科研的主要方向。”①科技与民生结合体现了解决民生问题的一种客观需要。民生问题是指“人民最关心、最直接、最现实的利益问题。按照这种说法,民生科技则是与民生问题最直接相关的科学技术。”②也有人认为,“民生科技是在民生科学基础上融合了相关的技术。”③总体上,民生科技是针对民生问题提出的与科学技术相关的概念,民生科技不仅包括与民生问题直接相关的科学技术,而且包括与民生问题间接相关的科学技术。因为直接与间接本身就是相对的。

科学技术本身没有阶级性,只是因使用目的不同,包括直接民用化的科学技术,还包括军用科技民用化的科学技术。所以,我们认为民生科技就是用于解决民生问题的所有科学技术。《国家中长期科学和技术发展规划纲要(2006—2020年)》已经将科技工作的重点转向民生科技,它主要包括公共安全科技、环保科技、人口科技、健康科技等。

二、民生科技的特征

民生科技作为服务于“民”与“生”的科学技术,具有科学技术性和社会性,它的特征主要表现为以下几个方面:

1. 民生科技的社会性

民生科技的内涵体现在科技服务于“民”与“生”两个层次。“民生科技的基本目标,是坚持以人为本,从人民最关心、最直接、最现实的问题出发,解决‘学有所教、劳有所得、病有所医、老有所养、住有所居’等社会问题。”④体现了想民、爱民、为民、富民的人文关怀和价值取向。“生”涉及人类的生存环境和生活质量。随着科技与社会的进步,人类对生存的环境和生活的质量要求越来越高。科学技术也从关注尖端科技向尖端科技与民生科技并举的方向发展。总之,民生科技的问题来源、价值选择和基本走向都应以造福民众为目的,以改善民众生存环境、提升生活质量为目标。所以,民生科技直接来源于社会需要,具有社会属性。这是由科学技术社会化决定的。特别是大科学时代,科学技术的发展越来越受到社会的影响。一方面,科学技术发展的方向是由社会决定的,另一方

---

① 王瑟:《关注与我们息息相关的民生科技》,《光明日报》2007年3月11日。

② 周元等:《中国应加强发展民生科技》,《中国科技论坛》2008年第1期。

③ 王海燕:《和谐生活:民生科技追求的基本目标》,《光明日报》2008年1月7日。

④ 孟宪平:《民生科技的两大亮点》,《光明日报》2008年3月31日。

面,科学技术转化和应用是由社会选择决定的。同一性科学技术的用途越来越多元化,如电脑可以用于办公自动化,个人服务如上网聊天、发邮件等作用,也可用于科研单位进行研究。科学技术的这种用途的多元化越来越受到社会的影响。民生科技的发展就是社会需求影响科学技术发展的表现。

首先,民生科技的发展领域是由社会需求决定的。目前,社会领域中的健康问题、安全问题、环保问题、节能问题等比较突出,这为科学技术研究提供了方向和目标。其次,民生科技的发展水平是由社会投资决定的。目前,民生问题多是集中于公共领域中的安全问题、健康问题和环境问题,对于公共领域的民生科技多数是由国家和政府进行投资研发的。再次,民生科技的转化水平是由社会选择决定的。改革开放以来,我国科技成果转化率已由原来的30%左右上升为现在的近40%左右的水平,但比起发达国家来,差距还比较大。民生科技服务于社会需要,因此,它的转化率可能要高于其他科学技术。因为它的目的性比较强。最后,民生科技的研发人员包括社会领域不同层次的人员。传统意义上,科学技术活动是科学家和技术专家的事情,老百姓只是应用技术而已。似乎科学技术对于普通人来讲,就是一个黑箱。而民生科技不同于一般的科学技术活动,有些难度很小的技术发明,能解决很大的社会问题。如自来水管改造工程,保温材料的使用等。所以,从参与人员来民生科技的研发不仅包括科学家和技术专家,而且包括一般的科学技术人员和普通人。它更像是全民科技活动。所以,要发展民生科技必须要有广泛的民众支持,否则,也只是一般的科学技术成果。

2. 民生科技的科技性

民生科技作为科学技术发展的一个领域,不能违背科学技术发展的规律,应遵循客观性、实践性、理论系统性等特征。

民生科技首先坚持客观性。反映自然界的客观规律,能够经受得起客观事实的检验。我们就将民生科技与伪科技区别开来。很多伪科技都打着适用、经济、高效等幌子骗人、骗钱。应当引起人们的高度警惕如“神化神功人物”愚弄百姓。自称“超人”、“佛子”、“大师”、“麒麟弓”、“释迦牟尼传人”等;吹嘘意念“预测卫星发射”、“扑灭森林大火”、“改变分毒堞构”种种“神话”;公开表演“特异功能”发功治疗绝症、顽症、疑症,给头面人物带上各色“光环”,甚至实行“个人崇拜”。一些纯粹是不可能的事情,如水变油等。

其次,民生科技应遵循实践性。实践性是马克思主义哲学区别于其他一切哲学的最主要、最显著的特点。它第一次把科学的实践观引入哲学,论证了实践在认识和在哲学中的基础地位，并强调理论要付诸实践，化为改造世界的物质力量。民生科技作为解决民生问题的重要手段，应经得起实践的考验，也就是应具有现实可能性。民生科技在理论上的创新需要通过实践的检验转化为现实生产力。实践性是检验民生科技客观性的重要手段。一些民生科技可能来源于一般的科学活动，实践性成为衡量民生科技功能的重要依托。

再次，理论系统性。民生科技作为科学活动，不是一般的技艺或民间的杂艺，而是一个理论体系。如安全科技服务于安全活动而构成的理论体系，健康科技服务于民众健康的理论体系，环保科技服务于环境保护的理论体系。民生科技的理论系统性是民生科技客观性和实践性发展的结果。

民生科技的客观性、实践性和理论系统性相互作用、相互关联，保证民生科技发展的科学性。

3. 民生科技发展途径的多元性

从总体上看，整个科学技术可以分为国防（或军用）科学技术与民用（或普遍）科学技术。这是从科学技术应用于民众还是军事领域进行划分的。但由于80%的科技成果既可军用又可民用，因此国防科技与民用科技之间存在着极为密切的关系。虽然冷战结束后，世界许多国家调整了国防科技发展战略，但国防科技与民用科技的上述基本关系仍不会发生根本的变化。由于民生科技的提法来源于社会领域，作为科学活动之一，我认为它包括了军用科技、民用科技，它的范围更广泛。

英国著名科学家罗素认为："科学的实际重要性，首先是从战争方面认识到的。伽利略和雷奥纳都自称为会改良火炮和筑城术，因此获得了政府的职务。从那个时代以来，科学家在战争中起的作用就愈来愈大。"①从古至今，在各个国家，不管是政治家、军事家，还是科学家、企业家，都对国防科技或军事技术在国家各项事业特别是科技发展中处于先行发展的事实予以承认。战争伴随着阶级和国家的产生而成为关系到国家生死存亡的大事以后，国家或统治阶级必然会要建立强大的军队，并掌握最有威力的武器，从而使优先发展军事技术势在必行。于是国家便集中人力、物力、财力资源研制武器。古希腊的阿基米德是古代研究军事技术的著名科学家之一。从近代科学巨人伽利略、牛顿等人，到现代科学泰斗爱因斯坦，都或多或少地从事过军事技术或武器装备的研究。军事、战争

---

① ［英］罗素：《西方哲学史》，何兆武等译，商务印书馆1976年版，第5页。

不断给国防科技发展提出需要解决的问题，而国防科研的开展在极大地提高武器装备的性能和国家军事实力的同时，也促使许多新的科学技术领域得以开辟并获得发展。正如贝尔纳所说："科学与战争一直是极其密切的联系着的；实际上，除了19世纪的某一段期间，我们可以公正地说，大部分重要的技术和科学进展是海陆军的需要所直接促成的。"①不仅如此，而且"军事始终是社会生活领域中对科学技术的最新成就利用得最多和最快的一个领域"。② 但并不是说所有的军用科技都是民生科技，只有用于解决民生问题的军用科技才是民生科技。一些国家发展军用科技不是解决民生问题中的如安全问题，而是为了侵略别的国家，这就不能算是民用科技了。

民用科技是相对于军用科技而言，用于民用化过程的科学技术。民用指国民经济建设所使用的。民用科技并不等同于民生科技。首先，从分类看，二者是从不同类别是分出来的。其次，民用科技不仅包括民生科技，而且包括经济科技。如第一、二次科技革命引起的产业革命，大大促进了生产率的发展，但同时带来了新的民生问题，如人口问题、环境问题、资源问题等。从人类生存环境看，是破坏了民众的生存环境。因此，由于民生科技与民用科技来源于不同的分类，二者也是不等同的。

但是，只要是用于解决民生问题的军用科技和民用科技，都是民生科技。《国家中长期科学和技术发展规划纲要（2006—2020年）》中指出，军用科技和民用科技越来越向融合的方向发展，呈现军用科技民用化、民用科技军用化的态势。

民生科技第三个途径直接来源于科技创新。也就是说不是通过军用科技、民用科技转化而来的，而是直接创新的。如针对目前的健康问题、节能问题和资源问题，直接创新来解决。《国家中长期科学和技术发展规划纲要（2006—2020年）》也指出未来若干年我国发展民生科技的领域。

4. 民生科技发展的阶段性

所谓民生科技，就是相对产业科技而言，直接服务于民生、造福于百姓的科技。例如，资源节约技术、环境保护技术、疾病防治技术、食品安全技术、减灾防

① ［英］贝尔纳：《科学的社会功能》，陈体芳译，商务印书馆1982年版，第241页。

② ［苏］H. A. 洛莫夫：《科学技术进步与军事上的革命》，黄维明、崔寿智译，中国人民解放军战士出版社1982年版，第26页。

灾技术等都是典型的民生科学技术。由于民生问题的阶段性特征,决定了民生科技发展的阶段性特征。也就是在不同阶段,不同国家不同地区发展民生科技的领域是不同的。

从人类发展史看,古代民生问题主要表现为温饱问题,为了解决温饱问题,人类发展了农业技术。近代以来,人类为了解决温饱问题和提高生活质量,进行了两次科技革命,进而引起产业革命,生产力得到了大解放。近年来,我国温饱问题基本解决,人均 GDP 近 3000 美元,处于从工业经济向知识经济的转型期,民生问题包括了工业时代没有解决的民生问题和知识经济时代新凸显的民生问题。

从横向上看,我国目前的民生问题与很多发展中国家具有很多的相似性,如人口问题、环境问题、资源问题和安全问题。因此,民生科技的发展应体现国家发展阶段的客观需要。

5. 民生科技的融合性

第二次世界大战后,为了实现军用科技民用化,有军用科技与民用科技之分。和平时期,只要解决民生问题的科学技术就是民生科技,不管是军用科技还是民用科技。另外,军用科技与民用科技的划分在和平时代意义也不是特别大,因为,很多科学技术即服务于军用领域,也服务于民用领域。再用二分法来划分科学技术的应用已不很实用了。而民生科技的提法正好弥补了这种缺陷,实现了二者的统一。使科学技术发展的针对性更强,价值更突出。

6. 民生科技的发展引起一场新的革命

第一、二、三次科技革命主要解决生产力和发展生产力。“科学技术是生产力”是马克思主义的基本原理。马克思曾指出:生产力中也包括科学,并且说:固定资本的发展表明,一般社会知识,已经在多么大的程度上变成了直接的生产力。马克思还深刻地指出:社会劳动生产力,首先是科学的力量;大工业把巨大的自然力和自然科学并入生产过程,必然大大提高劳动生产率。1988 年 9 月,邓小平同志根据当代科学技术发展的趋势和现状,提出了“科学技术是第一生产力”的论断。邓小平同志的这一论断,体现了马克思主义的生产力理论和科学观。“科学技术是第一生产力”,既是现代科学技术发展的重要特点,也是科学技术发展必然结果。社会生产力是人们发行自然的能力。作为人类认识自然、改造自然能力的自然科学,必然包括在社会生产力之中。科学技术一旦渗透和作用于生产过程中,便成为现实的、直接的生产力。现代科学技术发展的特点和现状告诉我们,科学技术特别是高技术,正以越来越快的速度向生产力诸要素全面渗透,同它们融合。科学技术通过改造生产力中的生产者、生产工具和生产资料,促进生产力的巨大变革。

民生科技的发展不仅解放生产力,而且可以改变人与自然、人与人之间的关系。如节能技术、新能源技术的开发与利用将会改变人与自然之间的关系,促进人与自然的和谐发展。健康技术、环保技术的开发与利用,将会提高民众的生活质量。所以,民生科技的发展,它的价值维度是多元的,不仅包括经济功能,而且包括社会功能、政治功能和生态功能。

总之,民生科技的发展特征是社会性、科学性、多元性和阶段性的统一,应体现个性与共性的统一,历史性与现实性的统一等。为了更好地促进民生科技的发展,我们必须遵循民生科技发展的特征,以更好地解决好我国目前面临的民生问题。

第二节　民生科技解决民生问题的维度模型及其结构分析

维度问题本质上就是确定研究主体客观存在的结构与意义问题。意义包含在维度的结构关联之中。因此,对于民生科技解决民生问题来讲,没有结构,就不可能有意义。民生科技解决民生问题的维度结构立足于客观实在,通过结构的关联性,去消解传统认识论上将民生科技解决民生问题进行机械二分的方法。

一、民生科技解决民生问题的多维度性

"莱欣巴哈有一句名言:实体的存在是在相互关联中表达的。"①也就是说对于一个实体意义的研究需要在特定维度的关联中实现。民生科技的发展过程就是民生科技与关联体相互作用的过程。民生科技的意义、性质和功能就体现在它发展的多维度要素的关联之中,这样克服了从一个方面或层面考察民生科技的缺陷,力求全面系统地描绘民生科技解决民生问题发生和发展的图景。民生科技作为解决民生问题的重要支撑,它的发展涉及认知维度、历史维度、科学维度和社会维度。

---

① 郭贵春:《论语境》,《哲学研究》1997 年第 4 期。

1. 民生科技解决民生问题的多维度性分析

贝尔纳很重视科学发展的历史维度。"认为要全面地看科学的功能,就应该把它放到尽可能广阔的历史背景上来考察。"①

从历史维度看,由于不同时期需解决不同性质的民生问题,从而使民生科技呈现出不同的发展趋向,体现了民生科技解决民生问题的历史继承性与变革性。

从认知维度看,由于不同时期受人们对民生问题、民生科技的认识水平的局限,因而民生科技只能解决一定的民生问题,体现了民生科技解决民生问题的局限性。同时,随着人们认知水平的不断提高,民生科技解决民生问题处于动态的变化之中。

从广义的科学维度看,民生科技来源于科学技术民用化和军用科技民用化和创新三个途径,应遵循科学技术发展的规律,这是民生科技解决民生问题的前提和基础。如果没有民生科技在科学理论方面的重大突破,也就谈不上解决特定的民生问题。

从社会维度看,民生科技解决民生问题的程度与当代民生问题、社会制度、公众科学素养、社会变革等因素紧密联系在一起。民生科技解决民生问题的多维度性,一方面为解释不同时期民生科技与社会发展不同模式提供了同一的理论基础,另一方面为全面分析民生科技解决当代民生问题提供了方法。

这样,民生科技解决民生问题就是在历史维度、科学维度和社会维度中发展的。历史维度为民生科技解决民生问题提供了历史背景,很多民生问题的产生都与历史发展过程紧密相关。而民生科技的发展也体现了认知性,一定的发展阶段,民生科技只能解决一定的民生问题。科学维度体现了民生科技的科学特征及民生科技解决民生问题的科学性要求,尽力避免产生新的民生问题。社会维度体现了民生科技本身来源于社会需要这样一种状态,它的目标非常明确就是为了解决民生问题而发展的科学技术。这既是历史的产物又是科学与社会发展的产物。

2. 从三圈分析方法看民生科技解决民生问题维度分析的客观性与现实性

"三圈理论"是由美国哈佛大学肯尼迪政府学院的马克·穆尔(Mark H. Moore)教授提出的。他认为,公共管理的终极目的就是为社会创造公共价值,任何一项好的公共政策首先都要具有公共价值;其次,政策的实施者要具备相应

① 魏屹东:《论科学的社会语境》,《科学学研究》2000年第4期。

能力以提供管理和服务;最后,这项政策还需得到政策作用对象或民众的支持。这就形成三个圆圈,第一个圈是指公共价值,第二个圈是指能力,第三个圈是指支持。只有三圈相交,这项政策才可得到有效执行,达到预期效果。反之,缺少任何一个圈则这项政策都将无法实施。由于这一理论可以用很形象的三个圆圈来表示(见图3-1),所以国内的专家学者称之为"三圈理论"。

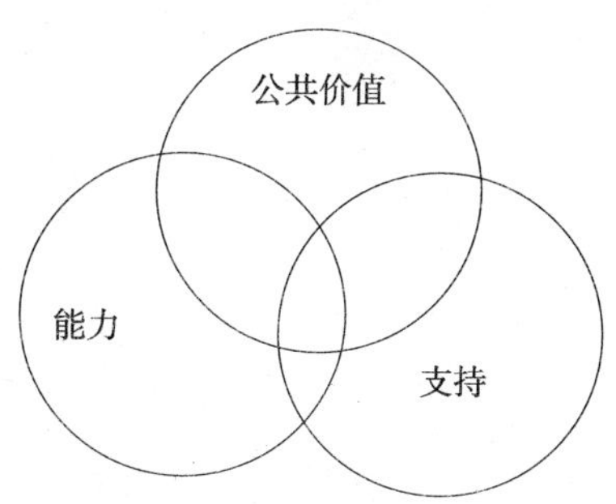

图3-1 三圈理论分析

"三"在中国的传统文化中具有重要地位。"三,天地人之道也。从三数。"(《说文》)"三,数名。"(《广韵》)"二与一为三。"(《庄子·齐物论》)"一生二,二生三,三生万物。"(《老子》)"王三赐命。"(《易·师》)。荀注:"三者阳德成也。""狡兔有三窟,仅得免其死耳。"(《战国策》)等。三表示多数或多次。"鲁仲连辞让者三。"(《战国策》)"卷我屋上三重茅。"(杜甫:《茅屋为秋风所破歌》)。张载在《正蒙·太和篇》中指出"对必反其为,有反必有仇,仇必和而解"。说明二维看世界必然造成两极对立,要想解决对立必须通过多方建立和谐世界来解决。与三相关的词组很多,如三八、三边形、三不管、三不知、三长两短、三朝元老、三从四德、三番五次、三分鼎足、"三个臭皮匠,赛过诸葛亮"、三姑六婆、三顾茅庐等。三代表多,稳定,价值取向等多种含义。三圈理论体现了能力、价值和支持三个方面对于决策实施程度的重要性。缺乏任何一方决策的实施都可能落空。

三圈理论是分析问题的一种方法,三代表数字"三"或多数,也就是说我们在分析问题时不要局限于二维世界,应该从三维或多维中看世界。

民生科技解决民生问题的程度关键看四个维度与民生科技解决民生问题的融合程度。我们可以借鉴三圈理论来分析民生科技解决民生问题的客观性与现实性(见图3-2)。

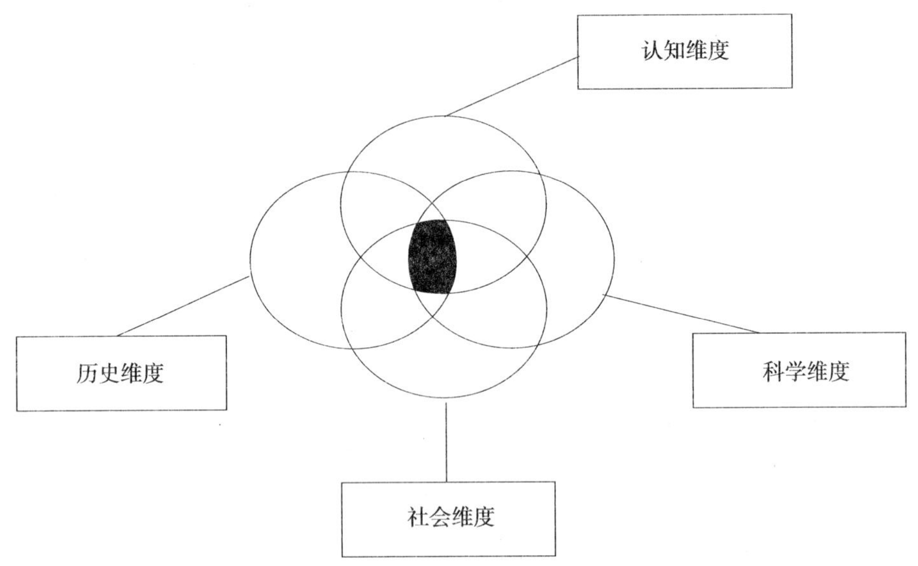

图 3－2　民生科技解决民生问题的三圈理论分析

从上图可以看出，民生科技解决民生问题的程度是由历史维度、认知维度、科学维度和社会维度相交叉的图形面积决定的。没有历史维度民生科技解决民生问题将成为无源之水。没有历史的发展将是盲目的发展。没有认知维度，民生科技解决民生问题将不可能处于动态发展之中。没有科学维度民生科技将成为伪科学，民生科技解决民生问题将成为一场空谈，甚至可能给社会带来危害。没有社会维度，民生科技解决民生问题的政策、制度和投入等将不可能得到落实，民生科技解决民生问题也成为不可能。因此，民生科技解决民生问题的程度和水平是由四个维度相交叉的程度决定的。三圈理论也反映了民生科技解决民生问题的客观性与现实性。为了更好地促进民生科技解决民生问题的程度必须不断地扩大四个维度相交叉的面积。

所以，三圈理论比较客观地反映了民生科技解决民生问题的四个维度形成的模式的价值和意义，对于解决中国目前面临的民生问题的解决具有重要的现实意义和作用。只有深入地分析四个维度的内容和作用，才能更好地整合四者的作用，形成合力以解决中国目前面临的民生问题。

二、民生科技解决民生问题的维度模型

民生科技作为解决民生问题的科学技术，它的发展水平是由与它相关的维

度要素决定的。历史维度为分析不同时代民生科技解决民生问题提供了历史依据，认知维度体现了民生科技解决民生问题的认识水平，科学维度为分析民生科技解决民生问题提供了理论基础，社会维度为分析民生科技解决民生问题提供了现实条件。

民生科技解决民生问题主要包括历史维度、科学维度和社会维度多个可证实的相关要素。如果设民生科技解决民生问题为T，它涉及的历史维度为 $A_1=(a_{a1},a_{a2},a_{a3},\cdots a_{an})$，认知维度为 $B_1=(b_{b1},b_{b2},b_{b3},\cdots b_{bn})$，科学维度为 $C_1=(c_{c1},c_{c2},c_{c3},\cdots c_{cn})$，社会维度为 $D_1=(d_{d1},d_{d2},d_{d3},\cdots d_{dn})$，那么 $T=f(A_1,B_1,C_1,D_1)$，其中 a_{a1},a_{a2},a_{a3} 等构成历史维度的关联要素，如不同时期价值观取向、不同时期的民生问题、不同时斯民生科技知识系统；b_{b1},b_{b2},b_{b3} 等构成认知维度的关联要素，如民生科技包含的范围，民生问题发展的特征，民生科技解决民生问题的关联性等；c_{c1},c_{c2},c_{c3} 等是构成科学维度的关联要素，如科学理论创新、当代民生科技的自主创新能力、民生新科技的成熟水平；d_{d1},d_{d2},d_{d3} 等是构成社会维度的关联要素，包括当代民生问题、制度创新、公众基础和社会变革因素。民生科技解决民生问题体现了民生科技与其历史维度、科学维度和社会维度关联要素的相关性与系统性（见图3－3）。

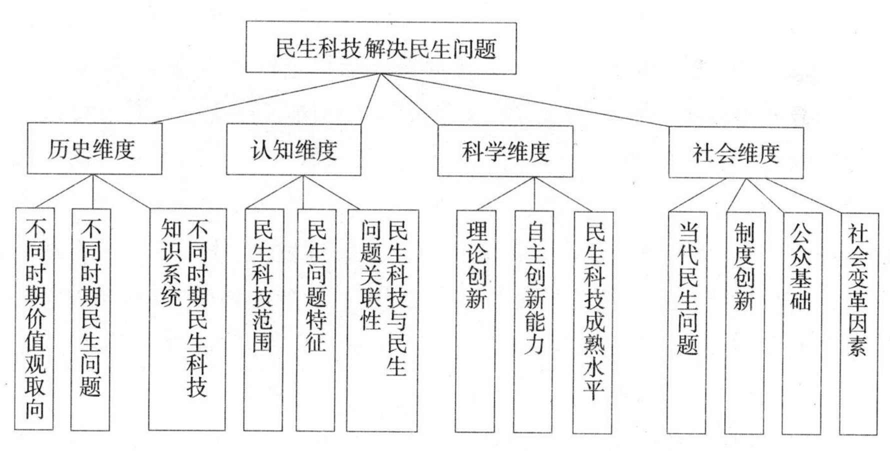

图3－3　民生科技解决民生问题维度模型

民生科技解决民生问题的模型具体化了四个维度，体现了四个维度的系统性与复杂性。民生科技解决民生问题不是单纯的科学问题或社会问题，而更多地体现为是一个巨大的系统问题。我们只有从系统的要素、要素之间形成的结构、结构突现的功能、功能决定的系统的演化等方面分析，才能更好地解决好目前中国面临的民生问题。所以，细化系统的要素是非常必要的，要素的优化组合决定系统的结构，不研究系统的要素，系统的结构就不可能得到优化，进而系统的功能就不可能取得突破性进展，系统的演化更谈不上向优化或良性的方向发展。

三、民生科技解决民生问题的维度分析

民生科技解决民生问题涉及四个维度，每个维度包含的内容，涉及的领域也是有差别的。

1. 民生科技解决民生问题的历史维度

历史维度体现了民生问题产生的历史渊源和民生科技发展的历史继承性及价值选择的历史发展过程。对于同样的问题，在不同时代由于民众的价值选择会产生不同的后果。如对于科学技术的发展，历史中就形成科技乐观主义、科技悲观主义和科技综合论。民生科技解决民生问题的历史维度主要包括不同时期价值观取向、不同时期民生问题、不同时期民生科技知识系统的发展水平。

(1)不同时期价值观取向。“主导价值观作为人类文化中的核心内容，不是一成不变的，它随着社会经济、政治、人类认识水平等变化而不断发展变化。”① 价值观取向决定了民生科技解决民生问题的方向与程度。从历史上看，根据不同时期主导价值观选择的不同，民生科技发展呈现不同的维度。在古代“天人合一”自然观取向下，农学、天文学、数学和医学等民生科技主要解决自然与人类的和谐相处问题，体现人对自然的依从性；在“经济中心论”主导价值观取向下近代民生科技解决经济的发展问题，体现了人对自然的征服性；在可持续发展观价值观取向下现代科技革命促进人与自然的持续发展，体现了人与自然的协同性；在科学发展观下新技术革命促进人与自然、社会的和谐发展，体现人与自然、社会的和谐性。所以，从历史上看，价值观取向的不同直接影响了民生科技解决民生问题的方向和水平。

为了更好地解决中国目前面临的民生问题，我们必须树立正确的价值观。这种价值观的选择包括对民生问题、民生科技等价值的认识。另外，应形成社会主导价值观，也就是说要建立对民生问题与民生科技相整合的价值观，而不是两者相分离的价值观，否则民生科技就不可能解决民生问题。

---

① 苏玉娟：《从价值观选择下科技与社会和谐发展模式研究》，《经济问题》2008 年第 6 期。

(2)不同时期民生问题。从人类发展史看,民生问题即具有共性又具有差异性。农业社会,人类面临的民生问题体现为经济问题和环境问题,解决这些问题是落实古代“天人合一”自然观的客观要求。近代科技革命时期,资本主义国家为了解决经济问题,不惜以牺牲环境为代价。蒸汽机革命、电力技术革命正是在解决经济问题的同时带来了严重的环境问题。现代科技革命以来,民生问题集中表现为“民”和“生”两个方面,包括经济问题、环境问题与和谐问题,体现了人与自然、社会的和谐发展的特征。

不同时期的民生问题是民生科技发展的客观依据。由于不同时期民生问题的不同使民生科技发展的方向呈现出很大的差距。为了解决经济问题,民生科技的发展主要是为了提高生产率,如第一、二次科技革命。为了解决人与自然的和谐发展问题,民生科技主要是开发新能源、发展新能源技术和节能技术等。不同时期的民生问题就像一个信号灯,指示民生科技的发展。而不同时期的民生问题很复杂,几乎都涉及民众的衣、食、住、行及生存的环境,只不过是在不同时期民众所需要解决的侧重点不同,要求的质量不同而已。民生问题发展的阶段性反映了社会进步的程度和过程。

(3)不同时期民生科技知识系统。古人讲“工欲善其事,必先利其器”。这里的“器”主要指技术工具。根据不同时期价值观取向和民生问题表现形式的不同,民生科技呈现出不同的知识系统。古代民生科技知识系统,代表是天文学、农学、医学、数学、实用技术等;近代民生科技知识系统,主要包括蒸汽机技术、电力技术、化工技术、制造业技术等;现代民生科技知识系统,主要是公共安全科技、环保科技、人口科技、健康科技等。不同时期民生科技知识体系是实现不同时期价值观、解决民生问题的保障。

不同时期民生科技知识系统一方面反映了不同时期价值取向、民生问题的客观要求,另一方面也体现了科技知识系统本身发展的继承性与突破性。民生科技解决民生问题不能突破民生科技发展的客观水平,也就是说具有历史局限性。如我们目前面临的环境问题,很多与我们所使用的不可再生的资源具有很大的关系,但是,目前从世界范围来看,可再生的资源如核聚变能、水能、太阳能、风能、潮汐能等,发展还不是很成熟。我们不能为了单纯解决环境问题,就放弃对煤、石油和天然气的使用。也只能做到尽量少使用传统能源,多使用和开发新能源,这是由民生科技发展水平的历史局限性所决定的。

总之,从历史维度看,民生科技解决民生问题的水平取决于当时的价值观取向、民生问题、民生科技知识水平，体现了民生科技解决民生问题的历史继承性与突破性，也反映了民生科技解决民生问题的历史现实性。一定历史阶段，一定的民生科技发展水平只能解决一定范围的民生问题，这是由民生科技发展的历史局限性决定的。历史维度分析为我们提供了历史理想性与现实可能性之间的关系，历史可能性与现实性之间的关系。

2. 民生科技解决民生问题的认知维度

人类社会发展史就是一部民生科技与民生问题发展的历史。不同时代，由于人们的认知水平的差异，使民生科技与民生问题呈现不同的发展特征。

(1)民生问题的特征。

不同时代，随着人们认知水平的不断提高，民生问题涉及的范围是在不断地发生变化。传统的农业社会，民生问题主要侧重于解决民众的温饱问题，集中体现为物质生产能力水平的提高。而且，民生问题的解决应建立在天人合一的价值取向上。

在工业社会和知识经济社会里，人们对民生问题的认识存在很大的差距。一些人认为，民生问题主要是解决民众不同层次的经济需求、文化需求；另一些人认为民生问题主要是发展问题，涉及人的发展和社会的发展问题。随着人们认知水平的不断提高，民生问题从经济领域，扩展为经济建设、政治建设、文化建设和社会建设。所以，人们的认知水平，决定了需要解决的民生问题的领域。

(2)对民生科技范围的界定。

不同时代，人们对民生科技的含义理解是不同的。虽然，“民生科技”的提法出现于2007年，但是，我们不能否定在此之前民生科技的发展。从人类发展史看，民生科技包含的范围在不断地扩展。

传统农业社会，民生科技主要包含传统的农学、天文学、数学、地学及其他的技术，以解决当时社会的民生问题。工业社会，民生科技不仅包括传统农业社会的科学技术，而且包含近代科学技术的内容，如蒸汽机技术、电力技术、化工技术、能源开发技术等。知识经济社会，民生科技还涉及当代的信息技术、生物技术、新材料技术、新能源技术、空间技术、海洋技术等。从发展途径看，当代民生科技来源于传统农业科技、工业科技和现代科技，一些科技的发展本身就是民生科技，如电力技术、信息技术等，有些是军用科技民用化的结果，如核能技术的开发与应用，有些可能还存在其他的途径。

总之，随着人们认识世界范围的扩大，民生科技的边界也在不断地扩展，体现了民生科技与人类认知水平的协同发展性特征。

(3)民生科技与民生问题的关联性分析。

从历史上看,由于民生科技与民生问题关联性认识的差距,使民生科技解决民生问题处于不同的发展水平。第二次世界大战后,日本主要发展了与民生问题紧密相关的信息技术、新能源技术、节能技术等,改变了人们的生存环境和生活质量。而俄罗斯更重视发展重工业,它的轻工业,与人们生存、生活密切相关的民生科技发展水平比较低,人们的生存和生活质量总体上比较低。由于不同国度对二者关联性认知的差距最终导致不同的发展结果。所以,为了更好地促进民生科技解决民生问题,我们必须提高对二者的认知水平。

3. 民生科技解决民生问题的科学维度

民生科技发展水平是由科技的理论创新、自主创新能力、民生科技成熟水平等因素决定的。

(1)理论创新。在英文中,创新 Innovation 这个词起源于拉丁语。它原意有三层含义,第一,更新。第二,创造新的东西。第三,改变。创新作为一种理论,它的形成是在 20 世纪的事情。人们对创新概念的理解最早主要是从技术与经济相结合的角度,探讨技术创新在经济发展过程中的作用,主要代表人物是现代创新理论的提出者约瑟夫·熊彼特。独具特色的创新理论奠定了熊彼特在经济思想发展史研究领域的独特地位,也成为他经济思想发展史研究的主要成就。

熊彼特认为,所谓创新就是要“建立一种新的生产函数”,即“生产要素的重新组合”,就是要把一种从来没有的关于生产要素和生产条件的“新组合”引进生产体系中去,以实现对生产要素或生产条件的“新组合”;作为资本主义“灵魂”的“企业家”的职能就是实现“创新”,引进“新组合”;所谓“经济发展”就是指整个资本主义社会不断地实现这种“新组合”,或者说资本主义的经济发展就是这种不断创新的结果;而这种“新组合”的目的是获得潜在的利润,即最大限度地获取超额利润。熊彼特以“创新理论”解释资本主义的本质特征,解释资本主义发生、发展和趋于灭亡的结局,从而闻名于资产阶级经济学界,影响颇大。他在《经济发展理论》一书中提出“创新理论”,并将创新概括为五个方面:

①采用一种新的产品——也就是消费者还不熟悉的产品或某种产品的一种新的品质。

②采用一种新的生产方法,也就是有关的制造部门在实践中尚未知悉的生产方法,这种新的方法决不需要建立在科学上新的发现的基础之上,并且,它也

可以存在于在商业上对一种商品进行新的处理。

③开辟一个新的销售市场,也就是相关国家的相关制造部门以前不曾进入的市场,这个市场以前可能存在也可能不存在。

④获得原材料或半制成品的一种新的供应来源,同样不论这种供应来源是否业已存在,而过去没有注意到或者认为无法进入,还是需要创造出来。

⑤实现一种新的组织,比如造成一种垄断地位(例如通过“托拉斯化”),或打破一种垄断地位。后来人们将他这一段话归纳为五个创新,依次对应产品创新、工艺创新、市场创新、资源配置创新、组织创新,而这里的“组织创新”也可以看成是部分的制度创新,当然仅仅是初期的狭义的制度创新。

民生科技无论是直接来源于科学技术还是军用科技,都离不开科学技术在理论层次上的创新。理论创新潜在地打破了原有理论,是民生科技在科学理论层次不断创新的过程。信息科技、环保科技、健康科技等民生科技的发展首先表现为物理学、环境科学、生物科学在理论层次的创新。所以,理论创新是民生科技解决民生问题的认识源泉。

(2)自主创新能力。从创新源泉看,创新可以分为引进吸收后的模仿创新和自主创新。自主创新三个方面的含义:一是要加强原始创新,要在各个生产领域内努力获得更多的科学发现和重大的技术发明;二是要突出加强集成创新,使各相关技术成果融合会聚,形成具有市场竞争力的产品和产业;三是要在广泛吸收全球科学成果,积极引进国外先进技术的基础上,充分进行消化吸收和再创新。

随着我国改善人们生存环境、提升人们生活质量的不断深入,民生问题不仅具有各国的共性特征,而且越来越体现出一些个性特征。这样一来,我国发展民生科技,就不可能完全通过技术引进来实现。所以,提升自主创新能力成为我国发展民生科技的重要途径。目前我国所面临的公共安全问题、环保问题、人口问题和健康问题等离不开自主创新能力的提升。

“十一五”时期提高自主创新能力的客观条件已经具备,主要体现在:一是国外技术储备急于获得新市场,这为我们发挥后发优势,进行必要的技术引进和主动选择创造了条件。二是国内人才和科技储备已有相当基础,这得益于我国改革开放政策的实施。三是我国公共财政实力大大增强。四是激励创新的体制和机制逐步建立,国家在税收、折旧、财政和投资等方面支持自主创新的政策体系正在形成。

由于民生问题的复杂性，我们完全引进国外技术，未必就能解决中国目前面临的民生问题。这就需要自主创新、集成创新和引进消化吸收再创新，就是由中国目前民生科技的创新能力和水平决定的，这也是世界科技发展规律决定的。从目前竞争来看，科学技术发展越来越体现为自主创新能力的较量。

(3)民生科技成熟水平。民生科技直接服务于民生问题，而民生科技本身的成熟水平是制约民生科技转化的重要环节。由于不同时代解决民生问题的侧重点不同，使民生科技本身成熟水平的判断标准也呈现不同的趋向。如工业时代，为了解决经济问题，只要能促进生产力的发展的技术就是成熟的技术，而实践证明，像化工技术、汽车制造技术等，在促进生产力发展的同时，产生了严重的环境污染等民生问题。所以，民生科技解决当代民生问题，需要通过科学性、安全性、经济性、环保性、和谐性等价值标准来衡量民生科技本身的成熟程度，防止在此基础上产生新的民生问题。

4. 民生科技解决民生问题的社会维度

民生科技解决民生问题的社会维度包括当代民生问题、制度创新、民众基础和社会变革因素。

(1)当代民生问题。“马克思从人的整个历史活动出发，把人的需要分成生存需要、享受需要和发展需要。”①其中生存需要是最基本的需要，发展需要是最高级的需要。从人类发展史可以看出人们的需要层次是不断变化的，经历了从生存需要向生存需要、享受需要和发展需要多方面需要层次的跃迁。人类需要层次的跃迁过程，也就是民生问题不断提出与解决的过程。目前，我国的民生问题呈现多层次、宽领域的特征，集中体现在公共安全、环保、人口、健康等方面。

(2)制度创新。民生科技解决民生问题还需要社会领域的制度方面的支持。这里的制度创新包括国家发展战略、法律制度、领导干部考评机制、科研评价机制、国家科研经费管理机制等。科学发展、和谐社会成为统领我国民生科技解决民生问题总的战略方向；《循环经济法》、《节能法》、《环境保护法》等的制定与修改成为促进民生科技解决民生问题的重要推动力。我国已经将以人为本、保护环境、科学发展、构建和谐社会等指标纳入领导干部考核体系中。科研机构“原来用论文来评价科技成果的方式，今后应更多用市场、社会需求和应用

① 魏屹东：《广义语境中的科学》，科学出版社2004年版，第84页。

情况来评判。让更多的科研要素转到民生科技上来”。① 第二次世界大战以来，科学技术的发展越来越离不开国家经费的支持。“‘十一五’期间，我国科技经费将向公益类研究倾斜，把工业领域和农业与社会发展领域的经费比例由原来的7∶3调整为5∶5。”②越来越多的民生科技解决民生问题需要制度创新作保障。

(3)民众基础。“过去一讲科技，就会想起卫星上天、电子碰撞机等高精尖的技术，这些需不需要呢？我认为很需要，这是国家立于世界之林的标志性研究项目。”③而民生科技的发展与老百姓的利益密切相关，因而民众基础更重要。一方面，民众成为提出与解决民生问题的重要参与者和实践者，很多涉及健康、安全、环保、节能等民生问题的提出与解决是民众广泛参与实践的结果；另一方面，民众也成为民生科技解决民生问题最大的受益群体。党的十七大报告提出“发展为了人民、发展依靠人民、发展成果由人民共享”的目标，因而，民生科技解决民生问题的程度与民众参与水平紧密相关。目前，民生科技解决民生问题不仅是科学家的事情，也是政府、民众的事情。

(4)社会变革因素。民生科技解决民生问题的程度是与社会产业结构、生产方式、消费模式的转变程度紧密相关的。近代“产业科学的发展基本指向是追求财富，形成的是追求生产力、追求物质财富的价值观”。④ 该时期，社会产业结构从农业转向工业，生产方式从手工业转向机械化和电气化，人们的消费方式从田园式转向工业化式。但由于对物质的过度追求，以牺牲环境、能源、健康、和谐等为代价。现代民生科技的价值取向是追求群体幸福和谐，它解决民生问题的程度需要通过社会产业结构、生产方式和消费方式的变革来实现。目前新能源产业、节能产业、环保产业等不断壮大，将引起企业的生产方式、人们的生活方式和消费方式等社会因素的重大变革。

民生科技解决民生问题的维度和模型为解决中国目前面临的民生问题具有重要的理论基础和现实意义。但是，民生科技解决民生问题的维度是个开放的系统，随着社会和科技的发展，也可能延伸出新的维度来。结于不同维度下的组成因素随着条件的变化也在不断发生变化，特别是在不同历史时期关键因素可能发生变化。因此，民生科技解决民生问题是一个开放的系统，我们应根据条件

---

① 刘莉、朱彤：《科技人员应关注“民生科技”》，《科技日报》2007年3月8日。

② 刘恕：《“民生”科技提升百姓生活》，《科技日报》2007年4月26日。

③ 王瑟：《关注与我们息息相关的民生科技》，《光明日报》2007年3月11日。

④ 王海燕：《和谐生活：民生科技追求的基本目标》，《光明日报》2008年1月7日。

的变化而采取相应措施。这也是辩证唯物主义告诉我们的原理。教条只可能会死路一条,要辩证地历史地看待问题。

第三节　民生科技解决民生问题维度分析的特征

从维度分析民生科技解决民生问题,表现出客观性、开放性、历时性、共时性、实践性等特征。对于解决中国目前面临的民生问题具有重要的现实意义和价值。

一、民生科技解决民生问题的维度分析具有客观性

哲学上的客观性指的是客观存在的不以人的意志为转移的实在性,但这里的客观性显然是没有纳入主观评价范畴的自在之物。我们对于事物的评价离不开客观性。而客观性存在于事物之间的彼此联系之中,它通过事物之间的关联性反映出来。

维度结构是客观分析关联要素意义存在的载体和基础。民生科技解决民生问题的维度结构反映了民生科技与相关要素客观存在的关联性。正是民生科技维度的客观存在,实现了民生科技意义由现象到本质、由一般到特殊的飞跃。特别是当民生科技从一个时空到另一个时空变换时,它的意义是由其客观存在的维度要素的关联性决定。因此,维度分析体现了民生科技在不同时空解决民生问题客观运动的过程。

维度结构同时反映出民生科技解决民生问题的存在空间的立体客观性。维度中的要素反映出民生科技解决民生问题的客观存在。结构是依托要素而存在的,没有要素的结构是空洞的,没有结构的要素是混乱的。维度的结构和要素构成比较客观的反映出民生科技解决民生问题的客观存在要素及其结构和功能。

二、民生科技解决民生问题的维度分析具有开放性

系统的开放性指的是系统与周围环境的相互联系。每一个具体系统都有开放性,同周围环境即其他系统处于相互联系和相互作用之中,成为一个更大系统的组成部分。特定的外部环境是系统存在和发展的不可缺少的条件。从耗散结构理论来看,系统的演化离不开开放的条件。对于一个封闭的系统来讲,系统的演化最终将走向消亡。开放性是系统演化的一个必要的条件。开放决定了系统

可以和外界进行物质、能量和信息的交流,以促使系统向良性的方向演化。

民生科技解决民生问题就是一个开放的系统。随着民生问题边界的不断扩展,民生科技的维度结构和要素也在不断地发展着。当代民生问题不仅是经济问题和环境问题,还包括社会问题,民生问题的多维度性使民生科技的维度要素呈现出整体的扩充性和多元性。民生科技维度的开放性是民生科技解决民生问题维度分析客观性的重要保障。开放性体现了系统演化的现实性和客观性。

三、民生科技解决民生问题的维度分析具有历时性

共时性与历时性,是分别从静态与动态、横向与纵向的维度考察社会结构及其形态的视角。共时性侧重于以特定社会经济运动的系统以及系统中要素间相互关系为基础,把握社会结构,也就是从横向角度分析问题;历时性侧重于以社会经济运动的过程以及过程中的矛盾运动发展的规律为基础,把握社会形态,侧重从纵向研究问题。运动通过静止表现出来,相对静止中有永恒的运动。因此,共时性与历时性两者有着辩证统一的关系。

"历时性矛盾是指两极的现实态非共时并存,而是先后相继、彼此更替、历时并存这样一种矛盾。"[①]它在具有辩证矛盾共性的同时,又具有自身的一系列特性。历时性反映出矛盾发生和发展的过程。矛盾的普遍性作为人类社会发展存在的普遍规律,它存在于历时性的发展过程中。

民生科技解决民生问题的维度要素是不断运动变化和发展的。不同时代有不同的具体的维度要素,同时代不同国家或地区维度要素也不同。民生问题从无到有,从低级到高级,从经验到理性的发展过程,决定了民生科技解决民生问题的历时性,也就是决定了民生科技解决民生问题维度要素的不断运动、变化和发展的过程。所以,民生科技解决民生问题的发展过程也就是民生科技再维度化的过程。随着维度要素的不断变化,民生科技的意义也在不断地变化。历时性是民生科技解决民生问题历史维度的客观需要。

四、民生科技解决民生问题的维度分析具有共时性

共时性是从横向角度研究事物的变化,反映事物变化的多样性、复杂性和特殊性。共时性作为一个分析的层次,对于分析问题具有重要的意义。共时性反

① 张景荣:《论历时性矛盾》,《中国人民大学学报》1991 年第 6 期。

映了矛盾的阶段性。我们只可能在特定阶段解决特定问题。

民生科技解决民生问题就是在特定的历史阶段需要处理的问题。民生科技解决民生问题的维度要素不仅是历史地发展,而且构成它的诸要素处于相互的关联之中,维系着民生科技解决民生问题的存在与演化。共时性反映了民生科技各要素横向之间的约束性与整合性。民生科技主要用于解决民生问题,因而它不是单纯的科技问题,而是历史维度、科学维度和社会维度整合的问题。如果社会维度与科学维度无法协同,民生科技的转化率就比较低。因此,为了促进民生科技的发展,必须协同、整合各种维度要素。

五、民生科技解决民生问题的维度分析具有实践性

实践性体现一个理论体系的应用过程。理论本身是一个系统,而理论是否正确需要回到实践中进行检验。只有经得起检验的理论才是正确的理论。实践是衡量理论是否正确与客观的标尺。理论来源于实践,又必须经得起实践的检验。

实践性是民生科技解决民生问题最本质、最基本的特性。民生科技主要服务于解决民生问题,因而直接来源于社会实践的需要。首先,民生科技解决民生问题的维度研究来源于实践,是在对历史事实概括总结基础上形成的。虽然不同时代,面对不同的民生问题,但是基本维度是不变的,只有系统的要素在发生变化。其次,民生科技的维度结构是客观存在的,建立在社会实践基础上。再次,维度要素之间的协同性与构成性关系反映了民生科技解决民生问题在实践基础上的运动过程。最后,民生科技解决民生问题的维度分析理论需要回到实践中进行检验,以促进理论体系的不断完善。

六、民生科技解决民生问题的维度分析具有价值性

马克思主义哲学中的价值是揭示外部客观世界对于满足人的需要的意义关系的范畴,是指具有特定属性的客体对于主体需要的意义。价值是具体事物的组成部分,是世界万物普遍具有的相互作用、相互联系的性质和能力,是每个具体事物都具有的普遍性规定和本质。对于人类来说,世界是对人类的生存发展具有意义和价值的事物、现象、矛盾、问题组成的统一体,世界是有价值的世界,万物是有价值的万物。价值代表了人类的主观判断。任何理论的研究都承载着一定的价值目标,没有价值的理论是没有任何意义的。

根据民生科技解决民生问题需要从历史维度、科学维度和社会维度中进行分析，三者相交的面积可以作为评价民生科技解决民生问题级别的判据。面积越大，民生科技解决民生问题的级别就越大，反之，民生科技解决民生问题的级别就越小。为了加快民生科技解决民生问题的进程，必须从多维度入手，构建系统的维度机制。

总之，民生科技解决民生问题需要多从维度中进行研究，寻找出路和对策，它不只是科学问题或社会问题，而是多方面因素作用的结果。

第四节 民生科技解决民生问题维度分析的现实意义

民生科技以解决民生问题为己任，而从民生科技解决民生问题的维度分析，不仅对研究不同时期民生科技解决民生问题具有理论意义，而且对促进当代科学技术的发展，对通过产业变革促进社会生产和消费方式的重大变革具有现实意义。

一、维度分析为研究不同国家、不同时期民生科技解决民生问题提供了同一的理论和实践基底

不同历史时期民生问题、民生科技发展水平是不同的，但是它们具有共同的维度分析模型。从历史上看，虽然不同时期，民生科技需要解决不同的民生问题，但都经历了历史维度、科学维度和社会维度。整体上，民生科技所需解决的民生问题的外延在不断地扩大。从世界范围来看，目前民生科技主要用于解决经济、环境、资源、人口问题。维度分析为研究不同时期、不同国家民生科技解决民生问题提供了同一的理论和实践基底，体现了民生科技发展中继承与突破的统一性。中国目前面临的民生问题反映了继承性与突破性的统一。

二、维度分析为促进中国民生科技解决民生问题提供了范式效应

维度分析为解决目前中国的民生问题具有现实意义。改革开放以来，中国的发展以系统的开放性为特征，使中国的大系统从计划经济时代的相对平衡向非平衡态演化，资本、劳动力和资源等各方面的潜能得到很大的发展，但也带来一系列问题，如资源问题、环境问题和健康问题等。21 世纪，我们需要通过耗散

结论理论以使中国大系统朝着更和谐、有序的方向发展,以达到新的平衡。目前,科学发展、和谐社会成为中国民生科技解决民生问题的主导价值取向。民生科技解决民生问题还受到当代民生问题、民生科技知识系统、社会制度、生活方式、消费方式等因素的作用。为了更好地促进我国民生科技解决民生问题的水平,必须在多维度中创建相关的条件。所以,维度分析为促进中国民生科技解决民生问题提供了范式,我们应加快建设和发展相关要素,优化结构,突现功能。

三、维度分析对中国创建自主创新型国家具有现实意义

从世界范围来看,当代的民生问题既具有共性又具有个性。无论对共性民生问题还是个性民生问题的解决,都离不开一个国家自主创新能力的提升。党的十七大报告指出,2020 年我国要进入创新型国家行列,而这一目标的实现为民生科技解决民生问题提供了科技保障。把增强自主创新能力作为科学技术发展的战略基点和调整产业结构、转变增长方式的中心环节。这是从中国经济社会发展的全局出发作出的重要判断。提高自主创新能力,必须坚持正确的方向和路径。强有力的创新激励体系是增强自主创新能力的根本性制度保障,加快建立以保护知识产权为核心的激励体制框架,建立和完善创业风险投资,增强税收制度对创新的激励作用及创新领军人才,为提高自主创新能力提供强大的动力来源。这些对于目前中国民生科技的发展具有重要作用。

四、维度分析为整合各种因素形成系统合力提供了研究的平台

系统合力是系统各要素形成的结构功能的突现过程。系统合力发展的方向决定系统演化的方向。系统的功能是由系统要素整合的结构决定的。民生科技解决民生问题也是由系统要素构成的结构决定的。我们前面所谈的三圈理论,正是说明它们系统整合的空间,决定了民生科技解决民生问题的程度。我们必须扩大它们相交叉的面积以形成更大的合力,来解决民生问题。现在,民生科技解决民生问题的能力就是由三者形成的合力决定的。单纯发展某一维度,而忽视其他维度,都会影响最终的结果。

五、维度分析为微观建设提供了理论依据

维度分析不仅具有宏观结构,而且具有微观要素。宏观指导微观,微观服务于宏观目标。目前,民生科技解决民生问题是个宏观目标,微观任务。我们必须

从每个要素的分析做起,微观分析的程度决定宏观目标的程度。比如,中国面临的节能减排任务,不仅是企业的责任,也是每个公民的责任。如果没有民众基础,这个任务的完成是非常困难的。没有制度创新,节能的落实也是很困难的。所以,微观要素的整合与优化,与各个要素的完善与发展程度紧密相关。短板理论也说明了系统功能的突现不是由系统的最长的板子决定的,而是由系统最短的板子决定的。所以,民生科技解决民生问题关键是要宏观维度下微观要素的建立与整合。

总之,民生科技解决民生问题对于中国目前实现科学发展具有重要的现实意义。民生科技解决民生问题的维度分析实质在于揭示:(1)民生科技解决民生问题的多维度机制;(2)民生科技解决民生问题过程中历史维度、科学维度和社会维度的相关性;(3)将不同时期、不同国家民生科技解决民生问题统一于不同维度的要素关联之中。通过维度分析使我们认识到:第一,民生科技解决民生问题是多维度相互作用的过程;第二,民生科技解决民生问题的维度要素具有相对的意义和具体的意义,而不是绝对的和抽象的;第三,对提升我国自主创新能力,大力发展民生科技具有重要的现实意义。

第四章　民生科技解决民生问题的历史维度

我国作为四大文明古国之一，古代科学技术发展水平曾居世界首位，使我国先后进入了石器文明、青铜器文明和铁器文明时代。从商周到明代末期西方传教士到中国前，中国科学技术与社会在一种和谐的模式中发展。最重要的原因在于中国价值观的取向，这对于现在我们建设生态文明、构建和谐社会具有重要意义。

第一节　不同时期民生科技解决民生问题价值取向分析

科学技术作为非实体生产要素，是推动人类社会进步的重要杠杆，它不仅承载着发展经济的价值，而且承载着促进社会和谐发展的价值。在一个价值观多样化的社会中，多种价值观的地位和作用是不同的，其中处于核心地位、发挥主导作用的价值观就是该社会的主导价值观，它是社会统治阶级要求的反映，是引领人与自然、人与人、人与社会、人与科学技术和谐发展的思想基础。由于不同时期主导价值观的不同，科学技术促进社会发展在人类历史上产生了四种不同模式。

一、主导价值观取向在促进科技与社会发展中的地位和作用

在人类社会的不同时期，形成了不同的主导价值观，这些主导价值观在科技促进社会和谐发展中具有重要地位和作用。

1. 主导价值观取向是促进科技与社会发展总的指导思想

主导价值观作为人类文化中的核心内容，不是一成不变的，它随着社会经

济、政治、人类认识水平等变化而不断发展变化。但是一定时期内主导价值观具有相对稳定性,它作为统治阶级思想的反映,在实践中通过人与自然、人与人、人与社会、人与机器的关系彰显出来,是科学技术与社会和谐发展总的指导思想。

在农业社会,由于受认识水平的局限,人们对自然有一种超想象的崇拜。古人认为天意是至高无上的,天意就是客观规律。在古代王朝建立或灭亡时,都宣称是受天命而治天下或受到天命的惩罚。天命思想也成为下层阶级揭竿而起建立新王朝的思想武器,因此天子为了维持政权必须顺应天意,这样长期以来就形成了以"天人合一"为主流的价值观。人类要顺应天意,必须观测天象,观测天象离不开数学,天文学、数学的发展同时促进了农业的发展,实现人与自然的和谐发展。

近代科技革命为资产阶级发展生产力创造了物质条件。资产阶级为了促进科学技术与社会的发展,必须建立一种主流价值观为解放生产力奠定思想基础。在这种社会需求下产生了"经济中心论"和"人是自然主人"主导价值观。然而由于人类对自然的过度开发超过了自然的承载力产生了大量负面作用,最终使人与自然、人与机器、人与人、人与社会之间的不和谐越来越突出,这与近代主导价值观有直接联系。

20世纪60年代以来,社会需要产生一种新的主导价值观,以实现自然有序发展,可持续发展观应运而生。随着现代科技革命的发展,不仅需要解决人与自然不和谐问题,而且需要解决人与人、人与社会的不和谐问题,我国提出以人为本,全面、协调、可持续的科学发展观是在更高意义上实现和谐发展。所以,主导价值观决定了科学技术与社会发展的方向,是科技与社会和谐发展的总的指导思想。

2. 主导价值观取向决定科学技术促进社会发展的程度

主导价值观不仅是促进科技与社会和谐发展的指导思想,而且决定科学技术促进社会和谐发展的程度。我国古代在"天人合一"价值观下,通过农业科技革命,大力发展天文学、农学、医学和数学,通过科学技术加强对自然规律的认识把握天意,服务于天子的需要。中国古代指南针、火药和印刷术三大发明,由于受"天人合一"价值观的影响,并没有在我国发挥重要的经济作用。但当它们通过阿拉伯国家传到欧洲后,成为意大利等国家崛起的重要工具。我国古代很早就发现了煤,在传统自然观的影响下,认为挖煤就是在破坏天与人的有机统一,因此,直到近代我国才开始大规模地开采煤炭,而欧洲随着科技革命的不断推进,解决能源问题显得越来越重要。“人是自然主人”的价值观为人类大规模开采不可再生资源提供了理论基础,加速了人与自然的不和谐发展。现代科技革命在可持续发展观和科学发展观指导下使人与自然、人与人、人与社会朝着越来越和谐的方向发展。因此,科学技术促进社会和谐发展的程度是由主导价值观决定的。

3. 主导价值观取向体现了科学技术、人、自然、社会不同维度的关系

不同时期主导价值观取向不仅决定了科学技术与社会和谐发展的方向与程度,而且反映了科学技术与人、自然、社会之间的辩证关系。在“天人合一”价值观下,农业科技革命主要解决自然与人的关系,通过大力发展天文学、农学、数学和医学,认识自然,实现“天人合一”。近代科技革命的产生,主要体现了人与自然、人与社会、人与技术的关系。就人与自然的关系而言,在“人是自然的主人”价值观下,人类处于支配自然的地位,近代科技革命加速了人类对自然的过度掠夺,超过了自然的承载力。就科学技术与人的全面发展而言,近代科技革命使人成为机器的附属品,人是被机器异化的人。就科学技术与社会发展而言,科学技术在促进社会生产力大发展的同时,也产生了负面效应,主要表现为环境污染等。现代科技革命正是在可持续发展观和科学发展观基础上通过大力发展信息技术、现代服务业、环保技术、节能技术和新能源技术,促进人与自然、人与社会、科学技术与人与社会的和谐发展。因此,主导价值观是科学技术与社会和谐发展的指示灯,它决定了社会和谐发展的维度与程度,是科学技术与社会和谐发展的关键因素。

不同历史时期主导价值观取向直接决定了科学技术与社会发展模式。根据科技促进社会转型的历程,我们可以将人类社会划分为农业社会、工业社会、信息社会。而科技革命作为科学技术质的飞跃,在主导价值观取向下科技革命与社会发展呈现出四种不同的模式。

二、在“天人合一”价值观取向下古代农业科技革命与社会简单的和谐发展模式

我国作为世界上最古老的文明发源地之一,虽然在不同时期自然观是不同的,但主导价值观是天人合一。如在原始社会产生了原始宗教神学自然观,形成万物有灵的观念,通过图腾信仰和自然崇拜及远古神话来认识自然,体现了人类服从自然的依据和现象,也是天人合一的一种表现,只不过是人要依从天命,实

现二者的统一。到奴隶社会，出现了天命观、阴阳、五行和八卦学说，在奴隶社会末期，人们开始思考天地为什么不落、宇宙的本源等问题。而天命论是一整套宗教神学的思想体系。“天”和“帝”成为了奴隶主阶级用来统治奴隶阶级的主要工具。而阴阳、五行和八卦学说，体现了朴素的自然观，反映了天人合一的自然规律的运行机制。比原始社会的认识有很大的进步。封建社会的自然观表现为“天人感应”的神学目的论、元气说和理学等自然观，总体特征为消极“天人合一”和积极的“天人合一”自然观。古代农业社会的发展史就是人类认识自然与人类关系的发展史，总体上人应服从自然规律，虽然由于人们的认识水平有限，出现了宗教、神学和唯心主义等的观点和看法，但总体上都是想认识天与人之间和谐的关系，只不过是视角和方法不同而已。在“天人合一”主导价值观的指引下，农业科技革命促进社会取得了简单的和谐发展。

价值观是社会成员用来评价行为、事物以及从各种可能的目标中选择自己合意目标的准则。价值观是世界观的核心，是驱使人们行为的内部动力。人们行为是价值观的重要体现。我国古代技术发展水平很高，如对煤的发现、四大发明在世界范围内领先水平，由于价值观取向虽然使很多发明和发现并没有发挥像我们今天所见的功效，但是体现了科学技术与社会的和谐发展。我国古代比较系统的和有记载的价值观形成于春秋战国时期，价值观取向决定了我国科学技术发展的特点及科技与社会发展的特征。

1. 从价值维度看，“天人合一”价值观是一种人与自然和谐发展的价值取向，是经济价值和生态价值的统一

正是在这种价值观的指导下，古代中国实现了经济、自然、社会的和谐发展。从人与自然的维度看，农业科技革命也正是在“天人合一”价值观的指导下，促进了科技与社会的和谐发展。天文、历法、数学方面知识的产生是农业科技革命的一项重要内容，服务于农业和预测未来，人们通过天上日、月、星辰周期性变化作为人类生活的基本规律。种植技术和养殖技术是农业科技革命另一项重要内容，使人类从单纯被动依靠自然界转化为主动改造自然弥补天然赐予的不足。传统农业社会所用的资源是在自然界可重复利用的金、木、水、火、土，同时由于生产力水平低下，污染物的生成速度低于自然界的净化水平，人与自然基本是和谐的。从人与机器的维度看，我国古代人们在遵循“天人合一”的价值观下通过农业科技革命认识自然和改造自然，人处于支配技术的地位，人与机器是在一种和谐状态下发展的。

2. 史前传说反映了人们价值观的某种取向

史前传说从开天辟地的盘古开始，接着是天皇、地皇和人皇，到后来的农业和医药的始祖神农到黄帝等。反映了人们向往天、地、人之间的和谐统一及对农业的重视。很多传说在其后的社会价值观中起到了很大作用。“墨家主张和平和善政，因而强调禅让的传说；孟子主张民主，因而强调人民立禹为帝而不立舜的儿子，道家则创造出无为而治的黄帝。”传说反映了古人要实现天、地、人和谐发展的梦想和愿望，为其后自然观、技术应用价值的选择奠定了基础。

3. 古代自然观价值取向特征

古代人们奉行“天人合一”的自然观，即人类与自然的和谐相处建立在“道”的基础上。周朝统治者用“天”代替“帝”，提出了“天命”的思想，认为天是道德、智慧与权能的统一体，统治者必须明德慎罚，便可顺天应命，否则天命将令有所属。这为以后促进中国古代天文学的发展奠定了思想与理论基础。人类的一切活动为了顺天意，这就形成了自然与人类社会处于同一个系统的理念，并且自然决定了人类的选择。因此天与人的和谐相处是古代人的理性和价值选择，任何有违背二者和谐相处的技术和科学，他们都是反对的。儒家与道家在自然观方面基本是一致的。儒家虽然重视用礼仪、制度来管理社会，但他们也很重视对天象的研究，特别是对天象的观测，在他们看来，天象决定着人世间的事物变化，通过天象观测实现人与自然的和谐相处，但是，他们是一种被动接受自然的过程，而不是主动研究自然的规律，是一种现象主义派的代表。古代道家是主动探索自然规律的代表，力求探寻自然之“道”，实现人与自然的和谐相处。虽然，我国汉代已发现了煤，当时称之为“劫灰”，佛学中的“前劫之劫灰”，虽然知道有“天材地宝”的矿藏，也绝不肯轻易去挖掘。中国古代的发明印刷术、指南针、火药在我国当时也没有得到大力应用，一方面与中国古代社会制度有关，另一方面的原因就是价值观选择。虽然宋代火药已用于战争，但是当时的武器还是以冷兵器为主。因此，一切不利于“天人合一”的技术的应用都受到限制。如果，当时中国煤及很多实用技术都广泛被使用，中国古代就不可能实现科学技术与社会的和谐发展。

4. 古代社会领域价值观特征

自然观的价值取向影响了社会价值的取向。在社会领域中国古代信奉有助于自然与社会和谐发展的循环理念和“无为而治”的精神。在促进生产力发展方面，他们更愿意使用能够循环利用的资源，如水、木、火、金、土，保持自然界的一种动态平衡。而煤却不能使自然界保持一种动态平衡，它的使用表示一种事物在自然领域的消亡，因而不能作为首选生产要素，正是这种观念，使我国古代以一种循环经济的形式发展。由于不同派别对“道”的理解的不同，使“无为而治”的含义也是不同的。在道家看来，社会领域中的“道”就是民众的利益，只要以民众的利益为先，就可以治理国家；法家看来，社会领域中的“道”是成文法，只要遵循成文法，就可以实现对国家的法理；在儒家看来，“道”是人类社会中理想道路或秩序，人与自然、社会是分不开的，但他们重点研究了人本身。只要遵循道德的秩序，就可以实现对国家的治理。汉代起，中国的儒家思想是“道德”与法的统一体。儒家和道家虽然认可的社会中的“道”不同，但都重视有利于自然与社会和谐发展的技术的推广应用。儒家从孟子开始重视农业，“民为贵，社稷次之，君为轻”。古代水利技术很发达也说明了这一点。天文学和数学也是儒家比较重视的学科。因此，这样一来，中国古代的技术主要用于发展农业和天象观测，以实现天与人之间的和谐相处。

5. 古代科学技术应用价值取向特征分析

在“天人合一”价值观下，古代人们认为技术的应用有这样几方面的作用。首先是为了天象观测，所以我国古代的天象观测技术很发达，处于世界领先水平。春秋时期的甘德和石申在天象观测方面取得令世人瞩目的成就，测出火星、木星周期与实际值很接近，公元前613年观测到哈雷彗星等；西汉时期的张衡提出了浑天说，基本是正确的。其次，为了促进农业的发展，从孟子起，儒家也开始重视农业，这样中国古代的农业技术、水利技术、数学等发展比较快。汉代起，铁工具如耙、锄、耧车、犁、镰等得到普及，大大促进了农业的发展。再次，为了治病。从周朝开始，医生已从巫术中分离出来，成为独立的职业，在春秋战国时期已有扁鹊这样的名医。汉代的《神农本草经》是我国一部早期药典。最后，有助于促进人与自然和谐相处的相关使用技术的发展。汉代蔡伦在105年发明了用麻和树皮造出的蔡侯纸，引起了人类书写材料的革命。造纸术的发明大大降低了出书的成本，大批专著的出版，促进了中国古代文化的传播。该技术材料来源于可循环利用的“五行”中的木，不以损害自然为代价，不影响天与人的和谐相处，而且有利于文化、政府条文的传递，所以，它一被发明出来，就得到广泛的应用，并为我国科举制度的建立等创造了条件。而四大发明中的其他三项的使用价值在我国并没有被充分发挥出来。原因在于违背了或与“天人合一”观念不一致。而在宋代我国已用煤炼铁，服务于封建社会对铁制武器的需要及铁制农具的需要。其没有成为社会最主要的能源,这也是由我国古代科学技术使用价值观决定的。

但是,由于受当时认识水平的局限,虽然取得了科技与社会和谐发展,但其是在被动地遵循自然规律的基础上实现的,因此是简单水平上人与自然、人与机器的和谐发展模式。

三、“经济中心论”和“人是自然主人”主导价值观取向下近代科技革命与社会不和谐发展模式

15 世纪的文艺复兴歌颂人性,提倡人权和个性自由,宗教改革通过建立符合资产阶级自身利益的教义和新教,成为资本主义发展的强大精神动力。资产阶级在取得政权后,为了大力发展生产力,形成了以“经济中心论”和“人是自然主人”为主导的价值观,使近代科技革命与社会发展朝着越来越不和谐的方向发展。

1. 从价值维度看,近代科技革命在主导价值观指导下以牺牲自然价值和生态价值为代价,实现社会经济价值

近代科技革命通过产业革命在社会领域进行了两次产业革命,即以纺织业为主的轻工业技术革命和以电力技术为主的重工业革命,大大促进了经济的大发展。从人与自然的维度看,在主导价值观指导下人类成为自然的主人,自然被人类看做是取之不尽、用之不竭的宝库。人类在获得对自然规律认识的基础上,不断加大对自然的掠夺速度,特别是对不可再生资源煤、石油、天然气的过度开采,这些不可再生资源在使用过程中产生大量的污染物,超过了自然的可承载力,人与自然之间的不和谐成为近代科技革命的一个严重后果。

从人与机器的维度看,作为近代科技革命的物化的机器,使人类成为机器的附属品,人是被机器所操纵的对象,人类与科学技术物化的机器之间的矛盾不断加剧。当时在英国、法国等资本主义国家先后出现过工人捣毁机器、工人大罢工事件,人与机器的不和谐是人与人之间不和谐的直接反映。

从人与人的维度看,近代科技革命产生的机械化、电气化为资本家原始积累、获得更多的剩余价值提供了技术保障,加剧了资本家与工人阶级之间贫富差距,资本家与工人阶级的不和谐最终产生了政治领域的重大变革。总之,近代科技革命是在“经济中心论”和“人是自然主人”的主导价值观取向下产生了人与自然、人与机器、人与人之间的不和谐发展模式。

2. 近代自然观特征

近代发生过两次科学革命和两次技术革命，分别是牛顿经典力学体系革命、19世纪自然科学领域引起的多学科领域的革命和蒸汽机革命、电力革命。近代科技革命引起自然观两次重大的变革。

16—18世纪主要的自然观表现为机械自然观，机械自然观是一种单纯用古典力学解释一切自然现象的观点。它把物质的物理、化学和生物的性质都归结为力学的性质，把物理的、化学的和生物的系统和运动形式都归结为力学的系统和运动形式，认为自然界中的一切事物都完全服从于机械因果律。认为世界的存在就是机械运动。任何的存在物，包括人、动物和其他，其规律就是机械规律。人的个性的不同，是由其身体决定的。独立的心理实体是不存在的，心灵只是机械运动在人的身体上的一种现象或结果。按照这种决定论，自然界被看做是一个不间断的因果链条，原因和结果具有严格确定的、不可移易的必然联系。

机械唯物主义自然观在历史上所起的进步作用在于坚持从自然本身说明自然，证实了以往被视为根本不同的领域，如地上的运动和天上的运动，都服从于同样的力学规律，从而有力地打击了神学自然观，维护了世界的物质统一性原则。

19世纪随着第二次科技革命的不断发展，机械自然观逐步显露出一个局限性。特别是19世纪以来先后出现的能量守恒定律、达尔文进化论和细胞学说以及热力学统计理论和电磁场理论，说明了自然观之间的彼此联系和相互作用，产生了辩证唯物主义自然观。辩证唯物主义自然观认为，自然界是各种事物相互作用的整体，也是各种作用过程的集合体。一切自然事物，小到原子、基本粒子，大到银河系、总星系，复杂到人、生物圈以至于社会圈，都是由各种不同要素组成的系统。自然界通过这些要素本身相互作用以及与外部环境的相互作用形成整体的功能和特性，具有系统性的特征。事物作为开放系统，处于内部和外部作用中，并且都具有一定的自我调节、自我组织的能力。这种自然观从根本上改变了人对自然的态度，使人从自然的主人转化为自然的成员，而不能凌驾于自然之上，无限制地向自然界索取，而必须不断调节自己同自然的关系，使之和谐统一，并在这个前提下满足自己的需要。19世纪的辩证唯物自然观为20世纪科技革命提供了思想武器，自然具有发展的规律性及与人类发展的和谐性逐步得到认识。

3. 近代社会领域价值观特征

近代科技革命首先发生于英国、法国、德国、日本等国家。这些国家在近代的价值观表现为以下特征。重个人主义、个性发展与自我表现，主张天人相分。他们认为一个人有时达不到自己的目的，那不是天命，而是自己懒惰，缺乏斗争的精神。西方人的天人相分必然导致个人主义取向。所以西方人尤其是美国人极端崇拜个人主义、个性展现和自我发展。对权利距离的态度是指地位低的人们对于权利分配不平等的状况的接受程度，是比较愿意接受，还是不愿意接受。不同文化在处理权利不平等的问题的方式上也各不相同。西方文化，尤其是美国的社会结构基本是平行的，西方人主张自由平等，个性解放。自由与平等是人们的最终的生存目标。在资本主义社会，总体上社会价值趋向对利益的追求。为了利益，资本主义进行技术革新，提高劳动生产率，以彰显个性价值和表面的平等和自由。

4. 近代科学技术应用价值取向特征分析

近代科技革命引起两次产业革命，分别是机器革命和电力革命。科技促进社会的变革，是在社会价值观与科技应用价值之间整合取得的。近代科学技术应用价值集中体现为科技对生产力的极大变革作用。马克思曾有经典的概括。所以，近代科技的应用价值主要是经济价值。资本家为了获得更多的剩余价值，进行不断的技术革新。而这种科技价值的单向度发展，侧重个体利益，忽视群体利益的做法，最终产生了很多社会问题，如环保问题、资源问题、人口问题和收入差距问题。

总之，近代自然观、发展观和科技价值观的整合体现为对个体利益的重视，弱化群体利益和社会利益，科技在促进社会生产力巨大发展的同时，也带来了一些新的社会问题。

四、可持续发展观下现代科技革命与社会协同发展模式

随着近代科技革命带来的一系列问题的加剧，人类开始反思价值观及科学技术给社会带来的作用。近代科技革命给人类带来的不和谐发展成为自 20 世纪 60 年代以来必须解决的问题。80 年代联合国环境署理事会确定了可持续发展观，为现代科技革命促进人与自然和谐发展提供了理论指导。

1. 从价值维度看，可持续发展观体现经济价值和生态价值的统一，是经济与自然、代内与代际协同发展的理念

人类是自然的成员，自然与人类处于同等地位，由于二者之间主体地位的缺失，使可持续发展观在实践中仍以经济价值为主。

从人与机器的维度看，信息技术实现了办公自动化、服务交往网络化，解放了人类的脑力劳动，人类从机器的附属品转变为机器的主人，人与机器在一种和谐的环境下运行。从人与人的维度看，现代科技革命要求大力发展高科技，高科技的竞争主要是人才的竞争，高科技加速发展，为人们实现人生价值提供了广阔空间，出现了蓝领、白领、金领、灰领，突破了传统资本家与工人阶级两级对立的模式，推动了人与人之间的协同发展。但由于在可持续发展观下，人与自然发展主体的缺失，很多国家通过现代科技革命促进社会和谐发展的效果并不是特别理想。

2. 可持续发展观下的自然观特征

可持续发展观来源于人类对不可再生资源的认识。随着工业化不断发展，对煤、石油和天然气等不可再生资源的需求呈现出指数增长趋向。不可再资源的总量和人均量减少的速度非常之快。20 世纪 60 年代，美国女生物学家卡逊所写的《寂静的春天》，为人类实现可持续发展敲响了警钟。20 世纪 70 年代，罗马俱乐部所出的《增长的极限》，成为悲观主义科技观的代表。20 世纪 80 年代，可持续发展观逐步被提出，得到发达国家和发展中国家的积极响应。从人与自然的维度看，可持续发展观要求人类在认识自然、改造自然的过程中，遵循自然规律，实现人与自然的协同发展，特别是新能源技术的推广应用是在更高水平基础上利用可再生资源，缓解人与自然的矛盾，实现人与自然的协同发展，我们应做到自然、人类可持续性。

3. 可持续发展观下社会领域价值观特征

为了实现可持续发展，很多国家从重视单项度的经济利益开始向经济利益、生态利益协同发展的方向转变。企业不仅应重视经济效益，而且应承担相应的社会责任。民众负有保护环境的义务和责任。特别是在一些西方国家，环保组织特别多，环保方面的创新也特别多。产业的发展也从高能耗向节能、环保、高科技领域转型。

4. 可持续发展观下科学技术应用价值取向特征

可持续发展观主导思想是要实现人与自然的可持续性。科学技术作为服务于社会需要的工具。在 20 世纪 50 年代发生了重大转型。首先，第二次世界大战后，军用科技开始民用化转型。突出表现就是核能的开发及应用通信卫星的发射使用。其次，环保技术、新能源技术的开发成为很多国家发展的重点。再次，科学技术的发展，使一些国家的能源结构开始发生转型，也就是说新型能源所占的比重越来越高。例如,在巴西,水能已成为其主要能源,还有一些国家生物质能成为主要能源。

总之,在可持续发展观下,科技与社会的发展呈现出科技服务于新能源的开发和利用的过程。高能耗技术逐步被淘汰,节能技术得到推广。特别是对于发展中国家来讲,实现能源的转型、产业的转型都离不开相应的技术革新。

五、科学发展观下现代科技革命与社会和谐发展模式

我国在2003年10月召开的党的十六届三中全会上提出了科学发展观,坚持以人为本,树立全面、协调、可持续的发展观,促进经济、社会和人的全面发展。马克思在《共产党宣言》中指出的关于"自由人联合体"和人的全面自由发展的阐述,为在科学发展观下实现我国和谐发展确定了最高目标。科学发展观的核心是以人为本。以人为本所讲的"人",包含两层含义:一是指全体社会成员,即马克思所说的"每个人"、"一切人"。首先应包括受我国法律保护的一切社会成员。二是指人民,人民是"人"的主体和核心。在人类社会发展的进程中,人民始终是以占人口大多数的劳动者为主体、在利益一致基础上形成的最大的人群共同体。我们党以全心全意为人民服务为根本宗旨,理所当然地应代表最广大人民的根本利益,把实现好、维护好、发展好最广大人民的根本利益作为各项工作的根本出发点和落脚点。

1. 从价值维度看,科学发展观是对可持续发展的重大理论创新

不仅实现人与自然和谐发展,而且实现人与人、人与社会和谐发展,是经济价值、社会价值和生态价值的统一体,对于解决我国目前存在的地区、城乡、阶层不平衡发展具有理论和实践指导意义。从人与自然的维度看,我国大力发展新能源技术、节能技术和环保技术,大力推广可再生资源,为实现人与自然和谐发展提供技术上的保障。

从人与机器维度看,科学发展观进一步明确了人与机器的关系,机器的发明与使用应体现以人为本,实现人与机器的和谐发展。从人与人关系维度看,科学发展观着力解决人与人的和谐发展,现代科技革命通过大力发展现代农业、特色产业,缩小地区、城乡差距,以促进人与人之间的和谐发展。总之,在科学发展观指导下通过现代科技革命促进人与自然、人与人、人与机器和谐发展,是在多维度、高深度、较全面基础上的和谐发展。

2. 科学发展观下自然观特征

科学发展观与马克思主义哲学科学发展观体现了马克思主义的基本立场和观点。科学发展观强调以人为本，把人民群众作为推动发展的主体和基本力量，同时把满足人民群众不断增长的物质文化需要作为发展的根本出发点和落脚点，这体现了历史唯物主义关于人民群众历史主体地位、人民群众是历史创造者的思想。科学发展观强调全面发展和协调发展，全面推进经济建设、政治建设、文化建设和统筹国内发展和对外开放，体现了唯物辩证法关于事物之间普遍联系、辩证统一的基本原则。科学发展观强调可持续发展，促进人与自然的和谐相处，实现经济发展与资源、人口、环境相协调，体现了一种具有时代特征的科学自然观。同时这种自然观体现了自然与社会大系统整合与优化的趋向。自然与社会构成的大系统中，只有要素之间形成协同与合力，才会实现整个系统的优化发展。任何单纯强调自然或忽视自然规律强调自然社会价值的自然观都是片面的。而科学发展观倡导自然与社会的和谐有机发展，是对可持续发展观的重大创新。

3. 科学发展观下社会领域价值观特征

科学发展观的核心是：以人为本。科学发展观的终极指向是促进生产力和各项社会事业的发展，使之服务于人民群众的根本利益，使人民群众共享发展成果，从而增进社会和谐，更好地建设和谐社会、小康社会。所以，科学发展观是中国特色社会主义理论体系中最为提纲挈领的理论。为了实现科学发展观，在社会领域倡导的是统筹城乡发展、统筹区域发展、统筹经济社会发展、统筹人与自然和谐发展、统筹国内发展和对外开放五大领域的发展。涵盖了经济、社会、城乡、地域、资源、环境等方面的内容。科学发展观已成为社会领域实现全面、协调、可持续发展的指导思想。

4. 科学发展观下科学技术应用价值取向特征

为了实现科学发展，体现以人为本的理念，围绕民众的安全需要、健康需要和环保需要，我国制定了发展安全科技、环保科技、健康科技和节能科技等在内的发展重点。对于节能中长期规划，对于能源转型和环保都有相应的规划，科学技术成为落实科学发展观的重要依托。

5. 主导价值观选择下现代科技革命促进社会和谐发展路径选择

从科技革命促进社会和谐发展模式看，主导价值观选择、国家战略、生产方式、消费方式等在促进科技与社会和谐发展中具有重要地位。为了促进我国和谐社会建设，促进科学发展，我们必须做好以下几个方面工作。

(1)构建有助于和谐社会建设的价值观体系是实现现代科技革命与社会和谐发展的理论基础。从科技与社会发展模式看，主导价值观取向在促进社会和谐发展中具有重要地位，是指引科学技术与社会发展的指导思想。和谐社会的构建离不开和谐主导价值观的建设。树立正确的价值观将成为实现科技与社会和谐发展的思想保障和理论基础。因此，我们必须树立正确的价值观，特别是在科学发展观、社会主义核心价值体系的指引下实现人与自然、人与人、人与社会的和谐发展。

(2)全面贯彻国家发展战略是实现现代科技革命与社会和谐发展的实践原则和目标。20 世纪 80 年代以来，科学技术对社会的作用越来越受到国家政策的支持与指导。国家发展战略在促进科技与社会和谐发展中具有越来越重要的作用。90 年代以来，我国先后实施科教兴国战略、可持续发展战略、人才强国战略，通过一系列战略的实施推动我国科学技术与社会和谐发展。科教兴国战略为促进科技与社会和谐发展提供人才和科学技术条件；可持续发展战略则为科技促进社会发展提供方向和任务；人才战略为高科技促进社会发展提供人才保障。这些战略成为促进科技与社会和谐发展的原则和目标。

(3)大力发展高新技术产业是现代科技革命与社会和谐发展的技术保障。科技革命作为最重要的社会变革力量，促进人类社会从渔猎社会进入农业社会、工业社会和信息社会，同时也产生了科技与社会的不同发展模式。为了促进和谐社会建设，必须大力发展高技术产业，实现产业结构从重型化、理性化向轻型化、高科技化、人性化方向转变，从生产力发展所需的“血液”入手，大力发展新能源技术，从根本上实现人与自然的和谐发展；通过大力发展信息技术，扩大民主管理水平，实现人的全面发展，促进人与人之间的交流与合作，推动人与人之间和谐发展；由于高科技是一个科学技术群，新材料技术、环保技术、空间技术等对于促进人与自然、人与人、人与社会的和谐发展也是非常重要的。

(4)制度创新是实现现代科技革命与社会和谐发展的群众基础。随着科技时代的到来，引领人们生产方式、消费方式的改变将成为实现现代科技革命与社会和谐发展的核心内容。通过金融制度创新，对高耗能、污染企业实施“断奶”政策等加速企业生产方式从高耗能、高污染向节能、环保方向转变。“科技贫困”不仅会导致物质的贫困，也会导致精神的贫困，精神的贫困会导致愚昧和迷信。通过规范培训制度加大对领导干部和普通群众的科普力度，使人们充分认识到现代科技的伟大力量,改变人们的消费观念,培育对高科技产业的消费群体,促进科技与社会的和谐发展。

第二节 不同时期民生问题分析

民生科技的发展与不同时期民生问题的发展特征是紧密相连的。不同时期的民生问题决定了民生科技发展的方向和可能空间。下面以中国为例,简述不同历史阶段的民生问题。根据科技革命促进中国社会转型,我们可以将中国划分为三个时期:古代(包括原始社会、奴隶社会和封建社会)、近现代(1840 年至新中国成立)、当代(1949 年至今)。

一、中国古代民生问题

中国自古以来就将“民生”与“国计”相提并论,民生问题一直与国家发展存在着不可分割的关系。《尚书・五子之歌》指出“民惟邦本,本固邦宁”,它构成了儒家治国理政思想的核心,而《管子・霸业》突出“以人为本,本治则国固,本乱则国危”,《左传・庄公三十三年》强调“政之所兴,在顺民心”,《孟子・尽天下》主张“民为贵,社稷次之,君为轻”,《孟子・梁惠王下》则提出“忧民之忧者,民亦忧其忧”等议论,都客观反映了古代先贤对民生问题的重视。

马斯洛将人的需求划分为五个阶层,依次是生理的需求、安全的需求、感情的需求、尊重的需求和自我实现的需求。在古代漫长的社会国度里,形成“国以民为本,民以食为天”,是我国古代朴素的民本思想,也是对民生问题重要性的认识。由于当时的科学技术水平比较低,阶级差别比较大。对于普通民众来讲,他们的需求主要是生理需求、安全需求等,需求层次比较低,能够达到丰衣足食就行了。

1. 中国原始社会民生问题概述

中国是人类历史的发祥地之一,从远古到夏朝前的历史称为中国的原始社会,包括旧石器时代和新石器时代。在旧石器时代,我们的祖先长期过着以采掘野生植物和渔猎动物为生的生活,开始使用火和保存火,还出现了弓箭。在旧时期时代,还出现了原始的畜牧业和原始农业。在漫长的原始社会里,人民过着群居生活,展现出人类自强不息的奋斗精神和不懈努力。

2. 奴隶社会民生问题概述

中国进入奴隶社会是在约公元前21世纪，持续到公元前476年。奴隶社会在中国有1600多年的历史。该时期的民生问题主要表现为发展农业和手工业，及对奴隶主阶层建立宫殿等。整体上是为了解决民众的基本生存需要和满足奴隶主阶层的奢侈需要。

3. 封建社会民生问题概述

公元前221年中国进入统一的、多民族的中央集权的封建社会。阶级更替的最主要的原因是在社会制度里，生产率能够取得巨大的发展，民生问题能够得到更好的解决。而封建社会是中国古代历史上农业取得最大发展的时期。该时期，民众对解放生产力和发展生产力有很高的期望值。地主为了维护本阶级的利益，也客观要求发展生产力。总体上，民生问题表现为解决民众的生存问题、人口问题及剥削阶级的利益问题。

二、中国近现代民生问题

鸦片战争一方面给中国民众带来了生活上和精神上的痛苦，另一个方面，实现了中国被动的转型，使中国处于被动的开放状态，国外的科学技术、产业、鸦片、消费方式等都不断地涌进中国这片曾经是世界文明发祥地的国土上。国外的洋枪和洋炮开始进入中国。这不免让人觉得非常悲哀。中国曾是四大发明之一火药的发明者，而在漫长的农业社会里，中国的火药主要用于烟花爆竹，中国主要的兵器以长矛大刀等冷兵器为主。但是，中国的火药传到欧洲，将封建骑士炸得粉碎。后经过西方人的改进又拿来对付中国人。近现代时期，西方的铁路、煤矿开采技术、制造技术等都先后在中国建立。

所谓“民生”，“就是人民的生活、社会的生存、国民的生计、群众的生命”（孙中山语）。孙中山认为民生问题是社会进步的原动力，民生就是人民的生活、社会的生存、国民生计。当时中国是半殖民地半封建社会的国情；封建主义、帝国主义的压制和阻碍；民族资产阶级的软弱性；人口多、农业经济不发达的国情。结合中国国情，孙中山提出了民生主义、平均地权的策略。所以，当代的民生问题除了解决民众的衣、食、住、行等问题外，还有一个重要的民生问题就是国家的命运问题。民众应生活在什么样的国度里，采用什么样的生活态度等。国家的命运、民众的生存、外在的压力、内部的矛盾成为该时期比较突出的民生问题。

伟大的民主革命的先行者孙中山先生，在1905年的《民报·发刊词》中，把同盟会的政治纲领“驱除鞑虏，恢复中华，建立民国，平均地权”阐发为“民族”、“民权”、“民生”三大主义，孙中山最早提出了民生这个理念。他曾经这样解释民生主义：“民生主义即贫富均等，不能以富者压制贫者是也。”在民生方面，他讲得比较多的是关于资本和土地两方面的公正、公平问题。对于这两大方面，直到今天我们都不能忽视，资本和土地是财富的两大源泉，如果处理好了当然就公正了。

1924 年 1 月，国民党“一大”对三民主义进行了重新解释：“国民党之民生主义，其重要之原则不外二者：一曰平均地权；二曰节制资本。”新三民主义的“平均地权”指“农民之缺乏田地沦为佃户者，国家当给以土地，资其耕作”。这一方针，孙中山后来又将其归纳为“耕者有其田”。他指出，“如果耕者没有田地，每年还是要田租，那还是不彻底的革命”。

中国共产党人毛泽东于 1927 年 2 月在对湖南 5 个县的农民运动考察中，写信给中共中央，提出解决农民的土地问题。1927 年八七会议，党中央确定了土地革命和武装反抗国民党反动派的总方针。1929 年 4 月红四军制定和颁发了《兴国土地法大纲》，闽西出现了“分田分地真忙”的大好形势，广大农民欢天喜地，积极从事生产，生活也得到改善。在新民主主义革命时期（除抗日战争时期外），在共产党领导的革命根据地，一直实行没收地主土地归农民所有的土地制度，真正解决了当时民生问题中的最重要环节——农民的土地问题。

三、中国当代民生问题

新中国成立初期，中国面临的民生问题主要集中于改变民众的生存和生活条件，振兴国力，促进中国从农业社会向工业社会转型。新中国成立前后，中国共产党顺沿了土地改革，到 1952 年年底，彻底打倒了地主阶级，真正实现了中国农民几千年的梦想——“耕者有其田”。后战胜了经济战线上的投机倒把行为，稳定了物价；完成了对资本主义工商业的社会主义改造，城市工人阶级和广大市民摆脱了资本主义剥削。剥削制度的消灭为彻底解决民生问题创造了根本的政治和经济前提。

新中国成立后的 30 年里，中国共产党在解决民生问题上主流是好的，但是也存在一些问题。比如在国民经济支出当中积累与消费比例失衡，积累比重偏大；对外封锁，国内建设全凭财政开支，人民工资水平长期维持在相当低的水平；农轻重比例失衡，用于农业和轻工业的财政支出相对很少，对农业和轻工业的投入严重不足。尤其是人民公社化运动，剥夺了农民生产资料的所有权，极大影响了人民生活的改善和提高。党的十三大提出“三步走”的战略目标，要求到20世纪末基本实现小康；党的十六大提出21世纪前20年的目标就是要全面实现小康。

改革开放近30年来，民生问题受到普遍关注，近30年改革开放的进程，其实就是不断重视民生、改善民生的过程。邓小平同志对此有很多讲话，其中明确提出“三个有利于”，要把是否有利于提高人民生活水平作为判断是非得失的重要标准，强调一切政策的出发点和归宿始终要看“人民拥护不拥护”，“人民赞成不赞成”，“人民高兴不高兴”，“人民答应不答应”。江泽民同志提出“三个代表”重要思想，强调要“代表最广大人民的根本利益”。以胡锦涛同志为总书记的新一代领导集体更是明确提出以人为本、立党为公、执政为民的理念，“权为民所用，权为民所享，利为民所谋”日益深入人心。中国的民生也在改革开放的不断深化中得到了极大改善。从中国发展的现实情况看，经济指标的增长与发展，并不意味着中国民生问题已经得到全面解决。因此，在把握民生问题的时候保持一种宽阔的视野，有助于我们更深刻地认识民生问题，寻找更科学的解决思路。①

我国政府一直高度重视民生问题。特别是党的十六大以来，政府把为民办实事、努力解决民生问题、促进社会和谐稳定摆上了工作的重要位置。党的十六届六中全会指出，构建社会主义和谐社会是一个不断化解社会矛盾的持续过程，构建和谐社会的根本问题是关注民生。中国共产党十六届六中全会公报明确提出，到2020年，构建和谐社会的目标和主要任务之一是“城乡、区域发展差距扩大的趋势逐步扭转，合理有序的收入分配格局基本形成，家庭财产普遍增加，人民过上更加富足的生活”。六中全会的决定把“完善收入分配制度，规范收入分配秩序”列为了和谐社会六项制度建设的内容之一，提出要着力提高低收入者收入水平，逐步扩大中等收入者比重，有效调节过高收入，坚决取缔非法收入，促进共同富裕等。六中全会的决定进一步指出，要逐步建立社会保险、社会救助、社会福利等相衔接的覆盖城乡居民的社会保障体系；要把扩大就业作为经济社会发展和调整经济结构的重要目标，实现经济发展和扩大就业良性互动；要“坚

① 参见陈柳钦：《解决民生问题，构建和谐社会》，http://www.globrand.com/2009/181921.shtml。

持教育优先发展,促进教育公平”;要“建设覆盖城乡居民的基本卫生保健制度”;规范和加强经济适用房建设,逐步解决城镇低收入家庭住房困难;要“坚持安全第一、预防为主、综合治理,完善安全生产体制机制、法律法规和政策措施,加大投入,落实责任,严格管理,强化监督,坚决遏制重特大安全事故”;要“加强社会治安综合治理,增强人民群众安全感”。2006 年 12 月召开的 2007 年中央经济工作会议再次表明了中国高层坚持以人为本,不断促进社会和谐的决心,明确将“解决民生问题”列入 2007 年国家经济工作的重点。

在 2007 年的经济工作中,解决民生问题已被摆在更加突出的位置上。胡锦涛总书记在新年贺词中说,2007 年将着力促进社会发展和解决民生问题,把“着力解决民生问题”作为 2007 年工作的一项重要内容提出来,鲜明地表明党和政府关心群众的拳拳之心,也为 2007 年的工作确定了基调。温家宝说:“关注民生、重视民生、保障民生、改善民生,是我们党全心全意为人民服务宗旨的要求,是人民政府的基本职责。”2007 年的“两会”,不但继续关注民生问题,并将更深入地研究和解决民生问题。民生问题,是关系发展和稳定的重大问题,也是构建和谐社会必须解决的首要问题。

四、民生问题发展特征

从中国民生问题发展历程看,民生问题发展过程与不同时期科学技术发展水平、社会制度、民众需求层次、国家安全需要等有紧密的联系,但无论任何时代,民众的需要都是国家发展的重点,只有这样才可能维持一个政权的稳定。体现来说,民生问题的发展具有以下几个方面的特征。

1. 民生问题发展的时代性特征

民生问题首先体现为不同时代在特定条件下的特定需求,体现了时代性需求。如,在战争时期,国家的安全成为民生问题的核心。在稳定时期,民生问题主要表现为民众的衣、食、住、行及生活质量的提高问题。时代性是民生问题解决的基础,任何脱离现实需要的民生问题都是空洞的,也不可能取得重大的突破。如新中国成立后,中国的“大跃进”,违背了客观规律,走超越现实的民生问题的解决路径都是不可能的。愿望一定要回到时代上来,否则就是空想。

2. 民生问题发展的层次性特征

人类社会的发展经过了原始社会、奴隶社会、封建社会、资本主义社会和社会主义社会,社会的发展,使人的解放程度不断提升。人的自由发展空间不断得到扩展，从人压迫人、技术异化等自在世界向人的全面发展的世界迈进。人的需求的层次性决定了一定历史阶段民生问题的针对性。民生问题作为民众需求的体现，具有层次性。具体表现为这样几个层次：一是满足人最基本的生存需要，如衣、食、住、行等。第二层次：安全需求。如对安全性、稳定性、保障、无后顾之忧等的追求。第三层次：社交需求。如对别人的认同、接纳、友谊、人际关系、团队归属的需求。第四层次：尊重需求。如对地位、名分、权利、责任、比较尊重等的追求。第五层次：自我实现需求。如对信仰、信念、兴趣爱好、自我价值、挑战、潜能发挥等的追求。所以，在一定的历史阶段，我们只可能处理一定需求层次的民生问题，这是由民众的需求、科技水平、社会发展阶段等条件决定的。

3. 民生问题发展的继承性与突破性特征

民生问题发展的继承性表现为两个方面，首先从民生问题的来源看，关系民众的需求在任何时代都是存在的，这是民生问题产生的根。其次，从民生问题解决的主体来看，广大民众是基础。无论是对于国家安全问题，不是普遍的民生问题，来源于民众的需求，同时还靠民众来解决。英雄固然重要，但英雄也是来源于民众，时势造英雄。民生问题的突破性体现为民生问题在不同时代表现出的特殊性与时代性。只有突破性，人类社会发展的程度才能不断前进。虽然提法没有变化，但是内容已经发生了变化。如在工业经济时代，也提倡以人为本，但是建立在以个体利益和发展为基础上的以人为本，甚至可以牺牲自然界作为代价。我们现在所倡导的以人为本建立在人与自然和谐发展基础上的以人为本，建立在人与人之间和谐发展基础上的以人为本，多体现群体利益，而不是个体利益。

4. 民生问题产生与解决的系统性特征

民生问题产生过程与解决过程都是一个大系统。对于民生问题的产生来讲，它离不开社会发展阶段、科技水平、民众需要、社会制度等因素。民生问题的解决首先依靠民众的力量，科技的水平；其次是制度的创新，管理的改善等。只有通过系统的考察与分析，才能把握好、分析好、解决好民生问题。

总之，民生问题可以说是人类社会永恒的主题，任何社会的发展都是通过解决民生问题而不断进步的。民生问题的发展过程体现为螺旋式上升过程，不断实现民众不同层次的需求。民生问题的发展也凸出一些特征来，我们只有把握好民生问题产生与发展的特征，才能更好地完成民生科技解决民生问题这个任务。

第三节　不同时期民生科技知识与转化系统分析

虽然民生科技只是现代提出来的新名词,但是在不同时期,为了解决民生问题,形成了我们现代意义上的民生科技知识与转化系统,促进社会的发展。

对于历史的分析有两种观点:一种是辉格式分析,另一种是反辉格式分析。我们要完全遵照历史事实来研究历史就是反辉格式的研究传统。如果我们用现代的眼光来看待和评价历史则形成辉格式的研究传统。对于历史来讲,我们应首先做到反辉格式研究,以还历史本来面目。但是,我们都是现代社会的人,难免要受到现代社会的分析方法、新的名词的污染来分析历史,也就是说做到安全还原历史几乎是不可能的,对历史的评价,以现代标准与过去历史的标准最终的结论可能差别特别大。对于民生科技来讲,过去的农业社会、工业社会并没有这种提法,只是 2007 年以来为了解决民生问题才提出的一个新名词。说它新,是原来没有;说它不新,原来有民用科技、实用技术等提法。现在就存在这样一个问题,我们应该用什么样的标准来分析传统农业社会、工业社会等的民生科技知识与转化系统。我们结合现代民生科技的内涵,将不同时期解决民生问题形成的知识体系与转化体系称为更广泛意义上的民生科技,这样一来,保证了分析标准的统一性与连续性。

一、中国古代民生科技知识与转化系统分析

中国古代农业社会经过了原始社会、奴隶社会和封建社会,主要以农业为主,古代民生科技的发展,体现了民生问题解决的现实需要。

1. 中国古代民生科技发展领域分析

总体上,古代民生科技以农业为主,但在不同历史时期又有些不同的发展领域。

(1)原始社会民生科技发展概述。

原始社会是科学技术萌芽阶段。民生科技的发展主要表现在三个方面。一是石器和火的利用。特别是火的作用是人类技术史上的一项伟大发明,它使人类第一次控制和战胜自然力。二是原始农牧业的出现。这是人类经验发展到一定阶段的产物。种植的植物有花生、芝麻、豆类等。中国原始畜牧业主要是饲养狗、猪、牛、马和鸡等。三是原始手工业的出现。表现为制陶技术、纺织技术、建

筑技术、简单的交通工具的发明等。

原始社会的民生科技的发展集中体现了为了人民的生存而必须进行创新的历史过程。民生科技的发展水平是人们经验的总结，是人们对认识自然和改造自然的过程。多是经验的总结过程。

(2)奴隶社会民生科技发展概述。

奴隶社会民生科技的发展主要表现为青铜器技术、农牧业技术和手工业技术的发展。中国的夏、周时代是青铜器的极盛时代。典型地代表了奴隶制时代高度发展的文化艺术和科学技术水平。西周时期农业已成为社会经济中最主要的生产部门，农作物已可以分为谷类、麻类等。《诗经》已记载有早熟、晚熟、早播和晚播的不同的作物品种。《夏小正》中还记载了关于农作物的加工技术。《诗经》记载桑蚕业已逐步发展起来。手工业的发展主要表现在建筑业、纺织业、制陶技术和酿造技术等方面。在当时，科学与技术是分离的。技术主要服务于社会需求。科学的发展也是服务于社会的需求。如天文学中的天象观测、历法服务于农业需要。数学中的记数法的发明服务于土地的量度，物候学和气象学也是服务于农业的需求。而医学的发展也是直接来源于社会民众的需要。

(3)封建社会民生科技发展概述。

封建社会是中国农业发展的最强盛时期。为了促进农业的发展，铁器技术、水利技术、建筑交通技术等取得了很大的发展，特别是铁器技术和四大发明是该时期最重要的科技成果。西汉时期中国出土的铁器有灯、斧、炉、锁、剪、齿轮及车轴等机械零件。在中国封建社会中所能冶炼的八种金属包括金、银、铁、锡、铅、汞、锌。在造纸术没有发明之前，中国古代曾先后使用龟甲、金石、竹简等作为材料。造纸术的发明大大扩展了文化传播的范围和速度。唐代雕版印刷术的发明比手写传抄快百倍，主要用于三个方面：宗教印刷、文学印刷和科技印刷，大大加速了科学技术传播的速度和广度。而宋代火药的发明用于军事和生活方面，总体上对生产力的发展作用不是非常大。但是，火药传入欧洲成为资产阶级战胜封建地主的重要工具。宋代发明的指南针促进了中国航海事业的发展，但是它传入欧洲成为新大陆发现的重要工具，为资本家掠夺创造了条件。在漫长的封建社会里，为了解决当时的民生问题，农业技术、纺织技术、建筑技术、数学、天文学、地学、医学等都取得了很大的发展。所以，我们可以说，封建社会时期，中国的科学技术在世界范围内也是领先的，世界科学技术的中心在中国。而科学技术的发展又促进了社会生产力的巨大发展，生产力的发展成为统治者维护统治地位的重要工具。也许是中国当时的发展太强大了,无视16世纪欧洲开始的科学革命及其后的技术革命,自满、自负、封闭的思想观念最终使科学技术的中心转入欧洲。另外,中国在封建社会出现了《九章算术》及数学四大家,一些经典农书和医书和有名的医生。如《神农本草经》、《伤寒杂病论》、《千金方》、《本草纲目》等,出现了华佗、李时珍等名医。

天文学。我国古代天文观测记录比其他国家系统完整,共有1000多次日食、900多次月食、100多次太阳黑子、180次以上流星的记录、29次哈雷彗星出现的详细描述、约90颗关于新星和超新星的笔录史料,等等,其中绝大部分为战国以后的观测成就。我国还拥有许多天文观测的"世界之最",如世界上最早的星表、载星最多的星图、最早观察到新星和超新星、最早记录下太阳黑子、最早的天文观测著作——《甘石星经》等。我国有古代最高水平的观测仪器。我国古代观测天文的主要仪器是浑仪,大约出现于战国时期,后经东汉张衡的改造,大大提高了准确性。元代天文学家郭守敬对浑仪进行了重大改革,制成准确度更高的简仪,这种装置直到18世纪欧洲人才开始使用。再次有世界上最多最准确的历法。如南北朝的祖冲之在制定大明历时,提出每391年设144个闰月的置闰周期,推算出回归年长度为365.2428148日,与今天的推算值只差46秒。最后我国古代也曾提出过"盖天说"、"浑天说"和"宣夜说"等宇宙结构理论,这里已具有宇宙无限的思想。

数学。我国最早的数学著作是公元前1世纪问世的《周髀算经》,书中已有了勾股定理和较复杂的分数运算。汉代成书的《九章算术》标志着我国数学体系的初步建立,主要是用代数方法解决大量的实际问题。此后,历代数学家正是在对它的注释和证明过程中推动了数学的发展。三国时期的刘徽用创立的割圆术求出 $\pi=3.1416$。南北朝时期著名数学家祖冲之运用割圆术将圆周率精确到小数点后7位数,这个纪录一千多年后才被打破。我国数学在宋元时期达到新的高度,陆续出现了一批著名的数学家和高水平的数学著作。如秦九韶和他的《数书九章》,李冶和他的《测圆海境》,杨辉和他的《详解九章算法》、《杨辉算法》,朱世兰和他的《算法启蒙》、《四元玉鉴》,等等,代表了当时古代中国,也是世界上最高的数学水平。

中医药学。我国独特的医药学体系形成于春秋时期。并在2000多年中取得了极其辉煌的成就。这些成就主要表现在:①众多的医药学著作。我国仅现存的古代医学著作就将近8000部,占古代世界各学科之首。其中的《黄帝内经》和《伤寒杂病论》是我国中医学理论的两部奠基性著作。汉代成书的《神农本草经》和明代李时珍的《本草纲目》影响最大。特别是《本草纲目》早在万历年间就流传到日本、朝鲜和越南，17 世纪、18 世纪又传到欧洲相继被译成德文、法文、拉丁文、英文和俄文，推动了世界医药学和生物学的发展。这些医药学著作是对古代医疗实践经验的总结，也是我国古代医药学发展水平的真实反映。②独特的针灸疗法。针灸疗法在我国源流久远，分为针法和灸法。明代杨继洲的《针灸大成》，也是针灸学史上的一部重要著作。另外，唐代孙思邈绘制的彩色针灸挂图以及宋代医官王唯一监制的针灸铜人，都说明我国古代的针灸疗法已达到相当高的水平。③先进的外科学。外科学在我国也有悠久的历史，三国时期的华佗是世界上最早用麻醉药做外科大手术的人，历史记载他曾以酒服“麻沸散”做全身麻醉做胃肠缝合一类的腹部外科手术，这在当时已是很了不起的成就。

农学。自古以来，我国就以农为本、以农立国著称。我国古代农业生产技术的成就可概括为两个方面：一是先进的耕作技术，人们在生产实践中合理利用时令、土壤、施肥、耕作和田间管理等农业生产规律，提高单位面积产量。二是先进的农具，我国到战国时期才普遍使用铁器，但农具在世界上却处于很先进的地位。正是在对农业生产技术进行总结研究的基础上产生了农学，而农学上的成就又集中反映在众多的农学著作上。我国古代农学著作数量之多堪称世界之最，已知约有 370 种，其中最著名的有南北朝时期的贾思勰所著的《齐民要术》，全面总结了 6 世纪以前的农业生产技术知识；元代王祯的《农书》，除了介绍农作物栽培技术外，还对农业机械的发展作了生动的描述；明代徐光启的《农政全书》，收集了有关农业政策和农业科学技术知识，还介绍了欧洲的水力学和水利工程知识。这些农学上的成果，既反映了我国古代农业发展水平，也有力地促进了以后农业生产技术的提高。

四大发明。造纸术、印刷术、火药和指南针是我国古代闻名世界的四大发明。据考古发现，我国大约在公元前 1 世纪左右，就已经有了纸，不过这时的纸只是纺织业漂絮沤麻的副产品。到东汉时期，蔡伦对造纸技术进行了大胆的改革和创新。除了用麻作原料之外，还采用了树皮、破布等一些含纤维的东西，并采用灰碱液蒸煮的加工技术，从而大大提高了纸的产量和质量。直到 18 世纪以前，世界各国都是沿用我国的造纸技术。纸的推广应用促进了印刷术的发明，大约在隋唐时期就出现了雕版印刷。北宋的毕昇发明了活字印刷术。到了元代，王祯创造了木活字,并发明了转轮排字架。欧洲人使用活字印刷比我国晚了整整400年。火药是在炼丹过程中发明的。唐代著名医学家孙思邈在他的《丹经》一书中,第一次记载了配制火药的基本方法,到宋元时期,各种火药成分有了较合理的定量配比,并开始在战争中使用,出现了最早的火炮、火枪等火药武器。火药在13世纪时传到阿拉伯各国,14世纪又经阿拉伯地区传到欧洲。指南针的发明得益于物理知识的发展。早在战国时期,我国人民就发现了磁石能吸铁和指示方向,随后发明了"司南勺",不久又发明了指南针,由于航海事业发展的需要,人们开始使用水服式指南针在阴雨天辨别方向。到元代时,航海已完全靠指南针指引航向,实现了全天候航行。随着对外贸易和海上交通的发展,指南针及应用技术先传到阿拉伯地区,到13世纪初,欧洲也开始使用指南针了。

四大发明不仅反映了我国古代科学技术的先进水平,对我国科学文化的发展产生了极其深远的影响,而且加速了世界文明的历史进程。四大发明传入西方后,为欧洲资产阶级革命提供了强大的武器,为资本主义制度的确立创造了重要的物质条件。

其他实用技术。在中国封建社会时期,各种实用生产技术也取得了巨大的进步,例如水利工程技术、冶金、制瓷、机械制造、纺织等方面成就卓著。公元5世纪到15世纪,古代中国的科学技术水平达到了西方望尘莫及的程度,但当文艺复兴后的西方科学技术加速发展时,仍然慢慢发展的古代中国科学技术在故步自封中开始远远落后于世界水平。历史的天平开始向西方倾斜。

无论如何,中国封建社会时代科学技术发展水平得到世界公认,但也给我们现在留下了很多反思。如一些伟大的科技成果与民生问题的解决联系不紧密,如火药的发明,本应能提高当时的军事技术的水平,但是从历史上看,远非如此。指南针的作用发挥得也不是很充分。给我们现在的启示就是民生科技的发展要服务于民生问题。因为它直接来源于民生问题,也应直接服务于民生问题。

2. 中国古代民生科技解决民生问题特征

我国古代价值观取向决定了科学技术与社会的和谐发展模式,促进了古代生态文明的建设,形成了古代民生科技解决民生问题的一些显著特征。

(1)从生产力角度看,我国古代主要的生产要素是可循环的金、木、水、火、土。"五行"构成促进生产力发展的主要生产要素,而其他的如煤等生产要素是在破坏自然的前提下使用,因此在古人看来,不是最佳选择。这样就使生产建立在可持续发展基础上,实现人与自然、环境的和谐发展。

(2)我国古代科学技术与社会发展形成价值观—科学—技术—社会发展的模式,价值观选择决定了科学技术的发展必须以促进人与自然的和谐相处为前提。古代天文学、地学、农学、数学、实用技术都是围绕"天人合一"价值观进行研究并应用于社会实践。各时期,人们都很重视天文、五行、地理知识的收集与记载。朝代史中"志"的记载中包括天文、五行、地理的记载,其中,五行主要指有关灾变或怪异的记载。这说明古代人们价值观取向在某些方面的趋同性。在他们看来,天文学和气象学是可以用来预卜未来的,因此天文观测、天地变化的记载被列为正史。

(3)我国古代科学技术与社会发展以简单循环经济模式为基础,形成了以"天人合一"为基础的古生态文明特征。人类的一切活动应服从于天意,天代表了自然中的"道",这样便维持了自然的动态平衡。一方面他们积极地去观察和了解体现天意的自然现象,从而不自觉地推动了自然知识的发展。另一方面,由于主宰万物的天被看成是有意旨的神,对于神的意旨通过特异的天象呈现给世人,用人的理智提示自然的奥秘是泄露天机,是不祥的预兆,这样又阻碍了人们对自然科学进行理论分析。我国古代天象观测仪器比较发达,而相应的科学理论比较落后,也说明了这一点。

(4)我国古代科举制度及价值观选择阻碍了对自然科学进行理论探索。隋唐以来我国实行的科举取士制度,以经书为主要考试内容,认为思考和研究自然知识,属于下流的技术和工艺,万般皆下品,唯有读书高。这种传统一直沿袭到清朝末期。所以形成古代科学技术以实用为主,缺乏理论性。

总之,我国古代科学技术在16世纪以前走在世界前列,并实现了人与自然、社会的和谐发展。这对于我们建设生态文明具有现实意义。

3. 古代民生科技解决民生问题对当代的意义

党的十七大报告强调,要"建设生态文明,基本形成节约能源资源和保护生态环境的产业结构、增长方式、消费模式"。我国古代价值观选择,对现阶段建设生态文明具有指导价值。

(1)建设有利于构建和谐社会的价值体系,实现自然观、社会价值观之间的统一性与协调性,促进科学技术向有助于人与自然、社会和谐的方向发展。大力发展新能源技术、环保技术、节能技术,实现价值观、技术观、生产观、消费观的一致性。生态文明建设对物质文明建设、政治文明建设都具有重要的现实意义。

(2)政府支持是促进与自然和谐相处的重要保障。在我国古代,水利、天文、农业等都得到各朝各代的重视，因而它们发展比较快。李约瑟认为水利、交通的发展水平对于维持一个地区或国家政权的稳定起很重要的作用。历史上很多朝代都很重视水利和交通建设，并且都得到政府的很大支持。正如冀朝鼎所说，所谓统一和国家权力的集中，无非就是控制了一个很强的经济区，这个经济区的农业生产力和运输条件使得它在进贡谷物的供应上远远胜过其他经济区，因此，哪个集团一旦控制了这个基本经济区，它也就控制了中国。因此，政府在促进科技与发展发展中起到很大作用。

(3)科技文明是促进社会和谐发展的技术保障。党的十七大提出要建设生态文明，实现人与自然的和谐相处。在高科技时代，科技发展水平是实现生态文明的基本保证。我们不可能回到原始农业中，以简单的可循环要素为生产力提供资源，如用水轮机提供动力，用木材作为最主要的能源，将土地作为最主要的生产要素。而是要用新型可循环利用的能源代替不可循环的煤、石油和天然气。通过现代科技实现生态文明。

(4)生产方式、生活方式和消费方式转变是实现社会和谐发展的群众基础。在能源的选择方面，要从以不可再生资源为主逐步改变为以可再生资源为主的消费方式。在生活方式方面，应注重节约。中国古代很多条文都明确规定，应以“朴”为荣。

4. 中国古代有无科学之争

不论是古代的中国，还是被誉为科学故乡的古希腊都没有科学这个名词。在中国古代用“格致”一词涵盖现代所用的科学一词的内涵。《礼记》中记载“致知在格物，格物而后知至”。也就是说研究事物原理才能获得知识。之后，中国历代著作中都用“格致”一词。“科学”一词在19世纪末20世纪初从日本引入中国。古希腊时期，用自然哲学来称呼现代意义上的科学，而且科学往往与哲学、宗教交织在一起。英国直到19世纪才用科学来代替自然哲学，后还出现了科学家一词。所以，我们如果用辉格式的研究方法，即用现代的科学一词，来衡量古代的科学技术，当然中国古代没有科学技术。所以，我们必须采用反辉格式的研究方法，来看待中国古代的民生科技。中国古代民生科技发展的一个很重要的特点就是重实用、轻理论。现代看来，只有科学的理论研究与实用研究相结合，形成系统的、完整的科学体系，才能更好地促进民生科技的发展。

总之，中国古代实现自然与社会的和谐发展与他们的价值观取向是紧密联系的，为促进现代生态文明的建设，必须重构我们的价值观体系，实现人与自然的和谐发展。同时，重视民生科技理论与实用两个方面的有机结合，空洞的科学研究将会成为无源之水，只重视实用的科学技术，将失去创新的源泉。中国古代科学技术的发展为近现代、当代科学技术的发展提供了好的经验与教训。

二、近现代中国民生科技知识与转化系统

近代科技知识体系来源于西方两次科技革命，后引入中国，引起中国社会的转型。所以，近现代科技中国民生科技的发展表现为西方科技革命对中国的改造。由于该时期，中国面临国家主权危机、民不聊生的问题，民生科技的发展主要表现为国防科技和普遍的民生科技两个方面。

1. 该时期中国发展的民生科技领域分析

中国从19世纪60年代到90年代是历史上称为“洋务运动”的时期。该时期西方的洋枪洋炮等军用科技开始传入中国，采煤技术、修铁路技术、电报技术等都先后传入中国，并出现了一批清朝政府官办的和外国合办的各种工厂。后制糖技术、食品加工技术、电灯生产技术等先后进入中国国内。曾国藩开设的安庆军械厂(1861)是最早的。从19世纪60年代开始，中国的民族资本家逐步发展起来，产生了中国最早的近代工业和产业工人，到辛亥革命时，中国的产业工人已达50多万人。另外，西方的科学也传入中国，包括牛顿力学、热力学等自然科学方面的内容。

另一方面，该时期，中国也有一些自主创新的成果。近代数学、近代天文学、近代物理学、近代化学、近代地学和近代工程学也取得了显著的成就。近代数学传入中国的同时，中国有一些数学家也独立取得了一些研究成果，如项名达、戴煦、李善兰等。项名达的《象数一原》对三角数的幂级数展开式进行了研究；李善兰最重要的数学研究成果是他创造了“尖锥术”。近代天文学的进展表现在魏源的《海国图志》及李善兰与伟烈亚利合译的《谈天》。近代物理学的成果表现在对牛顿经典力学体系的翻译。近代化学也主要表现为对西方化学的介绍。徐寿是系统介绍西方近代化学的第一位中国学者，他的代表译作是《化学鉴原》。近代工程学的杰出代表是工程学家詹天佑，在他主持下修建了中国第一座近代化铁路桥——滦河大桥。近代生物学和近代医学也主要表现为对西方的引入。

中华民国时期中国民生科技的发展表现为留学生、科学技术制度及科学杂志的建立。1840年后，中国出国的留学生逐步多起来，主要学习西方的科学技

术和文化。19 世纪 80 年代，著名的化学家徐寿等人在上海建立了“格致书院”。1895 年维新派在北京组织了“强学会”。后创办了《科学》杂志。

五四时期创办了《青年杂志》、《新青年》等杂志。马克思主义思想开始传入中国。中国开展了新文化运动，提倡和发扬科学精神，反对盲从、反对迷信。

1919 年五四运动到 1949 年的 30 年里，中国面临三座大山的压迫，但科学技术也取得了一些成就，代表人物有李四光、苏步青、钱学森、钱三强等。他们的共同点是具有强烈的爱国热情和献身精神，为新中国成立后中国科学技术的发展开辟了新天地。

总之，中国近现代民生科技的发展主要用于解决国家的安全问题、民众的生存问题。该时期中国面临三座大山的压迫，科学技术发展水平远远落后于西方。民生科技的发展主要以引进与创新并举进行。

2. 近现代中国民生科技发展的特征分析

近现代时期是在中国社会不稳定、国外压力两重矛盾下，中国艰苦奋斗的时期。在这个不稳定时期，中国的科学技术发展呈现出如下特征。

(1)从发展主体上看，呈现出留学生和国内科研人员两种不同群体。近代科技革命主要发生于西方。该时期中国的科学技术已经落后于西方。中国还是沿着传统的研究方格不断进步。表现为一些传统科学家的一些科技创新。另一方面，为了学习国外先进的科技知识，留学热成为该时期科学技术发展的另一支重要力量，包括邓小平等国家领导人在内在该时期都去法国、英国和德国等国家进行勤工俭学，学习西方先进的科学技术。所以，从依靠力量上看，呈现出依靠引进西方科学技术与中国传统研究两股力量。

(2)中国科学技术发展被迫进入开放时期。在古代漫长的科学技术发展道路上，中国的科学技术走在世界的前列。中国的科学技术沿着中国天人合一的需要在不断地进步。近代西方科技革命走的是一条人类至上的科技发展之路，人类成为自然的主人。为了人类的需求，近代科技革命大大促进了社会生产力的发展，实现了生产力的两次飞跃。而近代的战争使中国被动地处于开放状态。中国人也明白了落后就要挨打。为了学习西方的科学技术，只能走出国门去国外学习。而这种开放也使西方的科技观、科技成果及科技发展制度在三个不同的层次上逐步引入国内。如西方人类中心主义的自然观对中国传统的天人合一自然观进行了疯狂的打击，西方的科学技术一度成为中国民众学习的主要领域，西方的科学技术制度如杂志的创办等先后被引进国内。开放打破了中国传统的封闭系统，给中国科学技术的发展注入了新鲜的血液，使中国民生科技的发展呈现出多元发展的态势。

（3）社会不稳定大大制约了科学技术的发展。在100多年的时期里，中国虽然引进了西方的一些科学技术成果，也将一些成果转化为社会生产力，但整体上由于社会的不稳定性，很多的科学家及技术专家后又投入到政治活动中去。国家的稳定是发展民生科技的一个重要条件和基础。政局的不稳定性使民生科技的资金来源无法得到保证，大多数都是个人出资进行学习。另一方面，由于政局的不稳定性分散了科研力量。近代科学技术的发展是从个人兴趣向国家力量转变的时期，而社会的不稳定使民生科技的发展无法形成科研团队，大大影响了民生科技的发展。再次，社会不稳定使民生科技发展的目标和方向无法确定下来。政治家需要大力发展军事科技，取得统治地位，民众无法保证基本的生存，他们多么希望民生科技的发展能够给他们提供充足的物质保证。所以，社会不稳定性使科学技术的发展呈现出分散、混乱、无法形成合力的状态。

（4）民生科技发展领域呈现东西方两条路径，以引进西方的科学技术为主。16世纪以来，西方经过两次科技革命和两次产业革命，已从农业社会进入工业社会，而中国还是沿着传统的农业社会路线前进。被迫的开放使该时期的科技发展主要表现为引进为主，创新为辅的特征。如近代物理学、近代化学、近代生物学、近代工程学等先后被引进。

总之，近现代民生科技的发展处于社会不稳定时期、被动开放时期，民生科技的发展速度非常缓慢，民生科技解决民生问题的力度也是非常有限的。但也产生了一个很重要的李约瑟难题：为什么资本主义和现代科学起源于西欧而不是中国或其他文明？这就是著名的李约瑟之谜。李约瑟（Joseph Terence Montgomery Needham，1900—1995年）英国近代生物化学家和科学技术史专家。所著《中国的科学与文明》（即《中国科学技术史》）对现代中西文化交流影响深远。他关于中国科技停滞的李约瑟难题也引起各界关注和讨论。他曾因胚胎发育的生化研究而取得巨大成就，后来他又以中国科技史研究的杰出贡献成为权威，并在其编著的15卷《中国科学技术史》中正式提出了著名的“李约瑟难题”：“如果我的中国朋友们在智力上和我完全一样，那为什么像伽利略、托里拆利、斯蒂文、牛顿这样的伟大人物都是欧洲人，而不是中国人或印度人呢？为什么近代科学和科学革命只产生在欧洲呢？……为什么直到中世纪中国还比欧洲先进，后来却会让欧洲人着了先鞭呢？怎么会产生这样的转变呢？”李约瑟难题是一个两段式的表述:第一段是:为什么在公元前1世纪到公元16世纪之间,古代中国人在科学和技术方面的发达程度远远超过同时期的欧洲?第二段是:为什么近代科学没有产生在中国,而是在17世纪的西方,特别是文艺复兴之后的欧洲?李约瑟在《中国科学技术史》中不仅提出了问题,而且花费了多年时间与大量精力,一直努力地试图寻求这个难题的谜底。虽然他所寻求的答案还缺乏系统和深刻,就连他自己也不甚满意,但却为我们留下了探索的足迹,为这个难题的解答提供了有价值的思维成果。

李约瑟从科学方法的角度得到的答案是:一是中国没有具备宜于科学成长的自然观;二是中国人太讲究实用,很多发现滞留在了经验阶段;三是中国的科举制度扼杀了人们对自然规律探索的兴趣,思想被束缚在古书和名利上,"学而优则仕"成了读书人的第一追求。李约瑟还特别提出了中国人不懂得用数字进行管理,这对中国儒家学术传统只注重道德而不注重定量经济管理是很好的批评。

中国工程院院长宋健曾指出:"19世纪是历经苦难的世纪,20世纪是觉醒战斗的世纪,21世纪是中华民族复兴的世纪。"近现代科技的发展正是在19、20世纪,是中国认识和发展近现代科学技术的关键时期,在中国民生科技发展史上具有承前启后的作用。

三、当代民生科技知识与转化系统

新中国成立后,中国民生科技发展进入了一个新的阶段。民生科技的发展成为中国发展战略的重要组成部分,科研人员逐步形成,科研经费逐步固定下来。新中国成立以来,民生科技的发展历程大致可分为以下三个时期:起步阶段(1949—1965年)、恢复阶段(1965—1979年)、发展阶段(1979年至今)。

1. 当代中国民生科技发展阶段分析

1949年新中国成立时,全国科学技术人员不超过5万人,其中专门从事科学研究工作的只有500多人,专门的科学研究机构只有40多个。除了地质学、生物学、气象科学等地域性调查工作和一些不依靠实验设备而勉强进行的研究工作之外,现代科学技术几乎是一片空白。工业技术水平很低,农业也主要依靠几千年来的生产经验和落后的生产工具。新中国成立初期的国家根本大法《中国人民政治协商会议共同纲领》规定:"努力发展自然科学,以服务于工业农业和国防建设。奖励科学的发现与发明,普及科学知识。"新中国成立后刚1个月,中国科学院就成立了。随之,各个产业部门和各地方也相继建立了一批科研机构。大批有名望的科学家、技术专家从海外回归祖国,他们成了新中国科学技术事业的栋梁。到1955年,全国科学技术研究机构已发展到840个,科学技术人员增加到40多万人,科学技术工作已初具规模。这支力量在中国经济恢复时期和第一个五年计划期间,发挥了积极作用。

1956年是中国现代科学技术发展史上的一个重要里程碑。国务院成立了科学规划委员会(即国家科学技术委员会前身),组织全国600多位科学家和技术专家,着手制定中国第一个长期的科学技术发展规划,即《1956年至1967年全国科学技术发展远景规划》。从此,中国的科学技术事业开始走上国家统一领导的远景规划和近期计划相结合的大规模发展的道路。这个远景规划的57项任务中包括基础研究、应用研究和发展研究的一大批重要课题,使一系列现代科学的新学科,如生物物理、分子生物、电生理、地球化学、地球物理、地球动力、海洋学、射电天文、近地空间、化学物理、络合物化学、催化动力、低温物理、高能物理等研究陆续开展与壮大。尤其重要的是,采取发展计算技术、半导体技术、自动化技术、无线电技术、核技术和喷气技术的紧急措施后,中国的一系列新兴技术从无到有地发展起来,许许多多新兴工业企业也随之在中国诞生和壮大。这一时期,各个产业部门先后建立了一批规模较大、装备条件较好、科技力量比较雄厚的研究机构,成为本部门的科学研究中心,高等学校也开始重视和加强科学研究工作。

《1956年至1967年全国科学技术发展远景规划》于1962年提前5年基本完成后,国家科委又制定了《1963年至1972年科学技术发展规划》,重点安排了科研项目374项,其中国民经济和国防建设急需的项目333项,基础研究项目41项。

恢复阶段(1977—1979年)。中共中央很快把全党工作重点转移到四个现代化建设的轨道上来,提出"四个现代化,关键是科学技术的现代化"。为此采取了一系列政策措施。

首先是在较短的时间内恢复和重建了一批科技管理机构、科研机构和学术机构。国家科学技术委员会和地方科学技术委员会相继恢复,各地方、各部门的一些重要科研机构也陆续恢复。

其次是大批科技人员重返科研第一线。"尊重知识、尊重人才"渐成风尚。在全国范围内制定新的科学技术发展规划。在国家科委主持下,全国组织了两万多名科学家、专家、干部进行酝酿和讨论,起草了《1978—1985 年全国科学技术发展规划纲要(草案)》。规划对自然资源、农业、工业、国防、交通运输、海洋、环境保护、医药卫生、文教、财贸等 27 个领域和基础科学、技术科学两大门类的科学技术研究任务,做了全面安排,从中确定了 108 个全国重点研究项目。在这 27 个领域和 108 个重点项目中,把农业、能源、材料、电子计算机、激光、空间科学、高能物理、遗传工程等 8 个影响全局的综合性课题,放在突出的地位。邓小平同志在全国科学大会上发表了重要讲话。全国科学大会的召开,对中国科学技术事业的发展,带来了深刻的影响,大大提高了科学技术在建设现代化社会主义国家中的地位和作用,标志着中国科学技术事业进入了一个新的发展阶段。据统计,1979 年国务院各部委和 29 个省、自治区、直辖市上报的重要科学技术研究成果,共计 31270 项,比过去 10 年的总和还多。

全面迅速发展阶段(1979 年至今)。在长期计划经济体制下,中国科技工作虽然对国家建设作出了重大贡献,但在体制上一直是与经济相分离的。1981 年,原国家科委在给中共中央的《关于我国科学技术发展方针的汇报提纲》中,提出了新时期发展科学技术的新方针,强调必须为现代化建设服务,科学技术要与经济、社会协调发展。在这一方针指引下,中国在促进科技与经济结合上采取了一系列重大举措,在经济战线和科技战线上都取得了显著成就。1986 年,国家将全国科技工作部署为面向国民经济建设和社会发展服务、发展高新技术及其产业、加强基础性研究三个层次。其中,为国民经济建设服务是科技工作的主战场,发展高新技术及其产业和加强基础性研究是主战场的"两翼"。为了更好地完成这一部署,国家先后制订了星火计划、"863"计划、火炬计划、攀登计划、重大项目攻关计划、重点成果推广计划等六大计划。"863"计划是邓小平同志于 1986 年 3 月亲自批准的实施高技术研究发展计划。这个计划的实施,使中国在一大批重大关键技术上取得了突破,并通过广大科技人员的努力和拼搏,带动了相关技术的发展。按照邓小平同志"发展高科技,实现产业化"思想建立的 53 个国家级高新技术产业开发区,已成为中国高科技成果商品化、产业化和国际化的基地。

1995 年 5 月,中共中央、国务院发布《关于加速科学技术进步的决定》,动员全党全社会实施科教兴国战略,加速全社会科技进步。同时召开了全国科学技术大会。强调把科技和教育摆在经济、社会发展的重要位置,增强国家的科技实力及向现实生产力转化的能力,提高全民族科技文化素质,把经济建设转移到依靠科技进步和提高劳动者素质轨道上来,加速实现国家的繁荣强盛。中共十五大再次提出把科技兴国战略和可持续发展战略作为跨世纪的国家发展战略,把加速科技进步放在经济社会发展的关键地位。中共十六大提出信息化带动工业化,工业化促进信息化的发展的口号。中共十七大提出创建自主创新型国家的目标等。

2. 当代中国民生科技发展的主要领域分析

新中国成立以来,中国民生科技的发展主要集中于三个方面:促进工业经济发展的科学技术、促进高科技产业发展的高科技领域,实现科学发展环保技术、健康技术、人口技术和节能技术等的发展。

(1)新中国成立到改革开放前(1949—1986 年)——工业化发展阶段。

在这 30 年的时间里,我国实施的主要是均衡配置生产力原则,逐步改变了我国生产力布局集中于东部沿海地区不合理状态,对发展内地经济、缩小东西部地区之间的差距起到一定作用。中国在这一时期抓住第一、二次技术革命,着力发展重工业,民生科技的发展主要表现为制造业技术、能源技术、化工技术、纺织技术等的引进与转化。

20 世纪 80 年代,我国确立了使一部分人、一部分地区先富裕起来;处理好两个大局的思想,第一个大局就是沿海地区要加快对外开放,这是一个事关大局的事情,内地要顾全这个大局,发展到一定时候,又要求沿海地区拿出更多力量来帮助内地发展,这也是一个大局,沿海也要服从这个大局的发展思想,最后上升为战略。从时间顺序上看,先是东部发展战略、西部大开发战略、中部崛起战略。第六个五年计划时期(1981—1985 年):1982 年,中央提出了工业、农业、国防、科学技术现代化,并确立农业、能源、交通、科学教育为战略重点。

(2)1986—2007 年——高科技加速发展与带动传统产业发展阶段。

我国发展高技术从“863”计划开始。后随着世界经济和中国国情的状况有所变化。“863”计划选择生物技术、航天技术、信息技术、激光技术、自动化技术、能源技术和新材料 7 个领域 15 个主题作为我国高技术研究与开发的重点。1996 年 7 月,国家科技领导小组批准将海洋高技术作为“863”计划的第八个领域。目前,“863”计划共有八个领域、20 个主题。2004 年优先发展的高技术产业化重点领域指南中指出,我国目前发展的高技术有九大领域,分别是信息、生物及医药、新材料、先进制造、先进能源、环保和资源综合利用、航空航天、农业、现代交通。随着新技术革命的到来,世界范围内发生了产业结构的重组和升级。

我国的战略重点发生了转移，重点加强农业、基础工业、基础设施、改组、改造和提高加工工业，把发展电子工业放在突出位置，积极发展建筑业和第三产业。

(3)2007 年以来——民生科技服务于科学发展阶段。

党的十七大报告在第三部分明确指出：以人为本、全面协调可持续发展就是科学发展。以人为本集中体现为发展为了人民，发展依靠人民，发展成果由人民共享。科学技术作为服务于社会发展的重要力量，应促进科学发展。针对中国面临的民生问题，国家中长期科学技术发展纲要确定了民生科技重点发展领域、优先发展领域、基本发展领域等。

总之，民生科技作为解决民生问题的科学技术，它的发展水平直接受到历史价值取向、社会民生问题、民生科技知识体系与转化的作用，三者构成民生科技发展的历史因素。民生科技解决民生问题本身是一个开放的系统，关于历史维度的分析由于篇幅所限，主要分析了这三个方面的历史情况，还可能有其他的历史因素，如人才、资金、国家战略、国际科技发展水平、科技成果转化环境等。这些还需要我们进一步的研究。

3. 新中国成立以来中国民生科技演变过程特征分析

新中国成立以来，中国民生科技在发展途径、发展主体和价值取向等方面发生了重大转变。发展途径经过了自主创新、国外引进、军用科技民用化三种范式。中国民生科技发展主体经过了政府投资、企业投资、政府企业连同社会公益性科研机构和公众三种范式。中国民生科技发展取向经过了服务于经济、经济和社会建设两种政策转向。形成了民生科技发展途径、发展主体、发展取向的多元性和立体性特征。

党的十七大报告将解决民生问题作为社会建设和构建和谐社会的重要任务。民生问题是指人民最关心、最直接、最现实的利益问题。民生科技就是用于解决民生问题的所有科学技术，不仅包括直接民用化的科学技术，还包括军用科技民用化的科学技术。新中国成立以来，民生问题不断发生变化，使中国民生科技在发展途径、发展主体和价值取向等方面发生了政策性的转变。

(1)发展途径的政策维度分析。

①自主创新政策。

新中国成立以来，《1963—1972 年科学技术规划纲要》提出“自力更生，迎头赶上”的科学技术发展方针。中国在涉及民生问题的自然条件及自然资源、矿冶、燃料和动力、机械制造、化学工业、建筑、新技术等领域取得显著成绩。

改革开放之初,邓小平关于"科学技术是第一生产力"、"实现四个现代化,关键是科学技术现代化"以及20世纪90年代江泽民提出"创新是一个民族的灵魂,是一个国家兴旺发达的标志"等政策的出台,为自主创新成为我国发展民生科技的重要途径提供了理论基础。

《全国科技发展"九五"计划和到2010年远景目标纲要》提出坚持自主研究开发与引进国外先进技术相结合,立足技术创新的发展战略,创新已经成为我国新时期民生科技发展的主要途径。2001年5月,国家计委和科技部联合发布《"十五"科技发展规划》,提出"提高科技持续创新能力,实现技术跨越式发展"的指导方针,注重原始创新,单项创新向集成创新转变,促进经济社会发展的主要动力。

2006年2月9日,中国政府颁布了《国家中长期科学和技术发展规划纲要(2006—2020年)》,首次将提高自主创新能力作为国家战略,贯彻到现代化建设的各个方面,贯彻到各个产业、行业和地区,大幅度提高国家竞争力。2006年10月27日,由国家计委和科技部联合发布《"十一五"科技发展规划》,围绕促进自主创新这条主线,要力争在"十一五"通过自主创新,突破约束经济社会发展的重大技术瓶颈,使中国成为自主创新能力较强的科技大国,为进入创新型国家行列奠定基础。从"十一五"开始,中国民生科技走上了一条依靠自主创新发展的道路。

②引进国外技术的政策。

《1956—1967年科学技术发展远景规划》提出加强国际科技合作和技术引进工作,重视引进软件,使引进技术和引进人才相辅相成。《1963—1972年科学技术发展规划纲要》进一步提出学习国外成就和开展创造性研究相结合的措施。

由于"文化大革命",中国科技事业在1977年年初面临着严重破坏局面,中国同世界先进水平本来已经缩小的差距又拉大了。国民经济建设中不少关键性的科学技术问题长期得不到解决。为了大力发展民生科技,解决当时的民生问题,中国制定了引进国外技术和设备的政策。

《1986—2000年科技发展规划》提出搞好引进的消化吸收工作,通过技术引进,使我国的民生科技在煤炭、电力、石油、化工、轻纺等领域取得了显著的发展,我国的工业和科技体系初步形成。《国家科学技术发展十年规划和"八五"计划纲要(1991—2000)》坚持消化、吸收引进技术和自主开发相结合,使我国各主要经济领域的重大装备和成套技术基本立足国内，是改革开放以来，中国民生科技发展途径从引进消化吸收阶段向自主创新转折的重要时期。

③军用科技民用化、军民两用技术的政策。

根据科学技术价值取向的不同，我们可以将科学技术分为基础科技、军用科技和民生科技。基础科技是为知识而知识的科学，形成追求真理的价值观。军用科技服务于军事领域的科学技术。第二次世界大战结束后，美国、苏联等国家都经历了军用科技转化为民生科技的过程。改革开放后，中国也经历了军用科技转化为民生科技的过程。

《1986—2000 年科技发展规划》将军转民的科学技术的推广应用作为一项重要任务来抓。《全国科技发展“九五”计划和到 2010 年远景目标纲要》继续贯彻军民结合的方针，促进军工技术向民生转移。

21 世纪初，中国在航天技术方面取得一系列显著成果，实现了载人航天。为了做好新时期军用科技民用化，2001 年 5 月，国家计委和科技部联合发布《“十五”科技发展规划》提出大力发展军民两用技术，推进军民技术的双向转移的指导方针。2006 年《国家“十一五”科学技术发展规划》，进一步提出“建立促进军民科技资源统筹配置的联席会议制度与军品市场准入机制，加强军民科技计划的衔接与协调，统筹军民科技资源”。

总之，新中国成立以来，中国民生科技发展途径主要来源于自主创新、引进国外新技术、军用科技民用化三种途径的政策范式，反映了中国民生科技从被动对外依附型为主向主动自主创新型为主的范式转变的过程，也反映了中国民生科技发展水平不断提升的过程。

(2)发展主体的政策维度分析。

①依靠科研院所。

新中国成立之初，由于企业和社会力量都比较薄弱，没有经济实力和人才支持进行民生科技的研究。基本上不依靠或无从依靠社会独立、自发的科技力量开展科学技术活动，而是由自上而下的力量促进科技的发展。主要通过政府拨款支持民生科技的发展。

改革开放之初，中国大多数科技人才集中于科研院所和高校。科研院所大多是计划经济时代的产物，随着经济体制改革的不断深入，暴露出与市场经济体制不相适应的种种问题。主要表现为独立于企业外运行的科研机构过多，科研与经济严重脱节。随着中国“依靠”和“面向”科技发展战略的确定，科研院所作为科学技术发展的重要机构，面临着发展民生科技，服务于经济建设和社会建设的转型问题。因此，针对科研院所脱离经济建设的问题，中国进行了一系列改革。

1985 年 3 月，《中共中央关于科学技术体制改革的决定》标志着科技体制改革的正式启动，指导方针是“放活科研机构、放活科技人员”，对民生科技发展主体之一科研院所进行改革。主要改变过多的研究机构与企业相分离的状况，提出了科研院所与高等院校进入企业的五种形式，即直接转型为经济实体、企业并入研究机构、研究机构并入企业、研究机构转型为科研生产型的企业或者成为中小企业联合的技术开发机构。通过科研院所的改制，使作为民生科技发展主体的科研院所加强与经济的联系。

1987 年 1 月 20 日国务院颁布了《关于进一步推进科技体制改革的若干规定》，进一步放活科研机构，促进多层次、多形式的科研生产横向联合，推动科技与经济的紧密结合。国家对科研机构的管理由直接控制为主转变为间接管理，实行政研职责分开，把科研机构逐步下放到企业、集团、行业和中心城市。

通过体制改革，促进中小科研院所向企业转制，使民生科技更好地与经济结合起来。随着科研院所的改制，中国民生科技的发展主体逐步从科研院所走向企业，中国将面临着培育企业科研中心的任务。

②依托企业发展。

民生科技作为服务于“民”和“生”两个层次的科学技术，它是否能转化为现实生产力，将成为制约民生科技发展的重要因素。企业作为民生科技转化为现实生产力的主体，必须建立健全企业的技术创新体系，将企业培养成为发展和应用民生科技新的主体。

1995 年 5 月 6 日国务院发布了《中共中央、国务院关于加速科学技术进步的决定》，按照“稳住一头，放开一片”的方针，优化科技系统结构，分流人才。大力推进企业科技进步，促使企业逐步成为技术开发的主体。1995 年 5 月 26—30 日全国科学技术大会召开，建立健全企业的技术创新体系，将技术开发体系以科研机构为主体，调整为以企业为主体。促进大部分技术开发类机构转变为科技企业。

1999 年 8 月 20 日，中共中央、国务院颁布《关于加强技术创新发展高科技实现产业化的决定》，继续将企业培育成为技术创新的主体，全面提高企业技术创新能力。国有企业要把建立健全技术创新机制作为建立现代企业制度的重要内容，要把提高技术创新能力和经营管理水平作为企业走出困境、发展壮大的关键措施，使企业真正成为技术创新的主体。

企业作为以追求经济利益为目的的实体，促进了民生科技与经济的紧密结合。但是，不能解决社会发展领域具有公共利益特征的环保科技、健康科技和资源科技的转化问题，这样，我们就需要培育服务于社会建设的民生科技的发展主体。

③吸纳社会公益性事业机构和公众参与。

《1963—1972 年科学技术发展规划纲要》提出专业研究与群众性科学实验活动相结合的措施，也就是要充分发挥科研院所和群众的积极性，促进民生科技的发展，这是计划经济时代，群众参与民生科技事业的指导性政策。改革开放以来，随着公共安全、人口与健康、环保、资源等社会问题的凸显。服务于社会发展的民生科技的公共性、非营利性、广泛性等特征，使它的发展和应用与企业、公众、社会公益性科研机构紧密相关。为了依靠企业、社会公益性科研机构和公众发展和转化服务于社会领域的民生科技，中国进行了一系列改革。

企业作为经济和社会发展的基本单位，它不仅承载经济发展的责任，而且承载着社会发展的任务。改革开放以来，中国制定了一系列政策，使企业在发展经济的同时，兼顾社会利益。1980 年 2 月 8 日，中国实施对“三废”利用的企业减免税收，鼓励企业节约能源。1989 年 9 月 7 日，我国实行排放水污染物许可证制度，对企业排放的污染物进行定量管理，鼓励企业安装使用污水处理设备，减少对环境的污染。2000 年 11 月 21 日，全国生态环境保护纲要，提出“谁开发谁保护，谁破坏谁恢复，谁使用谁付费”的制度，进一步加强企业的社会责任。

促进社会发展的民生科技关系公共安全、人民的健康，因此社会公益性科研机构具有重要的责任。2000 年 5 月，国务院明确提出了社会公益性科研机构的改革原则是分类进行。2001 年中国社会公益性科研机构的改革全面启动，它涉及国务院 22 个部门，260 多个研究机构。将具有社会公益性的民生科技发展的任务分到研究所乃至研究室，目的就是要求凡能走向市场的一定要走向市场。对真正从事社会公益类研究的少量综合性研究院所，由国家给予稳定支持。

公共安全、人口与健康、环保、节约能源等社会发展问题与每个人的生存和生活紧密相关。公众既是促进社会发展的参与者，又是社会发展的受益者，因此，公众在促进社会领域民生科技发展中具有重要的地位和作用。首先，公众是民生科技发展和转化的群众基础。一方面，公众通过广泛使用节能和环保设备，促进社会科学地发展；另一方面，公众通过监督企业，促进健康科技、环保科技在企业的推广。其次，公众为民生科技发展提供研究的空间。

总之，新中国成立以来，我国民生科技的发展主体的边界在不断扩展，形成了包括科研院所、企业、公益性科研机构和公众参与的多元主体，体现了民生科技发展的经济性、社会性特征。

4. 发展价值取向的政策维度分析

①服务于经济建设。

中国《1956—1967 年科学技术发展远景规划》设想在第二、三个五年计划内更大规模地开展经济建设，全部或部分地完成国民经济各部门的技术改造，实现社会主义工业化，这个总体目标的实现有赖于科学技术的发展。这是中国民生科技服务于社会主义经济建设比较早的文件。在《1963—1972 年科学技术规划纲要》中提出"科学技术现代化是实现农业、工业、国防和科学技术现代化的关键"，使民生科技服务于农业和工业建设。

1982 年，国家科委编制的《1986—2000 年科学技术发展规划》，贯彻"科学技术必须面向经济建设，经济建设必须依靠科学技术"的基本方针。"面向"和"依靠"成为民生科技服务于经济建设的战略指导思想。为了更好地贯彻实施"面向"和"依靠"科技发展战略，促进民生科技服务于经济建设的目标，1986 年国家制订了民生科技服务于经济建设的支撑计划，如"863"计划、"星火计划"和"丰收"计划等。《1991—2000 年科学技术发展十年规划和"八五"计划纲要》继续坚持"面向"、"依靠"的战略方针。

"面向"和"依靠"方针的实施，使中国民生科技与经济的结合大为改观，劳动生产率得到大幅度的提升。但是，也应看到，民生科技在促进经济发展的同时，也带来了环境污染、资源浪费等新的民生问题。

②服务于经济和社会发展。

民生科技服务于社会发展，主要表现为服务于环境保护、公共安全等领域。环境是人类生存与发展的基本前提，环境问题不是一个单一的社会问题，它是与人类社会的政治、经济发展紧密相关的。中国正在进行社会主义现代化建设，正在经历从农业社会向工业社会的过渡。我们绝不能走西方国家"先污染，后治理"的老路，而应该把环境保护放到一个重要的位置。

20 世纪 80 年代，随着环境污染的不断加剧，保护环境成为该时期比较显著的民生问题，越来越受到国家的重视。1986 年 9 月 3 日，国务院发布十二个领域的技术政策要点，包括能源、交通运输、通信、农业、消费品工业、机械工业、材料工业、建筑材料工业、城市建设、村镇建设和环境保护。这是中国民生科技价值取向从服务于经济建设向服务于经济建设，兼顾社会领域的城市、村镇、城市及环境建设政策转向的伟大开始。

1992 年 3 月 8 日，中国制定中长期科学技术发展纲领，依靠科技进步加速经济、社会发展，着重解决工农业大规模现代化及商品生产中的问题，有效地控制、缓解人口、资源、环境的压力，实现到 2000 年以至 2020 年科学技术与经济、社会的协调发展。这是中国首次提出将社会发展作为民生科技价值取向的重要领域。《国家科学技术发展十年规划和“八五”计划纲要（1991—2000）》继续以经济、社会发展为战略目标，通过民生科技的发展促进经济、社会的发展。

2006 年 2 月 9 日，国务院颁布了《国家中长期科学和技术发展规划纲要（2006—2020 年）》，将与“民生”紧密相关的能源、水和矿产资源、环境、农业、制造业、交通运输业、信息产业和现代服务业、人口与健康、城镇化与城市发展、公共安全等作为未来 15 年我国民生科技发展的重点，体现了中国民生科技服务于经济建设和社会建设的政策范式。2006 年 10 月 27 日，科技部会同发改委研究制定的《国家“十一五”科学技术发展规划》，提出“一条主线、五项突破、六个统筹”的总体思路，以自主创新为主线，统筹安排工业、农业与社会发展领域的科技创新活动等。

新中国成立以来，中国民生科技的价值取向体现了服务于经济建设、经济建设和社会建设并举的政策范式，形成了发展农业科技、工业科技和社会科技三足鼎立的态势，使民生科技与经济、社会越来越走向和谐发展。

综上所述，改革开放以来，由于受中国不同时期民生问题及中国民生科技自身发展水平的影响，中国民生科技呈现出发展途径的多元性，发展主体的立体性和价值取向的多维性，体现了民生科技发展的科学性、经济性与社会性的辩证统一，同时体现了民生科技与人、自然、社会和谐发展的历史统一。

第五章　民生科技解决民生问题的认知维度

民生科技解决民生问题的过程是人们认知水平发展的过程。认知维度为民生科技解决民生问题提供了可能的空间。

第一节　民生问题的认知水平

民生问题的发展过程是与人们对它的认知水平紧密相关。从我国目前民生问题的发展来看,对它的认知能力受到相关因素的制约。

一、关于人的认知能力

1. 认知能力的含义

认知能力(cognitive abilities,cognitive ability)是指人脑加工、储存和提取信息的能力,是人们对事物的构成、性能与他物的关系、发展的动力、发展方向以及基本规律的把握能力。它是人们成功地完成活动最重要的心理条件。知觉、记忆、思维和想象的能力都被认为是认知能力。美国心理学家加涅(R. M. Gagne)提出3种认知能力:言语信息(回答世界是什么的问题的能力);智慧技能(回答为什么和怎么办的问题的能力);认知策略(有意识地调节与监控自己的认知加工过程的能力)。

根据人们主动性的大小,认知活动分为有意识的认知活动和无意识的认知活动。认知活动反映人们的心理活动过程。我们对客观事物的认知首先重要的一步就是心理反映。如果一个人对外在世界没有新奇感,这反映了他的认知能力比较低。个体之间存在认知能力的差距。

2. 认知能力的测试

认知能力测试(cognitive aptitude tests)是衡量一个人学习及完成一项工作的能力的一种测试。这种测试尤其适合于对一组没有实践经验的候选人做选择时使用,与工作相关的能力可以分为语言能力、计算能力、感知速度、空间能力及推理能力。认知能力测试包括一般推理能力(智力)测试和特殊智力能力测试。智力测试包括一系列能力,如记忆、词汇、口头表达的流畅性以及数字能力。

知识经济时代,知识的创新成为第一位的生产活动。而知识的创新首先体现为一个人心理认知能力的高低。而认知能力的高低有先天因素,也可以通过后天培养来提高。

3. 影响认知能力的因素分析

皮亚杰认为,影响人的认知发展的主要因素是:成熟、物理环境、社会环境以及具有自我调节作用的平衡过程。这四个因素都是认知发展的必要条件,但它们本身都不是充足条件。

(1)成熟。成熟是指机体的成长,特别是指神经系统和内分泌系统的成熟。成熟是认知发展的一个重要条件,它为形成新的行为模式和思维方式提供了一种可能性。例如,婴儿期出现的眼手协调,是建构婴儿动作图示的必要条件。然而,若要使这种可能性成为现实,必须通过机能的练习和最低限度的习得经验,才能增强成熟的作用。

(2)物理环境。鉴于个体与环境的交互作用是认识的来源,因此,个体必须对物体作出动作。个体在这种动作练习中得到的经验,不同于在社会环境中得到的社会经验。皮亚杰把这种经验分成两类:一类是物理的经验(physical experience),是指个体作用与物体,获得物体的特性;另一类是逻辑—数理的经验(logico-mathematical experience),是指个体理解动作与动作之间相互协调的结果。在皮亚杰看来,知识来源于动作(动作起着组织或协调作用),而非来源于物体。

(3)社会环境。社会环境,它包括语言和教育的作用,即人与人之间的相互作用和社会文化的传递。学习者的社会经验可能会加速或阻碍其认识图式的发展。

(4)起自我调节作用的平衡过程。几乎所有学习理论和发展理论都认识到成熟和经验所起的作用,皮亚杰的独特之处,是另外加了第四个因素,也是最重要的因素,即起自我调节作用的平衡过程。

平衡过程调节个体(成熟)与环境(包括物理环境和社会环境)之间的交互作用,从而引起认知图式的一种新建构。正是由于平衡过程,个体才有可能以一种有组织的方式,把接受到的信息联系起来,从而使认知得到发展。正因为此,皮亚杰把平衡作为认识发展的基本过程。

二、民生问题的认知水平

民生问题作为反映社会领域存在的主要问题,涉及人们对社会语境的认识水平。而人们对社会语境的认识是建立在对社会发展过程中存在问题的客观评价。既是根据认知者的过去经验及对有关线索的分析而进行的,又必须通过认知者的思维活动(包括某种程度上的信息加工、推理、分类和归纳)来进行。人们对民生问题的认知具体涉及以下因素。

1. 外在的因素

人们的认知水平首先受到影响的是对社会发展存在问题的外在形式的认识。如人们的健康问题、环境问题、就业问题等。这是对民生问题认知的外在表现形式。但是,对于不同的人来讲,对于同样的外在世界,不同的人会看到世界的不同方面。就像盲人摸象一样,带有很大的主观性。如何做到我们所看到的正是社会发展的民生问题。就需要第二个外在因素,即历史资料。

我们可以通过统计资料、专家评论资料、行业资料等进一步分析社会发展中存在的问题,逐步削减个人的片面认知,达到主观认知与客观存在的统一。人们对民生问题的认知过程是主观认知与客观存在相互作用的过程。历史资料有助于提高对民生问题的认知。

2. 内在因素

民生问题的认知水平涉及的内在因素包括两个方面:一个是对社会内在因素的分析;二是分析者所在的职业、地区、性别、年龄等方面因素有关。

提出问题比解决问题更困难,更有价值。社会环境中考虑的因素包括与人的生存、生活紧密相关的因素,涉及个体的生存与发展问题、民众的生存与社会问题、整个社会的生存与发展问题。对民生问题的认知要求客观、全面、系统。只有在多维度中进行分析,才可能达到这样的一个要求。

为了避免个人认知片面性的存在,我们需要集多家之言,集不同行业和不同区域进行汇总分析。只有对不同时代民生问题进行客观、合理地概括,才可能解决好它。提出问题是很关键和很重要的。它起着定位和指示作用。因此,为了更好地提高认知水平,我们需要从外在因素和内在因素两个方面进行分析。

以上几个因素都能影响人们的社会认知,事实上人们的认知活动并不是单个因素单独地发生作用的,而往往是几种因素交织在一起对认知活动发生作用的。只是在不同的情况下,某些因素的作用更大些,某些因素的作用可能小一些。

正如凯利的归因理论中凯利所认为的,人们行为的原因十分复杂,要根据多种线索才能作出个人(内部原因)或是情境(外部原因)的归因。这些线索包括:客观刺激物(存在);行为者(人);所处的情境或条件(时间和形态)。因为凯利的归因理论同时涉及上述三个独立的方面进行归因,故称之为“三度理论”,即认知对象本身的特点、当时的情境、认知者本身的特点、逻辑推理的定式。

第二节　民生科技的认知水平

作为服务于解决民生问题的民生科技,对它的认知水平直接决定了民生科技解决民生问题的范围和程度。民生科技作为联结科技与社会的桥梁,对它的认知能力的提升涉及科学家的心理因素、科学技术发展的历史因素和社会因素。

一、科学技术发展的历史因素是科学家认知能力的基础

科学技术发展过程是继承性与突破性辩证统一的过程。对科学技术的历史分析,对提高科学家的认知能力有以下几个方面的作用。

1. 历史中科学技术发展过程的思维方式和研究方法对以后的科学研究具有指导价值

人类通过自己的活动不断改变着自然界,推动着社会与自身的发展,这一切都不能离开人们的认知活动。人正是由于有了认知,才得以更深入地反映事物的本质与内在联系,不断发现客观存在的规律,更自觉地进行创造性活动。

1926年,英国心理学家瓦拉斯在《思维的艺术》一文中提到,创造过程存有四个相互重叠的阶段:准备、酝酿、洞明、检验。一个人要进行创造性工作首先要有资料、经验及知识的充分贮备,这是进行创造的基础性阶段;全心地考虑着某个问题,这是问题酝酿与洞明阶段;而后经过推理或实践加以修正或证实。1945年,德国心理学家韦特海默出版了《创造性思维》一书。他通过对教学、日常生活及高斯、伽利略、爱因斯坦等科学家发现事例的分析,认为无论是发现还是创

造性工作都有赖于创造性思维。后来,美国心理学家吉尔福德在《智力的三个维度》(1959 年)和《人类智力的本性》(1967 年)两篇文章中提出了有关智力结构模型的新图式。他认为智力是众多特殊能力的复合体,这些能力可以由材料来源的四种内容(图形、符号、语意、行为),心理活动的五种操作方式(认知、记忆、发散思维、辐合思维、评价)和作为结果的六种产物(单位、类别、关系、系统、转换、应用)等组合构成一立方体模型,共 120(=4 ×5 ×6)种。其中,他将思维分为发散思维与辐合思维,对于后来进一步分析思维过程具有重要的意义。

从科学史发展情况看,每一次科学技术革命都体现了科学家思维方式的重大突破,并引领新时代一种新的思维方式。古代科学技术革命,体现为通过经验认知世界的特征;近代科学技术革命体现为以实验为基础认知世界的特征。现代科学技术革命体现为实验与抽象思维认知世界的特征。前人的研究传统对后人具有借鉴价值。

科学方法是人类所有认识方法中比较高级、比较复杂的一种方法,是人们在认识和改造世界中遵循或运用的、符合科学一般原则的各种途径和手段,包括在理论研究、应用研究、开发推广等科学活动过程中采用的思路、程序、规则、技巧和模式。科学方法分为三个层次:第一个层次是具有最普遍方法论意义的哲学方法,它对各学科都具有指导意义。第二个层次是适用于自然科学、社会科学及交叉科学的一般方式、手段和原则。第三个层次是适用于某个学科的科学方法。对科学方法的历史分析有助于提高科学家分析问题和解决问题的能力。

2. 科学技术发展的不完善性研究为其后的科学研究提供了可研究的空间

科学技术处于动态发展之中。科学技术发展过程就是科学技术不断继承与突破的过程。通过对科学技术发展的历史研究可以为新的研究提供可能性空间。

科学技术发展的不完善性来源于两个方面,一是科学技术本身的不完善性;现在各种系统变得复杂化和精细化,应用科学、工程技术等都置身于越来越复杂的系统之中。科技系统复杂性越高,我们对它把握的程度就越困难。从某种角度说,科技的从业人员实际上是打开了科技的“潘多拉的盒子”,科学技术本身的不完善为科学技术研究提供了研究的方向。二是科学技术转化过程中带来的不完善性。比如说核技术能够带来很严重的后果,如过去曾经出现过的核电站事故等问题,同时还包括科技所带来的其他问题。现在我们关注的问题是,我们不但要通过科技安排好我们自己的生活,还可能要承受新技术给我们带来的威胁。

传统工业科技的研发与转化大大促进了生产力的发展，为社会提供了丰富的消费资料和生产资料，但也带来的人的异化问题、环境问题、资源问题等。这为现代民生科技的发展提供了研究的方向和空间。现代高科技的发展正是在不断地解决工业科技的负面作用，实现人与自然、人与人、人与社会的和谐发展。

二、科学技术研发共同体的认知能力是民生科技发展的主体性因素

科学技术研发共同体的认知能力涉及个体因素、团体因素。个体因素是科学技术研发共同体认知能力源发性基础，群体因素是科学技术研发共同体认知能力被认可的基础。

首先，个体的认知能力是科学技术发展中重要的事情。个体的认知能力来源于三个因素：(1)自然基础，指人本身的自然结构，其中最重要的是健全的神经系统，尤其是神经系统的高级中枢——大脑。(2)社会基础，指特定的社会生活条件，包括社会生产方式、生活关系、社会制度条件等。(3)实践活动，这是个体认知能力产生与检验的能动因素。

特别是近代科技革命以前，科学技术研究多是个人的事情，因此，科学技术发展水平首先与个体的认知能力紧密相关。16—19 世纪，科学家个体的认知能力也是很重要的。牛顿在数学和物理学方面的贡献与前人创新离不开，关键与他个体的认知能力是分不开的。孟德尔发现了生物学基础的遗传理论，虽然他对生物学的认知远远超过同时代人，但在当时的背景下不为同时代人所认可，直到 19 世纪一些科学家才重新发现了他的遗传理论。当代，科学技术的发展虽然已经成为国家和科学共同体的事情，但是每个学科都需要学科带头人，这些带头人的认知能力直接影响到团体、国家科学技术发展的认知水平。

其次，科学技术研发团体的认知水平是当代科学技术发展很重要的事情。科学技术的发展历史已经表明：科学技术研究经历了个人研究—集体研究—集团研究的方向发展。现代每一项重大科技成果的产生，一般都是一个科技劳动者团体的共同劳动成果。如我国的载人航天技术，就有火箭技术、飞行器技术、遥感测控技术、生命技术等几大科技研究群体，通过分工协作的集成组合形式形成整体研究、开发能力。“神舟”7 号载人航天的成功，是一个宏大科技劳动者群体长期共同劳动创造的巨大成果。因此，我们在进行科学与技术研究的时候，就应当重视自觉地组织社会科技工作者的集体科技活动，形成群体合力，有计划、

有重点地推进现代科学技术的快速发展。

毛泽东曾指出:"我们不能走世界各国技术发展的老路,跟在别人后面一步一步地爬行。我们必须打破常规,尽量采用先进技术,在一个不太长的历史时期内,把我国建设成为一个社会主义的现代化的强国。"①所以,我国一直非常重视当代重大基础性科技的研究,一贯重视组织主要科技项目的群体攻关活动,较快地形成了一些具有世界先进水平的科技创新成果,开始形成我国特点的科技生产力,将会开创加快我国机器工业生产力发展的新途径。当代,科学技术已成为社会事业,它需要一个研发团队来完成。因此,团体的认知水平很重要。

三、社会因素是民生科技认知的实体性因素

现代科学技术发展越来越体现为社会事业。因此,对它的认知越来越受到社会的影响。

首先,当代民生科技认知领域的确定来源于社会需求。如现在的环境问题和能源问题为当代民生科技发展提供了可认知的范围。由于传统能源的不可再生性,我们现在能源的创新首先需要解决能源的可再生性问题。"非典"以来,公共安全事件不断凸显,发展公共安全科技成为解决目前民生问题的重要领域之一。恩格斯曾经说过,社会一旦有技术上的需要,则这种需要就会比十所大学更能把科学推向前进。因此,社会需要为发展民生科技提供了广阔的发展空间。

其次,对当代民生科技的认知水平的检验需要政府或社会的支持。人们对客观世界的认知存在正确与错误之分。这种认知需要回到实验和社会实践中进行检验,而这个过程是需要花费大量资金的,因此,政府或社会的资金支持是当代民生科技的认知水平的重要保障。在认知领域的创新是远远不够,关键是需要政府和社会支持,实现认知创新向理论创新和实践创新的转化。

最后,社会制度与文化背景为民生科技认知提供思想保障。社会制度是为了满足人类基本的社会需要,在各个社会中具有普遍性、在相当一个历史时期里具有稳定性的社会规范体系,是人类社会活动的规范体系。它是由一组相关的社会规范构成的,也是相对持久的社会关系的定型化。社会制度分为三个层次:一是总体社会制度,如资本主义制度、社会主义制度;二是不同领域里的制度,如经济制度、教育制度、文化制度等;三是具体的行为模式和办事程序规范,如考勤

---

① 《毛泽东著作选读》下册,人民出版社 1986 年版,第 849 页。

制度、审批制度等。社会制度为民生科技认知提供一些环境保障。20 世纪 80 年代以来,我国科技体制的改革使民生科技与社会之间的关系越来越从分离走向融合。科研机构研发越来越与社会融为一体。

文化背景为民生科技认知提供思想环境。由于文化是一个群体和社会所共同拥有、传承和遵循的一整套价值体系和意识形态,它的力量可直达社会机体的各个部位。因此,它构成了国际间相互竞争的一种"软实力"。毛泽东曾经指出:一定的文化(当做观念形态的文化)是一定社会的政治和经济的反映,又给予伟大影响和作用于一定社会的政治和经济。科技文化起源多元化,这种多元化为进一步完善科学思维,实现在自然观、科学观、科学方法论等方面质的跃迁,对促进民生科技认知能力具有重要的作用。

第三节 民生科技与民生问题的关联性认知水平

民生科技解决民生问题体现了科技与社会的关联性,只有二者关联性越来越强,民生问题解决的力度才能越来越大。否则只是一种口号,而无法落实。

农业经济走过了漫长的征途,工业经济经过了 200 多年的辉煌之后,一个崭新的经济形态——知识经济开始形成。为此,发达国家针对民生科技解决民生问题进行了一系列认知水平的创新。下面从一些国家的发展战略看二者关联性问题。

一、美国加强高科技与民生问题的紧密结合

1991 年"冷战"结束前,军用科技的巨大包袱使得美国科技发展无法轻装上阵。对此,美国总统克林顿 1993 年上台后力主将科技从军用转向民用。1993 年,美国政府放弃了"星球大战"计划,停建了超级超导对撞机,缩减了"自由"号空间站,同时,提出了大量发展诸如"信息高速公路"等科技与市场相结合的措施。美国军事工业的资金、技术和人才优势极大,科技发展重点由军用转向民用,使美国科技发展如虎添翼,其世界第一科技强国的地位进一步巩固和加强。近些年来,美国一直强调教育工作。1996 年 11 月 5 日晚上,克林顿连任总统竞选胜利后在美国阿肯色州小石城说:"为提升美国竞争力,我们要好好培养未来一代,让每一个 8 岁的能读,每一个 12 岁的会上因特网,每一个 18 岁的可以上大学。"

一直以来,美国相对于世界各国的产业优势有三个,就是金融、军火、高科技。金融业,已被金融海啸冲击得体无完肤!救经济难以派上用场。而军火业又因战争不得人心,加上金融海啸冲击,无能力再挑起战争。美国唯一优势是高科技产业可以救美国。有学者指出,奥巴马最终要动用高科技来救美国,因为只有全世界聚焦美国才能将它从百年一遇的危机中救起来!内容包括新能源技术、环保技术、信息技术等。

二、日本政府投资不足影响民生科技基础性研究

重应用轻基础、科研投入"民高官低"的日本,进入20世纪90年代后尝到了后劲不足的苦头,它一方面没有像美国那样及时抓住发展民用科技的机遇,另一方面也不具备美国那样开拓新的发展领域的能力。一向被日本引以自豪的电子业1992年度亏损223亿美元。专家认为,这一衰退不完全是周期性的,而是结构性的。尽管日本前些年就意识到今后可能出现的危机,并一直在采取补救措施,但船大难调头,这样的情况除了使日本科技发展后劲不足外,还使日本的研究与开发受制于人。1992年之后的4年内,日本经济平均年增长不足1%,是经济合作与发展组织成员国中最低的。重基础轻应用的欧盟和重应用轻基础的日本,与美国的差距有逐步扩大之势。其中日本因科技发展后劲不足而致使其经济发展速度大大下降。不过,由于欧盟和日本近年来大力调整科技发展战略,迎接知识经济时代的到来,欧盟在应用科技领域,日本在基础研究领域均有长足进步,特别是日本基础研究成果令人刮目相看。

三、欧盟重基础研究轻应用研究影响二者结合的领域与力度

如果仅从科研总体实力推断、欧盟应超过日本接近美国。欧盟各国的科研投入总和高于日本,为美国的一半多,但由于资金、设备和人力分散,使得欧盟科研能力大打折扣,在基础研究领域欧盟领先于日本,在应用科技领域又落后于日本,重基础研究的传统使得欧盟科技缺乏活力。

近些年来,欧洲联盟加紧努力,采取了一系列措施调整科技发展战略,增加科技投入,努力促进科技产业化,积极推进科技产业化进程已成为欧盟各国科技政策的主旋律,这一点充分反映在欧盟及其成员国目前已在实施的一些包括"尤里卡"计划在内的科技发展计划上。早在1985年,欧盟就在法国的倡导下提出了旨在通过加强企业和研究机构在高技术领域的合作,增强欧洲各国生产

能力和竞争能力的“尤里卡”计划，后还制订了欧洲科技合作计划，并把这两大计划与科研和技术发展框架规划同步实施，使之齐头并进，相辅相成，集中人力、物力和财力开发信息、通信、能源、生物技术、空间技术等，以期占领科技“制高点”。

在科研方面，欧盟提出了一系列“关键性行动”，包括加强科研的国际合作，推动中小企业参与科技研究，充分发挥人的潜力，加强科技培训网络等，注意利用内部大市场的优势，加强各成员国间科技人才的流动、交流与合作，避免重复设项，重复投资，支持欧盟企业特别是中小企业在高科技方面的跨国以及与欧盟以外企业的合作。在推广科技合作时，欧盟提倡科研机关、高等院校和企业等“三结合”，把企业作为技术创新的主体进行研究开发。同时重视教育战略投资，把教育放在知识经济的中心，使正规教育和职业教育双管齐下，并越来越重视知识的生产、扩散和运用。

一些发展中国家改变了过去“资源兴国”和“劳动力兴国”的发展战略。在亚洲，除了中国 1995 年开始实施“科教兴国”战略外，印度、韩国、新加坡等也制定了类似的方针。在拉美，由阿根廷、巴西和乌拉圭组成的南方共同市场拥有 2 亿人口，年国内生产总值 1 万亿美元，在科技与教育方面已取得引人注目的成就。在非洲，不少国家开始认识到科技、教育的重要性。近年来非洲经济形势的好转使非洲有条件发展科技教育事业。长期落后的非洲科技开始出现新局面。

通过以上分析可以看出，加强二者关联性的认知水平的提高受到国家发展战略、教育、产业结构、投资比例等方面因素的影响。

第六章　民生科技解决民生问题的科学维度

不同时代民生科技解决民生问题受到科学理论创新、自主创新、成熟水平等条件的制约。民生科技作为科学技术，它的发展遵循科学规律。这章主要以分析当代民生科技发展为例，来分析民生科技解决民生问题的科学维度。

第一节　民生科技理论创新的来源

根据主要生产要素的不同，我们可以将人类社会划分为三个阶段：农业社会、工业社会和知识经济社会。不同社会形态下民生科技的创新来源于社会需要和当时科学技术发展水平。科学技术的发展是不能超越当时的科学条件的。不同时代，民生科技的发展体现了历史维度、科学维度与社会维度的融合。民生科技理论创新的来源下面作简要的分析。

一、农业社会民生科技创新的来源

大约在1万年前，人类科学技术的发展发生了第一次质的飞跃。这时发生了农业科技革命，农业科学技术诞生了。人类的科学技术史从以渔猎科技为主进入到以农业科技为主的阶段。随着农业科学技术的发展，人类社会也从渔猎社会进入农业社会。

在人类早期的科学技术中，技术起了先导作用，人类早期的科学知识大多来源于技术应用。但是科学知识一旦产生，它就对技术的发明和应用起指导作用，尽管这些知识还只是简单经验知识而不是高深的理论科学。

早期的人类在漫长的渔猎和采集活动过程中不断积累经验知识，大脑也在不断进化。他们发现了播种与收获之间的关系。关于天文、历法方面的知识的产生是农业科技革命的一项重要内容。为了指导农业,他们开始制定历法。制定历法与观测天象有密切的关系。早期的天文观测为了制定历法和预测未来。历法除指导生产的季节变化时限外,还确定世俗的宗教的各种节日。人们用天上日月星辰的周期性变化规律来作为地上人间生活的基本节律。除此之外,原始人在医学、物理学和数学方面也掌握一些简单知识。人类在农业知识方面发生革命性飞跃的同时,在技术方面也进行了一场变革。其内容是种植技术、养殖技术、冶金技术、纺织技术和制陶技术等。

农业技术最主要的特征是实用技术。也就是说它的创新直接来源于社会需要,很多是来源于经验,并没有严密的科学理论。因此,社会需要成为农业时代科学技术发展的第一推动力。农业时代民生科技的创新具有以下功能。

1. 居住安定化

在生活方式方面,从渔猎社会过渡到农业社会的一个重要变化就是从漫游式的生活过渡到定居式的生活。由于有了种植技术和饲养技术,人们的活动场所就固定下来。在那些土壤比较肥沃和人口相对集中的地方就形成了原始村落。在农业社会,由于秋天能收获较多的粮食储存起来供人们过冬,因此,冬天可以有较多的闲暇时间。由于农业生产的季节性强,人们的生活随着季节的变化而变化。

2. 人类文明化

渔猎社会还是一个野蛮社会,由于生产力水平低,人们还像动物一样谋生。人们还没有能力创造人类所特有的物质文明和精神文明。在农业社会,由于生产力的发展,人们有闲暇时间发展文化和教育事业,从而产生了早期的精神文明。物质生活方面大大改善。农业科学技术革命使社会从野蛮社会转变为文明社会,使人由野蛮人转变为文明人。人类出现了文字,专业的科学人员及相关的制度建设。

3. 社会国家化

随着生活方式的改变和生活水平的提高,社会的组织形式和性质也发生了变化。由于生产力发展,社会中出现了多余产品。随着剩余产品的出现,私有财产就出现了。为了保护私有财产,某些部落相互联合为部落联盟,部落联盟进一步形成了国家。国家的产生是人类社会结构和性质的一次重大变革。亚里士多德指出,人是政治的动物。国家的出现是人类进入文明社会的一个重要标志。

二、工业时代民生科技创新的来源

从17世纪后期到19世纪,人类科学技术的发展又发生了一次质的飞跃,这就是工业科技革命。工业科技革命与农业科技革命相比,科学理论知识的先导作用更加明显。工业科学革命起源于17世纪末18世纪初的牛顿经典力学体系的诞生。工业技术革命发端于18世纪中叶的蒸汽机的发明和使用。工业技术不再是以经验为基础的技术,而是以科学为基础的技术。

近代工业科学革命是以物理学为核心,包括化学、数学、生物学和天文学等一系列学科的质的飞跃。物理学上的革命反映了近代工业科学革命的典型特征。

在物理学上,17世纪末18世纪初,牛顿提出了他的力学三定律和万有引力定律。继牛顿的经典力学之后,近代物理学上的又一重大进步是电动力学的诞生。电动力学经欧姆、法拉第和麦克斯韦等科学家一系列发现,有了重大进展。物理学革命为近代以机械技术为主的工业技术革命提供了理论基础。此外,化学、数学、生物学等学科都发生了革命性的变化,也为工业技术革命奠定了基础。工业科学革命为工业技术革命奠定了基础。一场以机械技术和能源技术为核心的工业技术革命发生了。农业社会,人们用以征服自然的物质力量是以人力和畜力等现成的自然力为主,而工业革命则使人们用以改造和征服自然的物质力量由天然的人力和畜力变成人工创造出来的机械力。

工业技术革命的核心内容是机械技术革命。关键是动力技术和能源技术。工业技术革命的第一个重要标志是蒸汽机的发明和运用。18世纪60年代,经过瓦特改造的蒸汽机可以为所有工业提供动力。从而使蒸汽机成为工业革命开始的标志。19世纪,随着热力学研究的进展,汽油机、柴油机、电动机等的发明,使动力作为强大的动力广泛进入工厂车间。18世纪中叶,煤开始作为工业动力机的主要燃料,从此,能源技术进入煤炭时代。19世纪80年代,开采石油技术的出现,能源技术又进入石油时代。

工业时代,民生科技发展的很重要的特征就是社会需要直接促进了技术革命。呈现出社会技术化发展的趋向。科学技术的发展促进了社会领域的工业革命。但是工业技术的发展还是来源于社会需要,如需要解决动力问题,刺激了蒸汽机改造的力度和提高了转化的速度。所以,工业时代,民生科技的发展来源于科学创新、技术发明和社会需要,而科学的发展与社会的进步并没有直接的联系或需要。而技术的发明直接来源于社会的需要。“如果说,在中世纪的黑夜之后,科学以意想不到的力量一下子重新兴起,并且以神奇的速度发展起来,那么,我们要再次把这个奇迹归功于生产。”①尤其是资本主义大机器生产,“第一次达到使科学的应用成为可能和必要的那样一种规模”。于是,“搞科学的人为了探索科学的实际应用而互相竞争”②。这大大刺激了科学的发展,用恩格斯的话来说,那就是“社会一旦有技术上的需要,则这种需要就会比十所大学更能把科学推向前进”③。

工业技术革命引发了一场巨大的社会变革,社会开始从农业社会进入到工业社会。同农业社会相比,工业社会具有以下特征。

1. 生产机械化

农业社会中的工业是以人的手直接进行操作的手工工业。1733 年,英国工人凯伊发明飞梭,到 1800 年,英国的纺织技术经过飞梭、纺纱机、织布机等已基本实现了机械化。从 1782 年英国发明了蒸汽锤,到 1800 年机床的发明,实现了机器制造的机械化。其他工业也相继进入了机械化时代。

2. 社会城市化

由于在工业社会农业也实现了机械化,农业人口开始向城市转移。英国是实现工业革命最早的国家,工业革命后,英国兴起了许多大大小小的城市。同时生活节奏加快。由于工厂不受四季变化的影响,工厂主为了追求更多的利润,牺牲人们更多的自由时间。工厂的产生为人们超负荷地工作提供了可能和必要。

3. 经济商品化

农业社会的经济以自然经济为主,每一个经济单位依靠自己的经济条件生产自己所需的产品。在工业社会,社会分工发生了质的飞跃,行业之间、行业内部都有了明确的分工。分工使每一个人无法满足自己所需要的消费品,于是产品交换就成为必然,商品经济占据了绝对的统治地位。有商品交换,必然有商品竞争,不仅一国之内、国与国之间存在竞争,最后形成南北之间、东西之间的竞争。

三、知识经济时代民生科技创新的来源

第二次世界大战后,民生科技的发展越来越受到社会的影响。当代民生科

① 恩格斯:《自然辩证法》,人民出版社 1984 年版,第 27 页。

② 《马克思恩格斯全集》第 47 卷,人民出版社 1984 年版,第 570 页。

③ 《马克思恩格斯选集》第 4 卷,人民出版社 1984 年版,第 505 页。

技的理论创新来源于社会需要。在社会需要和科技创新的基础上形成了三个领域:促进工业化的工业科学技术、促进高科技产业发展的高科技及实现科学发展的环保科技、健康科技、人口科技等。

1. 信息化改造传统工业的发展

知识经济时代离不开工业的发展,但是,该时代工业的发展是通过信息化改造后的工业化。信息技术革命是以计算机技术和通信技术为核心的一场技术革命。与此同时,能源技术、材料技术、生物技术、海洋技术和空间技术等一批高新技术也产生了。

人类在很早以前就开始探索计算工具了。中国宋代发明的算盘是古代最先进的技术工具。计算技术的重大突破是计算机的发明。1945 年世界上第一台电子计算机的问世,使人类社会从此进入了计算机时代。随着计算机的发展,它成为了信息技术的核心。通信技术革命是信息技术革命的又一重要内容。目前光纤通信和卫星通信,为电子计算机国际互联网和信息高速公路奠定了技术基础,使庞大的地球变成了一个村庄——“地球村”。

经过改造后的工业生产效率大大提高。一方面生产出的产品的质量与种类越来越多;另一方面,生产过程的能耗越来越低;另外,同样的生产效率所需要的人员越来越少。民众的休闲时间越来越多。

2. 高技术的发展

为了解决人类面临的能源、人口等问题,20 世纪 70 年代,很多高技术产业得到了发展。高技术的发展直接来源于科学的创新。20 世纪由于物理学方面的革命,引起核能的开发与利用。现代生物学的革命促进生物技术与产业的发展等。知识经济时代,很重要的特征就是科学走在了技术与社会的前面,只有在科学领域具有伟大的创新,才可能促进技术与社会的发展。

(1)高技术发展的主要领域。

信息科学技术——知识经济的先导。信息科学技术是一个含义相当广泛和复杂而又时刻变化着的概念。从直观上看,信息科学技术就是围绕着信息的开发、收集、存储、处理和传递而发展起来的相关的高技术群。它以微电子技术和计算机技术为基础,包括信息的采集、处理、存储和传输技术,涉及传感技术、多媒体技术、光导纤维技术、集成电路技术、人工智能技术和网络技术等,当前信息高科技比较集中地反映在“信息高速公路”的建设上。“信息高速公路”的建成将使人类能最大限度地利用知识,使科学技术成为第一生产力,并广泛地渗透到几乎所有重大科技领域，成为科学研究和开发不可缺少的技术手段。有人形象地比喻："如果将人类社会的发展比做一个婴儿的成长，那么，蒸汽机和铁路构筑了他的骨骼；报纸、电话、电视等信息传播技术构成了他的信息器官；发电站、原子能反应堆和高压电缆成了输送能量的循环系统；计算机和软件的不断发展使之初步具有了智能，形成了人类社会的'神经元'细胞；那么计算机网络和信息高速公路就是将分散在世界各地的'神经元'连接起来的神经。这样便形成了整个地球的'神经系统'，它预示着社会思维时代的到来。"

人类已经经历了四次信息技术革命，现在正在进行第五次信息技术革命。第一次是语言的产生；第二次是文字的出现；第三次是印刷术的发明；第四次是电报、电话和电视等通信设备的发明；第五次是计算机及计算机网络与通信卫星、光纤通信等现代通信技术的结合。

微电子技术作为现代信息技术的基石，指在几平方毫米大小的半导体单晶芯片上，使用微米甚至亚微米的精细加工技术制成由上万个小晶体管构成的微缩单元电子电路，并用这种电路组成各种微电子设备的总称。现在，人们把集成电路制造技术、应用技术及其产品统称为微电子技术。微电子技术是在传统电子技术基础上发展起来的。之所以称为"微电子技术"，顾名思义就是由于它要使非常微小的元件实现传统元件系统功能的技术。微电子技术的主要特征就是"三微"和"四最"。"三微"即尺寸微米级、功耗在微瓦级、速度在毫微秒级；"四最"即最佳设计方案、最洁净的环境、最低的成本和最精细的工艺。

计算机技术作为信息技术的核心，收集、整理、加工知识和信息资源，形成了知识经济时代的新产品——知识产品。因此，我们可以形象地将计算机比喻成为知识产品的"加工厂"。正如机械制造物质产品而成为人类手的延长一样，制造知识产品的计算机被认为是对人脑的延伸。现在计算机已经深入到人类生活的各个领域。因此，人们认为"掌握了计算机就等于拿到了进入 21 世纪的通行证"。

通信技术作为知识经济时代的生命线，由程控交换机、光纤网、通信卫星及其他现代化通信设备构成。如果说电子计算机是现代社会中的一个个"神经元"细胞，通信网络就是现代社会的"神经系统"。所以，许多科学家将传递信息的通信技术称作知识经济的生命线。现代通信技术的发展，大大扩大了人类信息流动的范围，缩短了信息传递的时间。目前，发展的通信技术主要有卫星通信技术、光纤通信技术、移动通信技术和数据通信系统等。

生命科学技术——让明天的生活更美好。托夫勒在《第三次浪潮》中指出，未来世界第四次浪潮主要是生物学革命。《2000年大趋势》中称21世纪是“生物学时代”。生命科学技术主要指发酵工程、细胞工程、酶工程技术、基因工程和克隆技术等。

发酵工程就是采用现代工程技术手段,利用生物的某些生理功能,为人类生产有用的生物产品,或者直接利用微生物参与控制某些工业生产过程的一种新技术。现代发酵工程主要包括:优良菌种的选育技术、工程菌的生产繁殖技术、利用微生物控制或参与工业生产的技术等。

细胞工程是指在细胞和亚细胞水平上的遗传操作,以及组织培养和细胞培养等方法,快速繁殖培养出人们所需要的新物种的技术。细胞工程可以在植物与植物之间,动物与动物之间,微生物与微生物之间进行远缘杂交,已经出现了诸如马铃薯—番茄、大豆—烟草、芹菜—胡萝卜等许多前所未有的植物。目前细胞工程主要包括细胞融合技术、克隆技术、转染色体工程、干细胞工程、大规模细胞培养技术等。

细胞工程又称为细胞杂交。它是指用人工方法使两种或两种以上的体细胞合并形成一个细胞,不经过有性生殖过程而得到杂种细胞的方法。在自然情况下,体内或体外培养细胞间所发生的融合,称为自然融合。克隆技术,“CLONE”,原意是用“嫩枝”或“插条”繁殖。现在指在生物体通过细胞进行的无性繁殖形成的基因型完全相同的后代个体组成的种群,简称为“无性繁殖”。克隆可根据其研究或操作的对象分为基因克隆、细胞克隆和个体克隆三大类。转染色体工程则是将人工合成的染色体转移到另一物种的去核细胞内,产生人造的新物种。干细胞工程是在细胞培养技术的基础上发展起来的一项新的细胞工程。它是利用干细胞的增殖特性、多分化潜能及其增殖分化的高度有序性,通过体外培养干细胞、诱导干细胞定向分化或利用转基因技术处理干细胞以改变其特性的方法,以达到利用干细胞为人类服务的目的。大规模细胞培养技术是细胞工程中重要的组成部分,是在人工条件下高密度大规模培养的用动物细胞来生产生物产品的技术。

酶是一种有高度皱折结构的蛋白质大分子,由于它的复杂的三维空间结构,使它具有高速的催化作用。它能加速反应过程,而自身不发生变化,因而可以重复使用。酶工程,就是指用人工方法对酶的分离、提纯、固化以及加工改造,使其能够充分发挥快速、高效、特异的催化功能,更好地为人类生产出各种有用的产品。酶工程的应用主要集中于食品、轻工业以及医药工业中。

基因工程是对生物具有遗传信息的物质进行分析、分离、重组,创造成具有新的遗传信息的生物品种的技术,而携带遗传信息的物质是一种叫做 DNA 的核酸,所以,基因工程也叫 DNA 技术,基因工程是整个现代生物技术的核心。通过引入异源 DNA 分子片段,改变了生物的遗传特性,按照人的要求创造出某种新的生命类型。1953 年 4 月 25 日,沃森和克里克发表的《核酸的分子结构—脱氧核糖核酸的结构》标志着分子生物学的诞生。脱氧核糖核酸 DNA 的基本成分是核苷酸。1 分子的核苷酸是由 1 分子的磷酸、1 分子的脱氧核糖以及 4 种碱基中的 1 种组成的。基因工程一般包括四个步骤:一是取得符合人们要求的 DNA 片段,这种 DNA 片段被称为"目的基因";二是将目的基因与质粒或病毒 DNA 连接成重组 DNA;三是重组 DNA 引入某种细胞;四是把目的基因能表达的受体细胞挑选出来。DNA 分子很小,其直径只有 2nm,即五百万分之一厘米,在它们身上进行手术是非常困难的,因此,基因工程实际上是一种"超级显微工程"。基因工程可用来生产转基因生物、进行基因治疗及进行人类基因组计划。

新能源与可再生能源科学技术——知识经济的发动机。能源是经济发展的火车头,随着社会的进步和人们生活水平的提高,能源问题将会日益突出,成为制约国民经济发展的重要因素。尤其是在知识经济时代,谁能掌握新能源技术的制高点,谁就能在国力上占据优势。目前新能源科学技术包括受控热核聚变工程技术、太阳能技术、海洋能技术、风能技术、地热能技术和生物能技术等,其中受控热核聚变技术和太阳能技术分别利用人工和太阳的热核聚变能,是最有希望彻底地解决人类能源问题的途径。

核能在 1938 年由德国科学家哈恩发现后,1942 年 12 月 2 日,在美国芝加哥大学诞生了世界上第一座核反应堆,标志着人类大规模利用原子能的开始。中国第一座自行设计建造、自行调试运行的秦山 30 万千瓦核电站,于 1985 年 3 月正式开工,1991 年 12 月并网发电,1994 年开始商业运行,1995 年 7 月通过国家验收。大亚湾核电站是中国引进国外技术和资金最大的建设项目,建有两台 90 万千瓦核电机组。1987 年年初正式开工建设,1994 年 2 月和 5 月两台机组先后投入商业运行,1996 年 12 月通过国家验收。《"九五"计划和 2010 年远景目标纲要》,确定"九五"新上秦山三期、秦山二期、岭澳和连云港 4 个核电工程。目前,我国正在建立的核电站数量比较多。

太阳以它那巨大的光和热,给地球上的万物带来生机。它不停地向宇宙空间发送着巨大的能量。据计算,太阳每秒钟发出的能量就相当于 1.3×10^{16} 吨标准煤燃烧时所放出的热量。地球每天接收的太阳能,相当于全球一年所消耗的总能量的 200 倍。目前人类利用太阳能的转换途径有:光—热转换、光—电转换和光—化学转换。目前,太阳能的利用以扩展到工农业生产、科学研究、国际建设和人们生活的各个方面。

生物能指的是生物质能源。树木、农作物、陆地和水中的野生动植物及某些有机废料,都属于生物质。所谓生物质能就是通过绿色植物的光合作用将太阳辐射的能量以一种生物质形式固定下来的能源。生物质能源是当代植物通过光合作用固定起来的太阳能。这些以葡萄糖、淀粉等物质形式存在于植物内部的能量,经过生物技术的加工,就能够转变成甲醇、乙醇、甲烷、氢气等燃料。因不含硫和其他杂质,燃烧时不产生二氧化硫、二氧化碳等有害物体,所以这些生物燃料有“绿色能源”之称。

有益于环境的高新技术。早在公元前 5 世纪,中国春秋时代的老子就认识到“人法地、地法天、天法道,道法自然”。1774 年,英国人普里斯特里(J. Priestley)通过把老鼠扣在绿色植物的钟罩内而与外界隔绝的实验,首次发现绿色植物呼出氧气,开了生态系统平衡研究的先河。1972 年,瑞典斯德哥尔摩召开第一次“联合国环境会议”,使环境问题得到各国的重视。环境科学技术包括的范畴十分广泛,是减少环境污染,保持生态平衡的各项技术的总称。如前所述,通过信息网络减少车船运输量来减少排污,用热核聚变清洁能源代替石油和煤,用遗传工程培育良种减少化肥和农药用量的各种技术革新,都属于有益于环境的高科技。高效发动机技术、清洁煤和石油燃烧技术、二氧化碳固定技术、氟利昂替代技术、废料和废水处理的生物技术等都是环境高科技。

新材料科学技术——构筑知识经济大厦的基石。众所周知,信息、材料和能源是客观世界的三大要素。其中新材料是对现代化科学进步和国民经济发展具有重大推动作用的新发展的或正在研制的新材料,具有优异性能或特异功能,是发展信息、航天、能源、生物、海洋开发等高技术的重要基础,也是整个科学技术进步的突破口。自古至今,人类已经经历了它的旧石器时代、新石器时代、青铜时代、铁器时代、钢铁时代、高分子材料时代、复合材料时代等,现在人类更是进入到了一个以高性能材料为代表的多种材料并存的时代。新材料包含这样两个层次的含义:一是对传统材料的再开发、使其在性能上获得重大突破的材料;二是采用新工艺和新技术合成,开发出具有各种新的和特殊功能的材料。可见,新材料与新工艺、新技术有着密切联系。目前新材料技术主要有：

金属材料。如非晶态合金，通常金属原子排列为规则的晶体结构，非晶态金属的韧性、磁性、耐磨性和抗拉强度均大大增加，这种新材料将于不久进入市场。

新陶瓷材料。如精细陶瓷（纳米，毫微米陶瓷）具有耐磨、耐热、高强度、抗腐蚀和致密不透水等多种特性，制成陶瓷发动机不仅成本降低，性能改善，还可以减少污染。

聚合物（高分子）材料。如高性能碳纤维塑料，这种材料以碳素纤维代替现有的玻璃，使现有的工程塑料成本更低、强度更高，成为车船壳体和建筑材料，可望广泛应用，塑料汽车也将逐步推广。

复合材料。复合材料由金属、陶瓷、生物和高分子等复合制成，用于高强度和多功能两种目的。如高性能金属基复合材料，以金属为基体加入高分子纤维，获得高强度、高耐热性，用于飞机和火箭，可望在2030年左右投放市场。

光电子材料。目前的计算机芯片都是用硅片或砷片进行超精密机械加工制造的新型光电子材料，如分子装置，则是用分子组装的方法达到高性能、高可靠性和高寿命的目的，为下一代光电计算机服务，可望于2030年投放市场。

高温超导材料。超导电性，即电阻为零，是许多高科技需要利用的，但它要在极低温下才出现，需要庞大的制冷装置。如果研究出在较高温度下出现这种特性的材料，将会在能源和电子领域引起革命性的变化，这种未来材料可能在2030年投放市场。

新能源材料。21世纪的新能源材料主要包括可再生能源材料、核能材料、作为能源用的磁性材料、贮能材料和燃料电池。

生物材料。21世纪是生命科学时代，生物材料也将随之会有很大发展。所谓的生物材料包括三部分，即医用生物材料、仿生材料和生物模拟。生物医用材料是一类用于诊断、治疗或替换人体组织、器官或增进其功能的新型高技术材料。事实上，除了神经系统以外，人的各种器官都可以制造。按材料组成和性质分为医用金属材料、医用高分子材料、生物陶瓷材料和生物医学复合材料等。仿生材料是破解生物体构造的有效手段。目前的仿生材料包括“生物钢”、飞机机翼等。

环境材料。环境材料体现了与环境相适应的材料。也称为环境友好材料或绿色材料，体现了多学科的前沿交叉。其主要内容是开发高性能、低能耗、低污染的新材料，其中包括可降解的废品。

高性能结构材料。指高比强度、高比刚度、耐高温、耐腐蚀、抗磨损的结构材料。目前,军用发动机、飞机、陶瓷等方面应用了广泛的高性能结构材料。

纳米材料。就是用特殊的制造方法将材料加工到纳米级,再用这种超细微粒制造人们需要的材料。纳米材料被广泛应用在陶瓷领域、微电子学、光电、化工、医学领域。纳米技术的应用,将产生一系列新材料,假牙可以像钻石一样坚固;未来纤维会有加热或制冷的微型管,制成调温衣服;这些都将在2030年前后实现。

空间科学技术——实现飞出摇篮的梦想。自古以来,人们就对浩瀚无限的太空充满了遐想,编织出许多美丽的故事,在我国很早以前就有过"嫦娥奔月"的古老神话。1957年10月4日,苏联将世界上第一颗人造卫星送入环绕地球卫星运行轨道,这次成功标志着人类进入了航天时代。空间科学技术就是利用人造卫星、宇宙火箭和航天飞机等各种航天工具,进行宇宙探索,空间资源利用其他学科研究的科学技术。目前最吸引人的计划是在月球表面建立研究基地,使人类获得超高真空、超低温和失重状态的超大型天然实验室,可以利用这种条件开发多种高科技项目,并且进行月球资源开发利用的探索,预计第一个月球实验基地可望在2020年建成。在轨道上运行的大型太阳能电池板电站将于2012年商用向地球供电。而2028年可望建成有人居住的永久性月球基地,人类将可能利用月球资源,预计2040年空间科学技术将开始全面产业化。

海洋科学技术——开拓人类生存新空间。人类在自身的发展过程中,在创造光辉灿烂的物质文明和精神文明的同时,也不知不觉地为自身的继续生存和发展设置了重重障碍。20世纪以来,人口急剧增长,人类对各种资源的需求量也随之剧增,人口按几何级数而增长,出现了粮食短缺、能源危机、淡水供应紧张等问题。为了摆脱困境,人们把希望寄托于海洋。海洋科学技术是一门以综合高效开发海洋资源为目的的高技术,包括深海石油、天然气和锰等矿产开采技术已在应用,卫星预报海啸的防灾技术将在2007年实用,转基因海洋动植物养殖将在2014年商业化,潮汐电站可能在2020年商用。目前,海洋资源开发包括海洋矿产资源开发、海洋化学资源开发、海洋空间资源开发、海洋生物资源开发等。发达海洋国家的海洋经济总产值接近国内生产总值的10%,而我国还不到5%。我国作为世界第9个海洋大国,有37万平方公里领海、300万平方公里可管辖海域,蕴藏着丰富的资源,亟待用高技术开发、利用和保护。

软科学技术。知识经济时代的社会是知识的社会。知识和信息成为社会第三大战略资源。只有对信息、知识进行软科学基础上的研究,才能做出正确的决策。简单地说,软科学技术就是应用现代高科技帮助人们收集、整理、分析信息,为人们快速正确地决策提供科学依据的技术。现代软科学技术的诞生是以现代新技术革命为前提的,特别是利用现代信息高科技。人们形象地将软科学技术比喻成"智囊团",要求这个"智囊团"需要具有观察识别、记忆存储、分析判断和想象创造的能力。软科学技术的基础主要包括计算机科学、人文社会科学和生命科学技术。计算机技术是用于收集存储、分析、处理信息知识;人文社会科学是用于研究人的社会行为和人自身的方法论;生命科学技术的任务是研究人脑的生理机制和思考方法,以便使电脑和人脑一样对信息作出分析和判断。因此,软科学技术是一种工具、综合性学科相交叉的结果并且具有明显的应用性特征。科学家预言,软科学技术将成为21世纪的主导应用科学技术。

(2)高技术产业发展的主要领域。

高技术产业化是在高技术的基础上形成新兴产业的过程。因此,高技术产业是在高技术的研究、开发、推广、应用的基础上所形成的企业群或企业集团的总称,它是把生产过程和最终产品建立在坚实的高技术基础上。高技术产业主要包括以下几大产业。

光电子信息产业,如光、电、声、磁物理性质的综合利用,全息图像处理等的研究与开发。

生物工程产业,如微生物、酶、细胞、基因四大工程以及动植物、药物、疫苗、生物计算机等的研究和开发。

软件产业,如数据库、信息库、知识库等的建立、系统软件、应用软件的研究和开发。

生物医药产业,如与新材料相结合,有效替换和重建的各种人工脏器及各种诊断仪器的研究、开发和生产。

超导体产业,如超导电机、超导输电、超导输能、超导电子器件、超导计算机等的研究、开发与利用。

太阳能产业,研制各种太阳能跟踪、捕获、转换、存储等装置。

空间产业,包括提供卫星发射、载荷、太空旅行、空间商业服务,在地球外进行生产和实验,外星球上采掘资源等的研制与利用。

海洋产业,包括南极的开发,海水的处理和利用,深海采矿,建立海底城市等的研究与开发。

智能机械产业，它使人们在体力、智能方面得到彻底解放。以上九大产业又可以交叉渗透，形成综合性高技术产业。

(3)高技术产业的特点。

实现高技术产业化，首先要明确高技术产业的实质，上述九大高技术产业也表现出与传统技术产业明显不同的特点：

第一，高技术产业具有多重功能。传统工业技术发明的指导思想都是单一地、尽可能多地利用自然资源，以获得最大利润，不考虑或极少考虑环境效益、生态效益和社会效益；建立在自然资源取之不尽，环境容量用之不竭的基础上，甚至以向自然掠夺为目的，这不能不说是科学与技术分离的悲剧，而高技术产业在多种自然资源几近枯竭，环境危机日益加剧的时代，又把科学与技术融合为一体，反映了人类对自然界与人类社会的科学和全面的认识。因此，高技术产业发展的指导思想是科学、合理、综合、高效地利用现有资源，同时开发尚未利用的富有自然资源取代已近枯竭的稀缺自然资源，实现环境、生态、社会效益的统一。目前，环保技术、新能源技术、空间技术的发展正是建立在多重效益的基础，实现社会的科学发展。

第二，高技术产业主要生产要素是知识、智力、无形资产。而传统产业需要大量资金、设备，有形资产起决定作用。当然，高技术产业也需要资金投入，甚至是风险资金投入，但是如果没有更多的信息、知识、智力的投入，它就不是高技术企业。目前，美国许多高技术企业的无形资产已超过了总资产的60%。

第三，高技术产业范围十分广阔。传统钢铁、纺织等产业领域相对比较窄，而高技术产业比较宽。以信息科学技术为例，任何国家都不可能在计算机技术、微电子技术、芯片技术、大规模集成电路技术、光电子技术、光纤技术、多媒体技术、网络技术和软件技术以及层出不穷的高技术中全面领先，任何一个国家都可以充分利用自己的智力资源“有所为，有所不为”地技术创新，占据高技术产业一席之地。

由于高技术产业与传统产业的区别，实际上产生了一些新产业。目前一些工业发达国家已把信息当做社会生产力发展和国民经济中的重要产业部门，把信息产业为核心的新兴产业群划分为第四产业。这种划分的理由是：第一、二产业和第三产业同属于物质资料再生产过程，其中第一、二产业属于生产环节，第三产业属流通、分配和消费环节，而信息产业的性质和特点则超过了物质资料生产总过程的范围。一些专家认为，信息产业与第三产业至少有两个区别：一是第三产业提供硬件和有形服务，而信息产业提供的是软件和无形服务；二是第三产业提供的服务可以使服务对象立即得到直接满足，信息产业提供的服务则必须通过用户采取行动去获得满足。

（4）高技术引起的社会变革分析。

①生产办公智能化。工业革命使机器代替了人手的直接操作，是对人的躯体的延伸。工业机械没有智能，它不能操纵自己。20 世纪 70 年代，随着电子计算机的发展，第一代由计算机控制的机器人被研制出来。随后，智能机器人被广泛应用于工业生产之中。机器人的发明和应用，使人类创造出来的机器不仅代替了人的体力劳动，而且也代替了人的脑力劳动。从此，人们创造物质财富的生产便进入自动化时代。

在 20 世纪 70 年代后期，科学家还研究出更先进的整体性自动化生产技术——计算机集成制造系统。这种高度自动化系统，为“无人工厂”的出现奠定了基础。1984 年第一座“无人工厂”在日本诞生，它由计算机辅助设计、机器人自动操作、数控车床自动加工、电脑化经营管理等系统构成。这种自动化设备使人从体力劳动和脑力劳动中解放出来。随着生产自动化，工厂、农场、公司、政府等所有行业的办公室都实现了自动化。

②服务网络化。20 世纪 90 年代发展起来的互联网大大改变了人们的生活方式，开辟了网上服务、网上交往的新时代。电子邮件、网上信箱、网上电子图书馆、网上电子新闻等为人们提供了方便的服务。另外，网上聊天打破了人们之间的地理空间的界限，人们可以自由地与世界各地朋友交谈。互联网使“天涯若比邻”变得名副其实。

③产业结构高级化。在农业社会，农业是主导产业；在工业社会，工业是主导产业；到了信息社会，服务业成了主导产业。一般认为，服务业主要包括以下四大类：第一类分配性服务业，如交通运输、公共事业、零售业等；第二类是生产性服务业，如银行、保险、地产、信息和广告等行业；第三类是社会性服务业，如医疗、教育、邮政、政府管理等行业；第四类是个人性服务业，如私人护理、饮食、理发等。科学技术的飞速发展，使物质生产所需要的劳动力大大减少，非物质生产所需要的人员越来越多，服务业在国民生产中的比重越来越大。据统计，发达国家服务业在国民生产总值的比重在 20 世纪 60 年代已超过 1/2 以上，80 年代已接近 2/3。

④管理开放与民主化。网络不仅对日常生活产生重大影响，对民主制度也

产生了很大冲击。自西方启蒙运动以来，民主问题一直是人们关注的问题。资产阶级革命后，人们获得了比以往更多的民主，但由于受教育和通信等的限制，人们还不能充分参与国家决策。信息时代的网络为人们充分行使自己的民主权利提供了可能。在信息时代，人们有机会接受更多的教育，人们的文化素质普遍得到提高，人们有能力参与各种决策。网络时代的信息和决策结构是一种透明的和平等的结构，人们通过参与制体现自己的民主。

⑤生活休闲化。工业社会代替农业社会，使过去那种田园式的悠闲生活消失了。工业社会带给我们的是快节奏的紧张生活，机器就像套在人身上的一个巨大的枷锁，剥夺了人们闲暇娱乐的自由。信息时代，生产自动化和办公自动化使人们只需花费很少时间就能完成工业时代很长时间才能完成的工作。人们的闲暇时间越来越多。人们可以有计划地、主动地、充实地利用自己的闲暇时间。

3. 实现科学与和谐的健康科技、环保科技、安全科技等的发展

美国著名未来学家保罗认为，在 21 世纪，“推动社会发展的代表科学将由信息科学转为生物科学”。其主要理由为，一是人类在食物、住宅、汽车等基本需求满足之后，进一步的追求必然是健康、环境，以及精神享受。二是现代生物技术使疾病诊断、治疗和预防手段产生革命性的变化，使医疗技术发生质的飞跃，使人类更健康、更长寿。三是推动第二次绿色革命，改善人类膳食水平。生命科学和生物技术事关 13 亿人民的健康，也是现代生态农业的基础。在这方面不仅酝酿着科学技术的新突破，而且蕴涵着宏大的产业和经济。美国 2000 年的 GDP 是 80000 亿美元，医疗保健市场占 15000 亿美元，其中药物市场份额仅占医疗保健市场总额的 9%。中国 2000 年 GDP 超过了 10000 亿美元，但是医疗保健市场只有 400 多亿美元，药物只有 90 亿美元。可见，依靠科技进步，提高人民的健康水平和生活质量的潜力非常之大。

这些民生科技的发展直接来源于实现科学发展、构建和谐社会的需要。民众在基础生存条件得到满足后，就需要提高生活质量。而健康科技、环保科技、人口科技与安全科技的发展正是在这种需求下得到发展的。这些民生科技的发展有助于社会和谐，实质上就是人与自身、人与人、人与社会、人与自然的和谐，其中人与自然的和谐是和谐社会的基础。对于作为“人类认识和改造自然的实践活动”的科学技术，在解决人与自然矛盾的过程中，产生了环境污染、生态破坏等负面后果，主要是因为科技不发达所致。在继续保持经济快速增长，促进人与自然的和谐发展，依靠科技进步，提高我国的资源、生态、环境的优化、恢复和

重建能力;走发展绿色科技道路,实现人与环境友好、资源节约的社会发展道路,充分发挥人力资源和科技创新的潜能,以较低的自然环境代价利用各类资源的经济增长方式是建设和谐社会、实现中华民族伟大复兴的唯一选择。

总之,民生科技创新来源于科学领域、技术发明与社会需要。三者形成一个新的三圈模型,只有三者相交叉的领域越大,民生科技解决民生问题的创新才可能越来越大。(见图6-1)

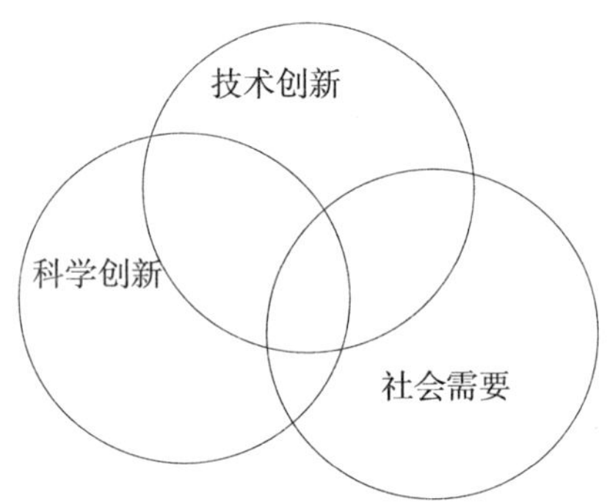

图6-1　民生科技创新来源三圈理论分析

第二节　当代民生科技发展的自主创新能力

民生科技作为科学技术,它的创新能力的提升既具有历史条件,也需要现实基本条件。

一、近现代以来中国自主创新能力的历史分析

党的十六届五中全会提出必须提高自主创新能力,把增强自主创新能力作为科学技术发展的战略基点和调整产业结构、转变经济增长方式的中心环节。但自明末清初以来,人类历史上发生过的四次科技革命都不是首先发生在中国,中国通过西方传教士、中国翻译家、留学生等将科技革命成果引进中国,使中国逐步从技术引进走向自主创新之路。

1. 明清晚期传教士对华科学技术的传入过程(16世纪下半叶至18世纪70年代)

明清时期西方进行了第一次科技革命,当时中国的科学技术已相对落后于

欧洲。明朝中期西方大批传教士到世界各地传教，他们大多是饱学之士，对欧洲当时科技成果了解很多。1582 年，第一批传教士来中国，这些都是与伽利略同时代的人。首先将第一次科学革命的部分成果带到中国。天文学方面，传教士利玛窦介绍了有关日食和月食原理、七曜与地球体积的比较、西方所测知的恒星及天文仪器制造，与徐光启合译《几何原本》的前 6 卷，这是中国最早翻译出版的西方科学著作，后他们还合译《测量法义》、《泰西水法》；1629—1634 年徐光启聘龙华民、邓玉函、汤若望、罗雅谷等欧洲传教士编写了《崇祯历书》，传教士采用了第谷·布拉赫的宇宙体系，介绍了托勒密的本轮—均轮系统，引用了哥白尼、伽利略、开普勒等人的天文数据和资料，使中国临近枯萎的天文学老树获得新的水分和养料。数学方面，徐光启同僚李之藻与利玛窦合译《同文算指》、《圆容较义》等欧洲数学著作。到清初传入中国的新知识主要有欧氏几何、算术笔算法、对数、三角学、世界地理、天体运动等。对东西方的科学技术的交流与发展在客观上起了一定的推动作用，也是中国近代科学技术发展的开始。尽管明代中国传统科学技术仍然处于世界领先水平，一些著名科学家如李时珍、宋应星、徐霞客等科技方面取得一定成就，但他们只是中国古代科学技术发展末期的代表，没有近代活力。

清朝在传统旧路上的循环使中国远远落在了世界文明进步潮头的后面。中国的科学技术已完全丧失了优势，西方传教士继续在中国传教。顺治、康熙（1644—1722）年间，王朝对传教士基本上采用了利用和比较宽容的政策。地学方面，传教士白晋、雷孝思、杜德美参与中国地图——《皇舆全览图》绘制，后完成《西域图志》；天文学和数学方面，传教士张城、白晋等人的译稿，由梅珏成等人绘编了《数理精蕴》，主要介绍 17 世纪以来传入中国的西方数学，包括几何学、三角学、代数和算术知识，后成为中国人学习西方和研究西方知识的重要书籍等。雍正时期，尽管强调华夷无别，却把除了在司天监任职之外的外国传教士统统赶到澳门看管起来，并于 1723 年撤除了各省的天主教堂。乾隆时期，情况有所好转，戴进贤主持编写的《历象考成后编》介绍了开普勒的行星运动轨迹知识及牛顿力学知识，使明代以来中国传统数学和天文学重焕生机。但 1773 年罗马教皇解散了耶稣教会，由传教士传入西方科学技术知识的过程中止了，1785 年耶稣教恢复，但学术过程再也没有恢复。

明清时期，西方科学技术主要通过传教士传入中国后，由于封建统治者认为西方科学技术为“奇技淫巧”不予重视，传入中国的科学技术大多被禁止、扼杀。

从科技革命角度来讲,近代科技革命传入中国,只是停留在纸面上的革命,并没有引起中国学者研究领域、研究方法的根本革命。明清时期由于统治者集权统治、对商品经济的残酷镇压和八股取士,使中国学术在清代走上考证古典文献的道路,中国人的自主创新没有突破性成果。

2. 清末至民国时期中国翻译家主动引进西方科技的过程(1840—1911 年)

该时期,清王朝经历了抵抗西方的鸦片战争、中法战争、中日甲午战争等。统治者认识到中国战争失败主要因为没有近代的工厂生产炮舰和新式枪炮。中国通过洋务运动兴办实业和中国翻译家主动翻译西方近代科技成果以引进先进科技。

中国从 19 世纪 60 年代到 90 年代,洋务派为了挽救清朝封建制度,兴办洋务,他们主动学习西方先进科学技术,并把兴办洋务作为一项基本国策向全国推行,近代技术成果开始转化为现实生产力。在该时期,城市中的手工业和作坊逐步被机器工厂挤到一边,技术上滞后于西方十几年到几十年的枪炮厂、造船厂、机器厂建立起来了,机器纺织业、造纸业、利用化学知识的肥皂厂、制革厂、火药、有线电视、无线电台、铁路等都建立起来了,中国技术结构已发生重大变化,并在中国产生了最早的近代工业和产业工人。这为中国社会在机器生产条件下的资本主义最初发展起了催化和示范作用。但开办者主要是外国资本家、清朝政府、少数的中国资本家,这些工厂都是靠买进欧洲工业国家的机器,聘外国的技师,起用一些精通技术的中国人,训练一些中国工人而办起来的,耗资多,成效差,中国全盘引进西方科技以洋务运动的失败而告终。

3. 中华民国到新中国成立前海外留学生引进西方科技成果的过程(1911—1949 年)

该时期中国留学生对促进现代科学技术在中国的传入起了关键作用。他们是民国后兴起的科学救国、教育救国和实业救国的实践者。鸦片战争后,中国学生已开始到西方读大学,从 1872 年起,每年派 30 个少年学生到西方学习,1881 年被撤回国内,大多数学而未成。戊戌变法后,派往西方和日本的留学生大增,其中派送日本的达 7000 多人。留学制度的形成标志中国人开始主动学习西方科学技术。这种方式比通过翻译性的学习更加有效。同时也造就了一批西方学术的翻译队伍。中国的文化和科学技术都大大受到了这些留学人员的影响。

民国后,各地先后有许多青年到法国留学,法国的工业和技术对这些人产生深刻影响,有周恩来、邓小平、陈毅、聂荣臻等。他们回国后,组织兴办学会、科学社、《科学》杂志等，宣传科学精神、传播科学知识，为唤起国人之科学悟性起到了重要作用。但中国的国力仍然贫弱，中国的经济、政治始终受到资本主义国家的控制和影响。中国的科学对西方的依附更强。例如，中华民国时期中国学者发表的700多篇重要科学论文中有400多篇是在外国刊物上发表的。在抗战时期，中国仍有留学生赴欧美留学，也有一批学者和留学生在困难时期回国，他们具有爱国、献身精神，为祖国的科技事业作出贡献。西方发达国家已经历三次科技革命，而中国在该时期还是以技术引进为主，没有重大的自主创新成果。

4. 中国社会主义制度确立后自主创新过程(1949年以来)

新中国成立后，中国自主创新能力在石油事业、原子武器研制、航天事业及生物科学领域等取得一系列成果。20世纪80年代以来，在"863"计划的指引下，电子技术迅速发展，生物技术、运载火箭技术、高能物理、超导研究等跻身世界先进行列。但总体上自主创新能力依然薄弱。如2005年我国汽车总产量507万辆，在各项技术中90%是"舶来品"，而真正具有自主知识产权的技术仅占10%；我国100%的光纤制造装备，80%以上的集成电路芯片制造装备和石油化工装备，70%的数控机床、纺织机械都被进口产品占据。目前，从外国转移到我国的制造企业，大部分核心技术、品牌和销售渠道仍然被外国公司所控制。长期以来，我国在经济和技术发展方面实施追赶战略。日本和韩国等实施追赶战略的经验表明，在进入高端产品和接近国际市场档次的市场竞争时，必须依靠自主创新来促进产业技术升级，提高国际竞争力。因此，从实现可持续发展的角度出发，我们必须加强研究开发，在战略领域和关键环节形成自主知识产权。

我国"十一五"时期提高自主创新能力的客观条件已经具备，主要体现在：一是国外技术储备急于获得新市场，这为我们发挥后发优势，进行必要的技术引进和主动选择创造了条件，使我国的自主创新有可能站在较高的起点上，并支付较低的成本；二是国内人才和科技储备已有相当基础，企业的研发能力有了明显增强，这得益于我国改革开放政策的实施；四是激励创新的体制和机制逐步建立，对产权和知识产权保护的力度加大，国家在税收、折旧、财政和投资等方面支持自主创新的政策体系正在形成。

总之，自明末清初以来，我国的技术发展以技术引进为主、自主创新为辅逐步向以自主创新为主、以技术引进为辅方向发展。"十一五"时期，是我国提高自主创新能力的关键时期，必须把原始创新、集成创新和引进消化吸收再创新结合起来，克服重引进、轻消化吸收的现象。

二、近现代以来中国自主创新的系统性特征分析

"两个或两个以上的元素相互作用而形成的统一整体,就是系统。"本书将我国自主创新作为一个系统进行分析,包括创新人才、创新内部环境、社会机制等内部要素与对外环境。明末清初以来,人类历史上发生了三次科技革命。我国作为一个科技外源型国家,16 世纪至 20 世纪 50 年代,主要通过西方传教士、中国翻译家、留学生等系统外部因素在器物层次、制度层次和文化层次将西方科技革命成果引进我国。社会主义制度确立后,我国自主创新能力的提升主要通过系统内部科技能力、体制创新、人才培养等因素。21 世纪,我国自主创新能力的提升是在整合系统外部环境与内部潜能的基础上发展起来的。

1. 明末清初至中国社会主义制度确立传教士、翻译家、留学生等外部环境因素对提升我国自主创新系统水平的作用

"一个系统之外的一切事物,称为该系统的环境。"一个系统在发展初期,环境对系统的塑造能力比较强。明末清初至新中国成立,我国自主创新能力低,主要通过外部环境因素将西方科技成果传入我国,开始我国自主创新能力的积累。

(1)明末清初至清中叶,西方传教士对华科学技术的传入过程(16 世纪下半叶至 18 世纪 70 年代)。

该时期,西方社会发生了第一次技术革命,西方的科技成果主要通过传教士传入我国。传教士带来西方的货物珍宝,如大炮、望远镜、西洋乐器、照相机、物理化学仪器、西洋建筑等大多由传教士传入中国。其次,传教士与中国学者合译西方科学著作。如传教士与徐光启合译《几何原本》的前 6 卷,这是中国最早翻译出版的西方科学著作,其后传教士与中国学者还合译《测量法义》、《泰西水法》、《同文算指》、《圆容较义》等欧洲著作。这对东西方科学技术交流与发展在客观上起了一定的推动作用,也是中国近代科学技术发展的开始。但 1773 年罗马教皇解散了耶稣教会,由传教士传入西方科学技术知识的过程中止了,1785 年耶稣教恢复,但学术过程再也没有恢复。

(2)清末至新中国成立主要通过洋务派、中国翻译家、留学生将西方科学技术传入中国的过程(1840—1949 年)。

清末民初是中国近代史上的重大转折时期。中国从 19 世纪 60 年代到 90 年代,洋务派为了挽救清朝封建制度,兴办洋务,他们主动学习西方先进科学技术,并把兴办洋务作为一项基本国策向全国推行。该时期,中国技术结构已发生

重大变化,并在中国产生了最早的近代工业和产业工人。由于这些工厂都是靠买进欧洲工业国家的机器,聘外国的技师,最终以失败而告终。

清末时期中国学者与明末时期不同,西方的科技革命成果主要通过中国翻译家全面引进中国。数学方面,项名达、李善兰等在引进西方数学的基础上发展了近代数学,使西方近代符号数学及解析几何和微积分第一次传入中国。天文学方面,李善兰和传烈亚利合译《谈天》,全面系统地介绍了包括哥白尼在内的西方近代天文学知识。物理学方面,李善兰和艾约瑟合译《重学》,首次将牛顿力学三定律引入中国,后电学、光学、声学方面著作也相继引入中国。化学方面,徐寿的《化学鉴原》对西方近代化学知识在中国传播起了一定作用。此外地学、工程学等也开始大量进入中国社会,并同近代化的产业联系在一起。

鸦片战争后,中国学生已开始到欧洲读大学,从 1872 年起,每年派 30 个少年学生到西方学习,主要以学习技术为主。戊戌变法后,派往日本的留学生大增,达 7000 多人。民国后,各地先后有许多青年(有周恩来、邓小平、陈毅、聂荣臻等)到法国留学,他们是科学救国、教育救国和实业救国的实践者。抗战时期,中国仍有留学生赴欧美留学,但人数锐减,从 1938—1941 年仅有 300 人左右出国留学。抗战胜利后,出现了新的出国留学热潮,李政道、朱光亚、孙本旺、张瑞先等于 1946 年赴美。也有一批学者和留学生在困难时期回国,他们具有爱国、献身精神,为祖国的科技事业作出贡献。

总之,清末至新中国成立,中国主要通过传教士、洋务派、翻译家和留学生等引进西方科技成果。该时期,外部因素是提升我国自主创新系统的关键。

2. 社会主义制度确立至改革开放,我国自主创新系统内部因素对自主创新能力的提升

新中国成立后,我国从工业体系、科学发展机制、创新文化、人才培养机制等内部因素的改造促进自主创新系统的提升。

(1)工业化体系的建设。"第一个五年计划(1953—1957 年),集中力量建设以苏联专家帮助设计的 156 个项目为中心的 694 个投资数额大的工业企业,建立社会主义工业化的初步基础。"实现国家工业化是我国解决新时期主要矛盾的重要举措,是自主创新产业发展的重要依托。

(2)科学发展机制的建立。1949 年中国科学院成立,将旧时代孤立分散的个人研究转变为集体的研究。在审核国内重大科学发现和技术发明,与国际合作等方面起着主要的联系和推动作用。到 1966 年,中科院发展为分布在全国众

多城市和地区的120个研究所的庞大组织，科技人员大约有2.5万。1950年全国自然科学专门学会联合会和全国科普学会成立，组织和动员全国科学家参与和促进新中国经济文化建设。

(3)创新文化的逐步确立。随着大科学时代的到来，科学发展越来越依赖于经济的发展和国家的支持和集体的研究。1950年，全国科学大会的召开，确立了科学为人民服务，科学理论和研究同国家建设的实际相结合的原则。1956年，毛泽东提出了学术研究上的“双百方针”。1959年，党中央提出科研活动土洋并举、普及与提高相结合，产、教、研相结合的工作路线。

(4)人才培养机制的确立。新中国成立后，确立了教育机构改造的目标。一方面，要将教育办成民族的、科学的、大众的教育；另一方面，改变学校组织和管理权，将外国人所办的学校全部收回为国有，同时将一些大学进行调整，重点发展工业、师范、农林、医药等。经改造后，中国教育由中央集中领导管理，形成体系单一的全民所有的教育体系。随着中国第一个五年计划的制订，一批又一批的海外留学生归国，大约有1000人。1950年，对旧中国科学家思想进行改造，使他们的工作服务于农业、工业、医学、国防、文化的建设。

(5)创新外在环境的改变。新中国成立后，确立了一套以五项基本原则为基础的独立自主的外交政策。20世纪50年代，我国外派的留学生主要是学习苏联的先进科技和科技管理机制，以促进中国科技创新。20世纪60年代初，随着苏联专家的撤离，中国的科技发展走上了一条自力更生、艰苦奋斗的道路。当时中国已建立起了初步完善的现代工业体系和科研体系，有一定的自主创新能力。

该时期，我国从自主创新机制、人才培养、创新文化等内部因素的改造促进自主创新能力的提升。我国自主创新成果主要表现在石油事业、原子武器研制、航天事业及生物科学领域。

3. 改革开放以来我国自主创新系统内部因素与外在环境整合过程

改革开放以来，是我国自主创新系统内部因素与外在环境整合，提升我国自主创新能力的关键时期。

(1)科技、经济体制改革与自主创新能力提升的过程。20世纪80年代以来，中国确立科学技术是第一生产力思想，提出经济建设要依靠科学技术，科学技术要面向经济建设的科学技术工作的总方针。经济对科技发展的导向作用加强了，科学技术发展向社会化、综合化、与生产一体化的趋势发展。集成创新和引进再创新的能力开始凸显。

(2)科技发展战略与自主创新能力提升的过程。20世纪80年代,我国制定了中长期科技发展战略,国家逐步通过法律手段来规范和引导科学技术的发展。在"863"计划的指引下,电子技术、生物技术、运载火箭技术、高能物理、超导研究等跻身世界先进行列。原始创新能力得到明显提升。20世纪90年代,科教兴国战略和可持续发展战略的实施,进一步促进了我国科技创新能力的提升。

(3)知识产权与自主创新能力提升的过程。随着我国自主创新能力的提升,知识产权越来越受到人们的重视。知识产权是科学家智慧的象征,是企业无形资产和实力的象征。为了提升自主创新能力,我国必须加强研究开发,在战略领域和关键环节形成自主知识产权。

(4)世界经济一体化与我国自主创新能力提升的过程。改革开放以来,我国的科技发展经过了引进—消化吸收—创新—再引进的历程。在此过程中,我国机械加工、电子技术、生物技术、新能源技术、材料技术等自主创新能力明显提高。引进再创新随着国际化速度的加快,呈现明显发展的趋势。

总之,明末清初以来,是我国自主创新系统内在要素与外在环境发展与耦合的过程,是全面提升我国自主创新能力的过程。"十一五"时期,是以技术引进为主向以自主创新为主转向的关键时期,必须把原始创新、集成创新和引进消化吸收再创新结合起来,克服重引进、轻消化吸收的现象,走出一条有中国特色的自主创新之路。

由于近现代中国科技发展水平远远落后于西方国家,先进行技术引进再自主创新,是一条可选择的路径。从近现代中国自主创新发展过程来讲,发展重点经过了从技术引进创新、集成创新、原始创新向原始创新、集成创新、技术引进创新转向的过程,这个转向来源于党的十七大对自主创新内涵的界定。这也说明了21世纪中国技术引进创新已达到一定的水平,再以技术引进创新为主已违背21世纪科技发展的规律,另外,引进成本也是非常高的。党的十七大是中国自主创新战略的伟大转向,将引领中国进入一个新的创新时代。自主创新三个方面的转向可以通过图6-2来表示。

三、中国技术创新与自主创新发展演变过程的关系分析

党的十六届五中全会提出必须提高自主创新能力,把增强自主创新能力作为科学技术发展的战略基点和调整产业结构、转变经济增长方式的中心环节。

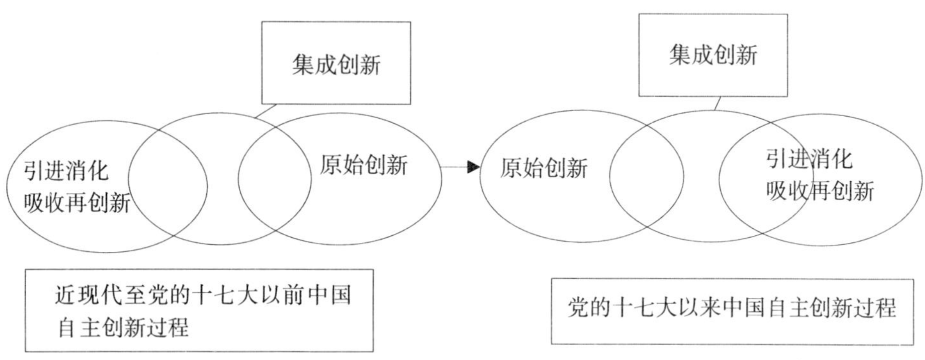

图6-2 近现代以来中国自主创新模式转化的三圈理论分析

由于我国技术发展水平落后,技术引进与自主创新一直是我国科技发展过程中必须解决的重要问题,二者并不是对立的、相互排斥的,而是互补的、相得益彰的关系。

1. 技术引进是我国追赶发达国家科技水平的低级形式

由于四次科技革命都首先发生在发达国家,发展中国家完全靠自主创新在本国实现科技革命不现实,大多数国家在技术引进、消化、吸收的基础上发展本国的科技。

明末清初以来,我国的科技发展水平已落后于西方国家,主要以技术引进为主。1840年到民国初,由于中国人学习引进西方的近代工业技术,技术上滞后于西方十几年到几十年的枪炮厂、造船厂、机器厂建立起来了,机器纺织业、造纸业,所用化学知识的肥皂厂、制革厂、火药厂、有线电视、无线电台等都建立起来了。新中国成立初期,我国以基础工业和重工业工程建设为重点,大规模引进先进技术与装备。其主要标志就是以156项工程为代表,重点集中在购买生产成套设备方面,以形成生产能力为主。但创新效果不理想,多数买来装备却没买来技术,更没有消化吸收再创新。

改革开放后,我国与更多的发达国家(或地区)开展了国际间的技术合作,除了从国际上引进经济建设所需要的技术与装备外,还大量引进了消费品(电视、冰箱、洗衣机等)生产技术和生产线。技术来源也向多元化转变。能够根据自身需求,有选择地引进所需要的技术与装备。引进技术的内容由单一的成套装备引进转向技术与装备相结合。在引进国民经济建设所需要设备的同时,还引进了设计、制造和工艺技术。引进主体由政府逐步转向政府和企业相结合。

但总体上自主创新能力依然薄弱。

2. 自主创新是我国技术引进到一定阶段的必然选择

引进消化吸收再创新是各国尤其是发展中国家必然采取的方式，在当今经济全球化步伐加快的情况下尤为重要。日本和韩国等实施追赶战略的经验表明，在进入高端产品和接近国际市场档次的市场竞争时，必须依靠自主创新来促进产业技术升级，提高国际竞争力。中国作为一个发展中大国，科技自主创新能力薄弱、核心技术缺乏已成不争事实。一些企业未能妥善处理好技术引进与消化吸收创新的关系，对消化吸收引进技术和创新方面的投入严重不足，出现了无休无止的"引进、引进、再引进"，有的甚至陷入"引进—落伍—再引进—更落伍"的恶性循环。因此，从实现可持续发展的角度出发，我们必须加强研究开发，在战略领域和关键环节形成自主知识产权。

我国"十一五"时期提高自主创新能力的客观条件已经具备，主要体现在：一是国外技术储备急于获得新市场，这为我们发挥后发优势，进行必要的技术引进和主动选择创造了条件，使我国的自主创新有可能站在较高的起点上，并支付较低的成本；二是国内人才和科技储备已有相当基础，企业的研发能力有了明显增强，这得益于我国改革开放政策的实施；三是激励创新的体制和机制逐步建立，对产权和知识产权保护的力度加大，国家在税收、折旧、财政和投资等方面支持自主创新的政策体系正在形成。

3. 在引进与创新过程中我国还必须做好以下几方面

"十一五"时期是我国提高自主创新能力，从技术引进为主向自主创新为主转变的关键时期。要提高自主创新能力，必须做好以下四个方面：

（1）转变观念是提高自主创新能力的先导。提高自主创新能力的关键是必须摒弃那些束缚自主创新能力发展的思想观念。对此，要转变只重视资金引进，忽视核心技术掌握的思想；转变只注重眼前利益而忽视长远利益的思想。要在科技人员的思想上根除浮躁心理，树立敢于和国外研发机构竞争的信心，将自主创新的精神扎根于思想深处。

（2）加大投入是提高自主创新能力的基础。要提高自主创新能力就必须加大研发经费的投入。我国在研发经费总量上不断增长，但研发投入占 GDP 的比例远低于发达国家，不能满足自主创新的需要。政府要继续加大研发经费的投入，要鼓励企业成为研发和技术创新的主体。

（3）人才资源是提高自主创新能力的核心。自主创新的实现，最终要落脚于人的创新活动之中。要以自主创新推进我国的可持续发展,就必须认真解决人力资源的开发与使用问题。树立“以人为本”的人才观念,培养一大批具有创新精神和能力的人才,高度重视人才规划工作。努力营造平等开放、宽容失败的创新文化氛围。

(4)完善体制是提高自主创新能力的保障。我国是发展中国家,体制的创新应该为技术进步和自主创新搭建制度平台,成为提高自主创新能力的有力保障。要对国家的相关政策进行整合,即对国家的科技政策、教育政策、投资政策、进出口政策、政府采购政策、区域发展政策等各方面进行协调。要努力营造有利于科技人才发展的环境。

四、目前中国自主创新能力现状分析

当代民生科技发展很重要的一个特征就是看自主创新能力。从国际发展情况看,第二次世界大战后,日本重视技术引进与技术模仿,而忽视基础研究。虽然在20世纪60—80年代取得了经济上的辉煌成绩,但是,随着新技术革命的不断深入,日本的科学技术发展明显感觉后劲不足。影响了它的发展水平。而美国等发达国家在自主创新基础上实现经济、社会的发展,它的发展体现了充足的人力与物力的支撑,引领了高科技时代的发展。中国目前处于从工业化向知识化过渡的时期,提高自主创新能力是科学发展、社会进步的客观需要。

1. 21世纪民生科技的发展越来越体现出基础研究的重要性

现代科学的整体化趋势。现代科学技术一方面高度分化,另一方面又高度综合,而且分化反成为综合的一种表现形式。这种既相互对立又紧密联系的辩证发展,使现代科学日益结合为一个有机联系的整体。在这种情况下,产生了综合研究的必要,同时也推动了边缘科学(如生物化学、天文物理学等)和综合科学(如环境科学、空间科学等)的诞生。科学社会学、技术经济、管理科学、未来学等一系列新兴学科,就是自然科学与社会科学互相渗透、相互作用的产物。20世纪后期,人类社会出现的重大科学技术问题、社会发展问题、经济增长问题和环境问题,都具有高度综合性和全球性。这些问题不仅涉及社会经济增长的目的和方向,必须组织有关自然科学、技术科学和人文社会科学部门进行广泛合作,综合运用多学科的知识和方法去研究解决。当代自然科学与人文社会科学结合,是当今科学发展的重要特点。

科学理论的每一进展和突破都伴随着人类知识的综合,促进科学整体化的发展。早在19世纪,马克思就预见到:自然科学包括人的科学,同样,人的科学也包括自然科学,这将是一门科学。现代科学正在朝着这一方向发展。科学技术与社会之间整体化的发展趋向,客观要求我们要融合人文科学、社会科学和自然科学,重视这些科学的基础研究,实现三者的有机整合。基础性研究将引领民生科技发展的方向与目标。

2. 科技成果增长的速度越来越快

科学技术新成果的高速增长。第二次世界大战后,科学发现和技术发明的数量大约每10年翻一番。仅20世纪50年代以来的30年中,科技新成果就比前二千多年的总和还多。科技新成果从发现、发明到实际应用的周期越来越短,开发速度不断加快。蒸汽机从发明到应用花了80年的时间,而从发现原子核裂变到爆炸原子弹只用了6年;红宝石激光器则不到1年。1945年研制出的计算机,在短短的几十年中,经历了电子管、半导体、集成电路、大规模和超大规模集成电路5代的发展,性能提高了100万倍。目前研制的光学计算机,其信息处理速度又将提高上万倍。新技术及其产品的更新速度越来越快,工程技术人员的知识半衰期越来越短。据统计,大约10年左右,工业新技术就有30%被淘汰。在电子技术领域中,这一比例更大,超过了50%。现代工程师在5年内,就有一半知识已过时,即知识的半衰期为5年。

研究表明,不仅是现代科技成果、科技信息以加速度发展,而且任何一项计量指标(国家科研经费投入、科学家人数、科技论文数量等)的计算,都是按指数规律发展的。从进入20世纪后的60年以来,世界各国用于科研经费的总和,增加了约400倍。到21世纪末,全世界科学家的人数,预计占总人口的20%左右。

3. 中国自主创新系统多元性特征

当前,我国经济发展阶段逐步进入了一个从传统生产要素驱动向创新要素驱动的新阶段,建设创新型国家是现阶段我国经济发展和科技创新的重大战略,国家创新体系建设是关键。对于我国自主创新系统来讲,它的构成要素是多元的。其中,创新文化塑造、企业、大学和科研院所自主创新能力提升、人才培养是创建国家创新体系的内部因素,产业结构升级、政策环境、社会中介体系、国际科技发展水平等是创建国家创新体系的外部因素。这些因素具有某种确定性关系。

(1)中国自主创新系统内部因素多元性特征。

内部因素中创新文化的形成是基础,创新能力的提升是核心,人才是创新的关键和灵魂。创新文化指勇于创新、追求卓越、鼓励冒险、宽容失败、重视创新为代表的开放价值观。近代科学源于文化创新。欧洲发生的文艺复兴运动,打破了神权对人的思想的禁锢,理性、平等和尊重人的尊严与价值等文化环境,成为鼓励认知真理、孕育近代科学的土壤。科技创新不迷信权威,不信奉论资排辈,科学技术史上许多重大科学发现、技术发明多出自青年之手。创新文化宽容失败,认为失败乃成功之母,创新需要百折不挠的求索精神。对于企业、大学、科研院所来讲,创新文化的功能实现还需要与创新主体的合作文化、创业文化、信用文化等实现有效整合。

创新能力是创新主体创新水平的一个重要体现,它的水平通过自主创新成果如技术发明、科学发现、专利、技术改造等来衡量,也可以通过创新主体潜在技术创新资源指标(企业工程技术人员数、企业工业增加值、企业产品销售收入),技术创新活动评价指标(科技活动经费占产品销售收入比重,研究和试验发展(R&D)活动经费投入占产品销售收入比重),技术创新产出能力指标(申请专利数量占全国专利申请量比例、拥有发明专利数量占全国拥有发明专利量比重、新产品销售收入占产品销售收入比重),技术创新环境指标(财政资金在科技活动经费筹集额中的比重、金融机构贷款在科技活动经费筹集额中的比重)等来进行衡量。提升创新能力是我国自主创新体系的核心。

教育能否发挥其培育创新人才、提供智力和人力支持的作用,是创新型国家建设成败的关键。我国应充分发挥高等教育创新源和科研院所智力源的作用,发挥高校人才培养功能,增强高校、科研院所与企业和市场的联系,充分挖掘人才潜力。

这样一来,中国自主创新的内在动力来源于创新文化、创新能力的提升和创新人才的培养。我们可以用三圈理论来分析,见图 6-3。三者相交叉的领域越多,内部动力越强,三者相交叉的领域越少,说明内部因素缺乏系统合力。

(2)中国自主创新系统外部因素多元性特征。

外部因素中产业结构升级及我国国情是拉动我国自主创新系统的外在压力,政策环境为我国自主创新系统提供政策保证,社会中介系统为我国自主创新系统提供联动集成作用,国际科技发展水平是我国自主创新系统演化的指示灯。

建设我国自主创新系统是产业结构升级和我国现代化建设的要求,这将构成拉动我国自主创新系统的外在压力。改革开放 20 多年来,我国社会主义建设取得了举世瞩目的成就。从 1978 年到 2005 年,我国国内生产总值年平均增长

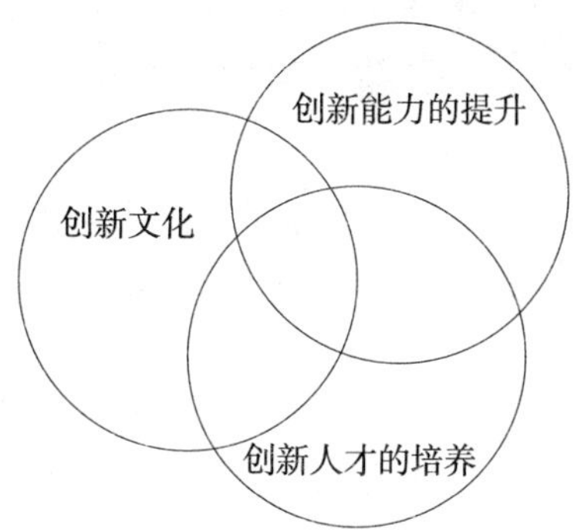

图6-3　自主创新内在动力的三圈理论分析

超过9%。然而,我国的人口、资源、环境等基本国情,决定了我国再也不能单纯通过扩大投资、增加资源消耗和环境代价来保持经济的粗放快速增长。要使经济增长方式从投资拉动型向知识驱动型转变,必须提升产业自主创新能力,加快调整经济结构和产业结构,实现从制造大国向创造强国的转变,必须大力发展高新技术,促进高新技术产业取得新的跨越发展,把握发展主动权,在国际竞争和合作中逐步占据主动地位。

政府在法制规范、政策制定、舆论营造中发挥服务功能,如通过完善知识产权制度,对创新行为进行鼓励和保护;建立以鼓励冒险、分散风险的风险投资制度,为自主创新提供金融支持体系;在创新环境上,政府要为创新人才和创业人才提供良好的生存环境,完善创新活动硬件和软件环境。

社会中介体系为我国自主创新系统提供联动集成作用。我国自主创新系统的中介体系主要由技术市场、人才市场、信息市场、产权交易市场等在内的生产要素中介服务体系及各种学会、社团、各种培训机构等中介组织构成,强化中介组织的联动集成作用,形成有利于创新的市场体系结构,目的是为我国自主创新系统提供集中高效服务。

国际科技发展水平是我国自主创新系统演化的指示灯。目前,第三次科技革命促进发达国家产业结构的不断升级,特别是新能源技术、信息技术、生物技术、环保技术、新材料技术发展迅速。如果能抓住国际上这轮科技创新机遇,对提升国家综合实力极有价值。目前,科技部已确定把发展能源、水资源和环境保护技术放在优先位置,下决心解决制约国民经济发展的重大瓶颈问题;以获取自主知识产权为中心,抢占信息技术战略制高点;大幅度增加对生物技术研究开发和应用的支持力度；以信息技术、新材料技术和先进制造技术为核心，大幅度提高重大装备和产品制造的自主创新能力。

外在环境为自主创新提供外在压力与实现条件，外在环境要素也不是彼此之间没有联系，它们也需要形成合力促进自主创新系统的发展。我们也可以用三圈理论来分析。见图6－4。它们相交叉的领域越多，外在环境形成的合力越大，越有利于自主创新的发展，否则，外在环境无法形成合力促进系统的发展。

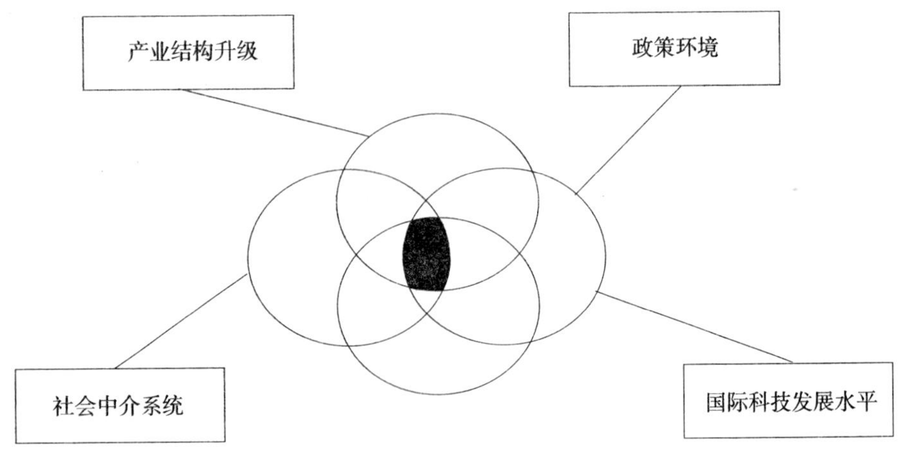

图6－4　自主创新外在环境的三圈理论分析

4. 中国自主创新整体突现特征

“系统整体突现特征是区分系统与非系统的基本特征，是整体具有部分或部分总和没有的性质。”①一个系统要实现整体突现功能，要求系统内部要素与外部要素必须存在有效的整合，实现系统量与质的变化。整合功能的突现要求系统必须解决制约系统功能的“短板”问题。

（1）制约我国自主创新系统整体突现特征因素分析。

我国自主创新系统整体突现特征是反映我国自主创新水平的一个重要标志。建设我国创新型国家系统，企业是创新的主体。从不同类型企业自主创新效率的比较来看，我国国企、民企和外企三类企业在自主创新方面“短板”是不同的。国企自主创新文化薄弱，体制不健全；民企员工素质低、自身研发力量弱；外企的知识外溢低，市场不可能换来核心技术。针对我国企业发展实际情况，我

① 苗东升：《系统科学精要》，中国人民大学出版社1998年版，第67页。

们必须通过发展战略转型来提升不同企业自主创新水平。

(2)我国自主创新系统整体突现特征条件分析。

对于系统来讲,同样元素按不同方式相互作用,激发出来的系统效应是不同的。这就要求对于我国不同类型企业自主创新子系统应区别对待。自主创新有原始创新、集成创新和引进再创新三种模式,不同类型企业在解决"短板"问题,提高自身自主创新水平的同时,注重自主创新模式的选择。对于国企,创新文化的培养和体制创新是关键,自主创新的模式是多元的。从民企来讲,自身力量不足,可以选择委托学校、研究所甚至其他企业,包括国外企业去开发。对于外企来讲,可选择引进再创新的模式。对于各子系统来讲,都需在整合内部因素与外部因素基础上,处理好产、学、研、用的关系,原始创新、集成创新与引进再创新的关系,先进技术引进与消化、吸收、创新的关系。只有这样,才可能实现我国自主创新系统整体突现的功能。

整体突现原理也就是自主创新系统内部因素与外部因素整合的过程。系统本身的优化过程需要处于开放、动态的状态下进行,只有内部与外部要素的有机结合,才能突现系统的整合功能。我们也可以通过一个模型来表示(见图6-5)。

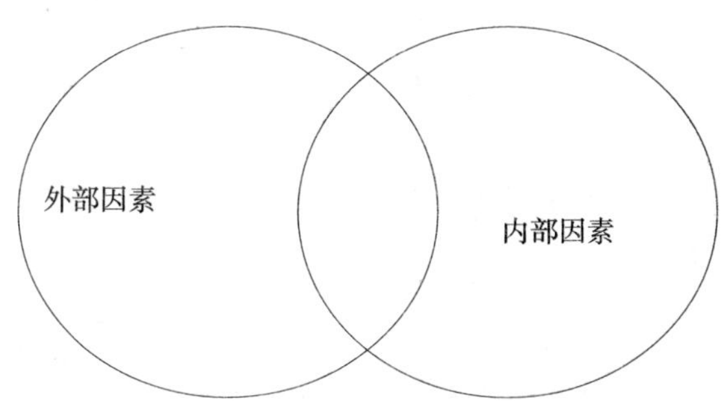

图6-5　自主创新内在因素与外在环境整合的三圈模式分析

5. 中国自主创新等级层次特征

"广义来讲,元素之间一切联系方式的总和,叫做系统的结构。"①元素和结构是构成系统的两个缺一不可的方面。系统结构的显著特征表现在系统的等级层次性。"层次是从元素质到系统整体质的根本质变过程中呈现出来的部分质

① 苗东升:《系统科学精要》,中国人民大学出版社1998年版,第32页。

变序列中的各个阶梯，是一定的部分质变所对应的组织形态。”①

（1）中国自主创新系统具有显著的等级层次特征。

从构成性关系来讲，我国自主创新系统由企业自主创新子系统、科研院所自主创新子系统和高校自主创新子系统构成。对于每个子系统来讲，它的构成具有等级层次特征。具体来说，创新文化的形成需要科普、教育、观念的改变等方面的努力才可能实现。自主创新能力的提升涉及创新思维、创新方法、创新团队精神等。自主创新强调我们要用创新的思维，在依靠自己力量的基础上，尽可能多地创新。同时不排除学习别人，要落实自主创新精神，我们就要有面临挑战和承担风险的勇气，而且要以务实的工作作风来进行艰苦细致的工作。人才构成也是多元的、多层次的。对于每个子系统来讲，不但需要科技研发人才和领导人才，而且需要管理人才和普通技术人才，同类型人才也是有层次特征的。

（2）我国自主创新系统层次性特征与该系统功能关系。

对于一个系统来讲，在要素与环境确定的条件下，系统的结构决定系统的功能。如果一个系统层次混乱，系统因素之间无法实现有效整合，系统功能不可能突现。目前，我国自主创新系统内部层次不明显，构成性关系混乱，最终造成我国自主创新系统功能的弱化。目前，在中国注册的专利，尤其是高新技术的专利，绝大部分是外国的。其中，计算机类外国专利占70%，生物技术类占87%，信息类占92%，半导体占90%，外国专利显然占领了我国绝大部分领域。针对我国具体情况，我国自主创新子系统需要处理好该系统内部构成要素层次关系，技术选择与技术战略的层次关系，科技自主创新与技术开放、引进、学习、模仿、消化、吸收的关系。只有这样，该系统功能才可能突现。

6. 中国自主创新环境互塑特征

“广义地讲，一个系统之外的一切事物或系统的总和，称为该系统的环境。”②环境分析是系统分析不可或缺的一环。系统与环境通过物质、能量、信息实现交流。一个系统只有与环境相互作用，才能生存与发展。对于一个系统来讲，它要实现预期功能，是由它的元素、结构、环境三个方面共同决定的。环境对一个开放系统来讲，存在系统与环境的共塑特征。其中环境对系统的塑造表现在两个方面。一方面，系统从环境中获得资源；另一方面，随着外在环境的变化，

① 苗东升：《系统科学精要》，中国人民大学出版社1998年版，第36页。

② 苗东升：《系统科学精要》，中国人民大学出版社1998年版，第36页。

对系统可能造成一种外在压力，拉动系统发生变化。系统对环境的塑造表现在两个方面。一方面，系统给环境提供功能服务，实现环境对系统的作用；另一方面，系统内部子系统在相互争夺资源的同时，也在破坏环境。为了生存和发展，系统必须有效地开发利用环境、适应环境、改造环境，实现系统与环境的和谐发展。

（1）外在环境对我国自主创新系统的塑造过程。

人类的创新活动，分为认识和实践两个层面。这里所说的自主创新，主要指科学技术领域的创造活动，由于三次技术革命都不是发生在我国，所以我国自主创新系统的构建首先表现在对国际科技发展水平的认识、引进与实践等方面。技术引进是我国自主创新系统建设的前提和基础，对于世界科技发展成果，我们不可能从头开始，引进技术是我国自主创新系统建设前期必然的选择。随着我国在制度层次与观念层次对自主创新认识的加深，我国自主创新政策环境、社会中介体系等外在环境的不断完善，对我国自主创新系统能力提升、系统优化、功能突现起到塑造与推动作用。

（2）我国自主创新系统对外在环境的塑造过程。

随着我国自主创新系统功能的不断突现，该系统对环境也产生了塑造与影响作用。一方面，该系统力求解决传统发展带来的环境与资源问题，在更高层次上实现人与自然的和谐相处，这是对自然环境的重塑过程。同时，我国自主创新系统的不断发展，对我国外在政策环境、中介体系提出更高要求。另一方面，我国自主创新系统对外在环境存在破坏作用。随着该系统的不断发展，外在环境原来结构不断受到破坏，要求在发展中不断重塑。所以，我国自主创新系统与环境之间存在共生与互塑作用。二者在动态中实现优化与发展。

五、中国自主创新发展趋向分析

整合作用不只存在于系统的形成中，而且在系统演化过程都起作用。结合中国目前自主创新能力特征，未来发展的趋向表现在以下几个方面。

1. 中国自主创新发展动因分析

从该系统演化动因看，系统内部因素之间、子系统之间、等级层次之间的相互作用是中国自主创新系统演化的内部动因，系统与外部环境之间的相互作用是我国自主创新系统演化的外部动因。我国自主创新系统演化的水平是由内部动因与外部动因相互作用与整合水平决定的。目前，我国自主创新系统内部因素之间发展不协调，内部因素之间整合水平低，直接影响了该系统内部因素功能的突现，另一方面，系统外部环境之间缺少相互的连接与整合，最终使环境对我国自主创新系统的塑造功能不明显。产业结构水平、政策环境、社会中介体系、国际科技发展水平对我国自主创新系统的作用有待提高。只有实现我国自主创新系统内部动因与外部动因的有效整合，才能实现该系统的良性演化。

2. 中国自主创新发展方向分析

随着各个子系统内部因素与外部因素不断建设与发展，我国自主创新系统从无序无组织到有秩序有组织、从低序低组织向高序组织方向演化。由于我国不是三次科技革命的发源国，我国自主创新系统从无序无组织向有序有组织方向演化。技术引进从明清以来一直是我国科技发展的主要战略。“在明清时期至中国社会主义制度确立，西方传教士、翻译家、留学生等外部因素分别在器物、制度、观念三个层次对西方技术引进。”①国际科技发展水平对于我国自主创新系统的塑造在该系统构建初期起到了关键作用。我国社会主义制度确立以来，我国自主创新系统内部因素逐步培育出来，表现在人才结构、自主创新能力的提升、创新文化的不断塑造。21 世纪以来，我国自主创新系统内部因素与外部因素及二者之间的整合水平不断提高，我国自主创新系统也从低序低组织向高序高组织方向演化。

3. 中国自主创新发展规律分析

我国自主创新系统演化规律表现在该系统从单层次向高层次方向演化，对于每个层次来讲它的演化又是多层次的；对它的研究也从定性分析向定量分析发展。目前对于我国自主创新能力、人才聚集、政策环境构建等力图通过定量指标来衡量；我国加入 WTO 后，我国自主创新系统与环境互塑特征越来越明显。总体上，我国自主创新系统演化是动态的，是复杂性与简约性的统一。

我国自主创新系统的建设是构建企业核心竞争力的重要基础，也是我国综合国力的重要体现。新中国成立后，经过几代人艰苦卓绝的不懈努力，我国经济与科技发展已经取得了举世瞩目的伟大成就，为建设创新型国家奠定了坚实的基础。改革开放以来，随着我国自主创新系统内部因素与外部环境建设的不断完善，系统与环境互塑的不断推进，该系统功能不断呈现出来。相信，只要立足我国自主创新系统的建设与完善，坚持系统要素整合、结构优化与环境互塑，建

---

①　苏玉娟：《自明清以来我国自主创新的系统论分析》，《中共山西省委党校学报》2006 年第 6 期。

设创新型国家的宏伟目标一定能实现。

第三节　当代民生科技发展的成熟水平

民生科技作为联系社会与科学技术的桥梁，它的发展体现了继承与突破的特征。从科技发展史看，由于民众评价系统、科学技术本身的发展水平等都影响民生科技成熟水平的评价。对于同一种技术在不同时代给出不同的评价正是说明了评价系统的重要性，关键是我们所采用的价值系统是否合理。

一、民生科技发展成熟水平的决定因素

民生科技作为解决民生问题的科学技术，它的成熟水平受到很多因素的作用，主要包括科学技术发展水平、科学技术转化的成熟水平、社会需要等。科学技术发展水平直接决定了民生科技解决民生问题的水平，一定时代的民生科技只能解决一定时代的民生问题，民生科技本身的发展水平是第一位的。科学技术转化的成熟水平是决定民生科技解决民生问题的安全性问题。社会需要决定民生科技转化的方向与程度。科学技术转化方向决定了民生科技解决民生问题的方向，如对于原子能技术，我们可以用于解决国家的安全问题，用于战争，也可以用于解决能源问题，科学技术转化方向的选择是受政治因素决定的。这三个因素形成一个三圈决定了民生科技的成熟水平。三者相交叉的领域越多，民生科技解决民生问题的力度越大，民生科技相对的成熟度越高（见图6－6）。

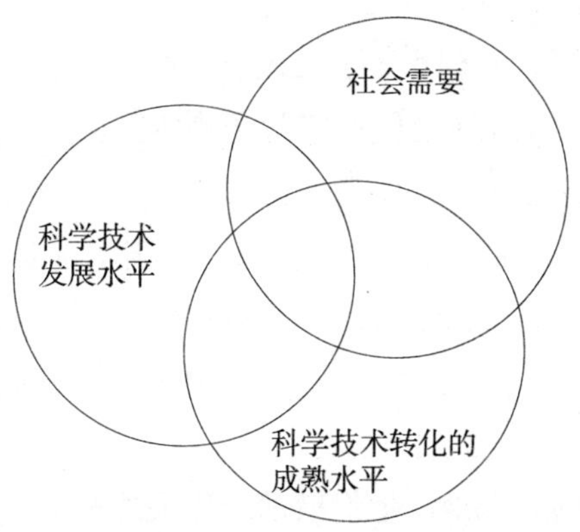

图6－6　民生科技成熟水平的三圈理论分析

对于科学技术发展来讲，如果科学技术发展水平很高，但是它远离社会需要，它可能只是理论上的创新。如牛顿经典力学体系的创立。爱因斯坦的相对论也是这样，最初它的创新来源于对科学理论本身的创新。它转化为现实生产力的水平由人们的认识水平和社会需要决定。而科技成果本身转化的成熟水平成为民生科技解决民生问题的关键。虽然有科学技术，也有社会需要，但由于转化的问题，民生科技解决民生问题也是不可能的。所以，我们应尽量扩大三者相交叉的范围，提高民生科技解决民生问题的力度。

二、科学技术发展水平

不同时代民生科技发展水平决定了民生科技解决民生问题的范围和可能。石器时代，石器技术满足了原始社会民众工具的需要。铁器技术满足了封建社会农业发展的需要，为了提高农业生产率，必须改革生产工具。而铁器正是适应这一需要的发展。蒸汽机技术和电力技术的发展使民众解决动力问题成为可能。信息论、原子能的开发、分子生物学的诞生等为民众解决信息问题、能源问题和健康问题提供了可能。

从国际发展过程看，科学技术发展水平受到多因素的影响，我们可以从世界科学技术中心的转移来说明科学技术发展水平的影响因素。世界科学技术发展中心的转移最初是由日本汤浅光朝发现的，后我国的赵红洲也发现了这一规律。具体来说，近现代科学技术发展的400多年间，世界科学技术发展中心经历了五次转移。

首先，近代科学技术兴起的中心出现在意大利(5世纪到15世纪)——中国的指南针(宋代发明的，在元朝用于全天候的航行)、火药(唐代的孙思邈在他的《丹经》中已有记载)、印刷术(唐代的雕版印刷术)这三大发明在古代中国并没有发挥很大的作用。但这三大发明通过阿拉伯国家传入欧洲，成为资本主义发明的主要工具。马克思曾说过，火药、指南针、印刷术这是预告资产阶级社会到来的三大发明，火药把骑士炸得粉碎，指南针打开了世界市场并建立了殖民地，而印刷术则变成了新教的工具。意大利成为第一个中心是由当时的社会条件决定的，即意大利资本主义发展最早，促进了技术进步，为科学发展提供了条件。意大利也是文艺复兴的发源地。他们借助于我国西传的造纸和印刷术千方百计地加强宣传力量，并以文艺的形式反对封建神权，宣传人文主义。文艺复兴大大解决了民众的思想，造就了大批时代伟人，如伟大的科学家、画家达·芬奇，同时也促进了近代自然科学的形成。意大利具有的商业贸易的优势促进了东西方科学文化的交流。

英国成为近代世界科技的第二个中心(17 世纪初到 1830 年)——蒸汽机革命。当时中国的科技、经济实力都已落后于西方,在乾隆、嘉庆年间,我们看到自己的落后反而视而不见,封闭、自守。英国成为第二个中心也是必然的。第一,当时英国处于世界贸易的枢纽地位,对外贸易和殖民地掠夺为资本主义掠夺积累了资金。第二,1688 年英国资产阶级革命胜利后,资产阶级为促进科技事业的发展,成立了英国皇家学院。第三,生产率的提高要求技术进步。如机器制造业的发展、煤炭工业的产生、运输业的巨大进步等发展的需要。

近代科技的第三个中心是在法国(18 世纪末 19 世纪初进入高峰)——抓住第一次、第二次技术革命机会成为世界科技、经济的中心。法国成为科学技术中心的原因是法国大革命胜利后,拿破仑十分重视科学的发展,开办了一批国家主办的科技、军事院校,为科技事业的发展打下了基础。该时期法国的科技成果远远超过了英国。

近代科技的第四个中心是在德国(19 世纪后期,1875—1895 年的 20 年间,世界科技中心转移到德国,世界的经济中心随之也转移到了德国)——电力革命。德国在资产阶级革命后,主要发展电力技术,发明了电机、内燃机和合成染料等,建立了新兴的电气工业。到 19 世纪末德国已成为一个先进的工业国。

世界科技的第五个中心在美国(20 世纪)——电力革命和信息技术革命。美国作为一个新的资本主义国家,它在发展电力技术的同时,开始发展信息技术。特别是 20 世纪 40 年代以来科学技术取得的重大进步,使美国成为世界科技的中心。原因首先是美国有比较宽松的政治和文化环境。其次,美国尽力培养具有创新能力的人才。再次,美国从世界范围内选择优秀人才,使美国成为比较高的人才梯队。最后,美国重视科技与社会的紧密结合,形成比较好的产、学、研的产业发展链,为此促进了科学技术的发展。

从世界科学技术中心的转移看,民生科技本身的发展需要这样几个要素:发展的需要、科研水平、国家的投入等。特别是大科学时代的到来,很多科学技术的研究投入特别多,已不是某个企业或个人能够完成的,如从资金来讲,无法满足;从科研人员的构成来讲也是无法满足的。这三个要素形成一个三圈模式,任何一个都是不可少的。(见图 6－7)

发展的需要为科研提供了研究的领域与方向。蒸汽机的发明与改造直接来

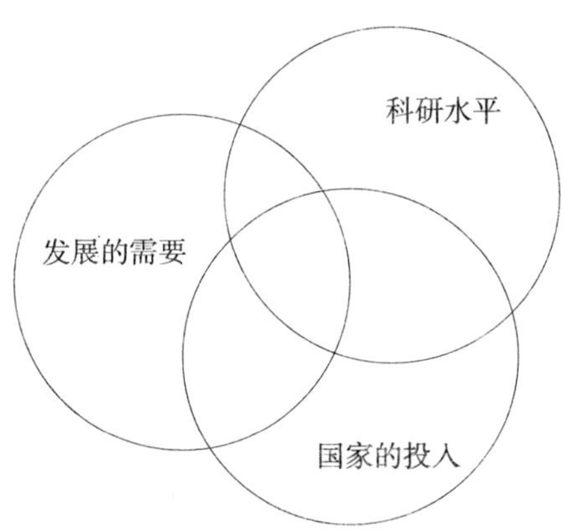

图6－7　民生科技要素的三圈理论分析

源于社会需要,即对解决动力问题的需要。而目前发展安全科技、健康科技、人口科技等,来源于社会需要。科研水平决定了民生科技发展的速度与质量。而科研水平受物质投入、人才投入、国际科技发展水平等的影响。科学发展的一个特点就是无阶级性、无国界性,只有第一,没有第二。所以,科研水平需要通过与国际比较才可能下结论。特别是现在处于一个开放的时代,世界交流与合作成为一个新的科学技术发展的趋向。如人类基因组计划、空间技术的发展、新能源技术的开发等都成为世界科技合作的领域。国家投入又成为民生科技发展的另一个重要因素,这是由时代发展决定的。农业时代,从事科技活动的多是奴隶主、封建主,他们将研究科学技术作为个人的爱好和兴趣。工业时代,从事科技活动的多是技术专家、科研人员。出现了专门从事科研活动的群体。信息时代,从事科技活动的人员除了科学家、技术专家,还包括企业科研人员、科研单位的专业人员、高校科研人员及业余爱好者。当时民生科技的发展越来越复姓,需要投入也越来越多,很多都是通过国家战略的形式出现,多是由国家投入、企业投入、社会融资等来完成。

为了促进民生科技的发展,就应扩大三者相交叉的范围,加强科技与社会的联系与整合,提高民生科技的科研水平。

三、社会需要

社会需要为民生科技的发展提供了研究的领域与方向,成为课题确定的依据之一。科技与社会需要的关系经过了社会需要到科技发展,主要表现了农业时代到第一次、第二次科技革命时期,科技发展到社会需要主要是第三次科技革命,科学技术走在了生产的前面。党的十七大以来,对科技发展提出了新的要求,社会需要为民生科技发展提出了新的要求,形成社会需要到科技发展的模式。总体上,社会需要与科技发展处于相互作用之中,谁也离不开谁。没有社会需要的科学技术是空洞的科学与技术,没有科学技术的社会需要其解决起来则是缓慢的。二者必须有机结合,才能更好地发展民生科技,以解决民生问题。

具体来说,社会需要包括精神领域、生产领域、生活领域等方面的需要。由于价值观选择的不同,同一技术会得到不同的评价。如对于不可再生的资源来讲,在传统的以经济发展为中心的价值观下,对煤炭、石油的开采是非常好的,它解决了生产和生活中的动力问题和资源问题,大大促进了生产力的发展。我们可以想象,如果没有像煤、石油这些工业的"血液"能有今天的工业体系吗?但是,我们如果以古代的"天人合一"自然观和我们当今的科学发展观来衡量,对煤、石油等不可再生资源的使用会引起资源问题、环境问题和生态问题,我们应尽量少用或不用,一方面为了我们自己,另一个方面也是为了我们子孙后代。所以,价值观选择的不同直接决定了科学与技术的发展方向。在科学发展观指导下,我们当然应尽可能地开发新能源,发展低碳经济。

生产领域对民生科技的发展提出了改进的方向。如对于很多机器来讲,由于本身的不经济性、高能耗性、不安全性、不科学性设计,给生产带来经济上的、安全上的问题,这需要通过技术创新或技术进步或技术革命来完成。如目前我们要发展节能经济,原来高能耗的技术与机器需要被淘汰,一些建筑节能、用水节能、用电节能等新技术需要大大面积推广。

生活领域对民生科技的需要表现在多个方面,涉及衣、食、住、行及生存环境的改善等方面。随着民生科技的发展,民众需要生态型的衣、食、住、行及良好的生存环境。如民众对绿地面积、人均住房面积、人均用水量等的需要,我们也是要借助于民生科技的发展来解决。

所以,为了更好地促进民生科技的发展,社会需要必须提供明确的科技需求,实现二者之间的整合。

四、科学技术转化的成熟水平

民生科技的转化受到科学技术理论、转化方向、社会应用水平等的影响。它本身也能构成一个系统。

1. 科学技术理论的客观性与合理性是民生科技转化成功与否的基础

如果科学和技术理论本身是错误的,那它的转化肯定是失败的。如前些年的关于水变油的技术,还有很多失败的科学革命和技术革命,失败就是主观与客观相分离、相背离。失败的科学革命固然令人扼腕叹息,然而,失败是认识发展总链条上的一个不可避免的环节。如伊曼纽尔·维利科夫斯基的辐射宇宙物理学。维利科夫斯基试图用一组有关太阳系是如何进入其目前状态的激进观点,使物理学发生一场革命,最终没有被科学共同体所接受。罗伯特·贾斯特罗不无遗憾地说:“不幸的是,证据并不支持这种可能性。”①这无疑显示了辐射宇宙物理学不可能无中生有地创造出来。导致这场失败的革命不排除历史条件的限制。聚合水是由一位在省级科技研究所工作的俄国化学家发现的,最初称“异常水”。这项研究工作立即被鲍里斯·V. 杰里亚京接过去继续研究。不久之后,英国和美国开始了大规模的研究,同时还召开了许多讨论会,并得到了国防部数百万美元的支持。英国著名的结晶学家 J. D. 贝尔纳曾欢呼说聚合水是“本世纪最重要的物理化学发现”②。这一研究项目的主管人在写给美国空军科学研究机构的报告中说:“这种类型的工作将会导致全部化学的一场革命。”③后来的实验证明:聚合水的那些属性纯系不同类型和不同层次的拼凑的产物,《自然》杂志上有一段令人伤感的评论:“有好几位实验者全力以赴地进行以寻求这样一种可能性,即那样的拼凑也许可以用来说明他们的大部分观察,但是实验失败了,而且是没什么可值得夸耀的失败。”④由于实验的严格检验最终要求人们放弃对这种聚合水的确信,所以直到最后也没有发生什么聚合水革命。所以,科学理论的客观性与合理性是民生科技转化的前提和条件。

2. 当代高技术发展成熟水平的限制性因素——以信息技术的发展为例

生产率是衡量社会经济革命的标尺。在农业时代,犁大大提高农业的生产率,触发了农业革命。蒸汽机和后来的电力由于大大提高制造业和交通运输业的生产率而触发了工业革命。现在信息革命的到来,计算机将必须就信息和信息劳动重演这个模式。通信技术、人—机界面、媒体和信息基础结构被用在信息市场上解放人的脑力劳动,使生产率提高。但信息技术解决民生问题的成熟度

① [美]科恩:《科学中的革命》,商务印书馆 1999 年版,第 42 页。
② [美]科恩:《科学中的革命》,商务印书馆 1999 年版,第 43 页。
③ [美]科恩:《科学中的革命》,商务印书馆 1999 年版,第 43 页。
④ [美]科恩:《科学中的革命》,商务印书馆 1999 年版,第 44 页。

受到人为因素、科学技术本身发展因素的局限。

(1)人类人为因素造成的技术过失。

加性的过失。主要是指我们在使用电脑时做着不使用电脑惯常做的一切工作,并且又做着使电脑保持良好状态或使人显得时髦所需要的附加工作,我们称这种失误为加性的过失。试想一下,如果工业革命时代制造最早的蒸汽机和内燃机的公司把这些机器造得只有当人站在它们之间,继续用铲子和马拉犁劳动时它们才能一起工作,那会是一幅什么样的情景?我们今天却正在这样做——花费大量人类的脑力去使我们的电脑一起工作。如我们到银行取款,一方面我们还必须填取款单,另一方面银行工作人员又在利用网络在提高劳动生产率,前面的工作是不必要的。这种情况的产生,它不是技术引起的,而是我们对技术应用不当造成的。

功能过载过失。主要是指生产者对产品功能的过度包装而产生的功能过失。软件销售商为满足消费者的需要,给程序塞进好多不必要的附加程序以体现产品的附加功能,购买者为信息技术产品的诸多功能所吸引,但事实上只用一些基本功能,很多附加功能都是多余的。这又是我们而不是技术的缺陷所造成的信息技术过失。

机器负责过失。这主要是指由于人类思维惯性的存在,使一些过时、淘汰的技术仍在使用。自动电话机的应用:“如果你要营销部,请按1。如果你要工程部……”应归咎于人类不加反对地任凭这种做法延续下来的错误。程序设计师也必须负一定责任,因为这种过失的存在尽管提高了程序设计师的生产率,但给使用者带来诸多不便。取消这些软件拐杖,把控制权给予使用者,机器就能更好地为人类带来方便而不是相反。

(2)技术本身存在的缺陷。

棘轮过失。主要指计算机有如棘轮轮胎起重器:每当再次进行新的软件修改,汽车就上升一点,但除非发生突然事件,如全盘重新设计,否则它决不会下跌。这主要是技术问题,而不是人的实践问题。如果我们有一种软件技术,能恰当地引导我们更新系统,以便适应变化着的需求,同时又保持其效率不变,那么我们就不会陷入这种困境。这就如同计算机系统的逐步升级,以适应变化的需要,而不是重新开始设计。

过度学习过失。它主要指期望人们将学习和保留的知识远远超过他们运用这些知识而得到的好处。如果计算机应用起来容易得多,也更自然,我们就不需要为了驾驭电脑而学习许多稀奇古怪的计算机命令。这是由技术本身造成的过失,技术发展的最终目的是将人类从体力劳动和脑力劳动中解放出来,如果计算机应用需要人类负担很重的脑力工作,那么它的革命将不是理想的。

过度复杂性过失。目前存在把全世界电脑划分为"服务器"和"客户机"的倾向,给使用者带来很大不便,设想一下,你向某人提出问题,但听到他说,他只是一个客户,不能向你提供信息,这种情况称为过度复杂性过失。这种过失完全是技术造成的。技术改造应当使计算机的命令和选项适应使用者的需要,而不是使用者屈从它们。也就是要消除机器之间的这种区别,使所有的计算机同等地给出和接受信息,满足使用者的需要。

(3)信息技术过失产生的原因分析。

信息技术也像其他技术一样,在实际的应用中存在很多不足,所有这些过失并非全是设计和应用不当的结果。从总体上看,它产生的原因主要表现在以下几方面。首先,信息技术过失是由信息技术本身的原因所造成的。一方面,由于科学理论的发展和技术应用过程本身存在不足,可引起信息技术过失;另一方面,信息技术创新的水平与社会的需要存在矛盾。如虚假智能、过度复杂的信息技术等并不能满足人们的需要,甚至妨碍了信息技术其他功能的发挥。其次,社会需求的不断提升使原来适应的技术随着社会的发展也会成为过失的技术。如自动电话机在开始使用时,它节约了企业内部电话费用,同时又联通了企业与外部的联系。但随着社会信息化建设的不断推进,接线员式的机器指令已满足不了社会的需要。最后,人类思维惯性的存在使一些过时、淘汰的信息技术仍然存在。很多技术过失都是由于人类对技术的放纵造成的。人的思维惯性表现在两个方面,一是可以明确说明的惯例,它在形式上表现为技术成为人类行动的指南,对技术百般依从,如操作机器的繁杂的步骤;其二具有默会性的惯例,这是一种发挥作用的机制还没有得到清晰说明的惯例。人们常常习惯于将旧的方法用于新的问题,但并不是清楚在预期的结果出现之前就已存在新方法。正是由于人类思维惯性滋长了信息技术过失的存在。信息技术过失是技术、社会需求、人类思维惯性三个方面原因造成的。只有正确解决好这三个方面的问题,才能使信息技术的作用充分发挥出来。

3. 民生科技转化程度的制约因素

第一,民生科技转化的方向影响民生科技转化的范围与效率。原子能用于战争给日本民众带来了很大的灾难,并没有促进社会生产力的发展,而是带来生产力的巨大破坏。因此,民生科技转化的方向直接决定了它在社会领域中的作用。第二次世界大战后,很多科学技术从军用科技向民用科技的转化,大大促进了社会生产力的发展。但是,在一定的历史时期,维护国家安全的安全科技的发展是非常必要,这是由社会需要来决定的。像第二次世界大战中使用的信息技术后都向社会领域进行转化。特别是对于高科技时代来讲,一项技术具有多项功能,关键看转化的方向了。如信息技术、新能源技术等。

第二,民生科技的社会应用水平直接决定了民生科技转化的强度。民生科技的转化最后的落脚点在于民生科技在社会领域中的广泛应用。如在生产中、生活中和外在环境中的推广应用。推广应用水平受到社会认知水平、产业结构、成本等方面的因素制约着。

第三,社会认知水平决定了民生科技转化的范围和程度。对于一项发明和专利来讲,它需要社会有一定的认知能力,否则这项发明或专利不可能转化为现实生产力。如核能在 20 世纪 50、60 年代得到大量的推广应用,美国、苏联等国家首先建立了自己的核电站。但是由于 1979 年、1986 年的核事故的发生,大大削减了核能的开发与应用。直到 20 世纪 90 年代,核能的开发与利用又达到一个新的高峰。

第四,产业结构的模式也是制约民生科技转化的重要因素。作为工业化国家也讲,发展高技术产业需要经过一个过程,首先需要进行产业结构的不断调整。其次可以通过高技术带动传统产业的发展,促进高技术的转化。对于山西来讲,主要以发展能源产业、化工产业和制造业、电力产业为主,高技术产业发展比较缓慢。这也是由一个地区或国家的产业优势、经济实力等决定的。

第五,成本是制约民生科技转化的另一个重要因素。这里的成本包括经济成本和社会成本。在以经济中心论的价值取向下,经济成本是首先需要考虑的因素。由于科技成果转化的需要淘汰旧机器,改变生产线等,需要核算成本。科技进步生产的产品是否具有价格优势和质量优势,也是很重要的因素。如中国是世界上最大的节能灯的生产国,但是,我们生产的大多数节能灯都出口到国外,自己消费的很少,原因就是价格太高。它的质量优势被它的价格劣势所战胜。另一方面,随着社会的发展,特别是科学发展观指导下,社会成本成为另一个需要考虑的重要因素。一个科技产品可能不是很经济,但是有助于解决中国目前面临的食品安全问题、健康问题和环境问题,我们必须进行转化。如要求企业必须具有一定的环保水平,企业需要进行投资的,这是必需的,这是由社会的发展决定的,为了降低社会发展的成本。

总之,民生科技解决民生问题的科学维度是由科技发展的理论创新、自主创新、科技成果的成熟水平等方面的因素决定的。为了促进民生科技更好地服务于社会发展,我们应更加这些领域的发展与整合,提高民生科技本身的发展水平。中国作为一个转型国家,在科学发展观指导下,中国民生科技发展的广度与深度需要进一步地延伸,以便更好地解决中国目前所面临的民生问题。

第七章　民生科技解决民生问题的社会维度分析

民生科技解决民生问题需要一定的社会条件作为支撑。主要社会条件包括当代民生问题、思维创新、制度创新、民众基础和社会变革水平等。

第一节　当代民生问题

中国处于从工业社会向知识社会的转型期，民生问题来源于多方面，如经济发展的需要、社会发展的需要、政治发展的需要、文化发展的需要等。

一、解决经济发展的民生问题

新中国成立以来，中国面临的首要民生问题就是解决经济问题。从系统论看，已经实现了经济要素的多元化、经济结构的多层次化、经济发展速度的高增长化、经济功能的多用途化等。但也存在一些问题，我们需要进一步的解决。

1. 经济发展取得的成效

新中国成立以来，中国经济发展要素实现了多元化。从依靠物质因素向依靠劳动者、科技等因素方面的转型，呈现出资本因素、知本因素、科技因素等方面。另一方面，三者的重要性也发生了很大的变化。科技与知本的含量越来越高，特别是对于高技术产业来讲，科技创新成本和人才成本所占比例是很高的。

经过60年的发展，中国经济结构呈现出多层次化的趋向。从产业结构的演变看，农业经济得到巩固，工业体系基本形成，高技术产业得到迅速发展。第一，是第一产业的发展。1978—2000年，农业发展迅速，农产品供给实现了由长期短缺向总量基本平衡、丰年有余的历史性转变。同时，第一产业增加值比重由28.1%下降为15.9%，第一产业内部结构发生积极变化，农业比重下降，林业、牧业、渔业比重上升。在人口总量增加3亿的情况下，农业劳动者比重由70.5%下降为50%。第二产业增加值比重由48%上升到50.9%，第三产业增加值比重由23.7%上升为33.2%，长期制约我国经济发展的原材料、能源和交通运输等“瓶颈”得到基本缓解，现代服务业正在兴起。第二，已经建成比较完整的工业体系，制造业能力比较强大，有一定科技水平，能够为国民经济提供相当部分的技术装备；交通、运输、通信设施日益发达，为经济增长创造了有利的基础设施条件。工业增长迅速，结构调整和科技进步的贡献日益明显，高新技术产业成为拉动工业乃至整个经济增长的重要力量，工业生产对需求变化的适应性逐步增强。第三，高新技术产业成为拉动工业乃至整个经济增长的重要力量，工业生产对需求变化的适应性逐步增强。高新技术产品出口从无到有，生产力布局发生重大重组。

改革开放以来，中国经济增长速度很快。从我国GDP增长趋势看，经济发展周期有逐渐加长的趋势，特别是改革开放以来，从1978年形成的第一个高峰点11.7%到1984年形成的第二个高峰点15.2%，峰值周期为7年；从1984年的第二个高峰点到1992年形成的第三个高峰点14.2%，峰值周期为9年；从1992年的高峰点到2007年形成的第四个高峰点11.4%，峰值周期为16年（预计2008年出现拐点）。从经济质量看，我国经济整体素质的提高，国内市场经济的形成，社会主义市场化率达到69%，这是我国经济高增长的主因。中国经济的高速增长得到世界的公认。

中国经济的发展也解决了一系列问题，如温饱问题、贫困问题、生存问题等。中国世贸组织研究会理事陈泰锋2007年10月23日在接受《环球时报》记者采访时表示，随着经济的发展，中国应当承担更多国际义务和责任是国际社会对中国的心态。中国在减贫方面是很有成效的。成功解决13亿人口的温饱问题本身就是对国际社会的一个巨大贡献。中国是一个农业人口占多数的国家。长期以来形成的城乡二元结构，造成贫困人口绝大多数分布在农村，扶贫开发的主要对象是农民。经过20多年的努力，中国农村极端贫困人口已从1978年的2.5亿减少到2003年年底的2900万，贫困发生率从30.7%下降到3.1%，农村贫困人口的温饱问题已经基本解决。2001年《中国农村扶贫开发纲要》实施后，鉴于初步解决温饱的贫困人口标准低、温饱状况不稳定，政府有关部门经过测算提出了865元的扶持标准（2003年为882元），在中国被称为低收入贫困人口。这个标准，按照购买力平价测算，与国际社会通行的每人每天消费1美元的贫困标准比较接近。按照这一扶持标准,目前中国农村有8517万贫困人口,占农村总人口的9.1%,其中收入637—882元的低收入人口总数为5617万。

2. 中国经济发展面临的一些问题

吴敬琏说,中国经济在改革开放30年中获得了巨大的发展,现在已经步入人均GDP 2000—3000美元这一新的发展阶段。他指出,中国过去经济增长,是由要素投入和出口需求驱动的。这种增长方式曾经有效地支持了中国经济的高速增长。但是,问题近年来逐步显现。从要素投入驱动这个角度看,出现了以下三大挑战:由于大量土地和自然资源的投入,造成资源短缺和环境破坏;由于资本要素的超常投入,引致投资和消费的失衡;劳动力开始出现短缺。

从产业结构来看,农业经济发展速度比较慢,"三农"问题比较突出。高技术产业也是处于正在发展期。现代中国的主导产业是第二产业而不是第三产业,中国的产业结构还处于低级阶段向高级阶段演变的过程中;中国重工业的效益优于轻工业,第二产业的效益远高于第一产业;中国绝大部分省市第三产业劳动生产率是呈上升趋势的,但各地间的劳动生产率存在显著差异;未来中国产业的发展要受资源环境的严重约束,中国产业需要走节约型发展的道路。

中国经济发展带来的资源问题、环境问题和生态问题。资源问题包括水资源、能源等问题。中国的水资源问题日益严峻,一是水资源的污染,二是水资源的短缺,已经开始日益严重地影响着中国经济的发展。这与工业污水的排放紧密相关。资源利用效率明显偏低,经济增长方式粗放。从工业能源效应来看,八个主要耗能工业,单位能耗平均比世界先进水平高了40%以上,而这个八个主要工业部门占工业GDP能效的73%;我们的粮食作物平均灌溉水分生产率,一立方米水产多少粮食,仅是发达国家的一半。我们矿产资源的总回收率大概是30%,比国外先进水平低了20个百分点。单位建筑面积采暖能耗相当于那些气候条件相近的发达国家的2—3倍。

环境问题比较突出。环境污染严重,并没有摆脱先污染后治理的老路。比较严重的环境污染造成了高昂的经济成本和环境成本,并对公众健康产生明显的损害,大气污染造成的经济损失占GDP的3%—7%。目前已经存在着环境"透支"。以二氧化硫为例,如果中国的城市空气质量都能够达到国家二级空气质量标准,二氧化硫空气质量应该在1200万吨左右,我们近年已经超过了2000万吨。

生态问题表现在森林面积的减少,水土流失,土地沙漠化,草原危机,珍稀动植物濒临绝种，垃圾处理、水质污染、缺水问题严重，等等。目前，我国水土流失面积达179万平方公里，每年流失土壤总量达50亿吨。不少地方因水土流失而使土地严重退化，并造成水库、湖泊、河道淤塞。黄河下游河床平均每年抬高10厘米。荒漠化总面积达国土面积的8%，每年因荒漠化危害造成的经济损失约20亿—30亿美元，间接损失为60亿—90亿美元。

二、解决社会发展的民生问题

我国改革开放以来，经济社会发展取得了巨大成就，但仍然存在种种不平衡因素、不协调现象。例如，就业压力沉重；城乡、区域、行业之间发展不平衡，收入差距拉大；社会保障体系不完善，农民的社会保障尤为脆弱；很多地方教育水平不高，医疗卫生体制落后，上学难、上学贵和看病难、看病贵等问题依然存在等。如果我们只顾经济增长而忽视社会发展，不仅会加重经济社会发展不平衡的矛盾，而且经济发展最终也将难以为继。

经济与社会发展的不平衡性，特别是社会发展的滞后，成为制约经济发展的短板。胡锦涛总书记在党的第十七次全国代表大会报告中提出：加快推进以改善民生为重点的社会建设，“必须在经济发展的基础上，更加注重社会建设，着力保障和改善民生，推进社会体制改革，扩大公共服务，完善社会管理，促进社会公平正义，努力使全体人民学有所教、劳有所得、病有所医、老有所养、住有所居，推动建设和谐社会”。

三、解决政治建设的民生问题

党的十六大明确提出了“建设社会主义政治文明”的命题，这是一个重要的理论创新，也是党的十六大报告的理论亮点之一。江泽民同志在党的十六大报告中指出：发展社会主义民主政治，建设社会主义政治文明，是全面建设小康社会的重要目标。这一论断，具有重大的现实意义和深远的历史意义。党的十七大报告继续要进行政治文明建设。马克思在《政治经济学批判》序言中曾对人类的文明体系作过经典的论述：“从物质基础、上层建筑（政治与法律）和社会意识三层面提出了分析框架，指出人类生活包括物质的、政治的和精神的等方面。”①

① 《马克思恩格斯全集》第42卷，人民出版社1979年版，第238页。

胡锦涛总书记在党的十七大报告中指出:人民民主是社会主义的生命。发展社会主义民主政治是我们党始终不渝的奋斗目标。人民当家作主是社会主义民主政治的本质和核心。党的十七大报告进一步深化了对人民民主的认识,把人民当家作主界定为社会主义民主政治的本质和核心。相较此前的"积极稳妥地推进"政治体制改革的提法,党的十七大报告提出,要"深化政治体制改革"。民主制度属于国家的上层建筑,民主政治产生于社会发展的现实需要。从根本上讲,民主政治不是社会观念的产物而是源于社会发展的现实需要。

而目前中国民主化与政治化建设还需要民生科技作为支撑。如信息技术的推广与应用有助于民主化建设。

四、解决文化发展的民生问题

新中国成立以来,我们多是抓经济建设,忽视文化建设。"文化事业发展欠账大,基础设施陈旧落后、功能发挥不充分,与经济发展的要求不相适应。"公共文化产品就是能为广大社会公众接触或享用的具有物质或精神享受的产品或设施,如图书馆、博物馆等。公共文化服务就是基于社会效益,不以营利为目的,为社会提供非竞争性、非排他性的公共文化产品的资源配置活动。公共文化服务是一种具有很强的积极外部效应的公共服务,是一种公益性的服务。而目前公共文化服务投入比较少,公共文化服务发展模式比较单一,文化传播渠道利用率低。民众对文化产业、文化服务理解有些偏差。整体上文化事业发展速度比较慢,这也成为制约科学发展的一块短板。

第二节　思维创新、制度创新和社会实践创新水平

进入21世纪,创新已经成为我们时代的一个主旋律,几乎到了"天下谁人不创新"的地步。一般来说,创新过程可分为三个阶段:一是问题提出阶段;二是构思解决问题阶段;三是实施阶段。在这三个阶段中最重要最困难的就是头脑中的构想,即创新思维阶段。没有思维上的变革就不会产生行为上的变化。三者形成一个三圈模式成为制约民生科技解决民生问题的社会领域的重要因素。

一、思维创新、制度创新和社会实践创新水平之间的关系问题

思维最初属于哲学研究的范畴,后来又成为逻辑学、心理学、美学等多门学

科研究的对象。哲学认为思维是反映客观现实的能动过程。逻辑学认为思维是抽象思维所形成的概念、判断和推理,强调逻辑思维。美学认为思维是形象思维或艺术思维。总之,思维形式主要表现为两种,一种是理性的、抽象的、逻辑的思维;另一种是非理性的、形象的、非逻辑的思维。思维创新主要来源于非理性的、形象的、非逻辑的思维模式。

思维创新是思想层次上进行的创新,如果思维创新不能够得到落实就只能是空想而已。思维创新需要制度创新、实践创新来落实。制度创新使思维创新制度化,为进一步转化提供了制度保证和依据。实践创新成为落实思维创新和制度创新的保证。如果没有实践创新,再好的点子和制度都会落空。

一位得道仙人练成了点化术,仙人遇到一个乞丐,生出许多怜悯之心,便用食指点出了食物、衣服和其他生活用品,仙人关切地问:你还需要什么?乞丐说:我还要你的食指。思维创新的过程:问题——思维创新(非逻辑思维和逻辑思维)——实践。

三者形成一个三圈模式,三者相交叉的领域越多,创新的实效性越大。我们应力图扩大三者相交叉的范围(见图7-1)。

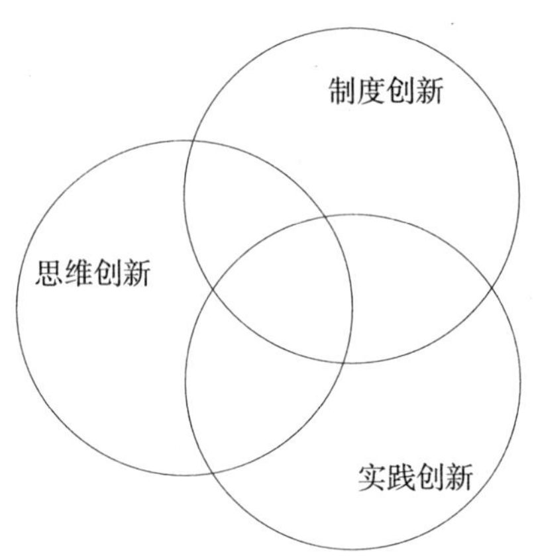

图7-1　创新系统的三圈理论分析

二、思维创新

思维创新,指创造一个新的思想、观点、知识等。思维创新的内在要素:知识水平、非逻辑思维能力、逻辑思维能力。知识水平越高,可供调动的知识越多,运用起来就可能越灵活,产生新思想的可能性就越大。非逻辑思维就是指所有在没有充足理由的基础上得出结论的思维活动,包括直觉、灵感、顿悟、猜想、假设、幻想等形式。思维创新的外在要素:社会环境、家庭环境。我国春秋战国时期,出现了老子、庄子、孔子、孟子、荀子、墨子、韩非子等伟人与当时的社会环境有很大的关系。

由于思维创新的过程经过从非逻辑思维到逻辑思维,因此,创新思维训练包括非逻辑思维训练和逻辑思维训练两方面的内容,前者是创新思维产生的源泉,是由不充足的理由作为前提得出结论的思维活动,后者是创新思维落实的基础,是有充足的理由作为前提得出的结论的思维活动,二者缺一不可。俗话说:刀越磨越快,脑越用越灵。战国时代的《韩非子》提到智力不用则君穷乎臣。所以,为了提高思维创新能力,我们必须加强训练。

改革开放以来,民生科技解决民生问题经过了思维创新的过程。我们可以从以下几个方面来理解。

第一,"重点发展,迎头赶上"、"自力更生,迎头赶上"、"全面安排,突出重点"等指导思想的提出。第二次世界大战后,是军用科技民用化的重要时期。新中国成立后,中国也经历了军用科技民用化,我们可以从当时的科技规划中看到。新中国共编制了七次科技发展规划,其中《1956—1967 年科学技术发展远景规划》(简称《十二年科技规划》)和《1986—2000 年科技发展规划》的制定动员人力最多,其实施产生的影响最为深远。《十二年科技规划》是新中国成立以来的第一个科技规划。确定了"重点发展,迎头赶上"的指导方针。规划在内容上,从 13 个方面提出了 57 项重大科学技术任务、616 个中心问题,从中进一步综合提出了 12 个重点任务,还对全国科研工作的体制(主要是科学院、产业部门和高等院校三个方面之间的分工合作与协调原则)、现有人才的使用方针、培养干部的大体计划和分配比例、科学研究机构设置的原则等作了一般性的规定,是一个项目、人才、基地、体制统筹安排的规划。特别是改革开放以来,军用科技民用化的步子加大了。这也是在和平时代,世界范围内进行了军用科技民用化的大调整。

《1956—1967 年科学技术发展远景规划纲要》确定了"自力更生,迎头赶上"的方针,提出了"科学技术现代化是实现农业、工业、国防和科学技术现代化的关键"的观点。规划包括六个部分:纲要,重点项目规划,事业发展规划,农业、工业、资源调查、医药卫生等方面的专业规划,技术科学规划,基础科学规划,共 77 卷。重点研究试验项目 374 项,3205 个中心问题,15000 个研究课题。为实现十年规划的目标和任务,还制定了 12 条具体措施,以及实施十年规划的管理办法。十年规划执行的头3年进展顺利,取得了一批重要成果,特别是为"两弹一星"的成功作出了重大贡献。

《1963—1972年科学技术发展规划》(简称《八年规划纲要》)提出了"全面安排,突出重点"的方针。《八年规划纲要》包括前言、奋斗目标、重点科学技术研究项目、科学研究队伍和机构、具体措施、关于规划的执行和检查等几个部分,确定了8个重点发展领域和108个重点研究项目。

这些规划思维的创新成为指导该时期中国民生科技发展的依据和基础。在这些思维创新的指导下,中国民生科技发展取得了一系列成果,主要包括两弹一星、信息技术等成果。

第二,科学技术是第一生产力的提法。1978年的全国科学大会提出"科学技术是生产力"之后,科学技术的作用逐渐被人们认识。为了进一步推进这一思想,1988年邓小平在一次与外宾的谈话中又提出科学技术是第一生产力;1992年邓小平在南方谈话中再次强调"科学技术是第一生产力"。至此,"科学技术是第一生产力"被认定为中国现代科技与社会协同发展的指导思想,为科技与经济的紧密结合提供了依据。

第三,经济发展要转向依靠科技和劳动者素质的提高上来。江泽民总书记在党的十五大报告中指出:要充分估量未来科学技术特别是高科技发展对综合国力、社会经济结构和人民生活的巨大影响,把加速科技进步放在经济社会发展的关键地位,使经济建设真正转到依靠科技进步和提高劳动者素质的轨道上来。中国是发展中国家,从经济发展的现实看,经济发展主要是外延型、粗放式的,在经济增长中科技的含量很少,产业结构层次较低,生产技术落后,劳动者素质不高,企业在国际竞争中缺乏竞争力。要实现超越战略必须不断挖掘永不枯竭的智力资源,也就是说要加强高素质人才的培养,依靠科技来发展经济。该思想成为实现生产要素变革的重要指导思想。

第四,解决民生问题,提高自主创新能力。江泽民1992年10月在中国科学院第十次院士大会和中国工程院第五次院士大会上说:创新是一个民族的灵魂,是一个国家兴旺发达的不竭动力。科学的本质就是创新,要不断有所发现,有所发明。有没有创新能力,能不能进行创新,是当今世界范围内经济和科技竞争的决定性因素。历史上的科学发现和技术突破,无一不是创新的结果。2005年10月,胡锦涛同志在党的十六届五中全会上,明确提出了建设创新型国家的重大战略思想;2006年1月,他又在全国科学技术大会上指出,要坚持走中国特色自主创新道路,用15年左右的时间把我国建设成为创新型国家。2006年1月9日召开的全国科学技术大会是中央、国务院继1956年知识分子会议、1978年全国科学大会、1995年全国科技大会之后召开的第四次全国科技大会,也是新世纪召开的第一次全国科技大会。这次大会是全面贯彻落实科学发展观,部署实施《国家中长期科学和技术发展规划纲要(2006—2020)》,加强自主创新、建设创新型国家的动员大会,必将成为我国科技发展史上的又一个里程碑。自主创新逐步成为中国现阶段科技发展的主要指导思想。

创新型国家有四大特征。一是创新投入高,国家的研发投入占GDP的比例一般在2%以上;二是科技进步贡献率高达70%以上;三是自主创新能力强,国家的对外技术依存度指标通常在30%以下;四是创新产出高。目前世界上公认的20个左右的创新型国家所拥有的发明专利数量占全世界总数的99%。目前世界上公认的创新型国家有20个左右,包括美国、日本、芬兰、韩国等。这些国家的共同特征是:科技进步贡献率在70%以上,研发投入占GDP的比例一般在2%以上,对外技术依存度指标一般在30%以下。

自主创新能力仍是中国科技发展乃至经济发展的"软肋"。从2004年的1.23%,到2005年的1.34%,再到2006年的1.41%,中国科技研发经费保持了一定的增长速度,但因基数过低,研发投入占GDP的比重仍然偏低,与发达国家2%左右,世界500强企业5%到10%的水平相比还有较大差距。十届全国人大四次会议十日下午举行记者招待会,中国科学技术部部长徐冠华就建设创新型国家回答记者提问时表示,中国要实现在2020年翻两番的目标,科技进步贡献率必须由当前的39%提高到60%。自主创新能力和创新产出有待进一步提高。

自主创新能力的提升成为现阶段中国民生科技发展的重要指导思想。体现了中国科技发展实力已进入一个新的阶段,对外依存度逐步降下来。

总之,从新中国成立以来,中国民生科技发展的思维创新来看,具有以下特征:

1. 宏观性和全局性

每个时代国家领导人提出的科技发展的创新思想,对中国的民生科技的发展具有宏观指导价值,而且包括了民生科技发展的所有领域,体现了全局性特征。思维创新为中国科技发展的制度创新、实践创新提供了理论基础。

2. 时代性

思维创新体现了国际科技发展的特征。从目前世界范围来看,民生科技发展呈现从近代个人研究过渡到机构和国家、国际合作形式。国家在促进现代科学研究中扮演重要角色。美国阿波罗登月计划、曼哈顿原子能计划等的实施都是在国家宏观指导下实现的。20 世纪 90 年代,人类基因组计划等计划的实施都是国际合作的结果。国家组织科学资源已成为现代科学技术发展的主要形式;科学技术渐渐成为促进生产力变革的重要力量。特别是现代科学技术走在生产的前面,成为生产力变革的直接动力。因而,我们必须结合世界科技发展的特征,制定相应的发展战略。从中国科技史发展过程看,闭关自守只能是死路一条。近现代中国科技发展的落后已充分证明了鸵鸟政策是不可取的。

3. 实践性

思维创新又不能脱离中国民生科技发展的国情。新中国成立初期,中国民生科技发展领域少、水平低、科技人员数量相对比较少、科技与经济结合程度低。所以,民生科技发展的指导思想应符合该时期的国情。所以,提出“重点发展,迎头赶上”与“自力更生,迎头赶上”以及“全面安排,突出重点”等指导思想,这与苏联的撤走有一定的关系。改革开放以来,中国需要解放生产力和发展生产力。当然,科技作为生产力的重要因素,必须发挥它的作用,提出了科学技术是第一生产力的创新思想,重视人才和科技,提高科技本身的创新水平。

另外,思维创新来源于实践,又过来指导实践,体现了马克思主义的实践性特征。思维从来就不是空想,是建立在社会实践基础上的创新。

4. 发展目标的协同性

民生科技的发展本身就是为了解决民生问题,而不同时期的民生问题的解决,体现了一定时期中国发展的目标与客观需要。民生科技发展的思维创新要为民生问题的解决提供技术支持。例如,为了解决民众的温饱问题,我们必须促进科技与经济的结合;为了实现科学发展,我们必须要促进科技与健康问题、环保问题、生态问题的结合。

5. 发展的三圈模式特征

民生科技发展的思维创新形成一个三圈模式,包括国际与国内的环境、民生科技本身发展水平和社会需要。只有实现三者更多的交叉,思维创新指导实践的可能性才会更大。脱离社会需要的思维创新是空洞的,脱离国际科技发展水平和国情的思维创新是不可能实现的。

总之,中国作为一个发展中国家,民生科技的发展水平也是有待进一步提升的。而思维创新为民生科技的发展提供了发展的方向(见图 7-2)。

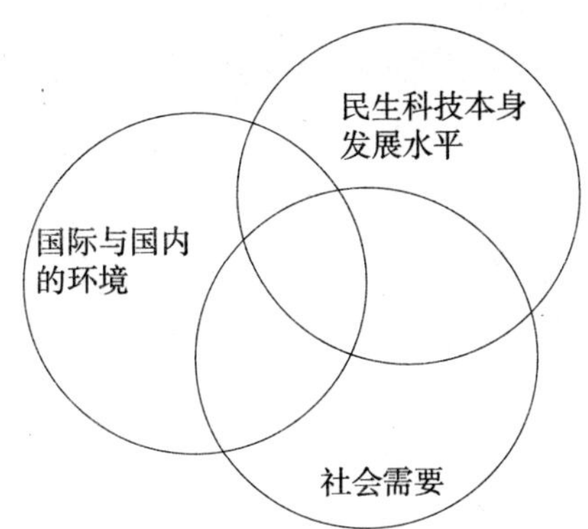

图 7-2　中国民生科技发展的三圈理论分析

三、制度创新

制度是规范政府、企业、民众行为的准则和条例，是落实思想创新的保证。为了促进民生科技的发展，新中国成立以来，我们国家通过国家规划、发展战略、法律法规、宏观目标等国家层次上的制度创新来促进民生科技的发展。微观层次方面，政府、企业和民众根据国家制度创新内容，在微观层次上进一步具体化和细化。

1. 民生科技发展计划、规划及战略

(1)一系列发展规划的落实。新中国成立以来，我国共编制了九次科技发展规划。《1956—1967年科学技术发展远景规划》包括序言、1956—1967年国家重要科学技术任务、任务的重点部分、基础科学的发展方向、科学研究工作的体制、科学研究机构的设置、科学技术干部的使用和培养、国际合作、结束语等九个部分；四个附件分别是《国家重要科学任务说明书和中心问题说明书》、《基础科学学科规划说明书》、《1956年紧急措施和1957年研究计划要点》、《任务和中心问题名称一览》。规划的制定和实施不仅对我国科学技术的发展起了重要的推动作用，而且我国科研机构的设置和布局，高等院校学科及专业的调整，科技队伍的培养方向和使用方式，科技管理的体系和方法，以及我国科技体制的形成起了决定性的作用。为思维创新的落实提供了具体的制度安排。

《1978—1985年全国科学技术发展规划纲要》包括六个部分：纲要，重点项目规划，事业发展规划，农业、工业、资源调查、医药卫生等方面的专业规划，技术科学规划，基础科学规划，共77卷。还制订了《科学技术研究主要任务》、《基础

科学规划》和《技术科学规划》。

《1986—2000 年科学技术发展规划》规划纲要主要内容包括形势与任务、战略与方针、轮廓设想内容提要、几个重大问题等几个部分。计划纲要包括形势与现状、战略方针与基本任务、计划要点、主要措施等几个部分。技术政策概述了此项技术的国内状况,确定了今后的基本发展方向、2000 年要达到的目标以及主要的技术路线和重点工作。进一步推进科技体制改革,高技术研究发展等。相继出台了高技术研究发展"863"计划、推动高技术产业化的火炬计划、面向农村的星火计划、支持基础研究的国家自然科学基金等科技计划,保证了规划的实施,为国家管理科技活动、配置科技资源进行了有益的探索。

《1991—2000 年科学技术发展十年规划和"八五"计划纲要》,全面总结 40 多年来我国科技事业发展的成就、经验和教训,阐明了我国中长期科技发展的战略目标、方针、政策和发展重点;该纲要进一步选择了带有全局性、方向性、紧迫性的 27 个领域(行业),对中长期的重大科技任务进行了详细分析;包括前言、发展目标和指导方针、重点任务、科技体制改革、对外开放、支撑条件和措施等几个部分。

《全国科技发展"九五"计划和 2010 年长期规划纲要》,主要内容包括形势与现状、指导思想与基本原则、发展目标和任务、发展重点、科技体制改革、人才培养与科技队伍建设、支撑条件和措施等几个部分。

《国民经济和社会发展第十个五年计划科技教育发展专项规划(科技发展规划)》主要内容包括前言、形势与现状、指导方针与发展目标、战略部署与重点任务、关键措施与支撑条件等几个部分。规划内容相对具体,有较强的操作性。在规划制定的同时,重点发展"863"计划、攻关计划、基础研究计划,加强研究开发条件建设、科技产业化环境建设。

《国家中长期科学和技术发展规划纲要》是围绕我国经济、社会和科技发展中的 20 个重大战略问题,进行了深入的专题研究。此项研究工作历时一年多时间,各专题研究组开展了大量深入的调查研究工作,取得了一批研究成果。包括了重点领域、优先发展领域等方面及制度创新方面的内容。

《国家"十一五"科学技术发展规划》是根据国民经济和社会发展"十一五"规划编制工作的总体部署制定的。突出企业主体,全面推进中国特色国家创新体系建设。建设以企业为主体的技术创新体系、建设科学研究与高等教育有机结合的知识创新体系、建设军民结合、寓军于民的国防科技创新体系、建设各具特色和优势的区域创新体系、建设社会化、网络化的科技中介服务体系等。落实促进自主创新的各项激励政策、深入实施知识产权和技术标准战略、形成新型对外科技合作机制、善科技法律法规体系等。

(2)发展战略的提出与实施。

①科教兴国战略。1995年党中央和国务院发布《关于加强科学技术进步的决定》并召开全国科技大会,在《"九五"计划和2010年远景目标规划》中将"科教兴国"列为国家战略方针。次年,国务院成立以总理兼任领导小组组长的国家科技领导小组,为实施科教兴国战略而研究制定国家科技政策、讨论决定重大科技项目。1997年党的"十五大"报告中,江泽民提出把科教兴国战略和可持续发展战略作为跨世纪的国家发展战略。

②可持续发展战略。"可持续发展"概念1987年由世界环境与发展委员会在《我们共同的未来》报告中首次提出,它是指"在满足当代人需要的同时,不损害后代人满足其自身需要的能力"。1994年,中国在联合国开发计划署的支持和帮助下,编制并公布了《中国21世纪议程——中国21世纪人口、环境与发展白皮书》。这是全球第一部国家级的《21世纪议程》,也是中国开始实施可持续发展战略的标志。它从中国国情和基本战略出发,提出促进经济、社会、资源、环境及人口、教育相互协调,可持续发展的总体战略和有关政策、措施方案。可持续发展战略成为制定中国今后国民经济和社会发展计划的重要指导原则。此后,国家有关部门和地方政府也相应制订了实施可持续发展的行动计划。我国人口众多,资源相对不足,实施可持续发展战略对中华民族的未来有着极其重要的意义。

③创新战略。江泽民同志多次指出:创新是一个民族进步的灵魂,是一个国家兴旺发达的不竭动力,一个没有创新意识和创新能力的国家是难以立足于世界民族文明之林的。2005年10月11日,中国共产党第十六届中央委员会第五次全体会议审议通过了《中共中央关于制定国民经济和社会发展第十一个五年规划的建议》,指出:"自主创新是提升科技水平和经济竞争力的关键,也是调整产业结构、转变增长方式的中心环节。要把增强自主创新能力作为国家战略,致力于建设创新型国家。要大力开发具有自主知识产权的关键技术和核心技术,努力提高原始创新、集成创新和引进消化吸收再创新的能力。"2006年1月9日,新世纪的第一次全国科学技术大会在人民大会堂隆重开幕。在开幕式上中共中央总书记、国家主席、中央军委主席胡锦涛在全国科学技术大会上发表讲话

《坚持走中国特色自主创新道路,为建设创新型国家而努力奋斗》,指出:动员全党全社会力量,为建设创新型国家而奋斗。用15年的时间使我国进入创新型国家行列。

2006年6月5日,中共中央总书记、国家主席、中央军委主席胡锦涛《在中国科学院第十三次院士大会和中国工程院第八次院士大会上的讲话》中又提出了"建设创新型国家"的命题和任务。江泽民提出了创新的重要意义,胡锦涛进一步提出经济发展中的自主创新问题,是对创新的认识深化。自主创新是我国当前经济社会发展中的一个关键性问题。

④人才强国战略。第一,提出"尊重知识,尊重人才"政策。1978年,全国科学大会在北京召开,邓小平在工作报告中旗帜鲜明地提出:知识分子是工人阶级的一部分,要尊重知识、尊重人才。科技领域开始拨乱反正,落实知识分子政策。1979年国务院科技领导小组成立,科学研究协调委员会成立,中央组织部正式发出《关于落实知识分子政策的几点意见》。1987年完成了落实知识分子政策的任务。第二,人才强国战略的实施。2003年12月召开的全国人才工作会议上,中共中央总书记、国家主席胡锦涛指出,要把人才强国战略作为党和国家一项重大而紧迫的任务抓紧抓好。党的十七大报告明确指出,要更好实施人才强国战略。实施人才强国战略是新世纪新阶段人事工作的主线,是人事部门的根本任务。

2006年6月5日,胡锦涛《在中国科学院第十三次院士大会和中国工程院第八次院士大会上的讲话》中指出:"建设创新型国家,关键在人才,尤其在创新型科技人才。没有一支宏大的创新型科技人才队伍作支撑,要实现建设创新型国家的目标是不可能的。世界范围的综合国力竞争,归根到底是人才特别是创新型人才的竞争。谁能够培养、吸引、凝聚、用好人才特别是创新型人才,谁就抓住了在激烈的国际竞争中掌握战略主动、实现发展目标的第一资源。"

(3)发展目标的确定。

为了促进民生科技解决民生问题的力度与质量。在不同时期,国家都制定了长期和短期目标。如国家发改委宏观经济研究院"我国循环经济发展战略研究"课题组提出,我国发展循环经济的总体战略目标是:用50年左右的时间,全面建成人、自然、社会和谐统一的、资源节约的循环型社会,资源生产率、循环利用率、废弃物的最终处理量等循环经济的主要指标以及生态环境、可持续发展能力等达到当时世界先进水平,极大提高生态环境质量并整体改善生存空间,全国全面进入可持续发展的良性循环。

“十一五”期间，单位GDP能耗要降低20%。单位GDP能耗降低、主要污染物排放总量减少等指标要分解落实到各省、自治区、直辖市。

另外，还有科技成果转化率指标、科学发展指标、领导干部考核指标体系的确定等。

(4)相关法律与法规的制定与实施。

从20世纪80年代起，我国人大及常委会所通过有关科技立法共有10多件，包括科技进步法、农业科技进步法及农业科技推广法等；另外科技法规方面，国务院法规60多件，比较重要的地方性立法有200多项，还有国务院各部门有关科技发展的政策大概也有几百种，所以从中央到地方有关科技立法有好几百件。同时除了科技管理性法规外，在其他法律法规如公司法、中小企业促进法中也包含了有关促进科技发展的相关内容。此次修改公司法也有相关内容要加上去。

同时加强了科技立法的相关配套措施，除了整体性立法外，我们政府部门还在政府采购、财政补贴及奖励等管理要素投入、保护知识产权与科技研发等三大方面也有了政策性措施，根据国务院各部委关于创新文件有500多件。这是国务院及其相关部门的立法，可见是相当多的。通过了《中华人民共和国科学技术进步法》、《中华人民共和国专利法》、《中华人民共和国技术合同法》、《中华人民共和国农业技术推广法》、《中华人民共和国循环经济促进法》、《中华人民共和国节能法》等一系列法规。法律与法规的制度为思维创新的落实提供了法律保证。

(5)微观方面财税政策、人才政策、科技体制改革政策等的制定与实施。

我国对推动技术进步和发展高新技术产业高度重视，自1985年《中共中央关于科学技术体制改革的决定》实施以来，又有了《中共中央、国务院关于加速科学技术进步的决定》、《中华人民共和国科学技术进步法》、《中华人民共和国促进科技成果转化法》和《中共中央国务院关于加强技术创新、发展高科技，实现产业化的决定》等政策法规先后出台，给制定科技税收优惠政策指明了思路和方向。根据有关精神，国家税务总局和财政部陆续制定了有关的税收优惠政策，如《国家税务总局关于促进企业技术进步有关财务税收问题的通知》、《财政部、国家税务总局关于促进科技成果转化有关税收政策的通知》和《财政部、国家税务总局关于贯彻落实〈中共中央国务院关于加强技术创新，发展高科技，实现产业化的决定〉有关税收问题的通知》等,逐步形成我国现行的科技税收优惠政策体系。

2. 新中国成立以来民生科技制度创新方面取得经验的分析

(1)进一步提升我国自主创新能力。现在科技对我国经济发展的贡献率只有30%左右,一半以上的技术要靠引进,只有万分之三的国内企业真正具有自主的知识产权。目前我国技术对外依赖度已超过50%,也就是说一半以上的技术必须从国外引进。科技创新乏力的代价就是高昂的发展成本。中国科协副主席邓楠日前透露,由于没有核心技术,国内企业不得不将每部国产手机售价的20%、计算机售价的30%、数控机床售价的20%—40%支付给国外专利持有者。

(2)进一步加大科技政策、法律法规的落实力度。我国已制定了系统促进现代科学技术发展的法律法规,关键在于落实和执行。抓好国家、省、市高新技术发展指标的细化、分解、调度和考核工作。致力于建设"学习型、服务型、创新型"科技管理部门,实施创新型管理。继续实施"政府提速工程",进一步规范科技管理的监督约束机制。要加强党风廉政建设,切实从制度、机制和环境上为科技管理工作的高效运行提供保障。

(3)进一步系统整合国家科学技术发展资源。加大用市场经济手段配置科技资源力度,扩大招投标项目比例。围绕工业经济、民营经济和招商引资项目的一些重大共性关键技术,高新技术产业发展的关键技术,实现社会经济和科技可持续发展的关键技术,筛选项目,争取有更多的项目纳入国家、省里的计划,做好与国家、省科技计划配套衔接,实现国家、省、市三级科技资源的优化配置。

四、实践创新

民生科技解决民生问题最后需要在实践层次上转化为现实需要。实践创新的主体落到三个不同的主体上,即政府、企业和民众。实践创新涉及不同群体的生产方式、生活方式、消费方式等方面。新中国成立以来,民生科技解决民生问题已经促进了民众这些方面的变革。

1. 生产方式的变革过程

生产方式是人类社会存在和发展的基础,但它不是固定不变的,而是随着人类社会的变迁而发展。在社会的发展历程中,人们在各个时代的不同的生产活动都形成了与该时代相适应的独特的生产方式。现代科技革命,促进了民众生产方式的变革。

（1）劳动者从体力型向智力型转变。在不同时代，因为科技和生产力的发展水平不同，人们体力和智力支出的比例是不同的。在农业社会乃至以前的时间段里，科技发展水平决定了生产力对劳动者的素质要求主要是体力型的，人们的劳动支出以体力为主；工业社会科学技术水平明显提高，人们先后发明了蒸汽机、内燃机、电动机等动力机械，进入机械化大生产阶段，在这一阶段，生产力所要求的劳动者素质是脑体合用型的；随着信息技术革命的推进，信息资源的开发和利用大大加强，这就使工业社会延续下来的就业结构发生了显著变化，人们的劳动支出逐渐转向以脑力支出为主，出现了知本家阶层。

（2）智能化生产工具成为最要主要的生产工具。人类使用的劳动资料，已经经历了简单工具和机器体系为标志的两个阶段。智能机是具有人的部分智能的工具系统，它的使用不仅扩展了人们的体力，而且也扩展了人们的部分脑力，使劳动者更轻松、更准确地完成工作。特别是机器人的出现，进一步解放了民众的体力劳动和脑力劳动。信息时代人们在生产中广泛利用计算机这种智能工具，它“可以通过自动控制和调节随时改变机器的行为模式，从而改变产品的款式”①。

（3）信息、能源和材料成为21世纪发展的三大支柱。随着信息技术革命的推进，人类对资源的开发和利用，从空中到地下，从宇宙到海洋，从无机到有机，无所不及，这些资源中就包括信息资源。在信息时代，它虽然不是唯一的资源，但却是最重要的资源，将会引起越来越多的人投身信息事业。能源逐步转型到新型能源方向上来。材料领域的革命将促进节能、环保目标的实现。

2. 生产方式变革带来的社会效应

（1）有利于资源的节约。信息技术、新材料技术的开发利用，一方面将不可用的材料进行循环再利用，节约了材料。另一方面，信息技术的推广使机器的体积变得越来越小，功能越来越多，有利于材料的节约，在一定程度上有利于环境保护，符合科学发展的理念。

（2）有助于生产效率的提高。随着社会信息化的推进，信息技术广泛渗透到生产方式的各实体要素中，使现代劳动者在生产过程中通过通信、控制、显示系统等信息技术把自己的要求自动、准确、快速地作用于劳动对象，不仅解放了劳动者的体力，加快了生产产品的速度，而且提高了加工的精确度和准确度，降

---

① 童天湘：《高科技的社会意义》，社会科学文献出版社1998年版，第56页。

低了生产成本,提高了生产效率。

(3)有利于民众的全面发展。随着民众休闲时间的增加,为实现民众的全面发展提供了现实基础。

3. 生活方式与消费方式的变革过程

生活方式、生活理念的变革将是21世纪人类社会的最基本的变革方向——回归适度消费的生活方式。人类必须对自己的消费实行约束——从理念、制度的高度实行约束,结束以无度的消费来引导经济发展的凯恩斯模式。建立这样一个适度消费的社会不单要有思想革命,也需要制度变革,约束自己是最困难的事。在我们的现实生活中有人吃一顿饭需花几十万,有些菜可能没动一筷子就被倒掉。一些人本可以行走或骑自行车上班,为了个人虚荣的需要,每天驾车去上班。由于能源和环境的压力,我们应倡导一种节能、环保,有利于科学发展的生活方式和消费方式,抑制自己内心不适当的消费欲望。还有很多宾馆多使用一次性用具,很多也是没人用的,造成材料、能源的浪费,加重了垃圾处理的难度。

信息时代将开始弥补有史以来生产者和消费者相分裂的状况,出现生产者和消费者合二为一的趋势。信息网络技术的推广使消费方式发生了深刻的变革,消费者与企业、商场发生了一种互动关系,在这种关系中,消费者通过网络把自己喜欢的商品信息输送给厂商。结果就是消费者与生产者之间的界限变得模糊,消费者实际上是参与了商品的设计和制作,为创建更好的生活方式和消费方式提供了途径。

第三节 民众基础

民众是历史的创造者。我们想通过民生科技解决民生问题,必须重视民众的力量。马克思在他的历史唯物主义中给民众很高的评价。

一、民众在历史中的作用

马克思发现了生产方式是社会发展的决定力量,这从根本上克服了过去一切历史理论的缺陷,科学地解决了人民群众的历史作用问题,揭示了无产阶级的伟大历史使命。历史唯物主义认为,社会发展的历史,首先是生产发展的历史,因而也就是作为生产过程的基本力量的物质资料生产者本身的历史,因此说,人民群众是历史的创造者。人民群众是社会物质财富的创造者,也是社会精神财富的创造者,又是实现社会变革的决定力量。在任何时候,从事物质资料生产的劳动群众,都是人民群众的主体。历史是按照不以人们意志为转移的客观规律发展的,但历史规律是人们活动的规律,离开了人的活动,这种规律也就不存在,或者不能实现。

人民群众创造历史作用的发挥在不同社会条件下是不同的。在阶级社会的不同历史阶段,人民群众由不同的阶级构成,他们斗争的成果总是落到新的生产方式的剥削阶级手里。在社会主义社会,广大人民是生产资料的主人,也就成了经济、政治和精神生活的主人。民生科技解决民生问题正是需要民众的力量来实现。

二、当代民生科技解决民生问题的民众基础分析

中国目前处于社会主义初级阶段。社会主义的性质决定了国家所做的一切是从民众最基本的需要出发,一切为了民众,一切又依靠民众。民生科技解决民生问题的来源、目标和依靠都需要民众才可能实现。

1. 民众利益是思维创新、制度创新和实践创新的基础和来源

新中国成立以来,我国先后提出"为人民服务"、"三个有利于"、"三个代表"、"八荣八耻"、"科学发展和和谐社会"等体现民众需要的创新思维。民众利益成为思维创新、制度创新和实践创新的出发点和落脚点。

(1)民生问题直接来源于民众需要。中国目前面临的经济问题、健康问题、安全问题、环保问题和人口问题,直接来源于民众的需要。为了满足民众的需要我们必须在此基础上采取相应措施。

(2)民生科技转化水平直接受到民众的认知水平、转化能力的制约。由于民众的文化水平、经济实力、价值观选择的不同直接决定了民生科技转化的水平。科学发展的生产方式、生活方式和消费方式能够在多大程度上得到实现,需要得到民众的认可与支持。如目前很多人为了个人的方便,随便扔垃圾,过度消费,破坏环境,都可能觉得无所谓。如果这个人群的数量非常之多,那么要实现科学发展、和谐发展可能需要走更长的路。所以,首先应通过教育提高民众的认知度,改变他们的生产方式、生活方式和消费方式。而这些方面的改变可以提高民生科技转化的水平。

(3)民生科技解决民生问题的实施者仍然是民众。思维创新和制度创新的

落实需要通过民众来落实。否则，所有的创新都只是空谈。我国目前的节能任务已落实到各省、市，及相关的产业内部及企业内部来落实。一次性购物袋的推广与应用，也体现了改变民众消费模式的举措。北京公交车的低收费也是改变民众消费模式的重要举措。分类垃圾箱的使用也是在改变民众的消费方式。科学发展观、和谐社会的相关培训也是在价值观层次上改变民众一些传统看法。如又好又快的经济发展模式的提出，经济发展方式的提出，生态文明建设的提出等，都是在改变民众的价值观。通过这些举措加快民众解决民生问题的速度。

2. 民众基础的培养

当代中国处于转型期，价值观存在多元化，生产方式水平不一，生活方式差距比较大，消费方式水平不一。为了缩小这些差距，我们必须做好以下几个方面的工作。

（1）进一步加强科技传播力度，提升全民科技素养。全民科技素养包括科技素质是指科学素质与技术素质的集合体。人的科技素质结构，包括科技意识、科学精神、科学态度、科学方法、科学知识及技术能力等几个方面。公民科技素质的提高在经济和社会发展中起着独特的重要作用。公民科技素质的高低，从根本上决定着一个国家及地区生产力和文化的发展水平，决定着民族的创造能力。统计显示，我国公民科技素质偏低，我国具备基本科学素质的公众比例，分别只是美国、欧盟国家的 1/23 和 1/15。发达国家都把提高公民科技素质放到重要战略位置，并采取了相应行动。劳动者科学文化素质偏低致使我国的劳动生产率始终处于较为落后的状态，制约了经济和社会的发展。因此，加强科普工作，提高全民族的科技文化素质，已经成为当前亟须解决的问题。

根据《国家中长期科学和技术发展规划纲要》，为贯彻落实《国务院关于印发全民科学素质行动计划纲要（2006—2010—2020 年）的通知》，应加强科普法的宣传，充分利用图书馆、科技馆、博物馆等基础设施及每年举办的科技活动周等载体，开展多种形式的科学普及活动，促进科技知识在全社会广泛传播；加强科普展馆、科普信息网络等公共科普设施建设，建立科普事业的良性运行机制。加强政府部门、社会团体、大型企业等各方面的优势集成，促进科技界、教育界和大众媒体之间的协作。推进公益性科普事业体制与机制改革，激发活力，提高服务意识，增强可持续发展能力。让公众理解科学，提高全民公共科技素养，在全社会营造崇尚科学、反对迷信、鼓励创新的良好社会氛围。

（2）通过教育形成社会共同的科学发展理念。虽然社会领域存在不同阶层。但是,对于科学发展来讲是不分阶层的社会要求。我们必须通过培训形成社会共同的价值选择。只有不同群体之间的融合与交流,才可能形成合力,促进社会科学发展。我们可以通过新闻报道、报纸、讲座、短期培训、网络等形式来塑造民众的价值观。

(3)通过教育使民众成为落实科学发展的主体。通过教育使民众充分理解国家发展战略、制度、法律和法规。通过制度来规范自己的行为。我们可以通过答题的形式、演讲的形式、行业内部培训的形式让民众充分理解。

总之,民生科技解决民生问题需要民众的广泛参与。只有民众基础广泛而协同,民生科技解决民生问题的可能性空间就会放大,效率可以提升。

第四节　社会变革因素

任何特定的社会体系一经确立,就会形成比较稳定的结构关系。但是,社会体系是一个开放的系统,它的存在和发展有赖于和外界不断进行的物质、能量和信息的交换,需要不断吸收新的因素,因而社会系统又处于不断的变革之中。民生科技解决民生问题就是促进社会变革的过程。

一、社会变革系统的要素分析

社会系统是一个复杂的开放系统。社会变革的主要因素包括精神层次的变革、制度层次的变革、产业层次的变革及消费层次的变革等。社会变革可能是渐进的、局部的,也可能是革命的、全局的。

在影响社会变迁的诸原因中,社会的物质需要和经济的发展变化是最根本的原因。社会的物质生产力是生产方式内部最活跃、最革命的因素。物质生产力的变化造成生产方式的不断更新,社会生活、政治生活和精神生活也随之发生变化,从而整个社会结构体系也发生变化。此外,它还受自然环境、人口、社会制度、观念、社会心理、文化传播等多方面因素的影响。社会系统处于开放、动态的变化之中,外在环境和内在要素的整合共同决定系统变革的方向与程度。

二、社会变革在促进民生科技解决民生问题中的作用

影响民生科技解决民生问题的因素主要包括价值观的变革、民生科技转化水平和产业变革等方面。

1. 价值观变革为民生科技解决民生问题提供思想保证

价值观是指人们在处理价值问题所持的立场、观点、态度的总和。在现实生活中,无论是社会的经济、政治、道德和文化领域,还是个人生活的方方面面,都普遍地存在着价值问题。人人都有价值观,价值观一旦形成,就会对人的行为有着深层的导向作用,也就是说,人们关于任何价值的信念、信仰和理想一旦形成,它就会成为人们心目中用以评量事物之轻重,权衡得失弃取的“尺子”。

马克思主义价值观以辩证唯物主义和历史唯物主义世界观为指导,以全心全意为人民服务为价值取向,认为凡是推动社会生产力向前发展的物质创造和精神创造,都是有价值的;凡是符合最广大人民的根本利益、得到人民群众真心拥护的,都是有价值的。马克思主义的价值观不仅代表无产阶级和广大劳动人民的根本利益,而且反映了人类历史发展的客观规律。

邓小平同志提出的“三个有利于”,是判断改革开放和一切工作是非得失的根本标准,是对马克思主义价值观的丰富和发展。“三个代表”重要思想,闪烁着马克思主义价值观的光芒,同样是对马克思主义价值观的丰富和发展。党的十六大以来,以胡锦涛同志为总书记的党中央坚持以邓小平理论和“三个代表”重要思想为指导,在准确把握世界发展趋势、认真总结我国发展经验、深入分析我国发展阶段性特征的基础上,提出了以人为本、全面协调、可持续的科学发展观。深刻回答了“为谁发展”、“靠谁发展”、“发展什么”和“怎样发展”的问题,集中体现和发展了马克思主义的价值理想。正如胡锦涛总书记所指出的:坚持以人为本,就是要以实现人的全面发展为目标,从人民群众的根本利益出发谋发展、促发展,不断满足人民群众日益增长的物质文化需要,切实保障人民群众的经济、政治、文化权益,让发展的成果惠及全体人民。马克思、恩格斯在《德意志意识形态》中讲:只有在集体中,个人才能获得全面发展其才能的手段,也就是说,只有在集体中才可能有个人自由。任何人都具有一定的自我价值和社会价值。人的自我价值是在其社会价值的实现中实现的,是以其社会价值为前提的。科学发展观就是现阶段我们的个人和社会价值观的体现,我们应改变过去以经济为中心的价值取向,树立以人为本,全面、协调和可持续的发展观。价值观为民生科技解决民生问题提供了思想保证。

2. 民生科技转化水平是决定民生科技解决民生问题的方向

农业科技转化提高了农业产业的发展,工业科技的转化改变了工业结构,高科技的转化出现了高技术产业。安全科技、健康科技的发展改变了生产与生活的质量。因此,我们应加快民生科技的转化水平,为民生科技转化提供支持力量。

不同时代民生科技的转化水平决定了社会变革的程度,同时也体现了不同时代民生科技解决民生问题的方向,产生了不同的社会形态。因此,在不同时代,我们应根据民生问题,大力发展相应的民生科技,提高民生科技的转化水平,促进社会的发展。只有二者的紧密结合,才可能促进社会的进步。

3. 产业结构变革是民生科技解决民生问题的重要体现

产业结构变革的原因主要由三个方面的原因,即对于产业结构变动,库兹涅兹认为有三个方面的主要原因:首先,需求结构的变动直接拉动生产结构的转换;其次,某个部门有了重要的技术革新突破以及技术革新的中心发生转移对生产结构产业直接影响;最后,在开放经济条件下,反映各国之间产品和对优势变动的各国进出口结构的不断变动也会促使一国国内生产结构的改变。在这三个因素中前两个是最主要的。其中,需求对产业结构变动的影响是最直接的,没有需求,也没有生产;科技发展对产业结构的影响是最根本的,若科技不发展,即使有新的需求,也会受到制约而难以实现的。下面,我们主要分析这两个因素对产业结构变化的影响。

(1)社会需求对产业结构变化的影响。

生产需求和消费需求是构成社会需求的两个主要因素。但就其对产业结构的影响而言,消费需求的变化所起的作用更为直接。因为国民经济的增长,必然会带来居民收入的提高,而居民收入水平与消费结构之间又存在着紧密的内在联系;收入增加,各种形式的消费需求会随之增加,但增加的幅度是不同的,这是由于人们对各种消费品的收入弹性不同引起的。一般来说,人们的生存需要由于受生理机能的限制,其收入弹性会小一些,而发展和享受需要的收入弹性会大一些。因此,随着居民收入水平的提高,其生产资料的消费在消费总额中所占的比重将会逐渐下降,发展资料和享受资料所占的比重会逐步上升。消费结构这种变化趋势必然会引起产业结构的变化。这就是消费需求对社会生产导向作用的表现、产业结构这种适应消费结构变化的调整,为社会主义生产目的的实现提供了物质保证。

生产需求的变化对产业结构的变化也有重要影响。一个国家在一定的经济发展水平下,可支配的社会财富是一个既定的量,因而对投资和生产资料需要的数量和结构是一定的。这样,在不同国家或一个国家的不同历史时期,由于经济发展水平不同便形成不同规模和结构的生产需求，从而会对产业结构产生不同的要求。

(2)科技进步对产业结构变化的影响。

科技进步是指由于新兴科技的出现、发明或现有科技的完善，使科技水平得到提高的过程。从长远的历史发展趋势看，科技进步是影响产业结构变化的决定性因素。

科技进步对产业结构变化的影响首先表现在新能源的不断出现从而导致新产业的不断产生。从人类发展史看，科技进步促进了能源的不断进步。如18—19世纪，煤炭是主要能源，由于煤炭的出现及大量使用，使纺织工业、冶金工业、交通运输业都得到了迅速发展。20世纪，石油开采和提炼技术的出现，使石油的作用超过了煤炭，石油成了最重要的能源及原料，石油开采和石油化工一跃成为最重要的产业之一；20世纪50年代以来，核能、太阳能、生物质能、地热能等新能源技术正在迅速发展。可以预计，由于这种新能源的发展，世界的产业结构将产生更加深刻的变化。

科技进步对产业结构的影响还表现在新的劳动工具与劳动对象的出现所引起的产业结构的一系列变化。例如，由于纺织机械的出现，使过去的手工劳动变成了机械劳动，出现了纺织工业、机器制造业，还由此引发了冶金工业的进步。计算机的出现，使机械化向自动化转变，导致机械电子一体化工业的出现以及计算机工业、机器人工业等产业的迅速兴起。

另外，科技进步影响了产业结构变化表现在由于科技进步创造了许多新的产品，引发了新的需求，从而形成了新的产业。例如，由于电子技术的发展，收录机、电视机等产品的出现，导致了电子产业成为一个非常重要的产业。所以，科技进步是促进产业结构变革的最直接动力和作用。21世纪新技术革命引发的新兴产业将完成向主导产业转化的过程。

(3)社会需求和科技进步对产业结构的共同作用。

社会需求和科技进步对产业结构的影响不是孤立的，而是相互联系的，共同作用于产业结构的变化。产业结构的演变和升级，是人类不断摆脱对自然依附的过程。当科技水平很低时，为了满足人类生存的需要，必须把一切或绝大部分资源用于农业，这时农业在产业结构中占主导地位；由于人类对农副产品的需求是有限的，随着科技水平的不断提高，可以将越来越多的资源用于工业生产，从而使所占的比例越来越高；人类对工业品的需要也是有限的，随着科技水平的不断进步，可以用越来越少的资源生产出人类所需要的工业品，而把更多的资源转向服务业。但是，人类对物质的需求始终是有限的，而对精神的需求则是无限的，通过科技进步，可以用越来越少的资源生产出满足社会需求的物质产品，而把越来越多的资源用于信息产品和知识产品的生产，从而促进了信息产业和知识产业的产生和发展。因此，科技进步和社会需求之间存在密切的联系，后者为前者指明方向、提出要求，而科技进步则是满足社会需求的最重要的因素。两者的共同作用推动了产业结构的演变和升级。

三、社会变革因素的整合决定民生科技解决民生问题的程度

社会变革因素中价值观变革、民生科技转化水平和产业结构变革的整合程度决定了民生科技解决民生问题的程度。如果三者之间没有交叉，要实现整个社会的变革几乎是不可能的。我们必须力求扩大三者相交叉的面积，以促进民生科技解决民生问题的力度和广度。

总之，民生科技解决民生问题的社会因素是非常复杂的，包括当代民生问题、思维创新、制度创新和实践创新、民众的水平和社会变革因素等。社会系统作为一个开放的系统，它的因素也是处于变化之中，还可能有其他方面的要素，需进一步的研究。

第八章　中国民生科技产业集群分析

民生科技解决民生问题的力度是由民生科技产业集群来反映的。目前，中国民生科技发展的领域主要集中于传统民生科技、高技术、公共科技的发展。通过对民生科技产业集群的研究，对分析民生科技解决民生问题具有微观价值。

第一节　产业集群概念的分析

产业群是由英文“Industry Cluster”翻译而来的。对这一英文词语，有的翻译为“产业集群”，有的则译为“产业簇群”，还有的用“企业集群”来表达。在经济全球化的背景下，产业集群表现出很强的竞争力，世界各地都出现了很多成功集群的案例，如美国的硅谷、意大利东北部产业区、德国普姆沙伊德的工具制造业集群、法国布雷勒河谷的香水瓶集群、我国的浙江鹿城打火机集群、大唐袜业集群和北京的中关村等。产业集群不仅反映一个行业的发展水平，而且可以用来衡量它的竞争力。

一、产业集群的概念

对产业集群的研究最早可以追溯到马歇尔关于产业区的论述和韦伯关于聚集经济的论述。随后，包括经济地理学家、产业经济学家等在内的大量学者从不同角度对产业集群做了深入的研究。美国的波特（Porter，2002）教授在其《国家竞争优势》一书中正式提出产业集群的概念，产业集群是一组在地理上靠近的相互联系的公司和关联的机构，它们同处或相关于一个特定的产业领域，由于具有共性和互补性而联系在一起。

二、产业集群的特征

产业集群的概念是对产业集群特征的高度概括，作为一种空间经济现象，产业集群主要具有以下几个基本特征。

1. 关联性

产业集群体现了相关产业之间横向和纵向的关联性。关联要素中各主体之间以正式或非正式关系，频繁进行着贸易往来、交流与互动、学习与合作，共同促进集群的持续发展。在这方面，大多数高新技术产业集群表现得非常明显，如美国的硅谷，高校与企业的紧密且富有成效的合作就十分具有代表性。只有关联性才能使相关产业聚集在一起。

2. 整合性

随着科学发展的不断深入，产业集群表现出很强的整合性。如为了实现煤炭产业的科学技术，安全科技产业、环保科技产业也被整合到煤炭产业中去了。随着产业自身和社会发展的需要，产业集群处于动态的整合中。

目前产业融合主要有三种方式：一是通过新技术的渗透融合形成新的产业，如动漫、网络游戏、手机短信、数字电视等；二是产业之间的融合，如传媒业与影视、网络、娱乐、旅游、出版、游戏等产业的融合；三是产业内部的融合，例如，以网络信息平台所形成的网络报纸、网络出版、网络电视以及数字电视、移动电视、手机电视等。

3. 创新性

产业集群为了提高产业的竞争力，因而是处于不断的创新之中。创新是产业集群发展的动力。产业集群的要素在不断得到创新，从企业延伸到大学、科研机构，甚至国家合作。产业集群相关产业也在不断创新。从联系紧密的产业向关联性产业扩展。产业集群的规模在不断扩大。产业集群发展过程体现出了创新的精神。没有创新，产业集群可能就会失去竞争力。

4. 区域性

产业集群表现出一定的区域特征，体现一定区域的产业优势。产业集群从空间角度看，产业具有地理位置上的相近性，同时产业领域相对集中，具有很强的竞争优势。如德国的钢铁生产集中在多特蒙德、埃森和杜塞尔多夫，工具车床集中在雷姆萨伊德；美国的汽车制造业集中在底特律，高科技制造业则集中在硅谷。

5. 规模性

只有具有一定规模的产业集中才能形成产业集群。在意大利,几百家相关公司全部集中在北部萨索尔洛镇及其周围地区从事瓷砖加工生产和销售活动。中关村相关信息技术集中于这一区域,形成产业集群。只有量变才能形成质变。所以,只有一定规模的集中性,才能形成产业集群。规模性能实现各行业之间的优势得以互补,经营风险降低,推动其迅速成长为集中化程度很高,产业跨度很大,发展速度最快的产业。

6. 生态性

产业集群概念本身来源于生态学。为了促进产业的良性发展,也需要像生态领域一样,实现相关要素之间的融合和作用。现在产业的发展越来越需要以生态学理念来进行发展,只有这样才能实现长久持续的发展。

所以,产业集群体现了现在产业发展的一种客观现象,也是提高产业竞争力的一种选择。

三、产业集群的功能

产业集群一旦形成并开始有效运作,必将大大提高产业竞争力。一方面,产业集群内众多的企业在产业上具有关联性,能共享诸多产业要素。一些互补性企业则可以产生共生效应。集群内的企业因此获得规模经济和外部经济的双重效益。另一方面,产业集群内的企业既有竞争又有合作,既有分工又有协作。彼此间形成一种互动的关联。这种互动形成的竞争压力以及潜在压力有利于构成集群内企业持续的创新动力。归纳起来,产业集群具备以下四种功能:资源优化功能、规模集成功能、技术竞争功能和人才聚集功能。

1. 资源优化功能

产业集群将相关的企业、高校、科研单位等信息、人才等资源都集聚在一起,形成资源优势,促进产业集群的发展,实现资源的优化组合。产业集群作为一个开放的系统,不断从外部收吸有价值的信息、人才等资源,优化系统要素和结构,达到产业集群效能的最大化。如随着科学发展观落实的深入,环保产业不断融入传统产业,以实现传统产业集群的良性发展。循环经济模式的推广,也在优化产业集群的要素,实现功能的最大化。

2. 规模集成功能

随着21世纪新一轮产业格局的调整,传统意义上的重型工业进一步从城市中心撤出,一些耗能工业被外移或者取消。城市的工业发展走上了以高附加值的制造业和现代服务业为中心的新型工业化道路。文化产业集群具有很强的渗透力和辐射力。产业集群突现出原来单个企业所不具有的特征来,集中表现为规模集成效应。产业集群还可以带动相关区域其他产业的发展。

3. 技术竞争功能

产业集群可以提高相关产业的技术竞争力,实现产业间的优势互补。发展好的产业集群都有核心技术竞争力。随着产业梯队的不断上升,产业之间的竞争越来越激烈。而产业集群可以实现企业、高校和科研单位之间的优势互补,提高技术竞争力。

4. 人才聚集功能

现在企业之间的竞争说到底是人才的竞争。产业集群有助于吸收多方面的优秀人才。实现科技人才、企业管理人才、公共管理人才的整合,促进产业集群的可持续发展。产业集群也是有风险的。为了规避风险,必须吸收和使用高级人才,实现人才集群优势。

总之,产业集群反映了当代产业发展的特征和优势,也体现了产业发展与区域经济发展的协同性。如果一个地区没有一个相关产业集群,那它的产业发展和社会发展无法形成合力,突现新的功能。

第二节　中国民生科技产业集群分析

民生科技作为解决民生问题的重要工具,它的发展促进了传统民生科技产业、高技术产业和公共科技产业的发展,一些产业的发展也表现出集群的特征。

一、国内外关于民生科技产业的研究

当今世界趋势是军口的科技投入在全社会 R&D 投入中的份额在逐步下降。美国 20 世纪 80 年代初到 21 世纪初从将近 20% 下降到 10% 以内;而 OECD 国家的平均值同时期则从将近 10% 下降到 3% 以内。以经济建设、国计民生为中心已成为当代世界科技投入的总体趋势。民生科技是 50 年代首先在日本、韩国等国发展起来的“民口科技”而不是军口科技,是“民生科技”而不是“威望科技”。

具有代表性的观点有 20 世纪 50 年代后,日本、韩国大力发展“民口科技”,

后制定出“科技立国”的政策，这对于日本和韩国的经济起飞具有重要意义。20世纪90年代，美国首次将民生纳入科学技术发展的目标中，提出了“民生科技”的含义，即大力发展解决民用问题的科技。新西兰明确未来5—10年战略性的优先任务中，其中之一就是将科技植根于人民的生活。印度、澳大利亚等国确立了紧密结合人民生活的科研导向。由于民生科技具有广泛的基础性，往往具有全社会良性循环的作用，因此，很多发达国家和发展中国家都大力发展民生科技产业。

随着我国节能减排、科学发展的不断推进，民生科技在社会发展中的作用越来越明显。《国家中长期科学和技术发展规划纲要（2006—2020年）》已经将科技工作的重点转向民生科技，包括公共安全科技、环保科技、人口科技、健康科技等。广义的民生科技包括传统民生科技、高技术和公共科技，公共科技也就是上面所说的安全科技、环保科技、人口科技和健康科技等。

民生科技的内涵是不断变化的，与不同时期、不同发展阶段民众的不同需求相适应。这样，民生科技产业也是不断变化的。它的发展需要以自主创新和技术扩散作为支撑。

国外研究现状：目前很多国家通过发展科技解决民生问题，根据国家发展战略的不同，民生科技产业主要通过两种方式实现的。一种是“军口科技”和“威望科技”向民生科技的转变模式，代表国家是美国、苏联。另一种是以民生科技产业发展为主导的发展之路，代表国家是日本和韩国。根据研究涉及以下几方面：(1)民生科技产业的投入；(2)科研方向的转向问题；(3)科研体制改革问题；(4)民生科技效益研究等。

然而，通过对国外关于民生科技产业的研究分析可知，人们更多关注的是民生科技产业的经济问题，而不是社会问题和科学发展问题，特别是对于民生科技产业集群的系统研究更是比较缺乏的。

国内对民生科技产业的研究主要集中以下四个方面：(1)发展民生科技产业的意义，特别是对于落实科学发展观、构建和谐社会的意义；(2)发展民生科技与“军口科技”和“高科技”关系问题的研究；(3)发展民生科技产业的政策导向问题研究；(4)民生科技产业的创新问题研究等，而对于促进民生科技产业发展系统的研究特别少。

产业群是区域创新理论中的一个重要概念，是由关联性很强的企业、知识创新机构、中介机构和消费者通过一个附加值生产链相互联系形成的网络。产业群的建立是一个系统工程,国外(芬兰的花卉业、韩国民生科技业等)的成功经验已证明通过研究民生科技产业集群的发展,对于促进解决民生问题,实现科学发展都具有很强的社会现实意义。

因此,对民生科技产业集群研究是一个新的研究领域,对于客观分析我国产业的科学发展,集群发展具有理论和现实意义。

二、民生科技产业集群特征分析

民生科技产业集群包括传统民生科技集群、高技术集群和公共科技集群。从科学技术发展角度看,三者之间既具有独立性,又具有融合性。它的发展体现了以下特征。

1. 社会性

民生科技的提法直接来源于社会需要,因而民生新科技产业的集群应体现社会的需要性。一方面,民生科技产业的发展来源于社会需要;另一方面,民生科技产业集群的发展,有助于社会变革。我们现在要实现科学发展,解决民生问题,就需要大力发展民生科技产业群。因此,民生新科技产业集群首先是社会发展的需要。

2. 融合性

民生科技本身发展的三个领域之间存在融合的趋向,因而,民生科技产业集群的发展也体现了这种融合性。一方面,传统民生科技产业为了实现节能、减排,提高资源利用效率,需要通过高技术产业、公共科技产业的改造,提高竞争力。所以,传统民生科技产业集群的边界在不断扩展,三者产业之间的融合性越来越强。十六大提出的信息化带动工业化,工业化促进信息化的发展也说明了它们融合的趋向。融合性从整体上提高了民生科技产业集群的竞争力。

3. 规模性

民生科技产业集群的发展也需要规模性。也就是说在一个地区民生科技产业数量比较多,具有一定的规模。另一方面,说明民生科技产业集群形成一定的规模效益,促进一个地区产业结构的升级,社会的和谐发展。

4. 创新性

民生新科技产业集群的发展动力来源于创新。由于不同国家民生问题的特殊性,民生新科技产业的发展更多地需要自主创新。这种创新表现为思维创新、制度创新和实践创新。创新的最终目标是为了更好地解决民生问题。

5. 生态性

民生科技产业集群的发展越来越向科学发展、和谐发展的方向迈进，体现出生态性特征。即民生科技与民生问题、社会可持续发展融为一体，实现整个社会的有序发展。民生科技产业集群发展的生态性还表现为该系统的开放性，通过与外界不断进行物质、信息和能量的交流，实现整个社会的科学发展。

总之，民生科技产业集群的发展对于改变生产方式、生活方式和消费方式具有重要的作用，对于实现整个社会的科学发展与和谐发展具有重要意义。

三、我国传统民生科技产业集群分析

新中国成立以来，我国重点发展了重工业，形成传统的产业，而传统产业的发展以传统民生科技的发展作为支撑。传统民生科技产业包括加工制造业和重化工业等。下面简单介绍一下我国制造技术产业集群发展现状。

制造业是实现工业化的水之源、木之本，是现代化的原动力。一个国家没有强大的制造能力，永远成不了经济强国。制造技术业分为加工制造业和装备制造业。我国目前装备制造业发展迅速。装备制造泛指生产资料的生产，以资金密集、技术密集为特征，包括能源、机械制造、电子、化学、冶金及建筑材料等工业。

目前，中国制造技术业集中度低。由于没有建立起适应市场经济要求的、产业集中度合理的生产体制，企业组织结构散乱的状况十分突出。具有国际竞争优势的大型企业和企业集团未能形成。

中国制造业发展技术创新能力低。美国制造业在 2000 年人均产值为 86559 美元，是我国的 1817 倍。另外，中国制造业能源利用率是 32%，而发达国家是 42%，工业污染排放量却是发达国家的 10 倍。中国传统制造技术急需通过高技术和公共科技改造升级，提高它们产业的集中度，实现节能减排任务。

四、我国高技术产业集群分析

“863”计划确定了我国高技术发展领域，并促进高技术产业的发展。高技术产业是指用当代尖端技术（主要指信息技术、生物工程和新材料等领域）生产高技术产品的产业群。是研究开发投入高，研究开发人员比重大的产业。高技术产业发展快，对其他产业的渗透能力强。

高技术产业是国际经济和科技竞争的重要阵地。发展高技术及基础业，对推动产业结构升级，提高劳动生产率和经济效益，具有不可替代的作用。《中共中央、国务院关于加速科学技术进步的决定》(1995年5月6日)明确指出："国家产业政策和发展规划要把发展高技术产业摆到优先位置，在政策上给予重点扶持。"到2000年，我国的高技术产业产值要力争达到工业总产值的15%，2010年提高到25%左右。今年4月国家发改委发布的《高技术产业发展"十一五"规划》强调，要立足于资源优化配置，把产业集聚作为高技术产业发展的战略途径，加快产业向优势区域和中心城市集聚，建设一批有特色的高技术产业基地，发挥辐射带动作用，带动高技术产业全面发展。

国家发改委将采取有力措施，引导人才、资金和技术向产业基地集中，形成从研究开发、产业化到规模发展的能力，构建较为完善的产业链，培育和壮大一批各具特色、产业集聚度较高、销售收入超过千亿元的高技术产业集群，重点建设电子信息、生物、航空航天、新能源、新材料、海洋等领域的高技术产业基地，加快形成高技术产业的群体优势和局部强势。

高技术产业集群具有了这样的特征："(1)数量众多的高技术企业在空间上聚集;(2)企业之间以专业化分工与协作为基础;(3)形成具有稳定的技术经济联系的网络体系。"①目前，中国高技术产业在一些地区已表现出集群的特征。国家也加大对高技术产业集群发展的政策支持，如人才政策、科技政策、教育政策、财税政策等。高技术产业集群对传统产业和公共科技产业都有很大的渗透力。各地区应结合自己区域发展优势，大力发展高技术产业，力求形成产业集群。

五、我国公共科技产业集群分析

我国目前发展的公共科技包括环保科技、安全科技、健康科技和人口科技等。多数公共科技正处于发展阶段，产业集群度低。下面简单谈一下环保科技产业集群发展现状。

自20世纪70年代开始，经过30多年的发展，我国的环保产业已初具规模，分布在机械、化工、冶金、轻工、农林等20多个产业部门和行业。新世纪以来，环保机械在实施科学发展和科教兴国战略中，创新步伐加快。

---

① 梁向东、刘建江:《建立和完善信誉机制 促进高技术产业集群发展》,《光明日报》2008年7月13日。

科技是环保工作的基础,是推动历史性转变、建设环境友好型社会的重要支撑。一系列关键支撑技术成果的问世破解了众多环境难题。针对我国“十五”期间存在的及“十一五”期间面临的重大环境问题,环保总局组织实施了“十五”科技攻关重大项目“重大环境问题对策与关键支撑技术研究”,项目涉及内容大多是国家当前重要的环境保护技术政策和环境管理内容,重点围绕重大环境技术政策、区域大气和流域污染物总量控制、生态功能区划与监控等方面展开研究。研究成果对推动国家制定新的环境技术政策、完善环境管理制度,促进环保产业集群起到了很好的推动作用。

环境保护产业具有极强的行业渗透性。为加强对环境保护产业及其他新兴行业的宏观调控,自1988年以来,国家环保总局牵头组织实施了4次全国环境保护产业调查。通过调查,摸清了我国环境保护产业现状,为开展环境保护产业研究、制定环境保护产业发展规划和技术经济政策提供了基础和依据。在调查基础上,国家环保总局发布了《全国环保产业基本情况报告》和《环境保护产业市场发展指南》,对全国环保产业发展起到了很好的指导作用。

几年来,国家环保总局还与地方环保局合作,建立了常州、苏州、西安等一批环保科技产业园和环保产业基地。为提高环保产业自主创新、技术集成及环保设备产业化能力,通过产业集群效应促进区域环保产业发展发挥了作用。

六、加强民生科技产业之间的融合

随着中国不同民生科技产业群的发展,对于促进中国科学发展与和谐发展具有重要意义。从产业可持续发展和生态发展的角度看,我们还应加强它们产业内部、产业之间的融合,以适应解决民生问题的需要。

首先,应加强不同民生科技产业内部的融合。对于传统产业、高技术产业和公共科技产业来讲,都需要不断加强内部产业之间的融合,增强竞争力。

其次,应实现传统民生科技、高技术、公共科技产业之间的融合,提供传统产业的经济效益和社会效益,增强高技术产业和公共科技产业的渗透力,实现我国产业的良性发展和可持续发展。

总之,民生科技产业集群水平是中国社会转型的重要支撑,是解决中国目前经济问题、社会问题的重要手段,是实现中国产业良性发展的保证。为了促进中国民生科技产业集群的发展,必须加强自主创新、制度创新和实践创新,创造良好的创新环境和机制。

第九章　当代民生科技解决民生问题的制约因素

当代民生科技解决民生问题已取得了显著的成就，但是存在一些明显的制约或瓶颈。这需要我们进一步研究来解决。

第一节　历史因素

历史因素主要表现在传统价值观、传统产业惯性的作用，影响当代民生科技解决民生问题。

一、传统价值观变革滞后的制约因素

当代中国社会转型过程中如何实现主导价值观的建构是一个很重要的课题。当代中国社会转型是由经济体制转轨引导的全方位社会变革运动，社会结构多重变革交汇导致社会矛盾积聚，文化转型滞后导致不同观念的冲撞，使社会转型过程矛盾重重。多元价值观念的冲突，是当代中国社会转型期社会矛盾的焦点之一。社会主导价值观的建构当前思想文化建设的一项重要内容，它有助于整合社会价值观念体系，实现社会观念文化的正确引导，保证社会转型的顺利进行和社会的健康发展。

中国作为一个转型国家，从价值观角度来看，存在这样几种取向，一种是传统的经济中心论价值取向，一种是封建思想的残留，如在一些农村必须要生个男孩等思想。这些价值观都会影响中国的科学发展。所以，我们现在需要通过教育，改变他们的价值观，因为价值观一旦形成，它具有一定的稳定性。要改变它需要教育来解决。

我们常常说某个人的生活习惯不好。有三种情况，一种是他认识不到这样

做不对;另一种情况是他认识到,但改变很困难;第三种情况,认识到了,也改变了。第一种情况说明,他的价值观还处于过去的价值判断维度上。第二种情况说明,他已认识到,价值观已实现转型,但行为方式很难改变。第三种情况是价值观转向也促使行为方式发生转变了。所以,价值观转变是行为方式转变的前提和基础,我们要实现科学发展,必须首先转变不同层次民众的价值观,使传统价值观的惯性更小些,新的价值观内容更多些。因为,从价值观转型到行为转型可能需要时间,如果民众无法认同我们现在的价值观取向,我们要实现科学发展就很困难。

特别是对于领导干部来讲,他们是火车头,如果他们价值观转向滞后,传统经济中心论思想严重,这种惯性又比较大。在实现科学发展,必须通过教育转变他们的思想观念,实现科学发展。另外,还可以通过修改领导干部考核体系,使他们不科学发展都不行。考核体系是实现科学发展的制度保证。

二、民生科技发展的转向力度

民生科技作为科学技术和社会需要,一方面应遵循科技发展规律,另一方面应满足社会需要。现在要科学发展,实现节能减排任务,我们必须通过高科技改造传统产业,大力发展高技术产业、环保产业等,这些需要科技作支持。

中国人均占有的原煤的储量、水能源储量、石油储量和天然气储量分别相当于世界平均水平的55%、80%、10%、4%。中国钢铁、水泥、化肥、电视机等产品生产量居世界首位。中国五类主要资源(淡水、一次能源、钢材、水泥、常用有色金属)的节约指数为1.896(GDP按购买力平价计算),它意味着中国五类资源的平均消耗强度高出世界平均水平约90%,位列世界59个主要国家中第54位。

民生科技的发展受到一个地区传统产业发展的影响,例如山西作为煤炭大省,煤化工技术发展水平比较高,但高技术产业发展很弱,公共科技发展水平低,煤炭事故频频发生。从国际经验来看,当今是科技竞争的时代,科技发展水平直接决定了一个国家的综合国力、社会发展水平,科技对经济的贡献率不断上升。如美国,按人口平均的产品增长,大约90%是依赖于技术的变革和教育水平的提高,发达国家中有60%—80%的份额是依靠科技进步取得的。我国科技对经济的贡献率已达到30%。

到目前为止,发达国家的常规污染物已基本得到控制。资源管理主要依靠市场,它们现在应对的主要问题:一是全球性环境问题(气候变暖,持久性有机物污染物等);二是使末端废物处置的成本控制更加有效。而中国所面临的科学发展有两个突出特点:一是必须同时实现节能、环保、经济发展的多重目标;二是在同一时期面临发达国家不同时期遇到的几乎所有环境与资源问题。没有现成的经验和模式可以照搬。

能耗高主要原因为:(1)技术设计存在浪费。表现在建筑、城市供水管网水资源漏失达20%。(2)低资源税带来的浪费。为了照顾地方利益,获得开采权的企业现在交付的资源税往往不足成本的1%,所以企业不重视这一税种。当前资源税征收原则为按产量征税,没有考虑多使用资源和浪费资源应多交税,以便更好地保护环境。(3)人们消费方式等方面存在的问题。

以色列国土的2/3都是沙漠,全年7个月无雨,人均水资源为270立方米,是中国人均的1/8,但以色列靠科学用水,建成了现代农业。农业人口由60%降为3%,一个农民能养活90人,人均国民生产总值为1.8万美元,居世界前12位,中国居世界106位。经验:将水和土地作为最重要的战略资源。节约用水,科学用水,全社会实行水配额制,年初分配70%的配额,其余30%靠降雨量分配;水价根据配额调节,水成本每立方米0.3美元,市场水价为0.7美元,农用水价为0.18—0.28美元,超过配额加价3倍。大力发展现代农业,如滴灌技术。大力发展循环经济,以色列农业用水的20%为再生水。

对于节能,荷兰有六大法宝:建筑节能(荷兰漫长的冬季使它供暖耗能很大,为了节能,2002年要求建筑都有绝热墙体材料,增加墙的厚度,每个房间安装供热装置自动调节阀门,可减少能耗10%—15%)、集中供热、高能效生产工艺、经济手段(根据能源中碳的含量收取能源税,每年可收30亿欧元,将它们用于能源技术的开发)、充分利用可再生资源、大力开发节能技术。主要通过技术手段和经济手段来实现。

2007年6月以来,广州有八成公交车(6400台)、16000台出租车在用LPG清洁能源。LPG为石油和天然气在适当的压力下形成的混合物,即液化石油气。主要成分是碳三及碳四烃类,发热量高,燃烧充分,无粉尘灰渣,是一种清洁能源。目前,全球正在使用的LPG汽车超过500万辆。日本、韩国、澳大利亚、荷兰等国家和地区的全部出租车使用LPG,部分货车和客车也使用LPG。目前,广州市LPG公交车排放一氧化碳接近为0。2004年至2007年广州共投入1.24亿元财政资金补贴LPG改造及节能降耗技术的提升和运用。

所以,民生科技的转向力度对于解决民生问题具有重要的影响。我们需要发展新型工业技术、高技术、公共技术,促进民生问题的解决。

三、传统产业变革滞后的制约因素

民生科技的发展一方面可以改造传统产业,另一方面可以促进新产业的发展。对于传统的"三高一低"产业,即高投入、高风险、高开采、低收益的产业来讲,我们可以通过高技术进行改造,也可以淘汰一些这样的行业。而传统产业的滞后直接影响科学发展的实现。

传统产业变革的程度主要考虑利益的影响。一些民营企业,它要实现节能、减排任务,需要购买相应的设备,配备相应的人员,这样成本就上升了。但是,如果每个企业家能够考虑更多的社会利益,承担更多的社会责任,他会认为这样做是应该的。所以,我们应从多重利益出发,促进产业的不断升级。国家可以通过产业政策,引进产业变革,为产业变革提供制度上的保证。

多数传统产业是能耗高的产业,对它们的变革是当务之急。如山西作为一个能源大省,却不是能源强省,因为它的能耗水平是全国能耗水平的 2 倍多。急需要从一个能源大省,转型到能源强省,提高能源利用效率,对于实现科学发展具有重要意义。

总之,历史因素的制约是由历史惯性决定的。我们必须通过思维创新、制度创新和实践创新,转变历史中不利于科学发展的思想,大力发展当代民生科技,促进产业结构不断升级。

第二节 认知因素

民生科技解决民生问题的能力与程度与人们的知识水平是紧密联系的。

一、对民生问题认知的局限性

1. 由于人们认知的偏差

民生问题体现社会普遍性存在的社会问题。由于人们认知的局限,可能造成对民生问题定位模糊或存在差异的情况。从历史上看,民生问题的不断变化反映了人们对民生问题认知的过程。目前,随着社会的发展,人们对民生问题的认知从单纯的经济领域扩展到政治、文化和社会领域。

2. 历史文献的不完善性

对于民生问题的定位离不开历史因素。而对于历史因素的掌握需要通过历史文献来发掘。因此,历史文献的可靠性、客观性对于民生问题的定位是很重要的。由于人们认知的局限,使对民生问题认识不够,影响民生问题的解决。

二、对民生科技认知的局限性

1. 发展领域的认知

从我国的发展情况看,曾经出现过“民用科技”和“军用科技”的提法,后出现过“实用科技”、“高技术”、“公共科技”,到后来的“民生科技”的提法。从发展领域来看,民生科技的范围经过了从工业科技、农业科技向高技术和公共科技不断扩展的过程。对民生科技发展领域的认知水平,很大程度上决定了民生科技解决民生问题的程度。

2. 民生科技发展途径的认知

从发达国家的发展情况看,民生科技的发展途径呈现多元化的趋势。表现为企业投资、政府投资和社会投资等多种形式。民生科技发展途径的认知为民生科技发展提供了物质保障,同时也影响到民生科技可能的发展空间。因为政府投资多是基础性的、长期性的和公共性的,而企业投资多是实用性。因此,对民生科技发展途径的认知程度直接影响民生科技的发展。

三、二者关联性认知水平存在的问题

(1)对发展战略认知的偏差问题

社会发展的过程就是民生问题不断出现与解决的过程。而民生科技作为解决民生问题的主要手段,它体现在很多国家的发展战略之中。因此,国家发展战略及具体措施的制定应促进民生科技研发与转化。

(2)对不同要素协同发展认知的偏差问题

民生科技解决民生问题,需要科学技术领域、社会领域等多方面因素的支持,而且各因素之间应保持协同关系。过于强调对民生科技研发,而忽视它的转化问题,或者过于强调对民生科技的政府投资,而弱化企业和社会的力量等都会影响民生科技的发展。

第三节 科技因素

民生科技本身发展过程中存在一些制约性因素,包括发展目标的不一致性、各种风险的存在,我们需要分析一下。

一、当代技术创新与科学发展目标的非协同性

技术创新是一个动态发展的概念,熊彼特在《经济发展理论》中,将其定义为“创新就是生产函数的变动,而这种函数是不能分解为小的步骤的”。从熊彼特给创新下的定义可以看出,他是站在企业这个独立的主体来分析创新。在《中共中央、国务院关于加强技术创新,发展高科技,实现产业化的决定》中,将技术创新定义为:企业应用新知识、新技术、新工艺,采用新的生产方式和经营管理模式,提高产品质量,并生产新的产品,提供新的服务,占据市场并实现市场价值。这个定义也是从企业主体这个角度来分析,这样一来,由于技术创新发展带有不确定性,技术创新给社会带来的负面作用得不到及时的治理,不利于可持续发展,具体表现在以下几方面。

第一,技术创新的不确定性影响科学发展进程。

从技术创新系统来看,技术创新目标与经济、社会良性结合具有不确定性,它的实现条件、途径和结果也具有不确定性,技术创新成功与否最终结果是高度不确定的,技术创新所固有的不确定性在中国企业中是普遍存在的。正是由于技术创新的不确定性可能造成与科学发展目标的背离,1867 年瑞士诺贝尔成功安全地使用硝化甘油,当时的目的不是为军火工业发展而研制的,但它最终应用于战争给人类带来了毁灭性的结果。技术创新的不确定性为可持续发展带来一定的不良后果。

第二,企业作为技术创新的主体经济目标的确立不利于科学发展。

在我国计划经济体制下,企业以产值最大化为目标,忽视价值规律的作用,忽视技术进步,采用粗放型的经济模式,加剧了环境污染;随着市场经济体制的建立和不断完善,企业以利润最大化为最终目标,为了实现目标,企业重视技术创新,以提升产品的价值,但从可持续发展角度来说,由于企业追求利润最大化,在企业个体利益与社会利益发生矛盾时,部分企业以牺牲社会利益来换取个体利益,也不利于科学发展。

第三,企业作为技术创新获利主体与技术带给社会的负面效应承担主体的分离使企业科学发展的技术创新动力不足。

我国在改革开放初期,为了实现利润最大化,不惜牺牲生态环境,形成了难以克服的负外部效应。由于公众作为弱势群体,需要政府出面干预公害。比如,造纸厂排放污水造成水污染,而承受如此负担的是周围的企业和居民。受益主体与受害主体的分离,市场经济的失灵,使企业的技术创新忽视社会全面发展的目标。

第四,市场经济体制在生态环境配置中的"市场失灵"的缺陷,进一步放大了企业技术创新为追求经济利益的目标,而漠视科学发展。

市场经济作为资源合理配置的经济体制和运行机制,在我国改革开放初期促进经济发展、人民生活水平提高起到了一定的作用,但一直没解决好保护环境、永续利用自然资源的问题。作为市场主体的企业追求自身利益最大化与维持生态资本存量的稳定性无缘,"经济人"的假设,而只追求利益最大化,背离了人类的全面发展,不利于经济、社会、环境的协调发展。随着人类社会的发展,对人性假设的不断进化、市场经济体制的不断完善将有助于科学发展。

第五,企业的产业性质也影响企业技术创新目标的实现。对于一些高能耗企业来讲,它节约能源的空间非常大。但是,一方面,这些企业高技术人才少,技术创新的力度跟不上;另一方面,观念也是比较落后的,只考虑短期利益,而不考虑长远发展。这样,这些企业的技术创新步子慢,与科学发展的目标也会很远的。

正是由于企业技术创新动力、技术发展的不确定性、市场经济的缺陷与科学发展目标的不一致,使企业发展与科学发展目标不一致,影响科学发展的实现。我们需要产业政策,强行关闭或进行产业结构的调整。

二、传统民生科技发展的风险分析

传统民生科技包括传统煤炭科技、传统制造业科技、传统化工科技、传统电力技术等。这些传统科技发展的特征表现为以下几个方面。

首先,很重要的一个方面就是比较成熟。从科技角度来看,风险比较小。这些技术有些已发展百年以上,现在还在用。如传统的采煤技术,火力发电等。

其次,科技含量比较低。这些民生科技的成本多是物质成本,研发成本比较低,科技含量比较低,是比较好进入的领域。

最后,能耗高。从我国能源消耗结构也可以看出,传统产业的能耗远远高于高科技产业。这样一来,它的效率也是比较低的。

从科学发展角度看,这些传统民生科技发展的风险主要表现为安全风险、环保风险、利益冲突风险等。

1. 安全风险

从国家的事故来看,传统产业的事故率远远高于高科技产业。特别是山西,煤炭产业发生的事故多,死亡人数多。虽然有自然因素,多是人为因素造成的。如技术检修不过关,操作不规范,技术创新安全性问题,人员素质低下、管理落后等,这些都加大了传统产业的安全风险。所以,由于传统技术科技含量低,操作简单,对劳动人员素质的要求也比较低,这些都加大了安全风险的系数。

2. 环保风险

传统科技多服务于传统的高能耗产业。从科学发展观角度来看,具有很大的环保风险。一方面,一些传统产业首先可能引起企业员工的职业病。如肺病、心脏病、皮肤病等。另一方面,可能给周围民众带来水污染、空气污染、土壤污染、农作物污染等。环保问题成为制约传统产业发展的重要问题。

3. 利益冲突风险

传统民生科技科技含量低,进入门槛低。它的利益风险主要表现为管理部门、企业、员工、民众之间的利益冲突。管理部门制度制定的合理性直接影响了企业与民众之间的利益问题。改革开放之初,很多传统产业产生的环境污染,都由普通民众来承担。经济中心论更是加重了这种风险。另外,员工所患的职业病多由员工个人来承担,也是加剧了企业与员工之间的利益冲突。

对于传统民生科技来讲,它的风险的规避需要通过高科技改造、价值观的转向、制度的完善等来解决。

三、高技术发展的风险分析

20 世纪 60 年代以来,高科技产业的兴起对世界经济、政治和军事格局产生了深刻的影响。然而,由于高科技产业具有“高投入、高风险、高收益”等不同于传统产业的技术经济特征,使得常规投融资渠道难以满足其对资金的需求。

我国高科技产业经过几十年的建设,尤其是 20 世纪 80 年代以来获得了迅速发展,但与发达国家相比,尚有较大差距。为了扭转这种落后局面,促进我国高科技产业发展,于 20 世纪 80 年代中期,我国开始发展风险投资事业。经过

20 多年的风雨历程，我国风险投资得到了迅速发展。截至 2007 年年底，据中国风险投资研究院不完全统计，内外资风险投资机构所管理的投资中国内地的风险资本总额高达 1205.85 亿元人民币，是 1995 年年底 43.8 亿元人民币的 27.54 倍；从投资额来看，2007 年度全国风险投资总量为 398.04 亿元人民币，是 2003 年的 7.63 倍、1995 年的 198.56 倍；从投资的行业分布来看，其中 80% 以上投资于高科技产业，成为我国高科技产业融资的一条重要渠道。同时，我国高科技产业也得到了迅速发展，在国民经济中的地位越来越重要。1995 年全国高科技产业工业增加值为 1081 亿元，占 GDP 比重为 2%，到 2007 年增加到 11846 亿元，占 GDP 比重为 4.8%。高科技发展由于存在不确定性，它进入的门槛相对比较高，资金投入高，人员素质高。而我国目前高科技产业发展存在以下问题。

1. 投入不足

高新技术产业化需要大量投资。根据国际经验，R&D、中试、批量生产的资金投入比例为 1∶10∶100，而我国是 1∶0.7∶100，比例失调造成科研成果转化率严重偏低。高新技术成果转化关键的中试环节，时间跨度宽、技术难度大、不确定因素多，需要较多投入，因而资金不足成为制约我国科研成果产业化的瓶颈。资料显示，“我国专利技术实施率仅为 10%，科技成果转化为商品并且取得规模效益的比率为 10%—15%，远远低于发达国家 60%—80% 的水平。高新技术产业产值仅占工业总产值的 8% 左右，也大大低于发达国家 30%—40% 的水平。”①在我国，高新技术产业化的投资以财政资金和银行贷款为主，风险投资和证券市场直接融资很少；当前我国科技成果转化资金中企业自筹资金和银行贷款比重合计约 82%，而风险投资仅占 2.3%。这种融资结构与高新技术产业特点和需求很不适应。从国际上看，高新技术企业创业阶段以风险资本为主导，随着企业成长壮大并逐渐成熟，普通权益性资本比重开始增加，达到生产销售的规模经济后，开始吸收债务性资金和银行贷款等资本。

2. 自主创新能力不强

中国高新技术企业真正拥有自主知识产权的并不多，大部分企业依托和运用的是属于外国的高新技术，即外源性技术。这一现象存在于许多高新技术领域，尤其是商业化程度较高的技术领域，并正成为中国高新技术企业成长的巨大障碍。又由于历史原因，大部分高新技术企业是在产权不清晰情况下创业的，而

① 崔文杰：《高新技术产业发展与风险投资》，《财经问题研究》2004 年第 3 期。

企业发展到一定阶段以后,产权问题开始表现出来,产权制度不完善也给高新技术企业发展带来很大困扰。

3. 融资渠道单一,风险资金数量不足

我国的风险资本主要来源于国有资本,2002 年中国风险投资新增资本 49.5 亿元,其中 64.1% 来自政府和国有独资企业。在发达国家,从基础研究到技术开发再到产业化,投资的比例是 1∶10∶100,而我国为 1∶0.7∶10。按有关统计,在已转化的科技成果中,风险资本只占 2.3% 计算,当年也需要 250 亿元左右的风险资本。可想而知,科技成果转化所需的风险资本缺口非常大。

高科技发展的风险主要表现为发展方向的风险、转化的风险、投入的风险。

(1)高科技发展方向具有风险。如基因工程、煤变油技术等投入比较高,风险比较大。如原来曾有的水变油技术,由于发展方向的错误,使前期的成本付之东流。

(2)转化风险的存在主要是受产业的发展、民众的认知、社会发展水平的局限等因素的影响。因此,高技术发展的风险是巨大的。我们需要社会融资、发展资本市场,加快风险市场的发展等来加快高技术产业的发展。

(3)投入的风险。高科技投入高,成功率低,这就使高科技发展处于两难境地。一方面,希望大力发展高科技产业;另一方面,力求规避投入风险。由于投入风险的存在,大大影响了高科技发展的水平。

总之,高科技发展的风险是很大的。有科技的原因,也有社会的原因。我们需要通过提高自主创新能力,加强制度建设等来促进高科技产业的发展。

四、公共科技发展的风险分析

《国家中长期科学技术发展规划纲要》中提出促进公共安全、民众健康、环境良好的公共科技的发展,具体包括公共安全科技、健康科技、环保科技和人口科技等。这些科技有一个共同点,那就是主要服务于公共领域。

1. 公共科技的内涵

公共经济概念首次出现于 20 世纪 50 年代,"主要研究政府的收入和支出,即财政收支,如税收、公债等。"①60 年代以来,政府经济管理范围越来越广,出现了专门研究公共经济的公共经济学,"主要研究公共部门经济活动的范围和

① 高志前:《市场经济条件下的公共科技管理》,《中国科技论坛》2004 年第 7 期。

组织、公共部门经济活动的结果和效率、对政府经济政策的评价。"①这样一来，我们可以将社会部门分为公共部门和私人部门，社会产品分为公共产品和私人产品。公共活动涉及公共部门和公共安全产品。狭义的公共产品主要指具有非排他性、非竞争性的社会产品，如国防、环境保护等。

从世界发展趋势看，公共活动的范围在不断地扩大，进而使公共安全科技活动的范围也在不断地扩大。日本作为自然灾害频发的国家，"20 世纪中期，日本的公共安全管理一直以应对自然灾害为中心"②。20 世纪 90 年代已形成包括自然灾害、事故灾害和事件安全的综合管理体系。美国的公共安全活动也从服务于国家安全向服务于国家安全、社会安全、经济安全和道德、社会责任方向转变。公共安全科技活动也从服务于国家安全的军事科技向民用科技、环保科技等方面转变。

我国的公共科技活动也经历了管理范围和职能权限不断扩大的过程。从公共科技活动主体看，自新中国成立以来已形成包括政府公共管理部门、高校等研发机构、企业和公众参与的多元主体。从政府的职能看，"现代政府是以提供公共产品、为人民服务为首要职责。"③公共科技是最重要的公共产品，是公共安全、环保的重要支撑。很显然，政府是公共科技发展中承担领导责任和服务责任的。一方面，公共科技的基础研究需要政府投入；另一方面，公共科技管理体系的运作需要政府管理。再次，公共科技人才的培养需要政府加大投入。因此，政府在公共科技发展过程中具有重要作用。"美国建立以总统为中心，以国家安全委员会为决策中枢的管理模式。日本建立采用内阁危机管理总监统一归口管理的方式。俄罗斯危机管理机制也是以总统为核心。"④中国设置了公共安全组织管理体系，总理是总负责人，每个省一般都是由省长来负总责。新中国成立以来，我国先后成立了地震局、国家煤矿安全监察局、国家防汛抗旱总指挥部、国家环保总局、国家煤矿安全监察局和国家安全生产监督管理局等政府公共科技部门。

2006 年一些高校和科研院所成立了公共安全研究中心，如清华大学公共安

---

① 高志前：《市场经济条件下的公共科技管理》，《中国科技论坛》2004 年第 7 期。

② [日]中郁章：《行政与危机管理》，中央法规出版社 2000 年版，第 8 页。

③ 黄顺康：《公共危机管理与危机法制研究》，中国检察出版社 2006 年版，第 171 页。

④ 朱正威、张莹：《发达国家公共安全管理机制比较及对我国的启示》，《西安交通大学学报》2006 年第 2 期。

全研究中心、中国科技大学火灾科学国家重点实验室、同济大学有关风洞方面的研究优势。企业作为公共安全的参与者,既是公共科技的应用者,又是公共科技的转化者。公众是公共科技的使用者和推动者。一方面,无论公共科技发展的好与坏,都由公众来承担;另一方面,公众又是公共科技的推动者。因此,公众对公共科技的需求成为推动公共安全科技发展的重要推动力。

随着公共问题的不断多元化,我国公共科技服务的对象也走向多元化。新中国成立初期,我国的公共科技主要服务于自然灾害,从地震局、国家防汛抗旱总指挥部的职能也可以看出。改革开放初期,随着环境问题的不断加剧,我国的环保科技产业不断壮大。1992 年 11 月 1 日,国家标准《学科分类与代码》(GB/T13745—1992),将科学技术列为一级学科,包括 5 个二级学科、27 个三级学科组成的学科群,主要涉及公共全工程技术、公共卫生工程技术、公共安全系统工程等。

综上所述,公共科技是由政府管理部门、研发机构、企业和公众参与,为了解决包括自然灾害、事故灾难、公共卫生和社会安全等公共问题组成的公共科技发展体系。由于参与主体的多层次性,服务对象的多元性,使公共科技呈现出不同类型的风险。

2. 公共科技的风险分析

公共科技发展过程中存在很多的不确定性因素。这些不确定性因素使公共科技的发展充满了各种风险。

(1)投入的风险。公共科技不同于一般的科学技术,主要方面在于它的价值取向。公共科技以服务于整个社会为己任,包括公共部门和私人部门(私有企业和公众)。它的价值取向集中体现为公共性和安全性。那谁应该成为公共安全科技的投入主体呢?从公共科技研发过程看,显然,政府作为服务于公共事务和社会安全事务的部门,应成为公共科技基础研究的投入主体。但是,公共科技不应由政府一方投入。公共科技的成果转化显然需要由企业来承担,因此企业需要对公共安全科技的转化进行投入。由于公共科技的公共性特征,使企业的投入充满了风险。

从公共科技消费群体看,政府、企业、公众是公共科技的投入主体。政府需要购买公共科技产品,以服务于公共的不同领域。企业作为经济主体,需要购买服务于企业安全生产、环保生产的公共科技。公众作为群体基础,也是公共科技消费的主体。从发达国家发展情况看,一些公共科技产品成为公众家庭或个人安全必需的装备。如一些救生装备、环保装备、卫生安全装备等。“公共安全相关产业发展成熟后还能够增加财政收入,促进 GDP 的增长。"①由于政府和企业作为研发过程和消费过程的投入主体,存在投入矛盾。这种矛盾的存在进一步加大了公共安全科技的投入风险。总之,由于公共安全科技的公共性、研发和消费投入的双重性,使公共安全科技的投入存在很大的风险。

(2)利益冲突的风险。从利益主体看,公共科技涉及公共利益、企业利益(生产型企业和科研型企业)和管理部门利益。从参与主体看,公共科技包括公共安全研究部门、企业、公共管理部门和公众。利益冲突不仅存在于参与主体之间,而且存在于参与主体内部,这与参与主体的利益选择紧密相关。公共研究部门以公共利益最大化为己任,特别建立公共预防体系、公共科技创新体系、公共管理体系,因此,对于公共研究部门来讲,并不存在明显的利益冲突。而对于企业、公共管理部门由于所选择的利益倾向的不同,而产生利益冲突。

公共管理部门作为服务于公共活动的政府部门,它的管理过程涉及部门利益和公共利益的冲突。公共管理部门的行为结果分为以下四个方面:①公共管理部门业绩,主要表现为公共管理部门为社会活动提供的服务数量和质量。②公共管理部门的行政效率。③行政效能。效能是指公共管理部门行政体系所生产的"产品"向公众提供的服务水平。④公共管理部门行为的成本。② 在实际的公共活动中,公共管理部门存在部门利益与公共利益的冲突,也就是存在行政效能与成本的矛盾。这种矛盾影响了公共科技的发展。从"三鹿奶粉事件"也可以看出,由于三鹿奶粉获得"国家免检产品"、"中国驰名商标"等称号,节约了管理部门的管理费用,但同时也使服务于公共安全的监测技术处于被忽视的境地,使中国检验奶粉所含蛋白质的方法明显落后于国际标准,仅停留在"凯氏测氮法",进而无法对有毒有害化学物质进行检测。因此,由于利益冲突,使公共科技的发展存在很多的风险。

根据与企业利益的关联度，我们可以将企业的影响力分为四个层次：公众、企业、相关企业或行业层次、公共管理部门。"当法律义务或广泛承认的职业标准可能被个人利益，特别是那些不公开的利益危及时，潜在或实际的利

---

① 薛娇:《构建公共安全科技体系,保障社会经济良性运转》,《中国高校科技与产业化》2008 年第 7 期。

② 周卓儒、王谦、韩才义:《公共管理部门的目标管理现状及对策研究》,《西南交通大学学报》2003 年第 7 期。

益冲突产生。"① 当企业与相关利益群体存在利益关系时,企业倾向于不同利益的选择,将在不同群体之间产生利益冲突。这种利益冲突也体现了在公共科技问题上。如果企业将企业个体的利益放在第一位,忽视公众、相关行业的利益,必然出现这样的境域,即对公共科技的研发投入和消费投入的不足,甚至漠视公共科技。

(3)科学技术发展的风险。公共科技是理、工、文、管等多学科交叉融合的科学技术。从公共科技发展过程看,"它既涉及基础研究,又涉及技术攻关,也涉及成果转化和产业化。"②公共科技作为科学技术发展的一个分支,它本身发展带来的风险表现在两个方面。一方面,由于公共问题处于动态之中,而公共科技的发展往往滞后于相关的公共问题,表现为发展的滞后性。公共科技本身发展的滞后性,使公共问题的解决处于两难境地,"我们有足够的信息认为这是一个问题,但没有足够的信息通知决策者如何对待它。"③因为过去的技术意味着风险监管将可能被推迟,只有到真正的证据出现时,新的公共科技才可能取得发展。另一方面,由于公共问题发生的不确定性,使公共科技研发与转化无法进行成本与效益的评估。这样就使公共管理部门和企业难以判断现有公共科技是否能必要地或足够地减少不可接受的风险。

(4)认知的风险。公共科技作为科学技术发展的一个方向,作为解决公共安全问题的重要保障,作为涉及公共利益、企业利益和部门利益的活动,由于公共管理部门、企业、公众在认知方面存在的问题,影响了公共科技的发展水平。

长期以来,公共科技主要指公共领域的科学技术。因此,企业和公众形成一种认识,即公共科技是政府的事情。随着公共科技范围的不断扩展,公共科技需要企业和公众的参与。因此,由于传统认知存在的误区,使公共科技的发展陷入困境。

另外,我国公共科技在管理、制度建设等方面存在一些问题,表现在公共安全科技研发和管理部门众多,但无法协同;公共安全科技发展领域广泛,缺乏统

---

① Association of Academic Health Center. "Conflicts of Interest in Academic Health Centers", *A Report by the AHC Task Force on Science Policy*, Washington, D. C, 1990.

② 薛娇:《构建公共安全科技体系,保障社会经济良性运转》,《中国高校科技与产业化》2008年第7期。

③ Gary E. Marchant , Douglas J. Sylvester, Kenneth W. Abbott, "Risk Management Rinciples for Nanotechnology", *Nanoethics* , (2008) 2, pp. 43 - 60.

一、协调的创新体系。研究基础弱,人才缺乏系统整合。缺乏相关的政策、法律、法规支撑。

第四节　社会因素

民生科技解决民生问题还受到一些社会因素的制约,这些社会因素包括以下几个方面。

一、社会主导价值观的导向问题

中国目前处于社会转型期,价值观存在多元化倾向。我们需要通过科学发展观和社会主义核心价值体系树立和确定主导价值观。

《中共中央关于构建社会主义和谐社会若干重大问题的决定》中提出,“马克思主义指导思想,中国特色社会主义共同理想,以爱国主义为核心的民族精神和以改革创新为核心的时代精神,社会主义荣辱观,构成社会主义核心价值体系的基本内容。”胡锦涛同志在党的十七大报告中强调,社会主义核心价值体系是社会主义意识形态的本质体现;要建设社会主义核心价值体系,增强社会主义意识形态的吸引力和凝聚力。党组织在加深对社会主义核心价值体系的认识和理解,使社会主义核心价值体系深入农村,转化为人民的自觉追求中发挥重要作用。

社会主义核心价值体系是由马克思主义指导思想、中国特色社会主义共同理想、以爱国主义为核心的民族精神和以改革创新为核心的时代精神和社会主义荣辱观四个方面的基本内容构成的,马克思主义指导思想是社会主义核心价值体系灵魂,是中国共产党的根本指导思想,是构建社会主义和谐社会的基本理论,也是建设社会主义核心价值体系的理论基础。这些内容并不是简单地相加而成,是多类型、多向度、多层次地构成一个内容体系或系统。

中国特色社会主义共同理想是社会主义核心价值体系的目标。推进中华民族的发展,实现中华民族的伟大复兴,是中国共产党人和全国各族人民共同的理想。中国共产党曲折发展的历史,是从新民主主义革命到社会主义革命的历史,是从社会主义建设到改革开放新时期的历史,也是中国共产党从弱小到强大的历史,是中国共产党从幼稚到成熟的历史,是从革命到建设的历史。这是历史时空的转换,是时代主题的转换,是中国共产党不断把握时代要求,响应时代召唤,加强自身建设,致力于中华民族伟大复兴,推进中国走向繁荣富强的历史。实现这一伟大理想,是中华民族的历史任命,也是中国共产党带领全国人民努力和长期奋斗的方向。

以爱国主义为核心的民族精神和以改革创新为核心的时代精神是社会主义核心价值体系的精髓。只有坚持以爱国主义为核心的民族精神,才能激发中华民族的决心和信心,增强构建社会主义和谐社会的凝聚力;只有坚持以改革创新为核心的时代精神,才能增强构建社会主义和谐社会的动力;只有切实把以爱国主义为核心的民族精神和以改革创新为核心的时代精神结合起来,才能增强构建社会主义和谐社会的合力。只有把这两种精神结合起来,统一起来,才能大力倡导和谐理念,逐步培育和谐精神。这样,才能使构建和谐社会的伟大实践成为每个公民基本的观念和自觉的行动,推进构建社会主义和谐社会的进程。

社会主义荣辱观是社会主义核心价值体系的基础。荣辱观是社会发展的基本评判价值尺度。作为一种社会意识,荣辱观是人们在世界观、价值观基础上形成的关于什么是荣与辱,它们的相互关系,以及在人生实践中对荣辱应有的态度等问题所持的基本观点。荣辱观在本质上是社会存在的反映,是社会生活是非曲直的判断标准。恩格斯深刻指出:每个社会集团都有它自己的荣辱观。胡锦涛同志提出的以"八荣八耻"为重要内容的社会主义荣辱观,是对中国传统文化和民族精神的总结,也是时代进步的需要,是社会主义核心价值观的集中体现。

总之,社会主义核心价值体系是与实践相联系的理论体系,是与经济、政治、文化、社会四位一体建设相结合,与构建和谐社会相结合,与中国现代化发展进程相结合的新时期理论成果。它对于促进民生科技解决民生问题具有重要意义。

二、思维创新、制度创新和实践创新整合的问题

民生科技解决民生问题需要思维创新、制度创新和实践创新的整合。而目前三者之间的整合存在一些问题。

1. 缺乏系统整合的机制

由于思维创新、制度思维和实践创新分别从属于不同的主体,要实现它们的整合,需要在体制和机制上建立相关的制度保证。

从宏观上讲,思维创新的主体是国家,微观方面包括地区政府、管理部门和企业等。制度创新的主体也存在分层现象。实践创新主体包括企业、政府和民

众，由于不同主体创新的力度、方向和目标存在很大的差距，如何实现微观创新服从于宏观创新，需要不同层次的创新进行整合。而目前中国管理部门层次过多，效率低，部门之间职能又有交叉，这使创新的效率大大降低。如科技创新，国家每年投资很多钱用于科学研究，但是，由于搞科研的人没有精力也没有实力进行科研成果的转化，而企业创新能力低，产、学、研紧密结合很难。我国科技成果转化率低，也说明了部分创新之间缺乏有机的整合，使三圈之间融合少，当然最后的效果也就差。

另外，对于不同创新主体来讲，还存在一个问题就是不同创新主体之间横向联系和纵向联系比较少，这使不同创新形成合力非常困难。另外，角色也存在一些问题，技术创新的主体应该在企业，而目前很多技术创新的成果在科研单位或高校，机制的矛盾使创新成果转化比较难。

我国目前已建立了国家创新系统，其核心内涵是实现国家对提高全社会技术创新能力和效率的有效调控和推动、扶持与激励，以取得竞争优势。在知识经济时代，知识基础成为企业、区域乃至国家提高核心竞争力的重要平台，因此国家创新体系既包括提高技术创新能力与效率，也包括提升全社会的知识基础等重要内涵。中国的国家创新体系研究始于20世纪90年代中期。中国科学院借鉴国外对国家创新体系研究的成果和实际经验，结合中国的国情，在《迎接知识经济时代，建设国家创新体系》的报告中，提出了关于中国国家创新体系的概念："国家创新体系是由与知识创新和技术创新相关的机构和组织构成的网络系统，其主要组成部分是企业（大型企业集团和高技术企业为主）、科研机构（包括国立科研机构、地方科研机构和非营利科研机构）和高等院校等；广义的国家创新体系还包括政府部门、其他教育培训机构、中介机构和起支撑作用的基础设施等。"这表明中国创新体系是知识创新和技术创新并举的系统，主体包括企业、科研单位和高校、民众和政府，是一个广义的创新系统。在国家创新系统的基础上实现各系统要素的整合是一个很重要的方面。

2. 高技术产业、公共科技产业集群度低

美国的硅谷和印度班加罗尔软件产业集群是高技术产业集群的典型代表。产业集群的特点是通过积累而成的；有规模效应；需要不断的更新；具有生产性。而中国目前高技术产业集群度低。

传统产业集群主要指如纺织、服装、制鞋、家具、五金制品等行业，典型的例子是意大利的特色产业区。中国传统产业集群度比较高，一些地区已经形成产业优势;而高技术产业集群度比较低。

上海IT产业的发展基本上是政府主导型,政府通过各项重大规划和工程,主要借助政府以及外资的力量推动IT产业的发展。上海IT产业的技术创新主要由大学、科研院所、大型国内企业以及外资研发机构共同推动。上海尚未形成具有国际竞争力的行业。北京的中关村也是中国高技术产业集群度比较高的区域,但是与国外信息技术的集群和发展水平来讲,还是存在差距的。对于中部和西部地区来讲,高技术产业集群度更低。

3. 社会转型期的人才问题

知识经济与工业经济或称技术经济相比,在竞争的实质方面并没有发生根本性的变化。在工业经济时代,国际竞争是技术和资本实力的竞争,技术竞争的背后是人才的竞争。因为工业竞争实质是技术创新能力的较量,技术创新能力强的国家总可以获得产品质量和性能、品种、成本等多方面的综合优势,从而在市场上处于有利地位,不断获取超额利润或称为比较利益。这实质上是在以技术和知识换取劳动力和资源。从本原上讲,技术创新是知识创新在生产领域的延伸。在知识经济时代,知识作为经济资源,不再只有延伸到生产领域才能获取经济价值,而是可以直接作为产品在市场实现其价值。发达国家的知识产权产业的规模已经超过制造业,更多的就业不是从事直接的物质生产,而是从事知识的研究与开发和知识的扩散,整个经济的过程或产业链条被大大拉长,知识的生产成为经济的基础产业。因此,知识的竞争更加激励,不仅是知识创新的竞争,更重要的是将知识应用于经济社会发展的实践能力,提高综合国力的竞争,也就是应用知识的能力的竞争,说到底仍然是人才的竞争。因此,发达国家的资本投资结构已经发生了巨大的变化,物质产品投资比例已经大大下降,而人才投资和知识投资已经成为投资的主要领域。所以说资本的重要性并没有任何降低。因为没有充足的资本投资,就没有教育产业的迅速发展,人才资源开发就必然会落后。因此,知识经济时代的竞争核心仍然是人才和资本。

中国面临着双重压力。一方面,我们的工业化仍未完成,原始积累不足,物质资本的绝对量和人均量都仍然处于相当低的水平上,经济增长仍然必须依赖于物质资本的快速积累。另一方面,我们的人力资本积累相对于发达国家更显不足。再考虑到中国受过高等教育的人才在生产领域中从事研究与开发的比例远远低于发达国家,人均物质资本装备程度低得可怜的实际情况,我们如何在知识经济领域与发达国家竞争呢？因此,面对发达国家知识经济的发展和“闯上门"来的竞争,我们面临的人力资源开发的压力远远大于物质资本的压力。应将中国劳动力受过高等教育的比例提高到发达国家目前的平均水平,只有达到这样的水平,才有可能使我们有资格与发达国家进行同水平竞争。显然,没有人力资本的大规模投入,就不可能有人力资本的快速增长,也就不可能进入知识经济。

事实上,对于知识和人才资本的重要性,无论是政府还是一般老百姓,都已经认识到了。但是在实际工作中,我们仍然没有落实到行动上。这有两方面的原因:一是社会资本不足。教育在一定程度上带有明显的公共事业特点,外部效益大于教育产业本身的效益。因此,需要社会尤其是政府进行大量投入。而我们的政府财政收入占 GDP 的比重很低,财政支付能力较差,没有能力拿出更多的财力投入教育事业和其他人力资源开发事业。社会资本尤其是私人资本还没有强大到可以大幅度向教育等公益事业投资的程度。因此,总体上说,中国人力资源开发落后的主要原因仍然是资本的不足。二是中国的人均财富拥有量仍然处于低水平上,家庭支出恩格尔系数仍然高达 0.45 左右。即居民支出的主要部分仍然首先是满足生存需要,可以用于发展需要的支出能力还有限。

总之,创新系统要素之间的整合存在机制的问题、产业集群度的问题和转型期人才的问题等。

三、利益冲突问题

目前中国正处于经济和社会的转型期,公共保障相对薄弱。据统计,"'十五'期间,全国每年由于公共安全问题造成的损失达 6500 亿元人民币,约占 GDP 总量的 6%,严重影响了国民经济全面、协调、可持续的发展。"①其中利益冲突成为制约我国公共活动和谐、健康发展的瓶颈。利益冲突表现在私人领域和公共活动领域,而私人领域的利益冲突随着西方微观经济学的发展已逐步得到解决。如可以通过生产要素、技术、管理、知识等方面贡献的多少来解决不同要素和不同群体的利益关系。现在比较难解决的是公共活动中的利益问题。下面主要谈一下公共活动中的利益冲突问题。

1. 公共活动中利益冲突的界定

"利益冲突(conflict of interest),顾名思义,是不同个人或团体,或个人与团

① 孙海鹰、冯波:《加强科技政策引导推动我国公共安全科技发展》,《科学学与科学技术管理》2005 年第 9 期。

体之间在利益分配或占有过程中出现的矛盾。"①在公共活动中，由于存在利益冲突，影响不同主体做出正确的选择。20世纪中期，日本首先开始解决自然灾害的公共安全问题。20世纪90年代后，由于自然和人为的公共安全事件越来越多，日本内阁确定了包括自然灾害、事故灾害和事件安全的公共安全管理体系。中国工程院院士范维澄认为：公共安全涉及自然灾害、事故灾害（生产安全事故、环境生态问题等）、公共卫生事件和社会安全事件。国家"十一五"规划纲要提出要加强公共安全建设、增强防灾减灾能力、提高安全生产水平、保障饮食和用药安全、维护国家安全和社会稳定、强化应急体系建设。

从利益主体看，公共活动涉及公共利益、企业利益（生产型企业和科研型企业）和管理部门利益。从参与主体看，公共活动包括自然因素、公共安全研究部门、企业、公共管理部门和公众。利益冲突不仅存在于参与主体之间，而且存在于参与主体内部，这与参与主体的利益选择紧密相关。自然灾害作为自然因素影响公共活动，它本身并不存在利益冲突，对于重大自然灾害的处理主要由代表公共利益的政府和社会来承担，因此并不存在利益冲突。公共研究部门以公共利益最大化为己任，因此，对于公共研究部门来讲，并不存在明显的利益冲突。而对于企业、公共管理部门、公众之间由于所选择的利益倾向的不同，而产生利益冲突。

在现代社会中，企业对相关利益的影响越来越大。根据与企业利益的关联度，我们可以将企业的影响力分为四个层次：公众、企业、相关企业或行业层次、公共管理部门。"当法律义务或广泛承认的职业标准可能被个人利益，特别是那些不公开的利益危及时，潜在或实际的利益冲突产生。"②当企业与相关利益群体存在利益关系时，企业倾向于不同利益的选择，将在不同群体之间产生利益冲突。从"三鹿奶粉事件"可以看出，一个企业的利益选择涉及相关利益群体。首先是影响公众利益。卫生部2008年12月1日通报指出，截至2008年11月27日8时，全国累计报告因食用三鹿牌奶粉和其他个别问题奶粉导致泌尿系统出现异常的患儿达29万余人。其次是影响企业利益。经自检发现三鹿奶粉企业2008年8月6日前出厂的部分批次婴幼儿奶粉受到三聚氰胺的污染，市场上

① 魏屹东：《科学活动中的利益冲突及其控制》，《中国软科学》2006年第1期。

② Association of Academic Health Center, "Conflicts of Interest in Academic Health Centers", *A Report by the AHC Task Force on Science Policy*, Washington, D. C, 1990.

大约有700吨。对于这些奶粉都需要召回,并停产整顿。再次是影响同行企业及相关利益群体的利益。全国检查发现22家企业69批次婴幼儿奶粉发现有质量问题,同时奶农的利益受到损失。最后是凸显公共管理部门存在的问题。一些职能部门对事件的了解,不是通过自下而上汇报的渠道,而是从有关新闻报道中获得,反映他们监管不到位、管理缺失等问题。

公共管理部门作为服务于公共安全活动的职能部门,它的管理过程涉及部门利益和公共利益的冲突。在实际的公共活动中,公共管理部门存在部门利益与公共利益的冲突,也就是存在行政效能与成本的矛盾。政府职能部门与企业的关系应该是管理与被管理、监督与被监督的关系。政府是游戏规则的制定者,企业是游戏规则的执行者。公共管理部门将自己的监督职能转给企业时,就埋下了祸乱的种子。如中国免检产品的认定,在某种程度上节约了管理成本,提高了部门利益,但是加大了为公众提供不合格产品的风险。另外,管理部门之间存在利益冲突表现在中央和地方同一公共管理部门之间的利益冲突和在不同公共管理部门之间的利益冲突。从“三鹿奶粉事件”看,由于三鹿奶粉获得“国家免检产品”、“中国驰名商标”等称号,地方公共管理部门对于这种国家认可的名优企业自然不可能做出相反的结论。

公众作为公共活动的群众基础,是公共利益群体的代言人。公众与企业和公共管理部门之间的利益关系是建立在社会信任和道德责任基础上的。公众对企业和公共管理部门的信任,特别是对国家确认的免检产品的信任,这种信任通过公众影响同一行业不同企业的经济利益,最终在同一行业的不同企业之间、公众与企业之间产生了利益冲突。对于企业来讲,它不仅需要承担经济责任、法律责任和社会责任,而且需要承担道德责任。密尔顿·弗里德曼(Milton Friedman)承认企业应履行道德责任,他“主张企业在遵守基本的社会准则的前提下可以尽可能多地赚钱,并指出基本的社会准则既包括法律中的社会准则又包含伦理习惯中的社会准则”。① 阿基·B.卡罗也认为,经济责任和法律责任是社会要求的,道德责任是社会期望的。它的底线首先应做到企业对公共利益负责,也就是不损人利己、不做虚假广告,它的生产过程、产品都是健康的、安全的,符合社会需要。公众与公共管理部门之间的利益关系也是建立在社会信任和道德责任基础上的。在公共利益受损的情况下,公共管理部门会受到舆论的谴责,甚至

---

① 周祖城:《企业社会责任:视角、形式与内涵》,《理论学刊》2005年第2期。

要承担相应的法律责任。从“三鹿奶粉事件”也可以看出，由于公众公共利益的受损，相应的公共管理部门不仅受到舆论的谴责，而且需承担相应的法律责任和行政责任。因此，当企业与公共管理部门社会信任和道德责任缺失时，公众与企业、公共管理部门之间存在利益冲突。

综上所述，公共活动中的利益冲突是指这样的境况：在这个境况中，企业、公共管理部门和公众等之间有利益关系时，利益因素影响参与主体作出正确、客观和公正的判断。利益冲突既可能是个人的，也可能是群体的；既可能是实际的，也可能是潜在的；既可能是直接的，也可能是间接的。

2. 公共活动中利益冲突的类型

公共活动的利益冲突涉及企业、公共管理部门和公众等不同主体，根据利益冲突产生的原因，可以将利益冲突划分为以下几类。

（1）权力与责任的冲突。对于公共活动来讲，政府具有监管的权力和责任。而一些公共管理部门将权力与责任处于分离状态，自己享有监管的权力，而将相应的责任推给企业和公众。权力与责任的分离将产生责任的缺失，导致利益冲突。目前，中国食品安全监管工作是由卫生部、农业部、国家质检总局、国家工商总局和国家食品药品监督管理局等五个部门分段进行管理。但在实际的公共安全活动中，这些部门更多注重权力的分配，存在监管责任不到位的问题。

（2）经济利益与社会责任的冲突。在公共活动中，由于企业存在经济利益与社会责任的冲突问题，而引发公共事件。企业社会责任最早可追溯到古代社会商人在社区压力下追求社会利益的行为。随着工业化时代的到来，企业公司化改制的不断推进，有些人提出公司社会责任理论。公司社会责任主要指“公司在谋取股东利益最大化的同时，还应承担的维护和促进除股东外其他利害关系人的利益和社会公益的责任”。① 在公共活动中，企业往往将它本身的经济利益放在第一位，忽视或弱化相应的社会责任。如企业对环保、产品的安全与健康等涉及社会利益的问题总是被动地在处理。从“三鹿奶粉事件”可以看出，企业为了自身的经济利益，对于早就发现的问题奶粉不是积极地应对，而是通过“公关”等手段来解决。最终由于社会责任的缺失，引发巨大的经济利益的损失。

（3）管理冲突。目前中国对于公共安全存在管理方面的冲突，表现在管理部门众多，但无法协同；质量安全标准众多，无法形成统一的标准体系；公共科技

① 吕玉玲：《从“三鹿奶粉”看企业社会责任承担》，《企业研究》2008 年第 10 期。

发展领域广泛，缺乏统一、协调的创新体系。由于管理冲突，使一些部门钻空子，强调部门利益，弱化社会责任。如对于食品安全性、企业生产安全性保障的安监技术存在发展主体不确定的问题。从“三鹿奶粉事件”也可以看出，由于管理缺位，中国检验奶粉所含蛋白质的方法明显落后于国际标准，仅停留在“凯氏测氮法”，进而无法对有毒有害化学物质进行有效的检测。

(4)信任冲突。公共活动在某种程度上是由利益主体信托关系建立起来的。但是由于利益关系的存在，不同利益主体之间产生信任冲突，最终导致公共安全事件的发生。“信任可分为一般信任、具体信任和不知道结果的一种信任。”①公众对政府和企业的信任可通过公信力表现出来。“政府公信力是政府依据自身信用所获得的社会公众的信任度。”②政府的公信力要求政府做得更好。但是，一些公共管理部门过于强调部门利益，引起利益冲突而可能丧失公信力。对于企业来讲，公信力是支持企业发展的群众基础。企业一旦失去公信力，需要付出巨大的成本。但从“三鹿奶粉事件”看，由于公众与管理部门、企业之间的信任冲突，最终引发了公共事件。所以，2008 年 9 月 18 日，国家质检总局要求各省、自治区、直辖市质量技术监督局切实落实国家质检总局下发的《关于停止实行食品类生产企业国家免检的公告》。从另一方面也说明由于信任危机的存在，必须重新调整管理方法。

四、民众的认知水平与转化水平

认知能力是指人脑加工、储存和提取信息的能力，即人们对事物的构成、性能与他物的关系、发展的动力、发展方向以及基本规律的把握能力。它是人们成功地完成活动最重要的心理条件。知觉、记忆、注意、思维和想象的能力都被认为是认知能力。

美国心理学家加涅(R. M. Gagne)提出三种认知能力：言语信息(回答世界是什么的问题的能力)；智慧技能(回答为什么和怎么办的问题的能力)；认知策略(有意识地调节与监控自己的认知加工过程的能力)。民众作为民生科技解决民生问题的支撑力量，民众目前对民生科技、思维创新、技术创新和实践创新

① Center for Risk Research, "Stockholm School of Economics, Attitudes toward Technology and risk: Going beyond what is immediately given", *Policy Sciences*, 2002, 35, pp. 379 - 400.

② 林雄弟：《公共安全问题的发展趋势和应对策略》，《铁道警官高等专科学校学报》2008 年第 1 期。

的认知水平比较低,传统的价值观影响比较严重。

民众的认知与一个国家、区域的产业变革具有很大的关系。只有具有强大的民众基础才可能实现民生科技解决民生问题。就树立科学发展观,实现人、自然、社会的和谐发展来说,加强宣传教育,提高全民节能意识、环保意识、科技意识,让节约、环保成为人们的一种生活和工作方式,而民众认知水平的转化是前提和基础。

总之,民生科技解决民生问题的制约因素包括了历史因素、认知因素、科技因素和社会因素,所以,我们只有在一个更广泛的系统中处理这些制约因素,才能更好地通过发展民生科技解决民生问题。

第十章　民生科技解决民生问题的对策研究

民生科技解决民生问题是在历史维度、科学维度和社会维度中进行研究的。首先民生科技解决民生问题来源于四个维度，解决水平的约束性也来源于四个维度，对于对策的研究也离不开四个维度。

第一节　解决历史因素的制约

历史因素作为纵向因素，是传统价值观、产业发展等对当代民生问题产生的制约。我们应加快价值观的转向，产业结构升级的步伐。

一、树立主导价值观

每一个社会都有一个或几个价值观成为主导价值观，它们引导着社会价值取向和人们的理想、信念和信仰。主导价值观应该有最广泛的接受者和最深刻的解释力，成为社会群体在观念上普遍认可并在行动中实际践行的价值标准，为人们的价值评价、价值选择提供最有说服力的依据。主导价值观还应该与社会生活的基本状况和基本要求相一致，只有这样才能够深入人心，发挥更强大的导向作用。当一个社会主导价值观缺失时，会出现价值危机、信仰危机、价值失范等现象，此时必须尽快确立主导价值观。

而当今我们社会的主导价值观表现为科学发展与构建和谐社会。“和谐与发展”作为一个有机的整体，成为人们评价或判断事物的一种价值尺度，应该具有如下的基本内涵：和谐中的发展，发展中的和谐；和谐促进发展，发展促进和谐；和谐依赖发展，发展依赖和谐；发展为了和谐，和谐为了发展。

第一，民众的价值观应服从社会主导价值观。从价值观发展过程来看，每一个时期,都有主导的价值观。当今,我们的主导价值观是科学发展与构建和谐社会。而民众的价值观受历史的、社会的、家庭环境等因素的影响,形成多元的价值取向。社会的多元性发展,多元的价值取向必须以社会主导价值观为指导。

第二,立足现实,以多元化价值为核心树立正确的价值取向,形成自己的人生价值观。在一个社会里,不同的民族、辈分、生活区域、家庭、使用语言、宗教、受教育水平、社会政治经济地位等,甚至不同的个人,都可能意味着不同文化的存在,价值取向也就不同。改革开放以后,社会经济成分和利益关系的多元化,更加强化了文化的多元化价值。民众应以社会主导价值观为主,形成自己的价值观。

第三,加强教育,塑造主导价值观。尽管社会发展日新月异,甚至社会环境错综复杂,也要坚持万变不离其"宗",这个"宗"就是造福全人类,个人利益不能凌驾于国家、民族、集体利益。由于价值观一旦形成具有一定的稳定性,对于过去以经济为中心的价值观,我们必须通过教育,改变民众传统的价值观,形成具有当今社会主导的价值观。

第四,促进主导价值观产生社会效应。价值观不仅影响个人的行为,还影响着群体行为和整个组织的行为。在同一客观条件下,对于同一个事物,由于人们的价值观不同,就会产生不同的行为。在同一个单位中,有人注重工作成就,有人看重金钱报酬,也有人重视地位权力,这就是因为他们的价值观不同。同一个规章制度,如果两个人的价值观相反,那么就会采取完全相反的行为,将对组织目标的实现起着完全不同的作用。我们通过塑造价值观,影响民众的行为,为实现科学发展,构建和谐社会而努力。

总之,主导价值观需要通过教育形成,主导价值观是多元价值观的核心和主体,通过主导价值观教育民众,并力求改变他们的行为方式、消费方式等,这是主导价值观重要的社会意义和价值。

二、加快产业结构的优化升级

由于传统产业多是高能耗产业,这与实现科学发展,构建和谐社会具有很大的差距。我们必须通过高技术促进传统产业的科学发展,实现节能、减排任务。

第一,加快新型工业化建设步伐。所谓新型工业化,就是坚持以信息化带动工业以工业化促进信息化,就是科技含量高、经济效益好、资源消耗低、环境污染少、人力资源优势得到充分发挥的工业化道路。与传统的工业化相比,新型工业化具有两个突出的特点:其一,以信息化带动的、能够实现跨越式发展的工业化。以科技进步和创新为动力,注重科技进步和劳动者素质的提高,在激烈的市场竞争中以质优价廉的商品争取更大的市场份额。其二,能够增强科学发展能力的工业化。要强调生态建设和环境保护,强调处理好经济发展与人口、资源、环境之间的关系,降低资源消耗,减少环境污染,提供强大的技术支撑,从而大大增强我国的科学发展能力和经济后劲。

第二,发挥区域产业优势。由于我国生产力发展水平不均衡,地区之间差距大,行业之间的发展水平不等,因此不能走清一色的发展道路,应根据地区、行业的特点走因地制宜、多元化的发展道路,对于资金雄厚、人才资源丰富的企业,可以考虑走科技成果企业内部化的道路,同时为其发展创造较为宽松的外部环境,组建科研体系结构,保障科研人员的就业和发展空间。

第三,发展高技术产业。在全国范围内形成高技术发展产业带。2008 年国务院政府工作报告中提出,“要着力发展高新技术产业,大力振兴装备制造业,改造和提升传统产业……”提高高技术对传统产业的改造力度,发展高技术产业。

第四,培育和壮大现代服务业,提高第三产业发展水平。大力发展金融、证券、期货、保险、咨询、会计、法律、会展等服务业,推进连锁经营、物流配送、中高级批发市场、电子商务等现代营销和流通方式,发展现代流通业,加强旅游基础设施建设,努力创建中国最佳旅游城市和优秀旅游城市。

总之,从历史维度看,我们需要改变过去片面的价值观,改造过去形成的高能耗产业,满足新时期的需要。

第二节 解决认知因素的制约

认知能力的提高受到历史、科学、社会等因素的制约。为了更好地解决认知能力问题,必须做好以下几个方面的工作。

一、提高人们对民生问题与民生科技的认知能力

认知能力本身的提高受到人们想象、联想等非逻辑思维能力和推理等逻辑思维的影响,因此,首先,应培养自己良好的非逻辑和逻辑思维的能力。逻辑思维是指以语法和语义学为基础,以概念为出发点,经过判断和推理得出最后结果

的理论。非逻辑思维是指在人的思维过程中，不以概念作为出发点，也不遵从严格的判断和推理，然而却能得到形式逻辑所得不到的意外结果和思维现象。在人的认知过程中，形式逻辑的功能在于继承性，而非逻辑功能在于突破性与创新性。我们可以通过数理逻辑、形式逻辑等方面的教育，提高人们的逻辑思维能力。可以通过强化记忆法、激发潜意识法、头脑风暴法等培养人们的非逻辑思维能力，来达到提高人们认知能力的水平。

其次，加强感性资料和理性资料的整合。我们需要将表象的对民生问题和民生科技的认知与历史资料结合起来，在特别的历史和社会语境中把握民生问题与民生科技的内涵。只有这样，才可能做到民生科技服务于民生问题。否则可能造成的结果是民生问题与民生科技是两张皮，浪费科技资源和社会资源。

再次，做好对历史文献的整理与完善工作。内容丰富，不可轻视，包括政治、经济、文化、教育、风俗民情、山川地势、民族迁移、地理沿革、天文气象、矿藏河流、城郭郊野等方面的论著，都应当归类整理。从资料所依赖的载体上来看，又可分为图书、报纸、期刊、手稿、碑拓、墨迹、图表等。从文别上来看，它既包括汉文，也有蒙文、藏文、满文以及英、日、俄等外国文字。从组织机构来讲，应受到政府、研究机构等部门的重视。

二、加强政府、企业和社会之间的协同力

协同治理的概念一经提出，立即出现了一种为我所用的倾向。欧美企业界，世界银行，国际货币基金组织和经济合作与发展组织（OCDE），欧洲联盟，以及世界公民社会的众多非政府组织都自行定义协同治理的含义，以至于这个概念变得含糊不清。人们认为："协同治理，尽管有些模棱两可的意味，代表了一种新的民主精神，它试图至少部分地解决政治的一大难题，即建构集体决策的合法性。协同治理的精神事实上表达了对公民评议和参与的作用及合法性的信任，将民主的民主化作为目标。"

民生科技解决民生问题是一个复杂的问题，它涉及很多方面的因素，如科学技术研发与转化共同体、政府、企业和社会等，只有实现对它们之间的协同合作，才可能更好地通过民生科技解决好民生问题。

实现社会协同，是整合社会管理资源，建立新型社会管理格局的重要途径。就是要充分发挥各类社会组织的作用，加强政府与社会组织之间的分工、协作以及不同社会组织之间的相互配合。在建设新型的社会管理格局过程中，政府应

更加注重发挥在社会管理和公共事务中的职能作用，负责具体的组织管理。包括建立健全社会建设和管理的政策法规，建立健全社会保障制度，推进社会事业管理体制改革等。企业和社会的参与既有利于在社会事务管理中得到群众的支持，又能有效地实现民生科技的转化。充分依靠人民管理国家和社会，是我们国家性质的必然要求，是我们党一切为了群众、一切依靠群众的群众路线的生动体现。依靠公众参与管理社会事务，也是实现有效管理的重要形式。

三、加大对民生科技研发和转化的管理工作

（1）必须坚持以民为本、服务发展。紧紧围绕民生事业发展和民政管理服务对象最直接、最关心、最现实的需求，依靠科技进步改善民生、提高效率，服务广大人民群众，促进社会主义和谐社会建设。

（2）必须坚持立足当前、着眼长远。科学判断国家经济社会发展形势和科技发展趋势，切实把国家关注、社会需要、民政有优势、技术上有基础的项目作为民政科技工作的切入点和重点，着力解决当前制约民政事业发展的重大科技问题。同时，着眼民政事业长远发展，超前部署一批基础研究、前沿技术研究、重大共性关键技术与集成技术研究项目，引领民政事业创新发展。

（3）必须坚持因地制宜、分类指导。结合各级、各地实际推进民生科技工作。部属科研机构要在本行业、本领域科技发展中充分发挥支撑引领作用，加大行业重大共性技术和产品研发力度。

（4）突出重点，加快推进民生科技研究和成果转化。科技研究是民生科技工作的核心。科技成果转化是科技工作围绕民生工作、服务人民群众的重要途径。必须不断加强科技研究，推动成果转化，提高民生问题解决水平。加强民生科技基础研究、民生应用技术研究、民生科技信息化建设、民生科技软科学研究、加速民政科技成果转化。

第三节 解决科学技术因素的制约

中国有句古谚，“合久必分，分久必合”。当然这是以时间和空间的不断变化为前提，以社会的不断需要为条件，以经济、社会发展规律为依据的。古代的科学技术发展水平非常低，主要表现在简单的技术等直接服务于农业、手工业方面。随着生产力的发展，知识的不断积累，出现了三次大的分工，最后知识分子

从社会群体中分离出来,作为脑力劳动者而与体力劳动者分开。历史上的每一次科学技术革命都带来社会的巨大发展,第一次技术革命实质上用机器代替了人的部分体力劳动和手的部分技能,使社会生产开始步入机械化的轨道上来;第二次技术革命,促进了产业结构的不断升级,几乎没有什么部门不受其影响,很多部门步入自动化生产轨道。为促进当代民生科技解决民生问题,在科学维度方面我们应做好以下几个方面的工作。

一、提高自主创新能力

改革开放以来,我国科技发展水平和产业结构的技术构成发生了重大变化,劳动力素质也有了相当提高。但总的来看,面对日新月异的科学技术变革,面对日益强化的资源环境约束,面对以创新和技术升级为主要特征的激烈国际竞争,我国自主创新能力薄弱的问题已经日益成为发展的瓶颈。加快提高自主创新能力,是"十一五"时期引导我国经济发展的重要任务,这是加快转变经济增长方式的迫切需要,是推动产业结构优化升级的迫切需要,是增强我国综合国力和竞争力的迫切需要,也是在激烈的国际竞争中从根本上保障国家经济安全的迫切需要。

1. 树立创新意识

深刻认识增强自主创新能力的重大意义。增强自主创新能力、建设创新型国家,是党中央在新的历史时期,落实科学发展观、开创社会主义现代化建设新局面的重大战略举措。21 世纪科学与技术的发展趋势是互相融合,呈现出"科学技术化,技术科学化"的明显特点,科学与技术、基础研究和应用开发之间的关联越来越紧密。基础性创新或原始创新所起的作用越来越大。正如李政道先生所说:"只有重视基础科学研究,才能永远保持自主创新的能力。谁重视了基础科学研究,谁就掌握了主动权,就能自主创新。"因此,研究型大学要发挥基础研究的优势,努力提高原始性创新与知识创新能力,为国家自主创新体系建设打下坚实的基础。

2. 建立创新机制

创新已成为时代发展的显著特征,我们需要机制创新,为民众的创新提供相应的平台。包括创新政策、法律法规、文化等软环境;信息网络、科研设施等硬环境;以及积极参与国际竞争合作的外部环境。创新是研究型大学的精神内核,而制度建设则是保障研究型大学持续创新的前提。大师云集、英才辈出、硕果累累,不是急功近利的改革措施和行政命令能催化出来的,而是完善现代大学制度、以人为本的产物。

3. 培养创新型人才队伍

知识经济时代,创新需要团队来完成。建立一支高水平的队伍和若干高水平的学术创新团队,乃是决自主创新能力的关键。创新人才的培养来源于我们的教育,创新型教育将成为我们这个时代的一个客观需要。提高自主创新能力成为我们时代的客观需要,也是当代民生科技发展的客观要求。

二、大力发展循环经济

循环经济的系统是包含人、自然资源和科学技术的大系统,即人在考虑生产和消费时不再把自身置于自然生态系统之外,而是置身其中,作为这个系统的一部分。循环经济更全面地分析投入与产出,它是在人口、资源、环境、经济、社会与科学技术的大系统中研究符合客观规律的经济原则,均衡经济、社会和生态效益。

循环经济名词的创意者、美国经济学家 K. 波尔丁,他在 1969 年《一门科学——生态经济学》中提出了"循环经济"一词。他提出"循环经济"来源于宇宙飞船飞行过程的资源循环,即尽可能地减少排出废物。循环经济主要理论是"3R"原则,即减量化、再使用、再循环。

1. 循环经济与传统经济的区别

从发展理念看,传统经济是一种以"资源—产品—污染排放"为流通特征的单向流动式线性经济,循环经济倡导的是一种建立在物质不断循环利用基础上的经济发展模式,是要把依赖资源消耗的线性增长经济转变为依靠生态型资源循环发展的经济。

从发展特征看,传统经济是"三高一低",高开采、高消耗、高排放和低利用;循环经济的特征是"三低一高",低开采、低消耗、低排放和高利用。

从本质上,传统经济的发展使环境与发展之间的矛盾越来越突出;循环经济是从根本上消解环境与发展之间的尖锐冲突。

2. 循环经济的系统性特征

胡锦涛总书记在 2003 年中央人口资源环境工作座谈会上指出:加快转变经济增长方式,将循环经济的发展理念贯穿到区域经济发展,城乡建设和产品生产中,使资源得到最有效的利用,最大限度地减少废弃物排放,逐步使生态步入良性循环。原国家发展和改革委员会主任马凯要求贯彻落实科学发展观,推进循环经济发展。原国家环保总局局长解振华也极力倡导我国要大力发展循环经济。

首先,循环经济发展有助于经济系统和自然系统的和谐发展。

循环经济模拟自然生态系统的运行方式和规律要求,实现特定资源的可持续利用和总体资源的永续利用,实现经济活动的生态化,是一种"促进人与自然的协调与和谐"的经济发展模式。其主要特征是形成典型的"三低一高",即低开采、低消耗、低排放和高利用,其途径是"资源—产品与用品—再生资源"。

传统"产品—废物排放"所构成的是物质单向流动的开放式线性经济。当人类社会发展到20世纪中叶以来,自然资本已经成为经济发展的稀缺资源和瓶颈制约因素,环境污染和生态破坏已经给人类带来深重的灾难。联合国规划署2002年在巴黎发布的《全球经济综合报告》以日益恶化的全球环境呼唤循环经济为题,着重指出:"过去十年,传统的线性经济方式进一步导致环境退化和灾难加剧,对世界造成了6080亿美元的损失——相当于此前40年中的损失总和。"最新气候模型表明,除非大大减缓资源使用,推行循环经济模式,否则到100年以后的2100年,地球温度比现在上升6摄氏度,必然导致气候变暖、生物多样性减少、土壤贫瘠、空气污染、水极度缺乏、食品生产减少和致命疾病扩散等全球性重大环境问题。而循环经济利用非线性原理,要求运用生态学规律把经济活动组织成一个"资源—生产—消费—再生资源"的反馈式流程,以最大限度利用进入系统的物质和能量,提高经济运行的质量和效益,获得尽可能大的经济效益和社会效益,从而使经济系统与自然生态系统的物质循环过程相互和谐,达到资源能够多次利用和环境得到有效保护。

其次,循环经济发展的系统整合性特征。

在循环经济控制论中,从生态大系统分析应用了生态学的原理,更加强调企业之间的协合,最终构成企业链的循环。在微观经济中,企业的发展是在竞争规律和协同规律同时作用下进行的。在企业外部,以竞争力为主;在企业内部,则以协合力为主。竞争力把企业导向与外界环境相适应,而协合力则使企业的整体功能达到最优。发展循环经济是一项系统工程,它涵盖工业、农业和消费等各类社会活动,不仅需要各种新技术作为支持,更需要政府的扶持政策、企业的自身努力,也需要提高广大社会公众的参与意识和参与能力。发达国家十分重视运用各种手段与舆论传媒加强对循环经济的社会宣传,以提高国民对实现零排放或低排放社会的循环经济意识。

最后，循环经济发展的高技术支撑特征。

据相关资料，在中国，建筑能源消费问题占全国能源消费总量的27%以上。中国已有的近400亿平方米的建筑基本上是高耗能建筑，仅有约3.2亿平方米的建筑可算为节能建筑。这近400亿平方米的高耗能建筑，在采暖、通风、炊事、照明、热水供应等方面都在不断消耗能源，建筑单位面积采暖所消耗能源相当于气候条件相近的发达国家的3倍，而建筑维护结构保温隔热性能差，因此热适度远不及发达国家。我们需要大力发展环保、节能型技术，体现循环经济、环保、节能。

"十一五"规划纲要中提出了新型燃料汽车的概念，即使用传统柴油、汽油以外的燃料，以内燃机为动力的汽车。新型燃料主要包括燃气（天然气、液化石油气）、醇醚类燃料（乙醇、二甲醚等）、合成油、生物柴油、氢能等。通过使用新型燃料，改造汽车行业，有助于能源的循环发展。

目前，循环经济已经在一些发达国家中取得了明显的成效。从企业层次污染排放量最小化实践，到区域工业生态系统内企业间废弃物的相互交换，再到产品消费过程中和消费过程后物质和能量的循环，都有很多很好的成功实例。一些国家也纷纷通过立法的手段大力推行循环经济。近几年，我国循环经济发展迅速，在理论和实践上进行了有益的研究和探索，循环经济研究取得了丰硕的成果，涌现出一批像鲁北化工和贵糖集团发展循环经济的先进典型。

3. 我国发展循环经济取得的成效

（1）制度建设取得的进展。

实施可持续发展战略，制定了《中国21世纪议程》。1994年3月25日，国务院第16次常务会议审议通过，并定名为《中国21世纪议程——中国21世纪人口、环境与发展白皮书》，成为指导我国国民经济和社会发展中长期发展战略的纲领性文件。《中国21世纪议程》共设20章、78个方案领域，包括可持续发展总体战略、社会可持续发展、经济可持续发展和资源与环境的合理利用与保护四大部分。

《中华人民共和国环境保护法》包含了发展循环经济的思想。1989年12月26日第七届全国人民代表大会常务委员会第十一次会议通过、1989年12月26日中华人民共和国主席令第二十二号，自公布之日起施行。要求"新建工业企业和现有工业企业的技术改造，应当采用资源利用率高、污染物排放量少的设备和工艺，采用经济合理的废弃物综合利用技术和污染处理技术”（第25条）。

2003年1月1日正式实施了《中华人民共和国清洁生产促进法》、《中华人民共和国节约能源法》、《中华人民共和国环境影响评价法》、《中华人民共和国可再生能源法》等，提出了发展循环经济相关方面的要求。

2004年修订了《中华人民共和国固体废弃物污染环境防治法》。地方性环境法规也接受并采纳了体现可持续发展战略思想，明确规定了“清洁生产”或“减少废弃生产”。

《中华人民共和国循环经济促进法》已由中华人民共和国第十一届全国人民代表大会常务委员会第四次会议于2008年8月29日通过，自2009年1月1日起施行。

（2）实践成效。

目前我国已经在20多个省（自治区、直辖市）的20多个行业、400多家企业开展了清洁生产审计，建立了20个行业或地方的清洁生产中心，1万多人次参加了不同类型的清洁生产培训班。有5000多家企业通过了ISO4000环境管理体系认证，几百种产品获得了环境标志。我国还在企业相对集中的地区或开发区，建立了10个生态工业园区。建立了循环经济发展试点省份和试点行业和单位。

4. 目前我国发展循环经济存在的一些问题

我国“五小”企业在中国污染密集型和资源型行业占有很重要的地位。这一特点在落后地区表现得更为明显。实践表明，只有实现规模经济，循环经济才能得以更好发展。

宏观经济调控政策与循环经济发展之间缺乏一致性。为了解决经济发展中的资源短缺和环境问题，中央政府把发展循环经济提到了很高的地位。但在各级政府和综合经济管理部门的相关政策中，仍然没有把发展循环经济作为整体政策中的一个环节进行具体化落实。发展循环经济仍然边缘于主体经济政策之外，发展体制与考核体制的转型需要一个过程。

没有形成适合于循环经济发展的制度体系和运行机制是循环经济发展缓慢的根本原因。不解决制度和激励机制问题，仍然按照传统的对经济管理的认识，把生态环境和自然资源排除在宏观经济要素之外去管理经济，循环经济发展模式将无法实现，可持续发展也仅仅是理念。

具体措施有待进一步细化。到目前为止，我国尚未颁布比较详细的促进循环经济的政策清单，对于发展循环经济还没有明确的优先领域和产品目录。

5. 发展循环经济的相关对策

进行适合循环经济发展的制度创新，加快制定促进循环经济发展的政策、法律法规。将发展循环经济的政策纳入到国家宏观经济调控政策体系之中，加大对发展循环经济的财政支持力度。

根据不同行业特点，有重点地选择发展循环经济的优先领域。国家应加强对钢铁、有色、石化等重点行业的能源、原材料、水等资源消耗管理，实现能量的梯级利用和资源的高效循环利用。

培养民众发展循环经济的理念。大力倡导绿色消费，尝试建立"绿色国民账户"。倡导绿色消费是发展循环经济的重要环节，要采取积极措施引导国民适度消费，促进人与环境的和谐。在生态环境伦理体系和市场经济伦理之间建立一套新的循环经济伦理体系，并使发展循环经济得到公众的理解和支持。

积极参与国际循环经济交流，借鉴国外发展循环经济的先进经验，引进国外有利于促进循环经济发展的先进技术，改造我国传统产业。

三、加快民生科技的转化步伐

随着信息时代的到来，技术携带的信息量越来越多，技术能力的发展和提高是维持中国经济长期增长的基础。企业作为科技成果转化的主体，要求不断提高自己的技术吸纳能力和创新能力，科技成果企业内部化的趋势越来越明显。企业不仅是科技成果的发明者，同时又是科技成果的转化者。

1. 将技术作为一种知识性商品来看，同一般的商品交易一样，有着经过市场交易获取和企业内部自己生产消费两种可能

科技成果企业内部化程度取决于企业自己开发的成本和经过市场交易获取的成本之比较。一般来说，科技成果企业内部化首先能减少交易成本，降低交易风险，提高企业的技术水平和市场竞争力，加强科技与经济的结合度。其次，可降低信息的不对称性，企业作为科研开发单位，了解市场，从研制开发到生产应用的道路是畅通的，并且企业不仅是投资主体，还是受益主体，其行为在外在压力和内在动力的驱动下，是主动的。容易形成信息在技术市场、企业和商品市场的良性流动。最后，在新经济时代，技术创新间隔时间越来越短，企业的发展速度将代替企业的规模报酬而成为企业竞争的焦点，速度经济逐渐代替规模经济，这首先是由美国经济学家小艾尔弗雷德·钱德勒提出的。它的意思是："因迅

速满足客户需要而带来超额利润的经济。”在新经济中“不是大鱼吃小鱼，而是快鱼吃慢鱼”。时间在现代生活中扮演着越来越重要的角色，是“速度经济”价值的根本所在。特别是在个性化时代，不断变化的需求，使“速度经济”成为企业获取超额利润的必由之路。

2. 继续推进经济体制和科技体制改革，建立现代企业制度，让企业真正成为自主经营、自负盈亏的主体

一般认为，企业利用科研成果的动因有二。其一，市场竞争的外在压力。其二，企业追求利润最大化的内在动力。我国长期以来实行所有者和经营者之间的委托代理关系，致使企业追求利润最大化出现偏差。追求短期利益将忽视科技成果的转化。另外，由于企业技术水平的落后，其吸收技术的能力必然低，并且由于其摊子大，效益低，到了难以退出的地步。因此，必须进行经济体制改革，推动企业对技术的需求，调动企业技术创新的积极性，加速传统产业优化升级。同时进行科技体制改革，加大科技成果的有效供给力度。从历史可看出，经济中心的转移离不开技术的支持，科技成果转化的效果对一国的经济发展产生直接的影响，如英国和美国抓住第一、二次技术革命，加速科技成果转化，曾同时是技术中心和经济中心。为了迎接第三次技术革命，我们力求在制度、体制和组织结构上不断改革，不断完善技术市场。在信息时代，市场需求的推动力大大超过了科技本身推动科技成果转化的力量，充分利用企业内外部信息资源，力求做到科技的成熟性、经济的有效性和社会的需求性相一致。

3. 转化观念，促进科技成果企业内部化

2001年对我国5000家不同所有制结构、规模不等的企业进行调查发现，认为观念创新最难的占42.7%。根据马斯洛的需求层次理论，只有最基本的物质生活水平得到满足，才能根据自己的兴趣从事高尚的事业。长期以来，中国知识分子甘于过清贫的日子，靠着非常低的薪水谋生。在他们看来，精神上的满足是用物质换不回来的。但由于科学技术人员在科技方面有高见，而企业在社会需求预测管理方面有高见，只有两者紧密结合，才能产生整合效应，促进科技成果企业内部化。为此我们要将科技人才引入企业，将长期激励和短期激励相结合，加大人才向企业流动。

4. 创造开放、竞争、民主的外部环境

只有科技成果转化的各个环节畅通，才能形成系统合力。这就要求不断健全和完善法律体系，同时进行科技政策创新，抓住科技转化中的瓶颈所在，“有

所为，有所不为”，促进科技成果转化。

四、规避民生科技发展的各种风险

公共安全科技发展存在多种风险，为了更好地解决公共安全科技的风险问题，我们需要对不同风险进行分析并提出可行的解决路径。

1. 安全风险和环保风险的解决路径

传统工业领域民生科技发展的风险主要表现为安全风险和环保风险。对于这些风险的解决，我们需大力发展和转化安全科技和环保科技；加快安全科技和环保科技向传统产业的渗透；改变传统民生科技发展的理念，向新型产业发展过渡；延伸传统民生科技发展的产业链条，加快安全科技、环保科技向传统产业的延伸步伐。

2. 投入风险解决路径

民生科技涉及面广，“包括非竞争性和非排他性的纯公共科技产品，混合的或准公共的利益特性的共性技术产品。”①前者如国防与社会安全科技、预防自然灾害的科技等，后者如生产安全科技、公共卫生科技等。我们应根据民生科技的不同功能来确定投入主体。对于纯公共性安全科技的共有性特征，它的投入主体应由政府投资来解决。

对于混合性的共性技术，它既具有公共性特征，又具有市场性特征，因此，它的投入主体是比较复杂的。目前发达国家通过三种方式解决共性技术的投入问题。“一是由政府和企业形成战略联盟；二是资助企业与企业或企业与大学、研究机构联合开发；三是通过减免所得税和 R&D 的税收等财税政策鼓励企业对共性技术的投入。”②这对于解决目前我国民生科技投入问题具有重要的意义。另外，对于民生科技的消费投入来讲，政府和企业应以安全发展和安全生产为基本原则，加大对民生科技的消费比例。

3. 利益冲突风险解决路径

公共管理部门利益冲突产生的根源是权力与责任的冲突。很多管理部门重视自己的权力，而忽视自己应承担的责任，如监管责任、评价责任、标准修定责任。显然，对于公共管理部门责任落实情况缺乏第三方的评价。为了解决公共

---

① 乔治·泰奇：《研究与开发政策经济学》，清华大学出版社 2002 年版，第 49 页。

② 高志前：《市场经济条件下的公共科技管理》，《中国科技论坛》2004 年第 4 期。

管理部门的责任问题，以减少由于利益问题而产生的风险，我们需要充分发挥非政府组织和专业协会的作用。非政府组织和专业协会作为政府管理社会的重要补充力量，它的价值取向也是以服务于公众或行业为己任，是联系政府与公众的桥梁与纽带。目前，西方国家的志愿者协会、社区组织、民间团体、专业学会等非政府组织和专业学会在公共活动中反应灵敏，是公众与政府联系的重要纽带。目前，我国非政府组织正悄然发展。专业协会的作用也开始逐步凸显出来。

企业利益冲突产生的根源是由公共科技的特征及功能决定的，即它是纯公共性科技还是混合性科技，是服务于企业安全生产和安全发展的科技产品还是企业的研发产品。对于混合性的公共安全科技，目前发达国家通过“保护公共安全科技知识产权并促其民间化、企业参与机制与风险投资”①，解决企业与政府对公共科技研发与转化的利益冲突。对于服务于企业安全生产和安全发展的科技产品，政府可以通过制度或行业标准，引导和加强企业对公共科技产品的投入。

4. 科学技术风险解决路径

由于民生问题的不确定性，使民生科技的发展处于滞后和难以评估它的价值的境地。鉴于这种情况，我们可以通过预防原则和动态原则解决公共安全科技本身带来的风险问题。预防原则要求“在面对普遍存在的不确定性时，健康和环保往往做出决定”。② 科技的发展应从事后处理向事前预防转变，消除民生科技存在的潜在问题，充分发挥民生科技的作用。

动态原则要求建立与民生问题相关的动态管理和创新体系，包括民生问题信息系统、民生科技基础研究与应用研究系统、民生科技标准及测试系统、民生科技转化系统。将民生科技处于动态的管理体系之中。动态原则有助于解决民生问题的不确定性，促进民生科技的发展。

5. 认知风险解决路径

认知风险来源于每个人经验与情感基础上，也就是说认知风险不是一个独立的变量，而是具有依赖性。传统上，“风险分析被认为是被少量的组织和分析师所垄断。”③是经济和政治基础的副产品。但是，由于民生科技的公共性特征，

---

① 吴向宏等:《加、美公共科技成果转化机制研究》,《全球科技经济瞭望》2000 年第 9 期。

② Gary E. Marchant , Douglas J. Sylvester, Kenneth W. Abbott, “Risk Management Rinciples for Nanotechnology”, *Nanoethics*, (2008) 2, pp. 43 – 60.

③ Kathleen J. Tierney, “Toward a Critical Sociology of Risk”, *Sociological Forum*, Vol. 14, No. 2, 1999.

它的风险分析与强大的组织和相关的利益群体的认知紧密地联系在一起。因此,我们需要通过交流、增强透明度以鼓励利益相关者的积极参与,不断改变不同群体的认知模式。

一方面,社会交流在认知推理过程中具有重要作用。“媒体的反应重视和采取协调一致的行动可以直接影响到个人如何评估潜在风险和益处”①,影响人们的认知。因此,我们需要通过各种媒体传播公共安全科技的特征和功能,积极引导企业和民众关注民生科技,促进民生全科技的发展。

另一方面,通过增强透明度,鼓励利益相关者的积极参与。民生科技与民生问题紧密相关。因此,公共管理部门对于相关的民生科技政策的制定,需要广泛的企业与民众的参与,增强透明度,鼓励企业和公众对公共安全科技的投入。透明度的增强,使公共管理部门、研发机构、企业和公众等多重角色积极确定并解决民生科技的潜在风险。

总之,民生科技作为解决民生问题的重要支撑,它的发展过程充满了各种风险,包括安全风险、环保风险、投入风险、利益风险、科学技术风险和认知风险等,我们需要通过相应的路径减少或规避公共安全科技发展的风险,促进民生科技的发展。

第四节　解决社会因素的制约

当代民生科技解决民生问题,在社会维度中存在价值观的转化问题、思维创新、制度创新与实践创新的整合问题、利益冲突问题和民众的认知问题,为了更好地促进当代民生科技解决民生问题,我们需要做好以下几个方面的工作。

一、加快思维创新、制度创新和实践创新的整合力度

1. 突破经验思维模式

经验思维模式多是个人站在自己的立场上形成的观点和看法。改变这种思维模式主观上要站在对方的角度去考虑,以发现某个问题或观点的正确性,也就是让自己能站在他人的角度看问题,才能对事物作出一个准确的判断,并更好地

① Gary E. Marchant ,Douglas J. Sylvester, Kenneth W. Abbott,“Risk Management Rinciples for Nanotechnology”,*Nanoethics*,(2008) 2,pp. 43 -60.

处理事情。如药品说明书,不是按照病人的需要写说明书,而是从生产者的角度写说明书,一次几毫克,一日几次。庄子与惠施在一条河边散步。庄子说:"你看水里的鱼,摇头摆尾的,多么快活啊!"惠施说:"你又不是鱼,怎么知道我不能知道鱼快活呢?"

冲破自我向非我、大我的思维方式转变。自我包括个人自我、团队自我、民族自我、人类自我角度分析问题。如认为苍蝇是害虫,是从人类自我角度认为的;过度开发不可再生资源,是从人类需要的角度来实践的,不考虑环境承载力,而现在的科学发展观就是从实现人类自我与自然非我的平衡的基础上提出的。

2. 破除从众型思维模式

树立逆向思维模式是一种与常人思维取向相反的思维形态,表现为:人弃我取、人进我退、人动我静、人刚我柔。如司马光砸缸的故事、循环经济发展等。

在火车站候车室里,一个中年男子很想和他身边坐着的美丽少妇搭话。他见少妇穿着一双肉色丝袜,便笑着问道:请问你这双袜子是从哪儿买的?我想给我的妻子也买一双?少妇冷冷地看了这男子一眼,说:我劝你最好别买,穿这种袜子,不三不四的男子会找借口跟你的妻子搭腔。居里夫人曾说过"你发现的东西与传统的理论越远,那就与诺贝尔奖的距离越近"。

3. 加快思维创新与制度创新和实践创新的步伐

一方面,思维创新作为思维成果,具有时效性,如果思维创新不能很快转化为实践,它很可能就过时,成为旧的东西。特别是知识经济时代,不是大鱼吃小鱼,而是快鱼吃慢鱼,创新的时效性更突出。另一方面,思维创新也是存在风险的,思维创新只有坚持在社会实践基础上的创新才可能真正引领实践创新。

为了促进思维创新的转化力度,我们可选择的做法就是现在就去做。如果动作太慢,新就会变成旧,就失去了它本来应有的价值。加快思维创新落实于技术创新、对策创新和制度创新的步伐。

二、解决利益冲突问题

根据对民生科技活动中的利益分析,我们得出控制利益冲突的金字塔模式,处于金字塔最底部的是企业和公共管理部门的自我控制,中间部分是调整利益冲突的制度创新体系、社会监督管理机制和公共安全利益冲突的危机管理体系,最顶部是具有处罚的命令管制和公共安全科技创新体系,形成控制利益冲突的微观和宏观管理机制,"以确保企业和公共管理部门在管制过程中考虑更多的公众利益”。①

1. 增强自我控制能力

利益冲突产生的过程是参与主体在经济利益面前失控的集中表现，而且是参与主体社会责任和道德责任缺失的具体表现。因此，自我控制是控制利益冲突和增强公信力的最基本方法。它要求不同参与主体自律。对于存在潜在利益关系的问题，要有自我约束意识。

一方面，自我控制，可以消除潜在的利益冲突。诚信的企业和公共管理部门，对潜在利益冲突，会主动监督自己的行为。它们可以通过内部的制度和职业标准来约束或引导本部门或企业的行为。另一方面，自我控制是企业和公共管理部门履行社会责任和道德信任的客观要求。“信任被认为是一种最主要的社会资本，可以减少市场经济中的交易费用，简化交易程序，从而提高经济效率，也可以成为政治制度运行的润滑剂，缓和政治派别之间的冲突，提高政府的绩效和治理水平。”②对于公众来讲，信任是公众与企业、公共管理部门利益冲突产生的基础。一个缺乏信任的社会，将会增加利益冲突的不确定性，增加社会风险。从中国信任下降的原因看，“除了内战、腐败等因素以外，快速的社会转型同样会增加社会的不确定性，并进而引起信任的下降”③。对于复杂的社会变化，企业和公共管理部门的自我控制显得尤其重要。

2. 建立制度创新体系

民生问题涉及国家、公共管理部门、企业、公众等方面的利益。为了更好地兼顾各方面的利益分配，我们需要建立公正、公平、合理的制度和法律，协调各方面的利益关系。

首先，应完善宏观层次利益冲突的制度和法律的建设。包括具体的规则、制度、处罚种类，如罚款、通报批评、免职、正式警告、记录在案等。规则包括加强各种标准的协调性与先进性。“在三鹿承认奶粉有问题之前，曾声称自己的产品符合国家的卫生标准。”④显然，政府制定的卫生标准存在一些问题。目前，中国乳制品饲料中农药残留量比较严重，而相关的国家标准明显低于欧美国家，“中

① Gary E. Marchant, Douglas J. Sylvester, Kenneth W. Abbott, “Risk Management Principles for anotechnology”, *Nanoethics*(2008) 2, pp. 43 - 60.

② 马得勇：《信任的起源与信任的变迁》，《开放时代》2008 年第 4 期。

③ 马得勇：《信任的起源与信任的变迁》，《开放时代》2008 年第 4 期。

④ 马晓玲：《“三鹿奶粉”事件与食品安全》，《中国人大》2008 年 10 月 10 日。

国国家标准只有40%左右等同或等效采用了国际标准”①。“三鹿奶粉事件”发生后,2008年9月23日质检总局要求各地统一三聚氰胺检测方法和仪器,也说明了标准统一的重要性和必要性。

其次,应完善政府公共管理体系。“公共管理的深刻内涵和重要意义在于它的公共性、管理的服务性和公民社会的合作共治性。”②公共管理的主体是以政府为核心的公共管理部门,它们应构建权力和责任相一致的政府自身的管理体系。如美国公共卫生局作为公共管理部门,它对控制冲突冲突做出以下规定:“接受性组织必须建立安全措施预防雇员、顾问或管理机构人员利用职务为个人利益或家庭利益或其他相关人谋利。每个得到经济支持的协会必须建立起关于利益的政策及其预防措施。”③

最后,企业作为安全生产和环保生产的主要责任者,应结合国家安全制度和法律,建立企业微观利益冲突管理体系。对于企业来讲,在原料采购阶段、生产阶段、销售阶段都可能存在利益冲突。通过企业制度建设,控制利益冲突。

3. 完善社会监督管理体系

政府作为民生科技的责任人,它对社会监督负有主要责任。从“三鹿奶粉事件”看,该事件发生后,国家有关部门几天内就检测出20多家企业生产的奶粉有问题。“这充分说明,质量监督不是不可为,而是不为。”④各级质检部门要认真落实有毒有害物质举报奖励制度、实行应急检测优先保障制度。各种媒体是推动企业采用先进的安全管理技术、建立企业安全发展长效机制的重要推动力。“三鹿奶粉事件”的揭露也体现了媒体作为社会监督力量的重要性。

另外,扩展公众参与公共安全的渠道,鼓励公众参与监督管理。“强调透明度和公众及利益相关者的积极参与是发展和应用风险管理的要求。”⑤“三鹿奶粉事件”,有一个核心问题,就是社会的自救能力问题。在企业不能够负起社会责任,政府监管又很难到位的情况下,我们这个社会本身需要自救能力和发现问

① 唐泽瀛:《我国食品安全所面临的问题和对策》,《金卡工程》2008年第9期。

② 马晓玲:《试论顾客让渡价值对我国政府公共管理的启示》,《天府新论》2007年第12期。

③ Public Health Service, “U. S. Department of Health and Human Services”, *PHS Grant Policy Statement*, Maryland ,1990, p. 17.

④ 吕玉玲:《从“三鹿奶粉”看企业社会责任承担》,《企业研究》2008年第10期。

⑤ Gary E. Marchant, Douglas J. Sylvester, Kenneth W. Abbott, “Risk Management Principles for anotechnology”, *Nanoethics* ,(2008), 2, pp. 43 -60.

题的能力。公共利益倡导者试图通过解决可理解的问题和提供逐渐增加的对公共决策的仔细检查为公众提供一种公共服务，提高公众本身的认知水平及监督能力。

4. 加强利益冲突的危机管理

“危机是对生命、财产、环境、经济社会正常运行造成重大威胁与损害，超出政府常态管理方式和社会正常承受能力的紧急事件或紧急状态。”①现代社会由于利益冲突，公共危机事件呈增加的趋向。公共安全利益冲突的特征表现为：(1)突发性。由于社会发展过程中自然、人为的不确定性因素的增加，增加了利益冲突发生的频率。(2)不确定性。公共安全利益冲突发生的时间、地点和后果难以准确预测。(3)破坏性。

目前，中国公共危机管理存在危机意识薄弱、部门分割、信息不对称等问题。为了更好地做好公共危机管理，我国需建立危机预警系统、危机应对系统、危机经济支持系统、危机信息管理系统、危机公共参与系统等。

5. 建立民生科技创新体系

科学发展是一个复杂的系统工程，离不开科技支撑。民生问题是由自然因素和人为因素产生的。对于民生问题的事前预测、事中处理和事后管理都离不开科技手段。特别是对由于技术本身或其应用带来的不确定性、监测技术的不完善带来的利益冲突，客观上要求建立民生科技创新体系。从“三鹿奶粉事件”可以看出，由于监测技术的不合理性，使不法分子有机可乘。1992 年 11 月 1 日，国家标准《学科分类与代码》(GB/T 13745—1992)将安全科学技术列为一级学科。“安全科技研究体系包括基础理论研究、应用技术研究和开发研究。”②

三、提高民众的认知水平

民众作为民生科技解决民生问题的主体，他们的认知水平决定民生科技的转化力度。为了提高民众的认知水平，我们需要做好以下几个方面的工作。

1. 加大人才培养力度，以适应信息时代的需要

在工业时代，技术人员是低水平的机器操作者，信息一般从上级向下级流

① 苗婧：《浅谈政府公共危机管理》，《中国财经信息资料》2008 年第 18 期。

② 何平等：《中国公共安全科技问题分析与发展战略规划研究》，《中国工程科学》2007 年第 4 期。

动，人是机器的附庸。在信息时代，技术知识体现在设计机器的工程师身上，生产车间需要的是有知识的技术专家和工程师。他们作为知识型员工，是追求自主化、个性化、多样化和创新精神的群体。企业高速度的改造，要求有高素质的人才相匹配，目前老的技术人才过剩，新的技术人才不足。科技成果转化要求加大企业人才培养，创建学习型企业组织形式，将知识资源转化为知本资源，从企业内部挖掘内在动源。因为科技成果的转化最终取决于一个企业核心的稳定的和忠实的人才队伍，它决定企业对市场和技术变化继续调整的能力。

2. 加大民众对科学发展内涵的认识

科学发展观作为指导我国现代化建设的崭新的思维理念，是在立足社会主义初级阶段基本国情，总结我国发展实践，借鉴国外发展经验，适应新的发展要求的基础上提出的。它是对党的三代中央领导集体关于发展观的重要思想的继承和发展，是马克思主义关于发展的世界观和方法论的集中体现，是同马克思列宁主义、毛泽东思想、邓小平理论和“三个代表”重要思想既一脉相承又与时俱进的科学理论，是我国经济社会发展的重要指导方针，是发展中国特色社会主义必须坚持和贯彻的重大战略思想。

科学发展观的内涵极为丰富，涉及经济、政治、文化、社会发展各个领域，既有生产力和经济基础问题，又有生产关系和上层建筑问题；既管当前，又管长远；既是重大的理论问题，又是重大的实践问题。体现出鲜明特点，概括为：第一要求是发展，核心是以人为本，基本要求是全面协调可持续，根本方法是统筹兼顾。总之，科学发展观的提出，是理论创新的一个突出成果，体现了中央新一届领导集体对发展内涵的深刻理解和科学把握，对发展思路、发展模式的不断探索和创新，对民众具有大局意识，做好各项工作，具有非常重要的意义。

3. 加大民众对民生科技发展领域的认识

目前，民生科技发展的领域包括传统工业科技、高技术和公共科技，我们需要通过宣传、教育等使民众理解民生科技发展的领域、路径和目标。目前，我们可以通过直接教育、网络、自学形式等多种途径提高民众的认识水平。

第十一章　民生科技解决民生问题需要注意的几个问题

民生科技解决民生问题具有重要的现实意义，民生科技解决民生问题的维度分析是从民生科技发展过程中概括出来的，具有一定的科学性与合理性。但是，我们还是需要注意一些问题。

第一节　民生科技解决民生问题分析方法的创新

民生科技解决民生问题是将科学技术与社会需要紧密结合在一起的一个命题。从研究视角看，不是一个单纯的科学技术问题或社会问题，而是将二者紧密结合在一起的复杂问题。因此，对这样的复杂问题的研究，它需要研究方法的创新。

一、系统论方法的应用

民生科技解决民生问题本身就是在一个开放的、不平衡的系统中研究和解决问题。

1. 民生科技内涵的系统性

系统方法的应用体现了民生科技内涵的系统性，它不仅包括传统的促进经济发展的科学技术、高技术，还包括公共科技等。民生科技这种提法体现了科学维度与社会维度的联姻，本身就是在科学技术与社会因素中进行研究。民生科技内涵的系统性表现在以下几个方面。

首先，民生科技要素的多元性，包括传统促进经济发展的科学技术、高技术，还包括公共科技等。它的要素之间不是彼此孤立的，而是相互依存、相互作用的整体。传统民生科技具有社会经济功能，促进了社会生产力的巨大发展，但它是有缺陷的，能耗高，生产效率低，需要通过高技术改造，提高经济效益和社会效益。高技术的发展本身对传统民生科技和公共科技都有很大的渗透性。公共科技的发展需要高技术的改造，提高社会效益。公共科技的发展是作为对传统民生科技和高技术发展所带来问题解决的一个领域。如对传统民生科技存在的安全问题、环保问题的修正和完善。它的高技术发展也具有这个方面的功能，如生物技术可以给人类带来新的健康问题，那么现在的公共科技发展其中一个方向就是要解决民众的健康问题。

这样，从要素的构成来看，民生科技要素之间形成一个有机的整体，彼此之间有密切的联系，相互影响、相互作用。

其次，从民生科技的结构与功能来看，它的要素形成一个相对稳定的结构，这个结构的特点就是三者发展的梯队形形状。即从传统民生科技向高技术、公共科技发展迈进的过程。这也说明民生科技发展的开放性和多功能性。目前民生科技发展的三维性，体现了民生科技发展的三个方面的功能，即经济功能、改造功能和社会功能。第一，三者的发展都应遵从经济功能。经济功能是两个方面的内涵：一个方面就是要有经济价值，促进社会生产力的发展，如传统民生科技和高技术的发展。另一个方面就是要有节约的经济性。公共科技服务于社会领域，也一定要考虑它的节约性价值。第二，三者都处于不断的改造过程中，都需要通过自主创新不断得到改造而升级。改造的动力来源于两个方面：一是要素本身内部的改造动力，二是来源于外部的压力。对于民生科技发展的三个领域来讲，两个方面的改造动力都存在。对于传统民生科技来讲，一方面，随着科学技术的进步，它本身需要不断革新，提高它的科技含量和经济价值，如煤炭科技本身发展领域的不断扩展。另一方面，外在经济压力、环保压力和安全压力，它需要通过高技术和公共科技进行改造，提高它的经济价值和社会价值。高技术的发展本身就是来源于科技创新和社会需要的结果。它的改造与发展过程也是在内部动力和外部压力下不断推进的。公共科技的发展本身就是来源于社会需要，但它的发展离不开高技术的支持。这样，三者之间既具有相对独立性，又具有相互的改造作用，形成有机的整体。第三，三者的社会功能主要表现为对民众生存健康、安全问题、环保问题等的解决过程，是提高民众生活质量的重要手段和工具。

再次，民生科技作为一个开放系统，它的演化趋向体现了科学性、实践性与社会性。从民生科技演化过程看，它的发展体现了科学性。传统民生科技、高技术和公共科技的发展来源受当时科学技术发展水平的局限。一定时期的科学技术只能解决一定的民生问题,这是民生科技发展的前提和基础。如果脱离科学技术发展水平,那民生科技就成为伪科学了。民生科技的演化还体现了实践性。即民生科技发展方向和领域来源于实践,又服务于实践。由于科学技术本身的功能或应用途径是多元的,最终它将被应用于哪个领域是来自于实践的。如核技术从军用领域转入民用领域充分说明了这一点。民生科技发展的社会性体现了社会需要。社会需要促进了民生科技转化的方向与力度。民生科技发展作为一个开放性,它将随着社会的发展不断扩展,向更有序的方向发展。

最后,民生科技发展体现了继承性与创新性。民生科技在一定的发展阶段具有相对稳定性,在一定时间里,它的创新性又是第一位的。继承性与创新性的结合,推动民生科技不断发展,这是民生科技发展的内在机制。因此,我们要发展好、利用好民生科技,必须不断地创新,这是一个客观要求。所以,我们要提高自主创新能力这也是民生科技发展的客观需要。

总之,民生科技的内涵、特征和演化趋向都体现了一个系统发展的特征。只有掌握好民生科技本身的系统性特征,才能更好地处理好民生科技解决民生问题这一复杂课题。

2. 民生科技解决民生问题的系统性

民生科技解决民生问题本身就是一个在开放系统中通过民生科技来解决民生的问题。在这个系统中,它的要素包括民生科技、民生问题、社会条件等,它的功能也体现了系统性特征。

首先,从构成要素看,民生科技解决民生问题具有多要素性,包括民生科技、民生问题和社会条件。三者之间既相互独立,又彼此联系。民生科技直接来源于民生问题,民生问题为民生科技的发展提供了发展的方向和领域。民生问题的产生与发展过程与民生科技本身的不完善性有直接的关系,如由于传统民生科技转化带来的环保问题、安全问题和健康问题,这些民生问题的产生来源于历史中的民生科技,它又需要新的民生科技来解决,如公共科技的发展直接来源于解决民生问题的需要。所以,民生科技与民生问题紧密联系在一起。但是,二者又具有相对独立性,民生科技虽然来源于社会需要,但它本身属于科学技术领域的范畴,是一个科学问题或技术问题,它解决民生问题是需要转化为现实生产力才能解决的,因而它是具有相对独立性的。民生问题是一个社会发展问题,在不同社会阶段,主要的民生问题是不同的。但是民生科技解决民生问题的力度是由社会其他条件决定的，如社会自主创新水平、科技成果转化水平、制度创新水平和民众认知水平等因素的制约。民生科技、民生问题与社会条件形成一个有机整体，它们整合与协同作用的程度决定民生科技解决民生问题的力度和方向。

其次，民生科技解决民生问题的多功能性。民生科技发展的多元性决定了民生科技解决民生问题的多功能性。它的功能的突现是由历史因素、科学技术因素和社会因素决定的。目前，我国民生科技解决民生问题的功能体现为经济功能、政治功能、社会功能和文化功能等。这与中国目前的发展战略及落实科学发展观、构建和谐社会等紧密联系在一起，与中国目前的四大建设的需要紧密联系在一起。

再次，民生科技解决民生问题演化趋向是由民生科技、民生问题和社会条件共同决定的。在一定的历史时期，民生科技解决民生问题的方向总体上向科学发展、和谐发展和安全安发展方向演进，提高民众的生活质量和发展空间。

二、广义语境方法的应用

语境这一概念最早由英国人类学家 B. Malinowski 在 1923 年提出来。他区分出两类语境，一是“情景语境”，一是“文化语境”。也可以说分为“语言性语境”和“非语言性语境”。语言性语境指的是交际过程中某一话语结构表达某种特定意义时所依赖的各种表现为言辞的上下文，它既包括书面语中的上下文，也包括口语中的前言后语；非语言性语境指的是交流过程中某一话语结构表达某种特定意义时所依赖的各种主客观因素，包括时间、地点、场合、话题以及交际者的身份、地位、心理背景、文化背景、交际目的、交际方式、交际内容所涉及的对象以及各种与话语结构同时出现的非语言符号（如姿势、手势）等。

从语境研究的历史现状来看，各门不同的学科以及不同的学术流派关于语境的定义及其基本内容并不完全相同。广义语境论就是从历史、认知、科学和社会等广义的语境中进行分析问题与研究问题。语境分析方法本身体现了一种客观实在性。

1. 广义语境方法体现了客观实在性

马克思告诉我们，一切事物处于普遍的联系中。联系体现了事物发展的客观性、普遍性和多样性。联系的客观性表现为不以人的意识为转移，即人不能改变事物的联系（方法论有一点是说，人可以充分发挥主观能动性，根据事物固有的联系建立新的具体的联系，这个观点并不与联系的客观性相矛盾，而正好体现了辩证法思想）。联系的普遍性是指事物是普遍联系的，即事物普遍和周围的其他事物联系着。联系的多样性表现为事物的联系是复杂变化的。条件性则是说联系需要有一定的条件，不是说两个具体的事物一定有联系。

联系的哲学原理要求我们要用联系、全面的观点看问题，统筹全局，从整体出发，寻求最优目标。根据事物的因果联系，提高实践的自觉性和预见性。根据事物固有的联系建立新的具体的联系，改变事物的状态，使主观能动性得到更好的发挥。事物的客观性体现在彼此的联系之中。

广义语境方法体现了客观实在性，它将分析的问题置于广义的历史、认知、科学和社会语境中进行研究，通过研究事物之间的联系性，反映事物之间的客观性、普遍性和多样性。所以，它反映的是一种客观实在，通过在联系中反映事物运动的本质和规律。

总而言之，广义语境方法就是将分析的事物或问题置于广泛的历史、认知、科学和社会语境中进行研究，把握事物运动的规律，体现了一种客观实在，是对马克思主义客观性规律的突破和具体化。

2. 广义语境方法在民生科技解决民生问题中的应用

民生科技解决民生问题离不开历史因素、认知因素、科学技术因素和社会因素。所以，我们对民生科技解决民生问题的客观性的把握需要在广义语境中进行研究。历史因素体现了该命题的历史性发展过程，认知因素体现了对该命题的认知程度，科学技术因素体现了该命题的科学技术因素，社会因素体现了民生科技与民生问题结合的现实条件。只有在广义语境中，我们才可能客观、实在地分析民生科技解决民生问题。

广义语境方法的运用体现了民生科技解决民生问题联系的客观性、普遍性和多样性。首先，民生科技解决民生问题的四个维度体现了二者联系的客观性。民生科技的提法本身就是与民生问题联系在一起的，而民生问题和民生科技的发展是在历史因素中不断取得发展的。所以，广义语境研究客观反映了它们之间的关系。其次，体现了普遍性。从民生科技解决民生问题的历史发展来看，具有普遍性。只不过是在不同时代民生科技解决民生问题的内容和水平不同而已，但是，这个任务在任何时代都是存在的，反映了普遍存在性。从中国历史发展过程中来看，民生科技解决民生问题是民生科技、民生问题和社会条件相互整合的过程。最后，广义语境方法反映了联系的多样性。民生科技解决民生问题涉及的因素非常多，民生科技发展本身涉及多因素，民生问题的产生也涉及多种因素,社会条件的创造也涉及多种因素。它们的整合形成民生科技解决民生问题这一任务,彼此之间的联系是多样的。

广义语境方法与系统方法有联系但也有区别。系统方法多是从平面结构来研究问题,如当代民生科技解决民生问题。而广义语境方法可以从立体结构中看到事物之间的客观联系,强调结构中存在的意义关系。如历史因素,就是将民生科技解决民生问题放入立体结构中进行研究。它比系统方法更具有客观性和真实性。本身客观性就是相对的,关键看哪种方法更能反映这种客观实在。如果我们只是分析一定时代所面临的民生问题,系统方法就可以了。但是,我们要分析不同时代民生科技解决民生问题的特殊性与普遍性,就需要从历史因素中挖掘它们之间的联系和规律。二者之间并不存在矛盾,只是分析的重点不同而已。我们应学会使用多种方法研究问题。

三、三圈分析方法的应用

三圈理论,是美国肯尼迪政府学院最常用的分析工具。关于这一理论,达奇·莱昂纳德教授是这样解释的:我们要实现一个战略计划,必须考虑三个问题,第一是作为一个机构有没有足够的能力来进行这项计划?画一个圈代表能力,如果说有能力做,这项行动就落到这个圈内;没有能力做,就落到圈外。第二个是有没有获得与这个项目成功执行的相关人士的支持?也画一个圈作为支持圈。传统的公共管理理论主要是强调这两点。对于有效的领导人来讲,仅仅两个圈是不够的。因此,还要问第三个问题,即我们要实施的这项措施能不能创造公共价值?这就是价值圈。所以,三圈理论,就是关于能力圈、执行圈、价值圈的理论。按照专家的观点,三圈分析是从能力、执行到价值的分析过程。

1. 对三圈理论的理解

(1)三圈理论不是一定要是三个圈,它可能是两个圈或更多的圈。

三圈理论不是机械的三个圈。如问题圈的存在,我们的能力、执行力和价值取向都是建立在问题圈基础上的。当我们所面临的问题发生变化,我们所需要的能力、执行力和价值目标都会发生变化。另外,对于问题本身也是存在圈层特点的,如民生问题,它可能又是由三个圈或更多的圈组成。面对民生科技解决民生问题而讲,它首先是由两个大圈组成,即民生科技圈与民生问题圈,如果这两个之间没有交叉,民生科技就不可能解决民生问题。所以,我们不能机械地理解和分析三理论。

(2)三圈理论具有更形象的特点。

对于分析问题,三圈模式更容易被人理解。图像能够传递更好的视觉效果和理解效果。对于同一个问题,我们可以通过文字、图、表等来表达。图比起文字更容易让人接受。所以,对于同一个问题,我们充分地利用三圈理论,对于问题的解决具有重要的价值。

(3)三圈理论能够比较好地整合系统方法和广义语境方法。

对于三圈理论来讲,如果不同要素之间没有交叉,相关要素就不可能有整合,当然目标就不可能实现。所以,三圈理论中三圈之间的关系和目标,同系统方法中系统要素之间的整合与协同是紧密相关的。三圈理论也可以形象地说明历史因素、认知因素、科学技术因素和社会因素之间的关系。因此,三圈理论从更形象的角度把系统方法和广义语境方法结合起来,对于分析和解决问题更容易和更直观些。

2. 民生科技解决民生问题的三圈理论分析

(1)民生科技内涵的三圈理论模式。

民生科技本身的系统要素包括传统民生科技、高技术和公共科技,它们三者之间既相互独立,又密切联系在一起,相互交叉、相互融合,如图 11－1 所示。

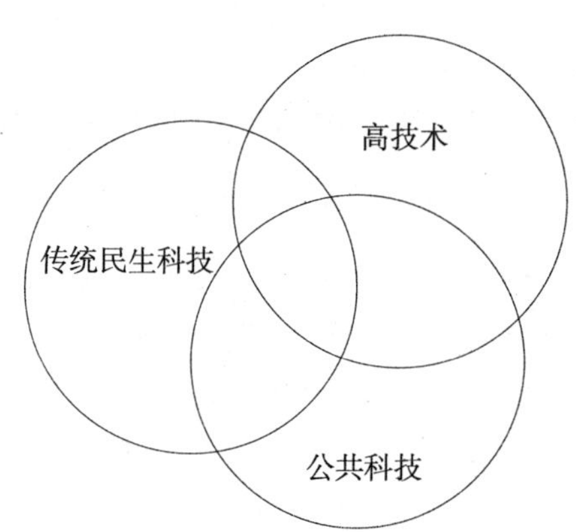

图 11－1　民生科技发展领域的三圈理论分析

(2)民生科技解决民生问题的三圈理论模式。

民生科技解决民生问题具有四个重要的因素,即历史因素、认知因素、科学技术因素和社会因素。如果没有历史因素,我们就没有办法将民生科技与民生问题联系在一起。因为,民生科技的提法来源于历史中的民生问题的产生与科学技术的发展。认知水平反映了一定时代民生科技解决民生问题的局限性。科学技术作为解决民生问题的工具和支撑，离不开社会需要和历史发展。而社会需要为民生科技解决民生问题提供问题和保障。所以，它们四者相互融合，成为民生科技解决民生问题的途径和方法。它们的关系也可以用三圈理论模式来表示，如图 11－2 所示。

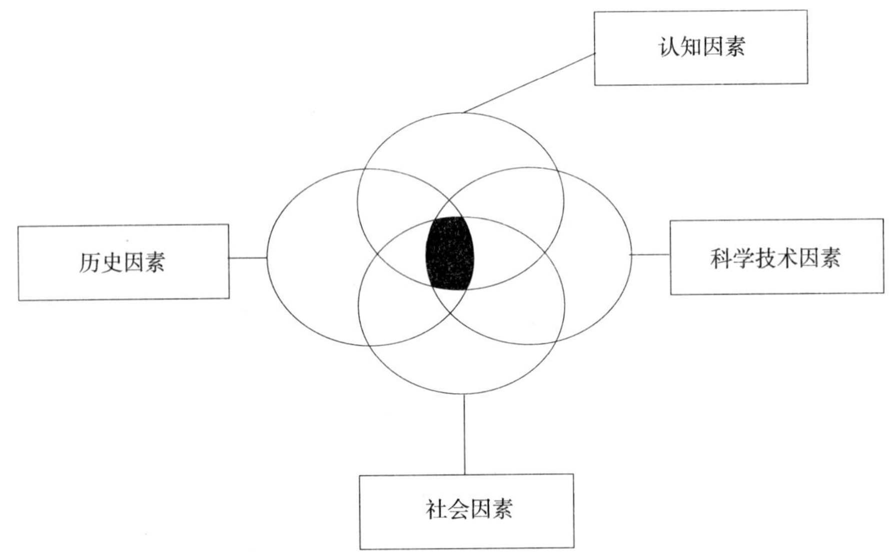

图 11－2　民生科技解决民生问题的三圈理论分析

（3）历史因素、认知因素、科学技术因素和社会因素的三圈理论模式。

对于历史因素、科学技术因素和社会因素，又包括很多相互独立又彼此联系在一起的因素，它们彼此之间融合越多，历史因素的作用、认知水平的作用、科学技术因素的作用、社会因素的作用就越明显。在民生科技解决民生问题的过程中的作用就越突出。所以，在民生科技解决民生问题的过程中，历史因素的作用取决于两个方面：一个方面是它本身构成要素的整合水平，如历史发展过程中民生问题的产生、科学技术知识水平、价值取向等整合水平；另一个方面是历史因素同社会因素及科学技术因素之间的整合水平。对于科学技术因素的作用也是来源于两个方面：一个方面是民生科技本身的发展水平；另一个方面是民生科技与历史因素、认知因素、社会因素的整合水平。对于社会因素来讲也是这样的，它的作用的一个方面是社会因素中价值取向、制度创新、实践创新、民众认知水平等相互作用程度；另一个方面就是社会因素与历史因素、科学技术因素整合的水平。

所以，民生科技解决民生问题的过程就是由多个三圈理论模式组成的。为了更好地分析和解决民生问题，我们必须理解和应用好三圈模式。民生科技解决民生问题的多个三圈模式，形成一个网络（见图11－3）。

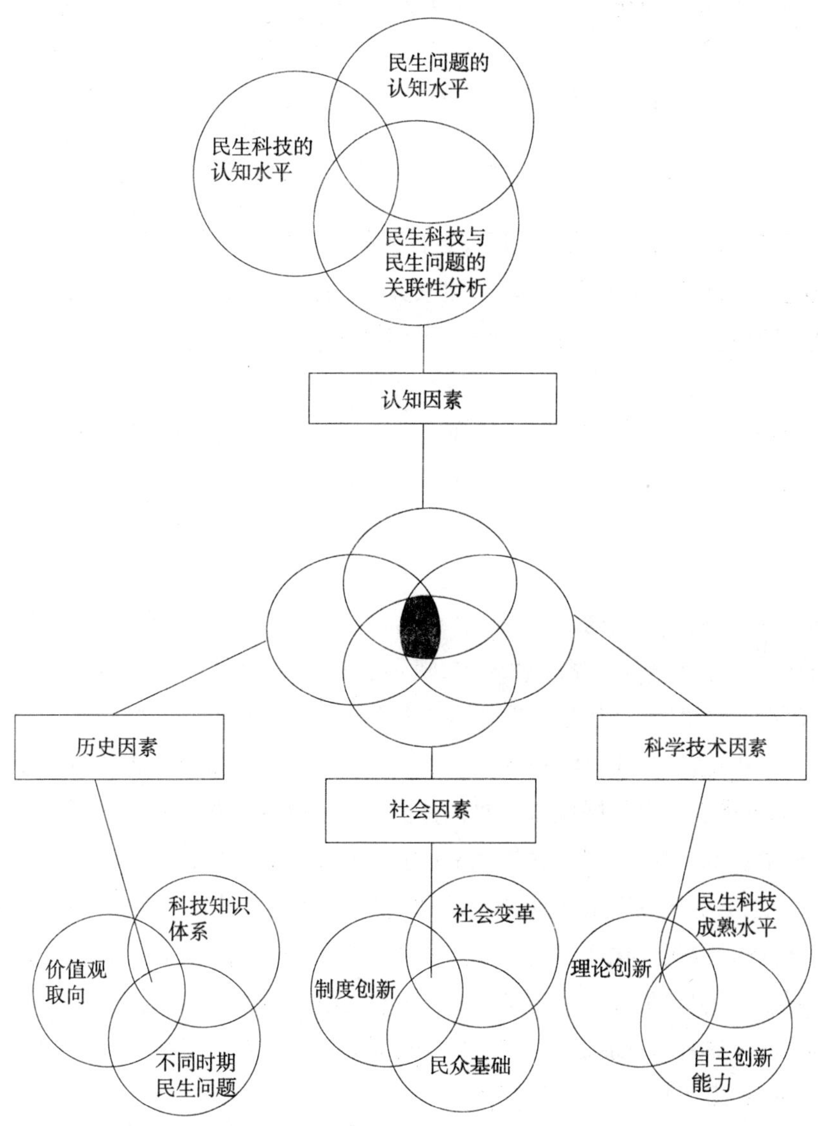

图11－3　民生科技解决民生问题的三圈网络理论分析

所以,民生科技解决民生问题是在一个比较复杂的三圈模式中进行的。要通过民生科技解决民生问题就需要解决好每一个三圈模式。只有这样,才能实现要素的整合与协同。

民生科技解决民生问题还应用到案例分析法、实证法、比较分析法等,方法的创新为更好地解决民生问题提供了方法论价值。

第二节 民生科技解决民生问题是否是科技决定论

民生问题作为科学发展、构建和谐社会的重要历史任务,它的解决离不开社会思维创新、制度创新和实践创新。但是,从它的产生过程来看,与民生科技发展有紧密的关系。一方面,民生问题的产生与民生科技转化有很大的关系;另一方面,解铃还需系铃人。目前民生问题的解决离不开民生科技的发展。所以,民生科技解决民生问题是提供了一种研究方法,将民生科技、民生问题和社会条件放在一个系统中进行研究。这并不是一种科技决定论,而是一种科技综合论的观点。

一、科技决定论的内涵

早在一百多年前,马克思就说过,机器生产的发展要求自觉地应用自然科学,并且指出:"生产力中也包括科学。"①这是马克思对近代科学技术在生产力中的作用的概括。当代科学技术的发展,使科学与生产的关系越来越密切。邓小平根据当代生产力发展规律和时代特征,继在 1978 年第一次全国科学大会上提出"科学技术是生产力"的思想后,又进一步提出"科学技术是第一生产力"②的论断。这是对马克思主义科技学说和生产力理论的创造性发展,也是发挥科学技术促进我国现代化建设的一个非常重要的指导思想。以江泽民为核心的党的第三代中央领导集体全面落实"科学技术是第一生产力"的思想,制定和实施了科教兴国战略。以胡锦涛为核心的党的第四代中央领导集体为了促进科学技术的发展,提出了自主创新发展战略。

① 《马克思恩格斯全集》第 46 卷下册,人民出版社 1980 年版,第 211 页。

② 《邓小平文选》第三卷,人民出版社 1993 年版,第 274 页。

科学技术在生产力发展过程中具有作用重要。它可以渗透和改造生产力要素,而促进生产力的发展。生产力要素包括劳动者、劳动工具和劳动资料。每一次科技革命都促进了生产要素的巨大变革。科学技术是第一生产力就是说它对生产力的改造作用。

科技决定论是一种在理解和评价科学技术的社会作用问题上将其发挥作用的形式简单化和把作用本身绝对化的观点体系。中国人民大学梁树发认为科技决定论,一方面,它认为科学技术可以不通过其他社会因素特别是生产关系而直接影响社会的发展;另一方面,它又把科学技术看做是推动历史发展的唯一的决定因素。我们不否认科学技术对社会结构体系中的其他要素的作用。但又必须承认,科学技术影响或推动社会发展的基本形式是通过首先转化为现实生产力而发挥它的作用的。它的这种作用发挥的间接形式也表明它不是决定社会发展的唯一因素。

科技决定论忽视科学技术在推动社会进步过程中的中间环节,违背科学技术发展的客观事实。

第一,科技决定论将社会发展因素完全归为科学技术的作用。也就是科学技术决定社会发展的进程和方向。科学技术是万能的,对于社会领域产生的一切问题都可以通过科学技术来解决。这种观点的产生主要是在18、19世纪。当时为了促进生产力的发展,科学技术发挥了巨大的作用。人们沉醉于给科学技术唱赞歌,扩大科学技术的作用。

第二,科学技术与社会实践之间是双向的发展过程,而不是科技决定社会实践的单向度发展特点。任何一项科技理论都不是完美无缺的,也不可能是万能的。它只是相对真理,需要在实践中不断修正,不断充实和不断发展完善。科学技术的发展与作用来源于社会实践,又作用于社会实践。因此,科学技术与实践之间是双向的关系,而不是科技决定社会发展的单向度的关系,二者处于相互作用之中,这样我们就不能说是谁作用谁的问题。

第三,从人类发展史看,科学技术的发展并不一定决定社会的发展,关键看社会因素的作用,如社会制度、社会发展观、产业结构等。中国四大发明的作用充分说明了科技决定论的片面性。古代农业社会里,中国出现了世界上公认的四大发明。但是在中国漫长的农业社会里,这四大发明并没有引起中国的社会革命,而它们传入西方成为推翻封建主的主要工具。看来,科学技术的发展并不一定决定社会发展或社会变革,关键还要看社会环境、社会价值取向等因素。科学技术本身并不决定社会变革，而是通过转化为现实生产力才能发挥作用。

第四，科学技术发展的功能表现为经济功能、政治功能和社会功能等。这是社会发展逐步突现出来的，是由社会发展进程决定的。显然，科学技术本身并不能决定社会发展的所有领域，只是随着社会的发展它的功能才越来越明显。邓小平提出“科学技术是第一生产力”，主要强调科学技术的经济功能。江泽民提出“三个代表”思想，“是科学与政治的有机结合、升华的产物。当然，要做到科学与政治的结合是不容易的，需要有高度的智慧，而‘三个代表’正好反映出这种理论概括的智慧。”①胡锦涛总书记提出的四个建设任务，科学技术也可以发挥作用促进经济、政治、社会和文化建设。因此，科学技术发挥作用的空间是由社会发展阶段决定的，而不是科学技术在任何时候都可以发挥任何作用。因此，科技决定论是违背辩证唯物主义历史观的。

二、民生科技解决民生问题的综合论分析

民生科技解决民生问题体现了民生科技发展的作用，也体现了民生科技与社会之间相互影响、相互作用的关系。民生科技解决民生问题还需要分析历史因素的作用。这样一来，民生科技解决民生问题首先不是民生科技决定论，而是一种综合论或系统论，强调民生科技与民生问题、历史因素之间的关系问题。

1. 民生科技解决民生问题坚持了科学技术是第一生产力

民生科技作为解决民生问题的科学技术，它不仅促进生产力的发展，而且提高生产力发展的质量。传统科技的发展主要通过变革生产力要素，促进经济的发展，目前高技术、公共科技的发展，不仅促进生产力的发展，而且改变和修正传统科技发展的不完善的地方，提高生产力发展的质量和水平。如公共科技中的环保科技、健康科技和安全科技等的发展，能够修正传统生产力发展过程中带来的负面影响。

2. 民生科技解决民生问题具有政治建设、社会建设和文化建设方面的功能

民生科技发展水平与一定历史时期的民生问题紧密联系在一起。而目前，中国面临的民生问题主要表现为经济、政治、社会和文化建设四个方面的问题。民生问题引领民生科技的发展。有什么样的民生问题客观上要求有相应的民生

---

① 涂元季：《从科学与政治结合的高度理解“三个代表”重要思想——记钱学森同志学习“三个代表”重要思想》，《人民日报》2002 年 6 月 24 日。

科技。而目前中国民生科技的发展正是在民生问题的基础上不断发展和完善的。也就是说,现在民生科技的发展不仅提高生产力的经济功能,而且具有政治、社会和文化建设等方面的功能。民生科技的多元价值取向正是为了满足社会多方面发展的需要。

3. 民生科技解决民生问题体现了历史因素、民生科技因素和社会因素之间互动的关系

民生科技解决民生问题,是在广义的语境中进行的,包括历史因素、民生科技因素和社会因素在内的多因素论。三者处于相互影响和相互作用之中,不存在民生科技决定历史因素和决定社会发展这一功能。民生科技发展的方向和领域来源于历史因素和社会需要,社会因素又决定了民生科技转化的力度。如社会创新能力、民众认知水平等因素的发展水平。为了更好地促进民生科技的发展,我们必须分析历史因素和社会因素,提高它们的整合水平。

4. 民生科技解决民生问题体现了辩证唯物史观

一定时期的民生科技只能解决一定时期的民生问题。一方面,民生科技的发展受科学技术整体发展水平的制约,应遵循科学技术发展的规律;另一方面,民生科技的发展受社会需要的指引。一定时期的民生问题为民生科技的发展提供了方向和目标。所以,民生科技解决民生问题具有历史性、认知性、科学性和社会性四个维度的特征,坚持唯物论与历史观。任何超越历史条件的民生科技是不可能得到发展的。就像在科学技术革命史中,孟德尔发现了遗传学说,但由于受当时历史条件的制约,没有人理解他。所以,后来人们又重新发现了这一规律,称为孟德尔遗传学说再发现。所以,民生科技解决民生问题必须是在一定的社会历史条件下才能实现的。

5. 民生科技解决民生问题不是科技决定论

科技决定论强调科技的多元功能,忽视其他要素的作用,认为科技决定社会发展的一切因素。而民生科技解决民生问题离不开历史因素和社会因素,显然,从民生科技发挥功能的环节来讲,就不是科技决定一切。民生科技解决民生问题是在多要素相互作用中才能实现。另外,民生科技解决民生问题的程度来源于历史因素和社会因素的反作用力的大小。历史遗留问题越突出,社会需要越强烈,民生科技解决民生问题的力度可能越强。民生科技的发展反过来又促进民生问题的解决与发展。民生科技、历史因素与社会历史处于动态的运动之中,客观上不存在谁一定决定谁的问题。所以,民生科技解决民生问题是一个综合

论而不是一个科技决定论。

总之,民生科技解决民生问题既是一个科学问题,又是一个历史问题、认知问题和社会问题,我们只有实现它们四者的有机整合,才能更好地解决我们现在面临的民生问题。

三、民生科技解决民生问题需要树立正确的“三观”

民生科技解决民生问题的方向是由社会的价值观选择决定的。我们应树立正确的世界观、科技观和发展观。

世界观是人们对客观世界的总的根本看法,世界观的理论基础是哲学。我们应坚持辩证唯物主义观。相信客观世界处于永恒的运动变化之中,它们具有各种特性和运动变化规律。科技工作者应支持辩证唯物观,同伪科学、反科学作斗争,相信客观世界的规律和可知性。在实践基础上不断认识自然和改造自然。

科技观是人们对科学技术总的根本看法。科学技术是人们在实践过程中积累起来的系统化的知识体系和技能。因此,科技观首先要重视实践的作用。科学技术来源于实践,又需要回到实践中进行检验。在实践中,人们认识到科技发展的继承性与突破性,科技发展的社会变革功能,科技发展的不完善性等。由于实践的作用,科学技术与社会形成一个开放的系统,科学技术不断地从实践和外部环境的作用中得到发展。科技观中应重视实践作用,体现了辩证唯物主义的科技观。

发展观是人们对科学技术发展过程的总的根本看法。科学技术发展过程是不断创新的过程。创新是科学技术发展的根本动力。从科技发展史看,科学技术的发展经过了从宏观到微观,从感性到理性的过程,科学技术发展的广度和深度不断扩展。科学技术发展的主体也从个体向群体、国家层次不断推进。目前,科学技术已经成为一项重要的国家活动和国际活动。科学技术发展作为一个开放的体系,不会有终结,随着人们认识水平的不断提高而得到发展。

邓小平说发展才是硬道理。对于科学技术的发展我们应坚持正确的发展观,做好以下工作。

第一,解放思想,实事求是。解放思想是发展的前提。只有解放思想才能认真思考科学技术问题,思考科学技术与社会的关系问题,科学技术的功能。实事求是是进行科学研究的态度和原则。也就是说要坚持实践观,科学技术发展来源于实践,又要回到实践中进行检验。

第二，要有创新精神。科技发展史就是一部人类创新史。创新过程体现了继承与革新之间的关系问题。科学技术发展过程中的创新不是完全地抛弃过去的东西，而是在继承基础上的创新。由于研究微观、宏观和渺观对象的不同，创新的机制和方法有所不同，它们对社会的功能也是不同的。

第三，发挥多群体的主动性。科学技术发展作为一项社会事业，它的经费越来越来源于社会领域。它的研究主体包括科研机构、大学、企业。科学技术服务于社会需要，它的转化水平受民众认知水平的影响。

总之，民生科技解决民生问题并不是科技决定论，而是科技综合论。为了促进民生科技解决民生问题的力度，我们必须树立正确的世界观、科技观和发展观。

第三节　处理好有关民生科技解决民生问题的几个关系

民生科技解决民生问题涉及科学技术领域、社会领域等方面，为了更好地促进民生科技解决民生问题，我们需要解决好以下几个方面的关系。

一、科学技术与民生科技的关系

在某些方面对于人类社会的技术进步具有明显的引导、推动作用的先进的科学理论体系，一般地，都被认为是属于前沿科学范畴。目前，关于宇宙的起源、智力的起源以及生命的起源等的研究处于前沿科学。科学除了前沿科学外，更多的科学在向应用阵地进军。应用科学也存在前沿科学，如前沿应用科学、前沿应用技术等。

科学发现是科学的天职。科学在探索过程中获得了新发现，扩大了人们的认识范围和活动空间，为科学转化为民生科技提供了一种可能。技术发明是技术运动的天职。技术发明一方面可以促进科学的发现，另一方面可以为民生科技发展提供工具和支撑。民生科技为科学和技术的发展提供问题和研究方向。因此，在当代科学发现、技术发明和民生科技已结成一个整体，彼此之间相互联系和作用。

民生科技与科学技术的关系还说明理论与应用的辩证统一。科学技术理论是对客观世界运动规律的最高概括。科学技术理论来源于实践又需要实践进一步的证明,因而是相对真理。科学技术理论应用的过程是民生科技发展的过程。民生科技的发展体现了理论与应用之间的辩证统一。

所以,民生科技作为科学技术发展的领域之一,应处理好民生科技与前沿科学技术、理论科学技术的关系问题。

二、自然科学与技术、社会科学与哲学之间的关系

民生科技解决民生问题不仅涉及科学技术因素,而且包括社会科学和人文科学的因素。因而处理好它们三者的关系对民生科技解决民生问题具有重要意义。

人类生存的环境包括自然界、人类社会两大部分,因而在人类社会发展过程中应实现人与自然、人与人、人与社会的和谐发展。研究自然运动规律的科学与技术,形成自然科学与技术科学,研究人类社会运动规律的科学形成人文社会科学,而哲学作为宏观方法对于自然科学和人文社会科学都具有指导意义。而自然科学与工程技术科学的发展又有助于哲学、人文社会科学的发展。这样自然科学与技术、人文社会科学、哲学之间形成一个三圈模式(见图11-4)。

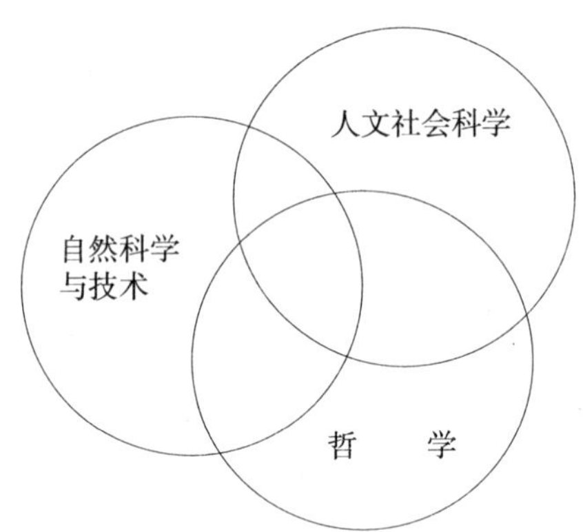

图11-4 自然科学与技术、人文社会科学和哲学之间关系的三圈理论分析

民生科技解决民生问题涉及三个领域。自然科学与技术提供科学技术方面的支撑,哲学提供方法论指导,人文社会科学提供制度创新、管理创新和实践创新等方面的支撑。因此,为了更好地解决民生问题,我们必须实现不同学科之间的交叉与融合。这是由当代科学技术发展规律与当代民生问题特点决定的。当代科学技术发展的一个显著特点就是科学内部、科学与技术、人文社会科学之间的融合,交叉科学与综合性科学的发展成为当今科学技术发展的重要领域。另

外，当代民生问题越来越复杂。如环境问题，不仅需要环保技术，而且需要制度创新和管理创新以及可持续发展观的落实。因此，民生科技解决民生问题需要处理好科学技术、人文社会科学与哲学的关系问题，力图实现它们之间的交叉与融合。

三、处理好科研工作、企业与民众、社会的关系

科研主体主要在国家科研单位、高校，企业作为技术创新的主体，科技成果转化的主体，民众和社会作为科技成果应用的主体。虽然不同主体的任务和目标是不同的，但是他们的工作的总体目标是一致的，都是为了促进社会的科学与和谐发展。

一方面，科研单位的科研工作应坚持理论创新与应用创新，满足社会需要。另一方面，企业作为科学技术与社会联系的纽带，应遵从科学规律和社会需要，否则生产出来的产品没有市场。民众和社会作为科技成果的应用主体，应按照社会发展观的要求，选择产品和消费方式。只有科研单位、企业、民众与社会形成共同的价值取向，才能更好地提高科技成果转化率，更好地促进产学研相结合。

为了更好地促进它们的结合，我们需要制度创新，为它们的融合提供平台。一方面，要促进科研与企业的结合，科研为企业解决科学技术难题，企业帮助科研单位科技成果的转化。另一方面，民众和社会需要为科研单位和企业提供需要，并消费它们的产品，改变社会发展模式。

民生科技解决民生问题的过程需要科研单位、企业、民众和社会共同作用。提高民生科技转化水平，促进企业科学发展，改变民众消费观念，加快社会转型。

四、处理好国家发展战略之间的关系

“战略”（strategy）一词最早是军事方面的概念。在西方，“strategy”一词源于希腊语“strategos”，意为军事将领、地方行政长官。后来演变成军事术语，指军事将领指挥军队作战的谋略。在中国，战略一词历史久远，“战”指战争，略指“谋略”。春秋时期孙武的《孙子兵法》被认为是中国最早对战略进行全局筹划的著作。在现代，“战略”一词被引申至政治和经济领域，其含义演变为泛指统领性的、全局性的、左右胜败的谋略、方案和对策。

我国目前实施的战略有科教兴国战略、可持续发展战略、信息化战略、人才

强国战略、自主创新战略等。战略对一个国家来讲，是一个中长期发展规划，具有全局性、统领性。对于民生科技解决民生问题，需要继续实施这些战略。科教兴国战略为解决民生问题提供科学技术与人才支持，可持续发展为促进产业转型和社会转型提供价值和具体措施。信息化战略为高技术改造传统技术提供具体方法和路径。人才强国战略为培养高级人才而奋斗。知识经济时代，我们不仅需要民众科技水平的普遍提升，而且需要尖端人才。目前国与国的竞争说到底是尖端人才的竞争。自主创新战略为提高我国科技竞争力指明了前进的方向。我们需要原始创新、集成再创新和技术引进消化吸收再创新，原始创新放在第一位。

民生科技解决民生问题是贯彻和落实相关战略的过程。我们需要通过落实发展战略促进民生科技解决民生问题。

总之，民生科技解决民生问题涉及的领域很广，学科很多，任务很重。为了更好地解决民生问题，我们必须协同科学、技术与社会的发展，协同自然科学与技术、人文社会科学和哲学，协同不同参与主体，协同不同发展战略的关系，这是民生科技解决民生问题的客观需要。

第十二章　案例分析:民生科技解决山西民生问题

山西省作为一个资源型省份,能源结构单一,产业结构主要以传统能源产为主,资源问题、环保问题和生态问题比较突出,自主创新能力低,高技术发展缓慢,人民生活质量低。大力发展高技术和公共科技成为山西解决民生问题的重要途径。

第一节　新中国成立以来山西民生问题分析

新中国成立以来,山西是在“六五”计划时期第一次提出全面崛起,主要利用能源解决山西发展中存在的一切问题,实践证明不仅没有实现山西的全面发展,而是突出产生了环境污染严重、能耗高、科技发展水平低等问题。山西第二次提出全面发展是在“十五”规划中,主要利用新技术革命促进山西全面崛起,以解决山西环保、科技和能耗三块“短板”。目前,山西环保、能耗、科技、产业结构等方面存在一些突出问题,制约了山西的科学发展。

新中国成立以来,山西民生问题发展经过了三个阶段:第一个阶段是新中国成立后到改革开放前,该阶段民生问题主要表现为解决温饱问题,发展重工业;第二阶段是改革开放到2006年前,该阶段民生问题主要表现为发展经济,解决民众温饱问题和发展问题,但同时也产生了新的民生问题,即山西的环保问题、能耗问题和科技问题这三块“短板”;第三阶段是2006年以来,山西实现全面和科学发展,解决民众生活质量问题,包括最基本的需要问题、环保问题、能耗问题和科技问题。

一、新中国成立后到改革开放前(1949—1978年)山西民生问题分析——工业化发展阶段

在这30年的时间里,我国实施的主要是均衡配置生产力原则,逐步改变了我国生产力布局集中于东部沿海地区不合理状态,对发展内地经济、缩小东西部地区之间的差距起到一定作用。山西省在这一时间段里,重工业发展速度快,三块“短板”还没有凸显出来。

第一个五年计划时期(1951—1957年):山西完成了对农业、手工业和资本主义工商业的社会主义改造,到1957年,山西工业产值164.4亿元,农业产值145.5亿元,工业产值首次超过农业产值。但是,山西的工业化水平比较低下。

第二个五年计划时期(1958—1962年):在1960—1962年的三年经济困难时期,由于“以钢为纲”的指导方针,山西的农业、轻工业、重工业的比例严重失调。1960年,山西农业下降21.1%,轻工业增长7.2%,而重工业却增长33.7%,为山西发展重工业埋下伏笔。

第三个五年计划时期(1966—1970年):发生了“文化大革命”,“以阶级斗争为纲”,山西的发展没有大的进步。

第四个五年计划时期(1971—1975年):继续了“二五”时期的指导方针,农业发展缓慢,轻重工业比例失调,积累率过高。该时期山西工业化体系开始建立,标志是山西大力引进国外成套设备,如综合采煤机组、大型石化设备。

从这一阶段山西发展现状看,山西主要的民生问题还是温饱问题,但是在解决温饱问题上,山西重点发展了重工业,农业和轻工业发展水平低,而民众的温饱问题多是与农业的生产率紧密联系在一起。因此,该时期的民生问题并没有得到很好的解决,民众的生活质量很低,温饱问题仍然是一个大问题。

二、改革开放到2006年前山西民生问题分析——工业化、城镇化加速发展阶段

20世纪80年代,我国确立了使一部分人、一部分地区先富裕起来,处理好内地和沿海两个大局的思想:第一个大局就是沿海地区要加快对外开放,这是一个事关大局的事情,内地要顾全这个大局;发展到一定时候,又要求沿海地区拿出更多的力量来帮助内地发展,这也是一个大局,沿海也要服从这个大局的发展思想,最后上升为战略。政策上的倾斜,使东部集中发展高新技术产业及金融服务业等第三产业。重工业或加工工业向中、西部转移。山西在该时期定位于能

源重化工基地。山西实现了以能源产业为主,以交换其他地方的农业产品和轻工品的发展历程,民众的温饱问题得到很大程度的解决,但又产生新的民生问题,即三块“短板”的产生。

第五个五年计划时期(1976—1980 年):中央制定了“调整、改革、整顿、提高”的方针,山西初步建立了完整的工业体系。

第六个五年计划时期(1981—1985 年):1982 年,中央提出了工业、农业、国防、科学技术现代化,并确立农业、能源、交通、科学教育为战略重点。1982 年 4 月,中央确定了建设山西能源重化工基地的方针,山西发展重化工由此从战略上确立下来。该时期,在能源重化工基地的方针指导下,山西凭借煤炭资源优势,建设山西为国家煤电和以煤化工为主的能源重化工基地,从而推动山西经济的全面发展。最终山西形成了以煤化工为主要产业的畸形的产业结构。由于技术落后,生产消耗大,山西能耗高这块“短板”逐步形成。从人们的生存环境讲,黑色抹去了绿色,带来了沉寂。传统工业的发展,使山西成为污染大省,环保技术发展缓慢,最终环保这块“短板”最终形成。

第七个五年计划时期(1986—1990 年):山西提出了“能源商品基地”的观念,“科技兴晋”的观点。1990 年提出《14888 工程》,山西调整了产业产品结构的战略目标:1 个新兴主导产业,4 个新支柱产业,8 条产品链,88 个重点产品。

第八个五年计划时期(1991—1995 年):随着新技术革命的到来,世界范围内发生了产业结构的重组和升级。我国的战略重点发生了转移,把发展电子工业放在突出位置,积极发展建筑业和第三产业。1992 年山西出台“整体创新,综合开发”战略,以体制创新为主线,实行大开放战略,以高新技术开发带动产业结构高度化,运用科技进步与市场驱动的合力,转换经济发展模式。“八五”开始,山西经济发展速度明显下降,山西人均国内生产总值、职工平均工资等重要经济指标都居全国下游水平。

第九个五年计划时期(1996—2000 年):经过 20 年的非均衡发展,山西的二元结构越来越突出。到 1999 年,山西支柱产业排序为:煤炭采选业、黑色金属冶炼及加工业、化学原料及制品制造业、石油加工及炼焦业、有色金属冶炼及加工、非金属矿物制品、专用设备制造业、金属制品业、纺织业、普通机械制造业。电子工业已不是山西发展的主要产业。高新技术从“八五”开始发展,山西不仅没有把原来就有的电子工业基础发展下去,反而被动地放弃掉了。在“八五”和“九五”期间,很多地区大力发展与区域经济相适应的高技术,而山西高技术发展非常薄弱。山西高技术“短板”逐步形成。

第十个五年计划时期(2001—2005 年):我国进入全面建设小康社会,加快推进社会主义现代化建设的新时期。山西也处于社会转型期。山西加快产业结构调整,大力发展环保、节能新技术,实现山西可持续发展。

三、2006 年以来山西民生问题分析

山西全面崛起战略正是在总结过去发展经验的基础上提出来的。2006 年 4 月 29 日,山西省出台了《山西省工业经济发展第十一个五年规划纲要》,指出山西全面崛起是以改革开放和科技进步为动力,充分发挥区位、资源、产业和基础设施等综合优势,培育优势产业、转变经济增长方式、保护生态环境、构建和谐社会、提升综合竞争力,把山西建成全国重要的新型能源和工业基地。发展环保技术、节能技术,用信息化带动工业化的发展,促进山西全面崛起。目前山西全面崛起的机遇来了,“一个是国际新一轮的产业结构调整。在国内,越来越明显地出现了一个趋势,即由东南沿海地区向中西部地区梯度转移。还有一个机遇,就是中部崛起战略即将进入具体实施阶段。”

第十一个五年计划时期(2006—2010 年):该时期是山西省全面建设小康社会,努力实现经济社会跨越式发展的关键时期。当前,我们面临较好的发展机遇:全球产业加快调整和转移,有利于山西省引进利用外资;山西经济处于新一轮增长期,区域经济由东南沿海地区向中西部梯度转移,国家实施中部崛起战略,有利于山西加快发展;全国乃至全球对能源资源的需求趋旺,使山西资源优势更加突出;经过几十年建设发展,特别是这几年加快发展,山西经济实力不断增强,为进一步更快更好发展打下了基础。同时,我们也面临严峻挑战:山西属于欠发达地区,经济社会发展、城乡建设和人民生活水平不仅与东南沿海地区差距较大,而且在中部地区也位居中下,加快发展的任务十分艰巨;山西产业结构调整虽然取得了积极成效,但实现支柱产业多元化和经济增长方式根本性转变以及治理生态环境的任务依然繁重;经济与社会的许多深层次矛盾仍然存在,发展中的不确定因素增多。山西要解决目前的民生问题必须坚持科学发展与经济发展、坚持调整经济结构和转变经济增长方式、坚持改革开放与科技进步、坚持统筹城市与农村、经济建设与社会建设协同发展、坚持提高民众的生活质量。“十一五”期间山西将采用新的地区经济社会发展指标体系指导、推动全省经济社会发展,考核、评价各市、县的发展水平和工作业绩,取代过去长期使用几个主

要经济指标指导评估的做法及模式。新的指标体系力求充分体现科学发展观和构建社会主义和谐社会的基本要求,符合山西经济社会发展实际,具有较强的导向性和可操作性。

“十一五”期间,是山西实现科学发展,解决三块“短板”,提高民众生活质量,构建和谐山西的重要时期。该时期山西面临的民生问题更复杂,涉及的领域更广泛。包括解决民众的生活质量问题,解决三块“短板”问题,解决社会发展问题。具体表现在以下几个方面。

1. 山西环境保护不容乐观

一个地区的环境保护状况可通过一个地区的可持续发展总体能力来衡量。2004 年山西可持续发展总能力排序居全国 25 位,生存支持系统排序为 30 位,发展支持系统排序为 26 位,环境支持系统排序为 30 位,资源转化效率排序为 25 位,生存持续能力指数排序为 31 位。总体上山西可持续发展水平低,生存环境比较差。

山西省“十五”期间,GDP 增长了 85%,而环境污染增长了 17%。2005 年,山西省 11 个重点城市环境空气质量均未达到国家二级标准,除太原、长治勉强达到三级标准外,其余 9 个城市均劣低于三级标准。山西省每平方公里平均承受约 10 吨的二氧化硫排放,超过全国平均水平近 4 倍。山西省 26 条主要河流中,有 88.4% 的断面受到不同程度的污染,有 62% 的断面失去了使用功能,主要城市集中式生活饮用水源地水质有 17.2% 不达标。总体上山西可持续发展水平低,需要大力发展节能技术、环保技术、新能源技术,提升山西的可持续发展能力。2006—2007 年 9 月,山西省突发环境事件 24 起,违法建设、超标排污等环境违法事件 6700 多件。

2. 山西能耗水平高

山西作为一个能源大省,存在能源浪费和能源生产结构单一等问题。一方面,山西资源浪费比较严重。2005 年山西省单位 GDP 能耗 2.95 吨标煤/万元,为全国平均水平的 2.42 倍。能源浪费现象严重。另一方面,山西省作为能源大省仍以传统能源为主,能源结构以能源的初级产品为主,二次能源所占比重低。2004 年山西省原煤占山西能源生产构成的 99.88%,瓦斯占山西省能源生产构成的 0.08%,水电占山西省能源生产构成的 0.19%。另外,山西资源转化效率比较低。山西资源转化效率在全国排序为 25 位。资源的浪费、结构单一与转化效率低同时制约山西经济、社会的全面发展。山西省必须通过发展节能技术、新能源技术等提升山西资源利用效率。

山西省能耗高的原因主要存在于以下几个方面。(1)主要以一次能源煤炭为主,二次能源和新能源所占的比例比较低。(2)产业结构重型化,主要以煤化工、钢铁产业、电力产业等为主,而这些产业多是高能耗产业。(3)技术设计存在浪费。表现在建筑、城市供水管网水资源漏失达20%。(4)低资源税带来的浪费。为了照顾地方利益,获得开采权的企业现在交付的资源税往往不足成本的1%,所以企业不重视这一税种。当前资源税征收原则为按产量征税,没有考虑多使用资源和浪费资源应多交税的,以便更好地保护环境。(5)人们消费方式等方面存在的问题。

"十一五"期间,山西省提出了"多还旧账,不欠新账"的原则,山西省"十一五"节能目标为2010年,全省万元地区生产总值综合能耗由2005年2.95吨标准煤下降到2.21吨标准煤,下降25%,年均下降5.6%。2005年山西省单位GDP能耗2.95吨标煤/万元,为全国平均水平的2.42倍。

3. 山西新技术产业发展缓慢

到"十五"期间,山西发展的新技术产业有新材料、先进制造技术、新能源技术、信息技术、环保与资源综合利用技术、医药与生物工程技术、现代农业技术领域。

目前山西高新技术发展优势表现在山西科技人力资源全国排名第8位,山西科技活动人力投入排名第14位,山西科技能力排序全国第21位。山西科技发展劣势表现在:产业过于重型化、科技人员浪费严重、高技术产业发展水平低等方面。需要利用山西高新技术发展优势,改变山西高新技术发展的劣势,促进山西全面崛起。

4. 山西产业结构过于重型化

第一个五年计划时期(1951—1957年),山西完成了对农业、手工业和资本主义工商业的社会主义改造,到1957年,山西工业产值164.4亿元,农业产值145.5亿元,工业产值首次超过农业产值。为山西发展重工业埋下伏笔。1982年4月,中央确定了建设山西能源重化工基地的方针,山西发展重化工由此从战略上确立下来。长期以来,山西第二产业比重明显偏高。第二产业中以原煤生产为主。2005年,山西的第二产业比重达到56%,占工业增加值89%,其中重工业又占92.7%,产业结构重型化特征非常鲜明。目前能源作为山西的支柱产业,一方面已受到陕西、内蒙古等西部省份的挤压;另一方面,山西煤炭开采日益恶化,国家对山西能源投资下降。此外,三峡、秦山等电站的建立对山西煤炭产业造成一定的冲击。需要大力发展高新技术产业,提升和优化山西的产业结构。

5. 山西社会转型水平低

从科技革命促进社会转型角度讲,20 世纪 50 年代,第一、二次技术革命促进我国从农业社会向工业社会转型;20 世纪 90 年代,新技术革命促进我国从工业社会向知识社会转型。一个社会的发展水平跟一个社会转型速度呈正相关关系。山西省作为中部省份,在 1957 年已实现工业产值超过农业产值,开始从农业社会向工业社会转型。但在 21 世纪初,有些省份已进入知识社会,山西还是以工业发展为主,第三产业、高技术产业发展缓慢。如果将一个社会的现代化历程分为起步、发展、成熟、过渡四个阶段。我国处于第一次社会转型发展期,各地区之间的发展水平差距比较大。山西处于第一次社会转型的成熟期,即将进入第二次社会转型时期,发展高新技术产业是实现山西第二次社会转型的必然选择。但山西目前高技术发展水平在中部地区排名最后,直接影响山西的社会转型和现代化建设。

"十一五"期间,山西民生问题比较复杂,涉及经济问题、环境问题、节能问题、科技问题、社会发展问题。复杂的民生问题要求民生科技的发展也是多维度的,多层次的,多领域的。

第二节　当代民生科技解决山西民生问题分析

民生科技作为科学技术发展的分支,作为解决民生问题的支撑,作为社会变革的重要力量,体现了民生科技解决民生问题的科学维度、历史维度和社会维度等方面的特征及其关联性。对于新型工业和能源基地的山西来讲,大力发展民生科技是构建和谐山西的基础性力量。

一、民生科技解决山西民生问题的维度模型分析

自改革开放以来,山西发展战略进行了不断的调整,从 1978 年的农业基地和工业基地建设到 1980 年的能源基地,再到"九五"期间的能源重化工基地建设。近些年来,山西提出要建成新型能源和工业基地。总体上山西发展的优势集中于同能源相关的产业。但是,山西在促进能源、工业发展的同时,也产生了一些社会问题,如环境污染、能耗高、科技含量低、煤矿事故多等。为了更好地实

现山西的和谐发展，我们必须通过民生科技，解决制约山西和谐发展的问题。如解决环境污染，需要环保科技的推广应用；能耗高，需要节能技术的大力推广应用；安全、健康问题的解决需要相应的健康科技来解决。所以，要实现山西人与自然、人与社会、人与人的和谐发展，必须大力发展民生科技。

1. 当代民生科技解决山西民生问题的多维度性分析

民生科技作为解决民生问题的科学技术，它不仅与科学技术发展水平有关，而且与山西历史因素、山西社会环境有直接的关系。一方面，民生问题的产生过程是在山西发展过程中逐步突现出来的，与山西历史发展的特征紧密联系。改革开放以来，山西的产业以能源重化工为主，而这些产业对环境的破坏力是非常大的。由于山西具有资源优势，节能意识比较缺乏，产生了“环保”和“能耗”两块短板。另一方面，由于改革开放之初，我国实施“经济建设依靠科学技术，科学技术面向经济建设”的发展战略，科学技术促进了山西工业、农业的巨大发展。但是，环保技术、节能技术等促进社会发展的民生科技发展比较落后。特别是20世纪90年代，我国开始大力发展高新技术产业，而山西高科技发展水平比较低，最终形成“科技”短板。所以，科学技术本身的发展水平在促进山西和谐发展中具有重要作用。民生科技作为科学技术，本身不能转化为现实生产力，它的转化水平与山西社会因素紧密相关，特别是与政府、企业、公众应用民生科技的程度紧密相关。这样一来，民生科技实现山西和谐发展，不仅是科学问题和历史问题，而且是社会问题。为了更好地使民生科技服务于山西的和谐发展，我们必须将民生科技放入广义的历史、认知、科学和社会语境中进行研究。

2. 民生科技对构建和谐山西的“维度解释”模型

民生科技本身并不能解决民生问题，它需要转化为现实生产力才能发挥它的功能。而它是否能转化为现实生产力或者转化的程度是由与它相关的语境因素决定的。民生科技构建和谐山西可物化为多个可证实的因素，主要包括历史维度因素、认知维度因素、科学维度因素和社会维度因素。假设民生科技在构建和谐社会中的作用为T，历史维度为 $A=(a_1,a_2,a_3\cdots a_n)$，认知维度为 $B=(b_1,b_2,b_3\cdots b_n)$，科学维度为 $C=(c_1,c_2,c_3,\cdots c_n)$，社会维度为 $D=(d_1,d_2,d_3,\cdots d_n)$，则 $T=\{A,B,C,D\}$。其中，a_1, a_2, a_3 等是构成历史维度的关联要素，如山西不同时期价值观取向；b_1, b_2, b_3 等构成认知维度的关联要素，如山西民生科技发展领域、山西民生科技问题、二者之间的关联性问题；c_1, c_2, c_3 等构成科学维度的关联要素，即山西民生科技研究群体语境、当代山西民生科技发展水平等；d_1，

d_2,d_3,…d_n等构成社会维度的关联要素,如山西社会制度、山西企业和公众的参与程度等。民生科技构建和谐山西的过程,就是民生科技在多维度中发展的过程。

二、民生科技解决山西民生问题的维度结构

民生科技解决山西民生问题是在广义的历史维度、认知维度、科学维度和社会维度中进行的。只有解决好各维度因素才能更好地促进民生科技的发展,实现山西安全发展、转型发展与和谐发展。

1. 历史维度

(1)山西价值观取向的变革。改革开放之初,邓小平同志提出了“科学技术是生产力”以及“四个现代化,关键是科学技术现代化”的战略思想,为发展国民经济和科学技术的基本方针和政策奠定了思想理论基础。民生科技作为第一生产力,促进了山西经济的发展,特别是能源重化工产业的发展。1983—1987 年 5 年间,国家和山西用于山西能源工业建设的投资累计达 90.4 亿元,相当于新中国成立后到 1982 年 33 年间能源工业投资总额的 1.22 倍。能源重化工基地建设的另一个方面是电力工业的发展。1983—1987 年,山西新增发电容量 202 万千瓦,相当于新中国成立到 1982 年 33 年总发电量的 73.4%。20 世纪 90 年代,我国开始实施可持续发展战略,要坚持以经济建设为中心,实现经济与人口、资源、环境、社会的相互协调。山西作为一个资源型省份,存在环境恶劣、能耗高、资源利用率比较低等问题。该时期山西科技发展从单纯的服务于经济向经济与社会兼顾的方向发展。21 世纪初,以科学发展观和构建和谐社会为主导的价值取向,成为民生科技实现山西科学、和谐发展的指导思想。2007 年 2 月 28 日,山西省政府下发了山西省科技发展“十一五”规划。在这个规划中重点发展的领域包括农业科技发展、工业科技发展和社会领域的科技进步。第一次提出社会领域需发展的资源科技、生态与环境科技、城市化与城乡建设科技等。这是民生科技价值取向的重大转变。

(2)山西民生问题的转向。改革开放之初,山西民生问题集中表现为解决人民的温饱问题,该时期山西重点发展了煤炭(土焦改造、粉煤灰利用、型煤加工)、轻纺食品工业(吸混脂纶、强化面粉的生产)、农业科研(土豆、罗非鱼的养殖)三个方面。20 世纪 90 年代,随着山西“能耗”、“环保”和“科技”三块短板的不断突现,山西的民生问题不仅表现为经济发展,而且表现为社会发展。党的十

七大报告将社会建设作为我国目前发展的重要领域。山西民生问题从经济问题向经济和社会问题的转向，成为民生科技解决山西民生问题，实现山西和谐发展的客观依据。

（3）山西民生科技发展的趋向。自改革开放以来，由于山西民生问题的不断转向，山西民生科技的发展经过了从服务于经济建设的科学技术，向服务于经济建设和社会建设的方向转向。改革开放之初，山西重点发展了服务于经济建设的煤炭、轻纺食品工业、农业科研等。随着世界范围内高科技产业的不断发展，社会问题的不断突现，20 世纪 90 年代以来，山西民生科技的发展呈现了以解决经济问题和社会问题为主的民生科技群。工业科技主要集中于能源、冶金、机电、化工、建筑、材料、信息等，社会科技主要集中于发展环保、医疗卫生、健康、安全等民生科技。所以，山西要实现人与自然、人与社会、人与人的和谐发展，必须大力发展服务于经济建设和社会建设的工业科技、农业科技和社会科技的发展。

2. 认知维度

（1）对山西民生问题的认知水平。不同时代，山西的民生问题体现为不同的需求，表现为经济需求、政治需求、文化需求和社会需求的不同方面。一方面，对山西民生问题的认知离不开中国这个大的环境；另一方面，需要与山西发展的实际相结合。如在科学发展观指导下三块“短板”、“三大发展”比较客观地反映了山西目前发展的情况。只有不断地总结经验，才能更好地解决好山西的民生问题。

（2）对山西民生科技的认知水平

山西作为资源型省份，多年来挖煤成为山西的产业支柱，形成产业结构比较单一的局面，这样势必造成山西的经济发展能力受煤炭价格刚性影响的后果。从 20 世纪 90 年代，山西人均收入下滑到全国倒数第一，可以看出这种后果。由于只重视煤炭产业的发展，势必忽视对其他科技的研究与转化投入。没有科技支撑，其他产业发展的规模和速度越来越慢。所以，对山西发展的民生科技领域的认知程度决定了山西民生科技解决民生问题的力度。

（3）对山西民生科技与民生问题关联性的认知水平

加强科技与经济、社会发展的联系说起来比较容易，但做起来比较难。山西科技成果转化率明显低于沿海城市，反映出二者结合的力度还有待进一步提高。这需要对科技研发与转化加大投入，人才结构需要进一步优化等措施的落实。

3. 科学维度

(1)山西民生科技研究群体的转向。自改革开放以来,山西民生科技研究群体经过了从以科研院所为主向企业为主的转向。改革开放之初,山西省民生科技研究的人才、设备等都集中于科研院所和大学。1985 年,山西省对研科院所进行改制,使这些科研院所直接转型为经济实体、企业并入研究机构、研究机构并入企业、研究机构转型为科研生产型的企业或者成为中小企业联合的技术开发机构。20 世纪 90 年代,山西培育将企业作为科技创新的主体,山西一些大型企业都建立了自己的研发机构,将企业作为发展民生科技的源泉和力量。由于企业以追求利润最大化为目标,因此,它们是不会关注环保、公共安全、健康等社会领域的科技问题。随着社会建设的不断深入,不仅企业和科研院所是民生科技发展的主体,而且出现了从事社会公益类研究(如减灾防灾、资源勘探、生态环境监控、标准、计量、数据采集和积累等)的少量综合性研究院所,它们成为发展环保科技、健康科技等社会科技新的研究主体。

(2)当代山西民生科技发展水平。民生科技作为科学技术发展的分支,它的发展水平受科学技术本身发展规律的约束。自改革开放以来,山西的民生科技发展来源于四条途径。一是直接来源于科研院所,二是来源于军用科技民用化,三是来源于引进国外先进技术,四是来源于企业自主创新。随着山西经济建设和社会建设步伐的不断加速,山西省服务于经济建设的工业科技、农业科技,与服务于社会建设的环保科技、安全科技、健康科技将呈现出三足鼎立的发展态势。

4. 社会维度

(1)当代山西民生问题。山西作为资源型省份,多年来以发展煤化工为主要产业,解决山西的经济发展问题,与此同时产生了能耗、环保、公共安全、健康等问题。所以,山西的民生问题不仅表现为经济建设,而且表现为社会建设。这些民生问题成为现阶段山西发展民生科技的直接目标和动力。一方面,通过大力发展工业科技和农业科技,提升山西的经济发展实力;另一方面,通过大力发展环保科技、节能科技、健康科技和公共安全科技,以解决山西的社会发展问题。目前山西的民生问题为发展民生科技提供了科技需求和动力。

(2)制度创新。民生科技作为科学技术的分支,它本身并不能直接转化为现实生产力。它需要通过制度创新,引导科研院所、政府、企业、公众的生产方式和消费方式的转变,促进山西和谐发展。首先,山西省对科研院所进行改制,促进科研院所与经济社会的紧密结合。1985 年《中共中央关于科学技术体制改革的决定》的颁布,开始了以改革科技拨款制度为中心的科研院所改革。同年 7 月,山西省委省政府及时出台了《山西省科技体制改革的总体实施方案》。全省科技体制改革以此为指导全面铺开。1988 年国务院出台了《关于深化科技体制改革若干问题的决定》,鼓励和支持科研机构以多种形式长入经济,发展新型科研生产联合体。全省科技体制改革进一步深入发展,着重围绕两个方面进行:"一是有利于科技面向经济,为经济建设服务;二是有利于调动科研单位和科技人员的积极性。"①部分科研院所和科技企业实行了全员聘任合同制和竞争承包试点,开始建立起干部能上能下、职工能进能出、工资能长能降的运行机制。二是修定领导干部的考核机制。"山西省将环境等考核的权重上升,进入到第一位。一些社会发展、环境发展方面的因素被强化。无论是县还是市的考核方案,都增加'大气综合污染指数'指标。"②同时老百姓的收入因素得到了强化。领导干部考核体系的变革成为经济建设和社会建设的重要支撑。三是培育企业成为技术创新的主体,加大民生科技的投入力度。

(3)公众基础。"过去一讲科技,就会想起卫星上天、电子碰撞机等高精尖的技术,这些需不需要呢? 我认为很需要,这是国家立于世界的标志性研究项目。"③而民生科技的发展与老百姓的利益密切相关,因而公众基础更重要。党的十七大报告提出"发展为了人民、发展依靠人民、发展成果由人民共享"的目标,因而,民生科技解决民生问题的程度与公众参与水平紧密相关。山西目前通过电视、网络、报纸、书籍等渠道,增强公众对民生科技的理解与支持,"已经形成了多学科、多层次、多功能的学科领域。这些领域集中了全省理、工、农、医、交叉学科中优秀的专家、学者和科技工作者,汇集了全省各行各业的科技骨干和能工巧匠。"④一方面,企业通过对农业科技、工业科技、环保科技的了解,实现企业的和谐发展。另一方面,一般老百姓、政府通过对民生科技的了解,将节能、环保、健康、公共安全科技落实到现实生活中,促进山西和谐发展。

所以,民生科技构建和谐山西,不仅是一个科技问题,更是一个历史问题和社会问题。为了更好地通过民生科技实现山西的和谐发展,我们必须构建一个

---

① 刘元力:《山西科技百年回眸(下)》,《山西科技》2001 年第 6 期。

② 《山西:修订政绩考核意见》,《环保、收入最重要领导文萃》2008 年第 1 期。

③ 王海燕:《和谐生活:民生科技追求的基本目标》,《光明日报》2008 年 1 月 7 日。

④ 贺天平、张克军:《论科普对山西省经济社会的促进作用》,《晋阳学刊》2003 年第 3 期。

有利于民生科技发展与转化的语境机制。促进民生科技与经济、社会发展的紧密联系,实现山西和谐发展。

三、民生科技解决山西民生问题维度分析的价值

通过对民生科技构建和谐山西维度特征的分析,对于解决山西三块“短板”、促进山西民生科技转化、提升山西自主创新能力,实现山西经济与社会全面、和谐发展具有重要意义。

第一,维度分析对于解决山西三块“短板”,实现山西经济和社会和谐发展具有重要意义。改革开放初期,山西的发展以经济为主,主要发展煤化工产业,但同时也带来了环境污染、资源浪费等问题,随着社会建设的不断深入,山西在促进经济建设的同时,加强社会建设的步伐,促进山西的和谐发展。

第二,维度分析有助于提高山西民生科技的转化效率。改革开放之初,由于山西的科研力量主要集中于科研院所和高校,民生科技与经济处于分离的状态。为了促进山西民生科技与经济、社会的和谐发展,山西对科研院所进行了改制,加强科研院所与企业的联合。另外,民生科技的发展还同山西制度、公众的参与程度有关。语境分析将民生科技的发展与转化放入广义的历史、科学、社会语境中,对于全面促进民生科技的转化具有重要意义。

第三,维度分析有助于提升山西自主创新能力。民生科技主要解决民生问题。由于民生问题具有地区与行业的差异,因此,不可能所有的民生科技都通过技术转移与技术引进来实现。这为山西企业加强自主创新能力提供了契机。传统意义上,企业是求利的经济实体,它不会关心环境污染、公共安全、健康等社会问题。改革开放以来,我国制定了一系列政策,使企业在发展经济的同时,兼顾社会利益。1980 年 2 月 8 日,我国实施对“三废”利用的企业减免税收,鼓励企业节约能源。1989 年 9 月 7 日,我国实行排放水污染物许可证制度,对企业排放的污染物进行定量管理,鼓励企业安装使用污水处理设备,减少对环境的污染。2000 年 11 月 21 日,全国生态环境保护纲要,提出“谁开发谁保护,谁破坏谁恢复,谁使用谁付费”的制度,进一步加强企业的社会责任。这些措施成为山西企业提升自身自主创新能力,促进工业科技和社会科技转化的动力和源泉。

总之,民生科技构建和谐山西的语境分析,对于解决山西民生问题,提升山西自主创新能力等方面具有重要意义。为了更好地促进山西民生科技的发展,我们需要在历史语境、科学语境和社会语境中创造有利于民生科技发展与转化

的语境机制。民生科技的发展不仅是政府的事情,而且与企业、公众的参与程度具有很大的关系。所以,民生科技发展的水平对实现山西经济、社会的和谐发展具有重要价值。民生科技解决民生问题具有历史维度、科学维度和社会维度,但对于不同的国家和地区,它们的组成要素的内容具有个性特征,体现个体发展的空间。我们决不能在脱离客观实际的基础上单纯地谈论模型。内容决定形式,形式提供分析内容的手段。

第三节 新中国成立以来民生科技解决山西民生问题的历史分析

民生问题是指"人民最关心、最直接、最现实的利益问题"。按照这种说法,"民生科技则是与民生问题最直接相关的科学技术"。民生科技也就是用于解决民生问题的所有科学技术。《国家中长期科学和技术发展规划纲要 2006—2020 年》已将科技工作的重点转向民生科技,它主要包括公共安全科技、环保科技、人口科技、健康科技等。改革开放以来,山西民生科技呈现出不断变革的趋向,整体上可分为三个阶段。

一、山西民生科技通过发展煤炭科技和农业科技解决山西经济发展中的突出问题(1978—1990 年)

由于"文化大革命"的严重破坏,山西省科技事业在 1977 年年初面临着严峻的局面。国民经济建设中不少关键性的科学技术问题长期得不到解决;新兴科学技术没有得到广泛的应用;自然科学理论研究停滞不前;科学技术队伍青黄不接;科研装备和实验手段相当落后。广大科技人员迫切希望恢复科研机构,整顿科研秩序,迅速开展科研工作,夺回失去的时间。1978 年在全国进行了拨乱反正,重新认识科学技术的地位、作用和影响,将知识分子视为工人阶级的一部分,使得广大科技工作者真正迎来了"科学的春天"。

1978 年山西省通过了《1978—1985 年山西省科学技术发展规划》,将山西建成农业基地和工业基地,1980 年国务院提出将山西建成能源基地。在 1978—1990 年期间,山西的科学技术发展主要服务于经济建设中的农业科技、煤炭科技的发展。

1. 山西民生科技服务于山西农业基地和工业基地的建设(1978—1981 年)

1978 年 2 月 13—27 日,山西省通过了《1978—1985 年山西省科学技术发展规划》。在该规划中要求三年大治,治中有赶,打好大发展的基础。八年大发展,赶中有超,初步建成布局比较合理,同山西省国民经济建设相适的科学研究体系。在该规划中对把山西省建设成为高产的农业基地和农轻重协调发展具有自己特点的工业基地进行了部署,提出了 10 个重点研究项目,25 个方面的科研任务,15 项主要措施。在此期间,邓小平同志提出了"科学技术是第一生产力"以及"四个现代化,关键是科学技术现代化"的战略思想,为发展国民经济和科学技术的基本方针和政策奠定了思想理论基础。

1982 年 11 月 30 日,山西制订了第六个五年计划,目的打造农业、轻纺工业,发展能源、电子、机械、原材料、化工、制药、运输、邮电等。表现出农业、工业、第三产业均衡的发展特征,科学技术也呈现出为农业、工业、运输、邮电服务的态势。但是,山西民生科技的发展由于山西能源重化工基地的建设,发生了重大转型。

2. 山西民生科技服务于山西能源重化工基地的建设(1982—1990 年)

1980 年 8 月,中共中央国务院作出把山西建成能源基地的决策,1982 年国务院成立山西能源基地。1983 年 10 月 19 日,山西省人民政府正式向国务院呈报了《关于山西能源重化工基地的综合规划的报告》和《山西能源重化工基地建设综合规划》,正式把"能源基地建设"改为"能源重化工基地建设"。1983—1987 年 5 年间,国家和山西用于山西能源工业建设的投资累计达 90. 4 亿元,相当于新中国成立后到 1982 年 33 年间能源工业投资总额的 1. 22 倍。能源重化工基地建设的另一个方面是电力工业的发展。1983—1987 年,山西新增发电容量 202 万千瓦,相当于新中国成立到 1982 年 33 年总发电量的 73. 4% 。

1985 年 3 月全国召开的科学技术大会上有两个重要内容。一是要进行科技体制改革;二是经济建设要依靠科学技术,科学技术要面向经济建设。1985 年 7 月,山西省政府出台了《山西省科技体制改革的总体实施方案》。科研项目要面向经济建设,主要技术表现在:农业、煤炭能源开发、冶金。

1986 年 5 月 7 日,山西省制订了第七个五年计划,充分发挥山西省自然资源的优势,重点搞好能源重化工基地建设,大力发展农业,狠抓交通运输和教育科技两个重要环节。科学技术服务于能源重化工基地建设和农业建设。

1987 年山西发展的主要科学技术表现在煤炭(土焦改造、粉煤灰利用、型煤加工)、轻纺食品工业(吸混脂纶、强化面粉的生产)、农业科研(土豆、罗非鱼的养殖)三个方面。1988年山西出台了《山西科技体制改革的补充规定》,目的是为了改善科研与生产脱节的状况。1989年山西加强科技工作的宏观管理,实施"依靠科技发展经济"的战略方针,把科学技术作为生产力。集中发展了三个领域的科学技术,煤炭加工转化(煤炭的液化、气化)、高新技术的发展(稀土材料、永磁材料)、农业(冬麦、春麦、棉花等良种的培育)。1990年山西出台了《关于依靠科技进步推进经济发展的若干意见》,该年的科学技术发展的重点是煤炭加工转化和农业技术的发展。

该时期,山西重化工基地的建设为全国建设作出了重大贡献。但由于政策性控制,对资源的粗放式经营和管理等原因,山西出现了资源浪费、生态恶化、产业结构重型化等问题,集中表现为山西发展过程中"三块"短板的突现。

3. 山西"三块"短板的突现

第六个五年计划时期(1981—1985年):1982年,中央提出了工业、农业、国防、科学技术现代化,并确立农业、能源、交通、科学教育为战略重点。1982年4月,中央确定了建设山西能源重化工基地的方针,山西发展重化工由此从战略上确立下来。该时期,在能源重化工基地的方针指导下,山西凭借煤炭资源优势,建设山西为国家煤电和以煤化工为主的能源重化工基地,从而推动山西经济的全面发展,最终山西形成了以煤化工为主要产业的畸形的产业结构。由于技术落后,生产消耗大,山西能耗高这块"短板"逐步形成。从人们生存环境讲,黑色抹去了绿色,带来了沉寂。传统工业的发展,使山西成为污染大省,环保技术发展缓慢,最终环保这块"短板"最终形成。

国家在1978—1986年的规划中就包括了高新技术发展的领域,其中重点发展领域农业、能源、材料、计算机、激光、空间、高能物理、遗传工程中多数是高新技术。而山西在该时期几乎没有涉及高新技术的发展。1989年山西省第一次将发展稀土材料、永磁材料等高新技术作为该年度科学技术发展的重要领域之一。但是,比起其他地区,山西省的高新技术发展水平太低,山西高技术这块短板也开始突现。

总之,1978—1990年间,山西民生科技的发展主要集中于经济领域中的农业、煤炭加工业,高新技术发展比较缓慢。能耗、环保、科技越来越成为制约山西全面发展的瓶颈。

二、山西民生科技主要通过发展高科技和环保科技解决山西经济和社会建设中的突出问题(1991—2005年)

中国作为一个发展中国家,经过新中国成立后几十年的发展,尤其是实行改革开放20年的发展,经济建设和社会进步都取得了重大成就,但中国仍是一个人口众多、自然资源短缺、经济基础和技术能力还非常薄弱的国家。在现代化建设中必须实施可持续发展战略。从1996年开始,我国开始实施可持续发展战略,要坚持以经济建设为中心,从经济与人口、资源、环境、社会的相互协调中推动经济建设的发展,并在发展过程中带动人口、资源、环境和社会问题的解决,从而实现经济、资源和生态、社会的可持续发展。

山西作为一个资源型省份,存在环境恶劣、能耗高、资源利用率比较低等问题。该时期山西科技发展从单纯的服务于经济向经济与社会兼顾的方向发展。"八五"到"十五"期间,山西民生科技发展从服务于经济建设向服务于经济建设兼顾社会发展的转向。山西民生科技的发展在该时期突出地表现在两个方面。一方面,山西在该时期开始重视山西高新技术;另一方面,山西民生科技主要用于解决经济和社会两个方面的问题。从"八五"开始,山西在搞好能源重化工基地建设的同时,加强高新技术的发展,并将促进社会发展作为民生科技创新的重要任务之一。

1. "八五"期间,是山西高科技解决经济和社会问题的起步阶段

1991年成为山西发展高新技术产业的转折点。1991年7月9日,太原高技术产业开放区建立。1991年3月10日山西省制订了"八五"计划,继续搞好能源重化工基地建设,加强农业,进一步发展科技教育事业,积极调整产业结构,保持经济持续、稳定、协调发展,兴晋富民。产业结构调整成为"八五"发展的重点。

1991年山西安排重点科技攻关项目232项,涉及农、林、牧、能源、化工、机电、轻纺、医药、环保等。关于社会发展的环保科技首次列入科技发展目标。1992年,山西省的科技工作以高技术产业为龙头迅速发展,建立了农业产业区和高新区,侧重5个战略重点。(1)深化科技体制改革。(2)山西高技术产业取得实质性进展。(3)加大科技成果转化和推广。(4)科技兴农。(5)科技兴企。1993—1994年山西进一步加速高新技术产业化的步伐。1995年10月10日,在全省科学技术会议上,孙文盛作了题为《实施科教兴晋战略,促进我省经济快速发展和社会全面进步》的报告,确定了在强化技术开发的推广,加速科技成果商

品化产业化方面积极发展高新技术及其他产业方面建设一支跨世纪、高水平、过得硬的科学技术队伍三个方面的目标。

2. “九五”和“十五”期间，是山西高科技解决经济和社会问题的具体实施阶段

1996年山西省“九五”计划和2010年远景目标中，明确指出山西要实施科教兴晋战略和赶超战略，抓住能源重化工基地建设，突出抓好农业基础地位。在重视能源工业建设的同时，培育和发展冶金、机电、化工、建筑四大支柱产业，加快轻纺、食品、医药工程的发展。

1996年科技发展坚持高科技与实用技术相结合把对经济社会发展具有重大影响的技术放到优先位置，积极发展高新技术产业。1997年，山西实施高新技术“831”工程，即重点建设8个高新技术开发区、30个龙头企业、100个高新技术产业化项目，把高新技术的应用与高新技术产业的发展放在结构调整的中心位置，解决山西在环保、医疗卫生、第三产业等领域急需解决科技问题，不断提高科技在社会经济发展中的杠杆作用。具体来说，第一产业重点发展生物工程、种子工程、农业实用技术；第二产业，重点发展新能源技术、新材料技术、机电一体化技术、精细化工等技术；第三产业，应用科研，发展科技咨询服务和信息产业。1998年，在发展农业科技的同时，加快高新技术产业化进程，实施可持续发展战略，有19个环保的课题列入1998年科技攻关项目。

2001年2月23日，山西出台了第十个五年计划纲要，以发展为主题，以结构调整为主线，以改革开放为动力，抓好5项创新工程（观念、技术、金融、人才机制和环境创新），建设新型能源和工业基地，初步形成煤电铝、煤焦化、煤铁钢三条产业链，在能源、冶金、化工、医药、装备制造、新材料等领域上一批新的企业和项目。重点实施高新技术产业化工程，和生态环境质量改造工程等八大工程，创建山西科技创新体系。为了使“十五”计划《纲要》中“八大战略工程”、“六大支撑体系”的具体化，2001年省委、省政府推出了“1311”工程，即在一、二、三产业及高新技术领域分别先行重点扶持若干龙头企业，发展100个农业产业龙头企业，30个战略性工业潜力产品，10个旅游景区，100个高新技术产业化项目。到“十五”期末，100个龙头企业可形成100亿元左右的销售收入、10多亿元的利税；30个战略性工业潜力产品新增销售收入约600亿元、利税约150亿元；10个旅游景区新增旅游综合收入30亿—50亿元、利税5亿元左右；100个高新技术产业化项目新增销售收入约200亿元、利税约60亿元。四项合计，将新增销

售收入900亿—1000亿元,利税约160亿元。

"十五"期间,山西省科技战线认真落实科学发展观,围绕经济结构调整,按照"创新、产业化"的思路,大力推进科技创新,全省科技创新综合实力显著增强,有效促进了传统产业新型化和新兴产业规模化,为全省经济社会快速发展作出了重要贡献。一方面,科技进步对产业发展的支撑能力进一步提高。国家级镁及镁合金产业化基地、国家制造业信息化示范省及国家半导体照明工程等重大科技创新和科技成果产业化示范工程建设取得重大阶段性成果。另一方面,高新技术产业快速成长。与"九五"末期相比,全省正式认定的高新技术企业数量由不足两百家增加到现在的564家,其中区内高新技术企业376家,区外高新技术企业188家,初步形成了以太原国家级高新技术产业开发区和长治高新技术产业开发区为载体的高新技术企业集群,以新材料、电子信息和生物医药为主导的高新技术产业发展格局。山西环保科技得到进一步的发展,表现在节能科技、清净科技和废水、废气、固体废弃物处理与循环利用科技的发展。

总之,在"九五"和"十五"期间,山西民生科技在促进山西经济发展和环境保护方面作出了重要贡献。但是,随着人们生活水平的提高,人们不仅需要有健康的生存空间,而且对公共安全、健康、服务业等方面提出了更高的要求。

三、山西民生科技通过农业科技、工业科技和社会领域科技解决山西社会和经济发展中的突出问题(2006年至今)

党的十七大报告指出,要深入贯彻落实科学发展观,坚持以人为本,坚持中国特色社会主义经济建设、政治建设、文化建设、社会建设的基本目标。必须在经济发展的基础上,更加注重社会建设,着力保障和改善民生,努力使全体人民学有所教、劳有所得、病有所医、老有所养、住有所居,推动建设和谐社会。民生问题成为社会建设的重要领域。为了使科学技术更好地解决民生问题。2007年"两会"期间,重庆市科委主任周旭第一次将"民生科技"的概念带进了人们的视线。"对省级以下的科技部门来说,我认为目前主要应把精力放在民生科技上,也就是让先进的实用技术成为我们科研的主要方向。"

2007年2月28日,山西省政府下发了山西省科技发展"十一五"规划。在这个规划中重点发展的领域包括农业科技发展、工业科技发展和社会领域的科技进步。第一次提出社会领域需发展的资源科技、生态与环境科技、城市化与城乡建设科技、人口与健康科技、防灾减灾科技、公共安全科技、服务业科技。这是民生科技价值取向的重大转变。

“十一五”是山西民生科技解决社会领域问题的重要时期，是民生科技价值取向和功能发生重大转变的时期。自1985年，我国提出经济建设要依靠科学技术，科学技术要面向经济建设的方针，民生科技的价值取向是单一的，就是为了促进经济发展。20世纪90年代的可持续发展战略的实施，使山西民生科技的价值取向成为二维的，即服务于经济建设和生态保护，在发展经济的基础上，促进人与自然的和谐相处。党的十七大提出的贯彻落实科学发展观，使山西民生科技的价值取向成为三维的，即服务于经济建设、生态建设和社会建设，促进人与人、人与社会、人与自然的和谐相处。

总之，“十一五”期间，山西民生科技将呈现出多元化发展的态势，为实现一个经济发达、人民富裕、山川秀美的“新山西”作出更大的贡献。

四、民生科技解决山西民生问题的价值

1978年以来山西民生科技的发展发生了三次转向，即从服务于科学技术本身的发展向服务于经济建设的转向、从服务于经济建设向服务于经济为主和社会建设为辅的转向、从服务于经济为主和社会建设为辅向服务于经济和社会建设并重的转向。通过对山西民生科技三次转向的分析，我们可以得出以下结论。

第一，山西民生科技的发展与山西价值观取向之间的统一。

山西民生科技发展的三次转向，是山西经济发展观、可持续发展观和科学发展观在科学技术领域的客观反映。反映了经济建设依靠科学技术、科学技术面向经济建设的方针的正确性；反映了科学技术作为生产力，不仅是经济发展的重要杠杆，而且也是社会变革的重要力量；反映了人民需求层次不断提高的客观要求。从山西民生科技发生的三次转向的历史看，社会价值观的转向是它转向的前提和指导思想。

第二，山西民生科技的发展与山西战略选择之间的统一。

自1978年以来，山西的战略选择经过农业和工业基地—能源基地和能源重化工基地—新型能源和工业基地三次转向。山西民生科技作为一个地方性科学技术发展的领域，更多地服务于地方经济和社会建设，因而它直接成为实现基地建设的重要途径，同时也体现了地方科技服务地方经济和社会发展的客观要求。

第三，山西民生科技的发展与山西相关因素的辩证统一。

大科学时代，科学技术的发展已经成为社会事业的重要组成部分。为了更

好地发展山西民生科技,我们需要在科技体制创新、人才、制度、文化等方面创造一个宽松的环境,培养全民科技素质。

第四节　山西民生科技发展功能分析

从历史上看,山西民生科技的发展曾经在人类历史上具有重要的地位和作用,曾是中国科技史发展的源泉之一。新中国成立以来,山西民生科技的发展主要体现在三个方面:促进经济发展的民生科技,包括煤化工技术、电力技术、制造业技术等;促进山西社会转型的高技术发展,包括纳米技术、新能源技术、新材料技术等;促进山西社会发展的公共科,包括公共安全科技、健康科技、环保科技、节能科技等。为了解决民生问题,山西民生科技的发展也呈现出三足鼎立的局面。

一、山西古代技术发展在人类文明发展史中的地位和作用

"文明指一个社会或国家的精神的(艺术、宗教、道德、科技、法律等)和物质的(产业、技术、经济等)和生活的总体而言。狭义的说法认为,文明指前者的物质产物,文化指前者的精神产物。"①从技术史研究山西在华夏古文明中的地位和作用,主要从石器技术、青铜器技术、铁器技术三个层次分析山西对华夏五千年文明史产生的巨大辐射力、渗透力和影响力。

1. 石器时代山西在史前华夏文明演进中的地位和作用

旧石器时代距今约 20 万年,人类以打制石器为主要生产工具。现已发现 255 处旧石器时代文化遗址,数量很多,且文化年代衔接,历史脉络清晰。尤其是旧石器时代早期文化遗址,全国共发现 200 处,山西地区就占了 150 余处。分布相当广泛,北起阳高、大同、左云,南至三门峡水库区和晋、陕、豫交界的黄河拐角处,西至黄河边沿,东达寿阳、平定,均有发现。其中最具代表性的是芮城县西侯度和匼河文化遗址。

在西侯度出土的文物中,其一,有数十件大石器工具,有用作采集植物的砍斫器、刮削器和三棱大尖状器等。考古资料表明,这些工具用石片加工而成,石片石器是由西侯度人开创而成为中国旧石器文化的主要特征,并证明中国是世

① 国外百科辞书条目选译:《文明和文化》,求实出版社 1982 年版,第 43 页。

界上最早应用石片技术的国家,从而为探索人类石片文化的起源提供了重要依据,在史前华夏文明的进程中占有非常重要的作用。其二,发现有被火烧过的兽骨、鹿角和马牙化石,证明西侯度人已开始用火,开创了中国人类用火的最早记录,也是世界上人类用火的最早记录之一。这些遗址的发掘和发现与同时期其他地区相比,具有显著的远古文明的特点,对探索山西在华夏文明进程中的地位和作用,有着关系全局的重要意义。匼河遗址位于芮城县内,它是西侯度文化的继承和发展,发现了小尖状器和石球两种石器工具,前者用于挖取树虫,后者用作投掷武器,在我国旧石器时代具有开创性的意义。在旧石器中期有代表性的古文化遗址是襄汾县的丁村文化遗址和阳高县的许家窑文化遗址。丁村文化是山西地区首次发现人类骨化石的古文化遗址,并且是粗大石器向细小石器过渡的关键时期,"是中国黄河流域中下游、汾河沿岸生活的一种人类特有的文化"。许家窑文化是迄今为止山西地区发现人类骨骼化石最多的一处古文化遗址,并以细小石器而闻名于世,同时说明狩猎业是他们主要的谋生方式,对促进狩猎经济的进步起到了重要的先导作用。旧石器晚期在细小石器基础上继续演进。其中以位于大同盆地西南的朔州峙峪文化为代表,距今约 27500—30000 年,在这里发现了大量的石制品和各类动物的牙齿和用火遗迹,同时还发现了石镞。石镞的发现,意味着峙峪人已发明和使用了弓箭,这也是目前发现的中国最早的弓箭。正如恩格斯所说:弓箭对于蒙昧时代,正如铁剑对于野蛮时代和火器对于文明时代一样,乃是决定性的武器。弓箭是火器发明前人类的重要武器之一。

新石器时代距今 1 万年左右,生产中以使用磨光石器、烧制陶器、经营原始种植农业、饲养家畜为基本的特征。中国新石器时代是中国古代文明社会的前夜,山西是黄河流域新石器文化的中心区域,遗址有上千处之多,南部地区新石器文化遗存数量最多,内容最丰富,其次是中部地区,比较薄弱的北部和东南部地区,这些文化遗存标志着山西新石器时代的文明和辉煌。其中原始农业生产用的工具已完备成套,有石制、骨制、木制的工具,已经掌握了凿井技术;发明了储存谷物的粮仓及供长期定居的房屋建筑。原始畜牧业在当时获得了高度发展。手工业方面,制陶工艺、木、漆器制作工艺、原始印染工艺等取得突出成就。从横向上看,这些技术上的成就在山西各地区之间分布虽然是不匀衡的,但拉开了中华古代文明的历史序幕,标志着中国历史从此全面进入了文明社会。

2. 青铜时代山西技术发展是中华文明进程的关键环节

铜器是古代文明形成的基本标志之一,在中国进入了青铜时代也就是进入了文明时代。陶寺文化遗址位于襄汾县城东,已发现有铜器,是开启中国青铜时代的直接先驱。距今3900年至3500年间,晋西南夏县出现了东下冯类型文化,它标志着中国历史由石器时代跨进了全新的青铜时代,在华夏文明进程中起承前启后的作用,继承陶寺类型文化,并对河南二里头类型文化进行移植和传播,对我们探索华夏语文明起源及其向前推进的历史进程,具有直接的考古学意义和价值。

1975年,山西夏县东下冯村发现了年代相当于夏朝的城堡遗址,城堡规模宏大,布局合理,有居住遗址、人工沟、陶窑、水井、窖穴、墓葬等,并且出土了大量石器、骨器和陶器,同时还有一些铜器。类似东下冯城堡的建筑遗迹,在北起临汾、南至黄河、东出翼城、西抵河津的山西南部,竟有35处之多。这些发现,与《禹贡》记载的冀州、太原以及周人所说的“大夏”、“夏墟”正相契合。根据古文献的记载,夏人的主要活动区域,包括晋南的汾、浍、涑水流域,豫西的伊、洛、颍水流域,乃至关中平原。近年来,襄汾陶寺遗址的发现与发掘,有助于早期夏文化的确认和突破。陶寺文化遗存百余处,包括了城址、居住遗址、墓葬以及成套的礼器乐器、青铜器。陶寺文化具有非常鲜明的时代特征:一是出土了一批壶、瓶、盆、盘、豆等彩绘陶器,其中的彩绘蟠龙陶盘,被认为是集合中原诸部落图腾而成的华夏中心区域的徽标。二是出土了成批的彩绘木器,有案、几、俎、匣、盘、斗、豆、鼓等多种器物,反映出那个特定时代的一些社会状况。三是出土了一批农具,几座水井,说明当时人已经掌握了打井技术,居住处所从此可以不受水源限制,活动范围更加扩大。四是遗存物中铜器与文字的发现。墓中出土一件含铜量近98%的铜铃形器,证明当时人已经掌握了冶金技术。居住址中出土的一件陶制扁壶,陶器的壁上有毛笔朱书文字,结构与甲骨文同形字十分相似,这是迄今为止我们看到的中国最早的毛笔朱书文字。五是在陶寺千余处墓葬中,反映出明显的等级或阶级的差别,五座级别最高的大墓中,出土了鼍鼓、特磬类的礼乐器,是目前发现的我国最早的同类乐器珍品。陶寺文化向世界表明,此时中原大地的礼乐制度、阶级差别、国家形态已经萌生或正在形成,标志着山西晋南地区放射出华夏文明时代到来的灿烂光芒。

垣曲的商朝城址,不仅有比较完整坚固的城墙、城壕及城门,而且区分出宫殿区与一般居民生活区,陶器与青铜已经成为这个时代的普通器物。周初,成王分封诸侯,叔虞封唐后,举行了隆重的授土授民仪式。唐叔虞之后,他的儿子燮父即位,改国号为晋,“晋国”的历史从此开始。晋人的活动范围从最初的河、汾之东方百里的地方，扩大到拥有山西全部、河南和河北的大半及内蒙古、陕西的一部分。1988 年太原发现的晋国赵卿墓中，出土了一件直径和高度都在 1 米开外的大镬鼎，这是迄今为止我国发现的最大的春秋鼎。镬鼎的问世表现了晋国当时是生产力最发达、经济实力最强盛的诸侯大国。曲沃县天马—曲村晋侯墓地的发掘，对于西周文化和晋国史研究具有里程碑的意义。20 世纪 60 年代发现了晋侯墓地，1980—1990 年进行了 7 次大规模发掘，发掘出 9 组 19 座晋侯及其夫人墓葬，墓主分别是晋侯燮父、晋武侯、晋成侯、晋厉侯、晋靖侯、晋喜侯、晋献侯、晋穆侯和晋文侯，时间为西周前期到春秋初年。晋侯墓葬群出土了大批珍贵文物，精美的青铜器和玉器分量最重，青铜礼器的组合不仅反映了西周时期宗室制度的一些共性，也表现出晋国青铜文化的鲜明个性。

3. 铁器时代山西在华夏文明中的地位和作用

山西是最早出现人工冶铁的地区之一，晋国是最早使用铁器的诸侯国家。20 世纪 50 年代，专家学者们认为中国在西周时期出现了铁器，然而，近 30 年的考古发现证明，我国最迟在商朝晚期即公元前 14 世纪时已经有了铁器。灵石县旌介村附近的商墓中，出土了一件满身铁锈的青铜钺，专家们认定这是最早的人工冶铁的遗存物。春秋时期，晋国使用铁器的范围已经非常广泛，像常用的铲、刀、镢、斧、镰、锄、犁等，均为铁制品。

4. 山西古代的木建筑技术、城市和居民建筑技术、壁画绘制技术在华夏文明中的地位和作用

中国最古老的木构建筑是唐朝建筑，今存的几座完整唐朝木结构殿堂都在山西。已知宋、辽、金及其之前的木构建筑全国 146 座，山西境内就有 106 处，占全国现存同期同类建筑的 72%，其中的 7 处是唐、五代的遗存，更显其弥足珍贵的文物和艺术价值。中国现存结构完整的唐朝木构建筑的大殿全部在山西，山西因此保存着中国最古老的建筑技术。

山西明清时期的建筑，保存有千余处之多，除了传统的寺庙宫观戏台建筑外，在城市建筑和民居建筑两方面的艺术成就最为显著。山西有着众多的古城，列入国家历史文化名城的就有大同、平遥、祁县、代县、新绛等五处。平遥还以“一城、两寺”的人文建筑优势入选了世界文化遗产，成为中国仅有的两个以城市命名的世界文化遗产之一。联合国教科文组织世界遗产委员会的评价是：“平遥古城是中国汉民族城市在明清时期的杰出范例，平遥古城保存了其所有特性，而且在中国历史的发展中为人们展示了一幅非同寻常的文化、社会、经济

及宗教发展的完整画卷。”其他的几座历史名城,也都有充满独特人文精神和艺术美感的建筑。比如,代县唐初始建的文庙,是一组典型的儒学建筑群,边靖楼和杨家祠堂,则是民族融合的最好见证物。新绛城里保存有唐朝遗风的绛州大堂,有隋朝花园,有建于宋元明几朝的绛州钟楼、乐楼、鼓楼,引人注目。这些古老的建筑及其艺术形式,大大提升了历史名城的文化品位。

山西拥有丰富的古代建筑资源,在国家级的文物保护单位中,山西从唐朝至清朝一千多年的寺、院、庙、庵、宫、观及其中的殿、塔、冢等建筑物近 80 处,因而保存了多姿多彩的寺观雕塑和壁画。这些雕塑与壁画同建筑本身一样,具有珍贵的文化价值和艺术价值。山西现存唐朝以来的彩塑作品 12712 尊,是国内寺观彩塑最多的省份之一。唐朝彩塑主要保存在五台山佛光寺的东大殿、南禅寺大殿以及晋城的青莲寺等地。壁画在体现宗教思想、反映社会生活、烘托建筑艺术方面有着重要的作用。山西现存高品质的汉唐至明清的寺观墓葬壁画 24000 多平方米,这些壁画客观真实地再现了中国古代不断丰富和发展的壁画艺术,为我们了解山西古代壁画绘制艺术提供了实物资料。

总之,从技术史看山西在石器技术、铜器技术、铁器技术、建筑技术及壁画绘制技术等方面的完整性、先进性以及艺术性,对中华民族的精神、风俗、习惯的形成发生了重要作用,对华夏五千年文明史产生了巨大的辐射力、渗透力和影响力。新世纪,发挥山西历史文化资源丰厚的优势,实现经济社会的可持续发展,是山西人民的历史使命。努力实现文化及其产业对全省生产总值的贡献大,对全省经济社会可持续发展作用大的目标。

二、近现代技术革命在促进山西转型中的作用分析

到目前为止,人类社会发生了三次技术革命,每一次技术革命都促进了社会产业结构的升级、劳动方式的转变、管理方式的变革等。对于山西来讲,三次技术革命也引起山西产业结构、就业结构、社会转型等方面的转变。

1. 第一次技术革命产生于 18 世纪,以蒸汽机为主导技术,以蒸汽机、纺织机、机床、火车为主导技术群,是工具机和动力机的技术革命

第一次技术革命对于山西的变革主要发生在解放前。首先,促进山西产业结构的变革。突出表现在手工业、食品工业和煤炭工业的发展。以 1935 年为例,手工业占工业总产值 42.8%,工场手工业占 28.5%,现代工业占 28.7%。其次,促进就业结构的变革。以 1935 年为例,煤炭工人占山西工业职工人数的

23.2%，食品工人占22.8%，纺织工人占20%。再次，蒸汽机技术革命也拉开了山西环境污染的序幕。山西环保这块“短板”开始逐步形成。

2. 第二次技术革命，发生于19世纪70年代，以电力技术的大量推广应用为标志

经历了发电机、电动机、变压器等动力机的发明及灯泡、电报、电话、无线电通信的发明。第二次技术革命对于山西的变革主要发生在新中国成立后。首先推动山西产业结构变革。电力技术的大力推广应用，不仅使传统产业得到改造，而且创造出一些新的产业，如电气、化工、汽车等，工业结构也从轻工业向重工业转变。第一个五年计划时期（1951—1957年），山西完成了对农业、手工业和资本主义工商业的社会主义改造，到1957年，山西工业产值首次超过农业产值。1960年，山西农业下降21.1%，轻工业增长7.2%，而重工业却增长33.7%，为山西发展重工业埋下伏笔。其次，引起就业结构的变革。内燃机取代畜力及拖拉机的使用，完成了农业机械化进程，农业人口逐步下降。再次，推动山西社会文明和生活方式方面的变化。电力内燃机创造的新的物质文明，今天人们仍然享受着。

3. 第三次技术革命发生于20世纪40年代，出现了以原子能技术、电子计算机技术和空间技术为主体的技术革命，也称为第三次技术革命的第一个阶段

这次技术革命主要应用于军事领域，对生产的影响不大。20世纪70年代以来，世界领域发生了新技术革命或现代科技革命的第二个阶段，主要包括信息技术、生物技术、新材料技术、新能源技术、空间技术、海洋技术等技术群。

第三次技术革命对于促进山西发展既是机遇又是挑战。由于1982年中央确定了建设山西能源重化工基地的方针，山西发展重化工由此从战略上确立下来。多年以发展重化工取代产业结构的调整，高技术产业发展缓慢。目前，山西正处于从传统工业社会向知识社会转变的关键时期，大力发展高技术产业是山西实现全面崛起，解决三块“短板”的前提和基础。

新技术革命促进山西全面崛起体现在两个方面：一方面新技术革命是促进山西从工业社会向知识社会转型，实现社会现代化变迁的根本途径；另一方面，新技术是解决山西生态问题、环境问题、社会发展问题的重要依托。

（1）新技术革命促进山西发展理念的变革。20世纪80年代，人们认为，煤炭已成为夕阳产业，没有什么发展的空间。21世纪，新技术的发展，成为一道美丽的彩虹，随着煤炭产业链的延伸，新能源技术、新材料技术、环保技术等的发

展,山西的发展理念将发生重大变革,实现科技、环保、节能共赢的局面。

(2)新技术革命是促进山西从工业社会向知识社会转型,推动山西社会现代化变迁的重要手段。新技术革命促进山西社会转型及现代化建设,通过城市化水平、农业劳动力所占比重、人均电力消费、大学普及率、能源使用效率和移动通信普及率等指标衡量。山西高技术发展水平偏低,山西目前面临工业化和现代化转型的双重任务,只有通过新技术产业化提升山西社会转型的速度。

(3)新技术革命是促进山西物质文明、制度文明、政治文明、生态文明、科技文明进步的重要依托。新技术革命通过主导产业的多元化促进社会物质文明的进步。新技术革命促进制度文明进步表现在企业组织管理方式。政治文明体现在信息化提升政府社会公共服务和社会管理的能力。新技术通过大力发展环保技术、节能、新能源技术,促进社会生态文明的进步。科技文明方面,新技术时代我们需要的是科技与自然、社会整体协调的科技发展观和自主创新精神。

三、促进山西经济发展的民生科技分析

山西作为新型能源和工业基地,新中国成立以来,煤炭技术、电力技术、钢铁技术等取得了很大发展。山西改造提升传统支柱产业,培育发展新的支柱产业。坚持分类指导,整体推进,大力发展七大优势产业。加快用高新技术和先进适用技术改造提升煤炭、焦炭、冶金、电力等传统支柱产业,并通过整合资源、改革重组、创新管理、调整产品结构等途径方式,优化产业布局,做大产业规模,提高产业集中度,延伸产业链,促进产业间相互融合,提高行业总体技术水平和核心竞争力。

山西以煤为主的单一能源格局以及洁净煤技术产业化进程滞后,导致了山西以煤烟型为主的大气污染相当严重,成为制约山西经济与社会发展的重要因素。山西要切实转变工业增长方式,增强技术创新能力,积极采用高新技术和先进适用技术,加快传统产业技术改造,努力使山西煤炭工业发展成为社会效益与煤炭工业健康发展相统一、环保要求与煤炭企业经济效益相一致的新型煤炭工业。推进洁净煤技术产业化,促进煤炭深度加工、洁净燃烧、提高效率、减少污染,既是山西经济和社会可持续发展的需要,也是山西煤炭工业发展的必然选择。

冶金工业的快速发展得益于山西的资源优势和政策优势。山西铁矿石储量38亿吨,居全国第四位,铝矾土储量几万亿吨,居全国第一位,煤炭储量2000多

亿吨，占全国的三分之一，年产焦炭9000多万吨，占全国的三分之一，年发电量1000多亿千瓦时。丰富的煤、焦、电、铁和铝矾土资源，为山西冶金工业的发展奠定了基础，这些资源价格同沿海及中部一些省市相比低15%—30%，因而具有较强的竞争力。

目前，发展循环经济、改造传统科技是实现山西科学发展的重要举措。循环经济是减少废弃物排放量，并使废弃物资源化和再利用的经济形态，是追求更大经济效益、更少资源消耗、更低环境污染和更多劳动就业的先进经济模式。循环经济就是保护环境的经济。山西省运用循环经济模式改造提升传统产业的重点是煤炭、焦炭、煤化工等行业。

焦炭行业：重点是焦炉化的回收利用，加快产业链延伸。重点延伸三个链条：第一个链条是焦炉煤气制甲醇及其深加工项目，第二个链条是粗苯精制及深加工，第三个链条是煤焦油深加工，实现焦油、粗苯、焦炉剩余煤气完全回收利用。

煤化工业：要围绕产品链主线，突出产业链延伸，加快特色煤化工园区建设，实现煤化工产业集群发展。通过产业纵向延伸、横向拓展和就地循环，实现原料、产品互联、能量统筹利用，提高技术密集度和附加值，建立多联产能源化工系统，建设循环型新型煤化工产业基地。

"十一五"期间，山西传统科技发展目标如下。

能源及相关技术。以资源综合利用、节能降耗、安全生产、信息化改造为主要方向，重点支持煤炭高效集约开采装备与工艺技术、煤炭生产自动化和智能化技术、矿井瓦斯监测预警和安全生产技术、煤炭清洁生产技术的系统集成开发，加强煤层气开发利用技术、洗中煤和煤矸石发电技术及煤炭综合利用技术、煤电化联产技术装置及其应用、电力工业节能降耗技术与工艺开发，推进能源综合利用与深加工技术开发。

冶金工业技术。以节能降耗、清洁生产、延伸加工为主攻方向，支持重大装备与工艺技术升级和深加工产品技术开发，重点支持大型、连续、紧凑冶铸装备及工艺技术，不锈钢、合金钢、优质钢生产装备和工艺技术，氧化铝、电解铝生产装备和工艺技术，铝镁合金开发技术、铝材深度加工技术，钢铁工业污染物或废弃物的再资源化、再生能源化及社会大宗废弃物的循环利用技术等方面的研究开发。

化工工艺技术。以煤化工和精细化工为主攻方向，重点开发煤基合成油制备技术、基于焦炉煤气的煤基多联产技术、配煤和无烟煤炼焦技术及煤焦油延伸开发技术等先进煤化工技术,发展新催化技术、新分离技术、聚合物改性技术,精细化工产品产业化技术以及化工环保产业技术装备研究开发。

重型装备制造工艺及技术。围绕制造工艺与装备的现代化、信息化,开展共性与关键技术开发,提高重型机械产品开发与制造能力。重点开发智能化、高效采煤设备和工艺技术、铁路机械和专用机械生产工艺技术、重型汽车及零部件生产技术、铸锻造设备及工艺技术等。——电子信息技术。以光机电一体化、微电子、新型元器件、软件、现代通信为重点,数字化、智能化、网络化为核心,提高电子信息技术的原始创新能力,推进信息技术的升级换代、应用开发与产业化发展。

制造业信息化工程技术。继续在机械、冶金、化工等领域开展数字化先进制造技术应用示范工程建设。开发与推广产品和零件制造过程的拟实仿真和优化技术、现代创新设计技术、精密成型技术、超精密加工制造技术、特种加工技术,重点开发产品设计、生产过程控制和应用集成等关键技术。整合发展专业化的技术支持服务体系和公共技术服务平台。推进具有自主知识产权的制造业信息化软件产业发展,重点开发煤矿安全生产监控系统、老陈醋生产工艺过程自动控制系统等应用软件。

四、促进山西转型发展的高技术分析

山西作为新型能源工业基地,高技术产业发展相对比较缓慢,发展的领域及水平不是特别高,但也取得了一些发展。山西省高新技术创业中心于1991年筹划,1992年7月经省政府批准设立,隶属于省科委。实行自收自支、自负盈亏、企业化管理的事业单位。省创业中心企业孵化大楼选址建在高新区,作为高新区的配套服务机构,承担促进高新技术成果转化、培育科技企业和企业家的孵化任务,为高新技术产业的发展提供创新服务。到目前为止,山西高技术发展的主要领域主要表现在以下几个方面。

1. 山西高技术发展现状

新材料领域:(1)以太原同翔、大同广灵精华、闻喜银光镁业及镁合金为生产基地;(2)钕铁硼磁性生产材料,形成了以运城恒磁、阳泉京宇等企业为代表的钕铁硼磁性材料生产基地,成为国内三大生产基地之一;(3)纳米材料方面,在山西丰海、芮城华新等一批纳米材料生产与研发基地,山西省纳米功能材料产业化水平处于全国前列;(4)煤系高岭土加工业、精细化工材料、其他金属与非金属材料。新材料领域在“十一五”期间将成为山西新的基地。

山西将投资26.6亿元发展新材料工程，重点扶持高性能磁材、镁合金和锌合金等11个新材料规模化改造项目。纯镁的强度小，但镁合金是良好的轻型结构材料，广泛用于空间技术、航空、汽车和仪表等工业部门。一架超音速飞机约有5%的镁合金构件，一枚导弹一般要消耗100—200公斤的镁合金。镁是其他合金（特别是铝合金）的主要组元，它与其他元素配合能使铝合金热处理强化；生产又用镁作还原剂；镁是燃烧弹和照明弹不能缺少的组成物；镁粉是节日烟花必需的原料；镁是核工业上的结构材料或包装材料；镁肥能促使植物对磷的吸收利用，缺镁植物则生长趋于停滞。镁在人民生活中也得到应用。

山西广灵精华科技有限公司有自己专用的两座富镁白云岩矿山、两家原镁生产厂以及镁牺牲阳极、高纯镁、镁合金及半连铸棒材的专用生产线和检测中心与科研所。

山西丰海纳米科技有限公司的纳米氧化锌系列功能材料。应用领域：橡胶、涂料、陶瓷、日化/医药、纺织、压电、抗菌、催化剂等。

纳米氧化锌产品活性高，具有屏蔽红外、紫外线和杀菌的功能，已被广泛应用于防晒化妆品、功能纤维、自洁抗菌玻璃、卫生洁具、污水处理和光催化等产品中。纳米氧化锌还是橡胶工业最有效的无机活性剂和硫化促进剂，可大幅度提高橡胶制品的光洁度、机械强度、耐温和耐老化性能，特别是耐磨性能。纳米氧化锌应用于高档油漆、油墨、涂料、塑料中，能明显提高产品遮盖力和着色力，在陶瓷工业中可作乳浊釉料的助熔剂。此外，纳米氧化锌还可广泛应用于电缆、造纸、医药、印染、颜料等行业。

先进制造技术领域：在非切削加工技术和重型机械、铁路机械、汽车配件、纺织机械等形成了中北大学、煤科院太原分院、山西宇联、经纬纺机等一批先进制造技术企业；制造业的信息化水平取得长足发展，95%以上大、中型企业采用了CAD等计算机辅助设计技术，69%以上的流程型企业采用了DCS和PLC技术。就整个机械制造业而言，山西尚有许多骄傲。首先，以太重为代表的重型机械，一直活跃在“中国制造”的舞台：“神五”“神六”发射塔架、三峡大坝2000吨巨型起重机……从新中国成立初期，山西就是装备制造业的重要基地之一。目前，山西省装备制造业现有规模以上企业753家，但是2005年只完成工业增加值87亿元，比2000年增长74%。山西省2005年的工业增加值是1712亿元。87亿元，占不到5%。其次是山西制造业基础不错。太重、榆次液压、大同机车、永济电机、富士康电子等在全国占有重要份额,同时,还依托全国最大的太钢不锈钢基地。重点突破重型汽车和煤机成套两大行业的整合,使其成为山西装备制造业的龙头;以大同齿轮厂为例,在20世纪末到21世纪初,拥有自主知识产权的重型变速箱更是在全国独领风骚。以生产重汽著名的东风汽车公司,有80%的变速箱来自大齿集团。但散、弱、差构成山西制造业的肖像图。

信息技术领域:已形成风华高科、山西科泰、山西长城微光、山西亚日等信息技术的先进企业,集中于信息产品生产设备、网络与信息安全产品、台式计算机、机顶盒、电子通信设备、IC卡等,水平比起东部省份来说差很多。太原风华信息装备股份有限公司是专业从事新型电子片式元器件、LCD(LCM)液晶显示器、薄膜电容器等专用生产工艺及技术装备、镁及镁合金冶炼工艺装备的研发制造。

新能源技术:山西主要集中于中联集团的煤层气利用技术、煤脱硫和固硫燃烧、煤炭灰熔聚气化技术、型煤型焦、环保型炼焦设备的生产、沼气的使用,集中于对煤的深加工。山西能源生产结构比较单一。山西省把大力开发和利用沼气列入了改善农村环境,建设生态农业的重要组成部分,逐步以"一池三改"、"四位一体"、"猪—沼—果"、"五个一工程"等多种能源生态模式技术对原有模式进行改进。47家山西省风能设备企业。山西省农机研究所日前研发成功一项能综合利用太阳能、风能和沼气"三位一体"的农村庭院节能技术,近期将在太原市尖草坪区的农村中推广使用。山西已有5个风力发电厂开工建设,分别位于右玉、平鲁、神池,大同市新荣区、左云,装机容量合计23万千瓦,需投资23亿元。到2020年,全省要建成19个风力发电厂,可占到目前山西省总发电量的3%以上,每年减少煤耗300多万吨。

山西生物质能:沼气能"养猪不垫圈,照明不用电,做饭不需柴和炭,种菜不花化肥钱,绿色产品无污染"。这是一首阳曲县农民夸赞沼气的顺口溜。沼气池为山西农村每年增收节支1.8亿元。

医药与生物工程领域:基固工程技术、中药生产企业GMP认证结束,GAP认证正在开始。一些企业竞争力得到增强。

2. 山西省高新技术发展水平低

(1)经济总量小,对整个经济的重要支撑还比较弱。高技术对传统产业及经济的贡献率比较低。当前,作为山西省当前主要科研力量的高等院校和科研院所,还没能真正面向市场,相应的应用研究和产品产业化研究力量不足,技术市场发展缓慢,产学研相结合的市场机制还很不完善,技术转化率只有35%,比全国低5个百分点，技术合同成交额与发达地区差距较大，科技进步对经济增长的贡献率没有明显提高。

(2)高技术产业的规模效益差，整体竞争力不强。山西要参与国际竞争，但整体上规模和综合实力差。2006年前九个月山西省包括通信设备、计算机制造等行业在内的山西信息产业亏损1700万，是中部六省中唯一一个信息产业亏损的省份。山西省统计局称，山西省信息产业其他指标如工业销售产值、出口交货值等均排最后一位。改变信息产业落后状态，成为发展山西省经济发展的一项重要任务。据介绍，信息产业包括计算机、通信设备、电视、摄像、音响等设备制造业和信息服务业。信息服务业包括与信息采集、加工处理、存储、传输、传递、交换、使用以及与信息系统建设有关的各行各业。老百姓最常接触的信息服务业包括电话服务、电视节目等。前九个月，安徽、江西、河南、湖北、湖南信息产业的工业产值分别为78.21亿元、32.19亿元、82.16亿元、142.36亿元、84.25亿元，山西为10.64亿元，排名最末。

(3)高科技投入不足。2005年，我国R&D占GDP的1.35%，美国超过4%，山西在2000年R&D仅占山西生产总值的0.54%。2005年全省企业科技投入平均只占销售收入的0.23%。企业科技创新投入严重不足，制约了企业技术进步步伐，妨碍了企业核心竞争力的整体提升。此外，创业投资机构数量少、实力弱，政府各类科研基金管理封闭，社会资金投入科技创新领域的渠道不畅、载体不健全，也导致了科技投入的不足。

(4)自主创新能力不强。自主创新力可以用专利数来衡量，专利数同一个国家或地区的GDP呈正相关关系。2004年，山西高技术产业总产值63.02亿元(口径与前面一致)，全国排名23位，中部倒数第一，专利数倒数第一。企业的创新能力不足，一方面是企业对市场脉搏把握不够准确，没有找到合适的可开发的新产品和创新的方向；另一方面，山西省科技创新还处于主要依靠引进吸收的阶段，企业尚没有建立有效的高科技引进机制，引进渠道不多，使得山西省借助外部力量发展高新技术产业方面力不从心。

随着党的十六届五中全会的召开，“提高自主创新能力”被提升到了国民经济发展更高的战略高度。山西省自主创新意识不强，能力也弱。山西具有的原始知识产权较少，引进多，消化吸收的少；模仿的多，创新的少。“十五”期间，全省企业自主创新占技术研发的比重为57%，主导产品自主开发的比重为48.8%，新产品占销售收入的比重为16.4%。

(5)高科技投入不足。科技投入占国民生产总值的比重是衡量一个国家和地区技术创新能力的重要指标。一般规律是研发经费占GDP不到1%的国家是缺乏创新能力的,在1%—2%之间有一定创新能力,大于2%表明创新能力比较强。2005年,美国R&D投入超过4%,中国为1.35%,山西2000年R&D占山西国内生产总值的0.54%。

(6)产业过于重型化,科技人员浪费严重,高技术产业发展水平低,科技意识差。

我们需要利用优势,改变山西高新技术发展的劣势。劣势正是我们发展高新技术的瓶颈。

解决山西目前存在的能耗、环保、科技"三块短板",归根到底是靠节能技术、环保技术和高技术产业发展来解决。

五、促进山西"三大"发展的公共科技分析

"十一五"期间,山西科技发展还要解决山西社会发展与公共问题,坚持以人为本、可持续发展的原则,以解决山西省资源、环境与社会可持续发展中的重大问题为导向,加强资源节约、生态恢复、污染防治、城乡建设、公共卫生、公共安全、现代服务领域的关键技术研究和共性技术推广,建立和完善科技服务体系,为实现人口、资源与环境协调发展,构建和谐社会提供有力的科技支撑。特别是近期以来,山西提出要实现安全、转型、和谐发展,很大程度上依靠公共科技。

资源科技。以建设资源节约型社会为导向,重点加强矿产资源、能源、水资源、气候资源、土地资源有效保护和节约、集约利用研究与技术开发。支持重要成矿区矿产资源勘查与调查评价研究,重点突破矿产资源勘探中的重大关键技术,发展深部采矿与高效选矿技术工艺和装备,加强矿产资源综合利用技术研究与开发。开发冶金、化工等高耗能工业生产过程集成优化节能技术,建筑节能技术,交通节能新技术,电力电子节能技术,高效热交换器和热系统的节能技术等。发展农业、工业、城市节水和水资源高效利用技术,重点突破矿井水回用、劣质水多级利用和中水回用技术。加强人工增雨技术、多种水资源联合调度技术的开发应用研究。开展农用地保护技术、城镇与产业园区土地集约利用技术、土地开发整理技术及土地资源管理技术的研究。

生态与环境科技。制定更加严格的地方污染物排放标准,开展环境污染损益分析研究、环境污染与人体健康的影响评价、电磁辐射环境本底监测研究,开

展生态环境卫星遥感动态监测技术研究、气候与生态环境变化反馈机制研究，加强生态区划与区域生态功能定位、生态补偿机制政策研究。加强流域治理、生态恢复、生物多样性保护的研究、技术开发与示范。重点支持小流域综合治理、矿区和采煤塌陷区生态恢复重建、风沙源区土地沙化防治问题研究与技术开发。开展环境承载力和污染物总量控制研究，建立科学的排污总量分配机制。开展工业清洁生产、环境监测、大气污染控制、污水和固体废弃物处理工艺技术研究，加强烟气脱硫、焦化、化工废水、生活污水综合治理、城市垃圾无害化处理技术开发。开展区域性环境污染综合防治研究，支持城市大气污染综合防治、重点河流水污染综合防治，焦化、冶炼、陶瓷、耐火材料等工业园区复合污染综合防治等方面的技术开发。

城市化与城乡建设科技。加强城市化与城市人口增长、资源型城镇可持续发展、资源节约型与环境友好型城市化模式及其评价体系、城市群与小城镇发展等领域的基础研究和应用技术开发。开展城市景观格局与生态环境效应研究，城市气象影响研究。开展城市规划技术与设计标准研究。推进综合交通体系关键技术、城市土地集约利用技术、城市公用事业建设新技术、建筑工业关键技术、建筑节能技术、绿色建筑研究以及住宅产业化关键技术与设备研究。加强风景名胜区、历史文化名城（名镇、名村）、城镇历史文化街区的保护性开发技术研究以及文物古迹的检测、保护与修复技术研究。

人口与健康科技。基础研究与临床研究相结合，加强心脑血管疾病、恶性肿瘤、糖尿病、高血压等重大疾病，肝炎、艾滋病、人畜共患疾病、寄生虫病等传染病，氟中毒、碘缺乏症等地方病的早期诊断和综合防治技术研究，开展中医和中西医结合治疗疑难疾病有效疗法的研究。加强重大疫情、流行性突发疾病以及其他突发公共卫生事件的研究和监测、防治技术开发。加强重要病原体致病和保护性抗原基因、病原体与机体的相关作用、人群易感基因、核酸及蛋白标识分析、媒介传播机制与效能等基础研究，加强药品及医疗器械控制、监督、检验技术研究。研究开发无创伤、非手术、可复性避孕节育新方法和安全、方便、个性化的避孕药具新品种、新剂型，研究现有避孕节育方法和避孕药具的长期安全性、副作用发生机理及防治方法，进一步提高现有避孕方法的有效率、安全性。研究出缺陷干预的新技术、新方法、新产品。

防灾减灾科技。开展对多发性地震灾害、气象灾害、地质灾害、森林火灾等的成灾条件和机理研究，开发灾害预测预报与防灾减灾技术。重点加强干旱、冰雹、沙尘暴等灾害性天气，地震、滑坡、山体崩塌、矿震、矿区塌陷等地质灾害的预报、监测、防御技术研究，开展地震预警机理研究、加强城市群的地震安全技术研究及农村民居地震抗震研究、重视中南部地区和首都圈地区地震预测预报和地震防灾技术研究及重大战略工程地震应急响应自动处置技术研究。

公共安全科技。加强社会安全、食品安全、生产及交通安全、爆炸安全、突发事件等方面的共性、关键技术研究，建立重大事件、事故的监测、预警、应急反应、指挥决策等方面的关键技术体系。重点研究与开发刑事司法与信息网络安全技术、突发事件控制技术、重大矿山灾害事故预警与应急救援技术、食品安全监控与保障技术、火灾爆炸监控与防治技术等。

服务业科技。以信息技术应用为重点，加强交通运输、通信、旅游、现代服务业等领域的科学研究与实用技术开发工作，优先支持信息、金融、物流、电子商务等现代服务产业的技术开发，全面提高服务业的技术水平。重点研究开发特殊地质条件下的地质处置技术、黄土边坡稳定技术、特定的地区和交通条件下高等级公路路面结构技术、大型改性沥青制备及装置等关键技术。开发城市交通管理系统，高速公路智能管理系统及机电设备监测鉴定技术。研发现代服务业领域发展所需的高可信网络技术与网络软件平台，以及网络信息安全技术及相关产品。支持现代服务业的应用支撑软件、中间件、嵌入式软件等；支撑现代服务业发展的网格计算平台与基础设施的技术、软件和系统集成等关键技术。开发物流、资金流、信息流整合的统一平台建设的技术和解决方案，以视、音频信息服务为主体的数字媒体处理关键技术。支持数字化、网络化培训和远程教育、远程医疗发展的技术。支持服务业的网络信任体系的技术、密码技术、认证技术等。

第五节　民生科技解决山西民生问题目前存在的不足及对策分析

民生科技解决山西民生问题，需要在历史、科学和社会维度中进行研究，山西作为一个新型能源和工业基地，通过民生科技解决民生问题具有一些优势，可以采取以下一些措施。

一、民生科技解决山西民生问题目前存在的不足

山西作为能源重化工省份，多年来存在注重传统重工业的发展，产业结构单

一化、低级化,创新观念比较弱,创新机制不完善等问题,制约了山西自主创新能力的提升,具体来说,表现在以下几个方面。

1. 山西产业结构低级化,引进多,自主创新少

山西的高新技术产业发展在国内属于比较落后的省份,“十五”期间,山西省的高新技术产品出口排在全国的后几位。高新技术产品出口在全省对外贸易的依存度也属偏低,2004 年山西高新技术产品出口在全国排倒数第二位,仅高于西藏。这一方面体现了山西省是能源重化工基地资源大省的现状,另一方面也充分说明山西省高技术发展水平低,自主创新能力弱。产业结构的畸形造成人才结构的畸形,能源重化工基地造成工程类人才偏重,高技术人才流失严重。

2. 授权专利的技术含量不高,地区分布不均衡,结构极不合理

从山西省专利的构成看,科技含量较低的实用新型和外观设计占了大部分比例。2005 年山西省专利批准授权 1220 件。山西省专利的地区分布主要集中在太原、阳泉、长治、大同等地区。另外,就专利申请的主体来看,个人和工矿企业占很大比重,高校和科研院所则很少。2005 年,在批准授权的专利中,个人 852 件,占 69. 8%;工矿企业 203 件,占 16. 6%;高校和科研院所合计 165 件,仅占总数的 13. 5%。企业专利拥有量少对山西省技术创新不利,因为企业是技术创新的主体,企业的专利工作直接决定着其创新成果产业化的状况。

3. 山西创新意识淡薄,观念落后

山西由于地理位置、传统思维、经济的滞后等方面的原因,使山西创新意识淡薄突出表现在:一是由于山西长期定位为全国的能源重化工基地,人们习惯于资源导向的定位观。二是不注意资源的保护和可持续发展,一味地坚持靠吃资源的落后发展观。三是人们价值的取向是物质财富或是地位与权力,而不是知识、人才的价值观。思想观念陈腐,缺乏冒险精神。大多数科技人员只求稳定的“铁饭碗”,死守事业单位,宁愿在此地“蹲坑”,也不愿去企业发挥专业特长、冒风险,最终导致缺乏创新和竞争意识。

4. 山西科技投入不足

科技投入占国民生产总值的比重是衡量一个国家和地区技术创新能力的重要指标。一般规律是研发经费占 GDP 不到 1% 的国家是缺乏创新能力的,在 1%—2% 之间有一定创新能力,大于 2% 表明创新能力比较强。美国 R&D 投入超过 4%,中国 1. 35%,山西 2000 年 R&D 占山西国内生产总值的 0. 54%。科技投入、基础设施等科技竞争力方面的差距。有关研究表明,发达国家和地区与欠

发达国家和地区的差距本质上是知识、教育的差距。目前发达国家的研究与开发经费占国民经济总产值的比例在3%以上，而山西R&D占GDP的比重仅为0.25%。

5. 人才结构不合理

自主创新能力的高低，取决于人的素质的高低，取决于人才积极性、主动性、创造性的发挥。努力形成人才辈出的局面，让自主创新的源泉充分涌流，这是百年大计，也是当务之急。山西人才存在主要问题为：(1)重工业为主的工程类人员偏大，为15.61%，而外语、法律方面的专业人才仅占0.08%和0.18%，农技术人才占2.24%。(2)年龄偏大，高级专业人才青黄不接。50岁以上的人占到56.19%，40岁以下的仅占10.77%；在1235名享受政府特殊津贴的专家中，50岁以上的占到94.98%，40岁以下的仅占0.97%。(3)分布不合理，绝大部分即72.37%的人员在事业单位供职，生产一线人员严重不足，层次偏低。(4)高层次专业人才流失严重。

6. 山西民生科技与民生问题认知水平低

山西作为新型能源和工业基地，多年来重视发展煤炭产业，而使其他产业处于劣势状态。特别是环保产业、节能产业、高科技产业发展比较滞后。由于在一定时代，人们对二者之间的关系的认知水平与时代发展观、科技发展水平、民生问题的认识有很大的关系。对于二者的结合问题，山西省曾总结出三块"短板"问题、"三大发展"问题，这成为新时期山西最主要的民生问题，因此这些也为山西民生科技的发展提供了方向。一个省的发展定位问题，体现了对它的认知水平。但整体上山西民生科技与民生问题及二者的关联性研究有待进一步的提高。

总体上，山西存在科技创新意识淡薄、科技人员浪费严重、科技产出率低、高技术产业发展水平低、综合能源产出率低等方面的问题。我们需要利用优势，改变山西发展的劣势。

二、民生科技解决山西民生问题的优势分析

山西作为资源型省份，也有它发展的优势。现在关键是要通过优势解决发展中的劣势问题。目前，山西的优势表现在以下几个方面。

1. 2006年国民经济的"三增三降"

表明山西省经济正从长期以来的高增长、高能耗、高污染、低效益的"三高

一低”粗放型增长方式向高增长、高效益、低能耗、低污染的“二高二低”集约型增长方式转变，开始步入又好又快的科学发展轨道。

2. 山西走出“四条路子”迈出了坚实步伐

走出能源基地和老工业基地的路子，走出资源型地区可持续发展路子，走出欠发达地区建设社会主义和谐社会的路子，走出内陆省份对外开放的路子——煤炭行业三大战役成效显著，煤矿数量由原来的9000多个减少为3200个左右，回采率为58%。焦炭行业加大了对土焦淘汰的力度；冶金行业改造力度步伐加快；电力行业向科学发展方向转型。

3. 山西“三个跨越”实现成功起步

努力实现从煤炭大省向新型能源和煤化工基地、老工业基地向新型能源和煤化工基地、自然人文大省向经济强省和文化强省转变。单位GDP综合能耗有所下降，水的消耗降低13.3%。2006年引资3807亿元，和谐社会发展，四大新的支柱产业得到了新的发展。

4. 山西科学发展的三大机遇

山西实现科学发展的三个机遇，“一个是国际新一轮的产业结构调整。在国内，越来越明显地出现了一个趋势，即由东南沿海地区向中西部地区梯度转移。还有一个机遇，就是中部崛起战略即将进入具体实施阶段。”还应加一个机遇，就是科学发展观已成为时代主题，为山西省全面、科学发展提供了战略保证。

5. 新技术革命促进山西科学发展的技术判据

科学上有很多判据性实验，如自由落体运动、17—20世纪关于光的波动性和粒子性争论，以判据性实验为依据等。古人讲，“工欲善其事，必先利其器。”20世纪70年代起，美国建立了三里岛核电站，苏联建立了切尔诺贝利核电站，以核能等新资源代替传统的不可再生资源，拉开了新技术革命促进人类科学发展的序幕，也成为高新技术改变人类生活的判据性技术。靠大力发展高新技术，美国、北欧五小国特别是芬兰在2003—2005年综合国际竞争力排世界第一位。

三、对策分析

对于通过民生科技解决山西的民生问题，我们需要做好以下几个方面的工作，并处理好它们之间的关系问题，只有不同要素处于和谐与融合之中，它们的功能才能做到最大化。

1. 产业结构上,科学发展要与加快高新技术产业推进的同时也要加快传统产业特别是高耗能产业退出的步伐,建设有利于科学发展的生产体系,这是山西实现科学发展的内在要求

着力抓好支柱产业的招商引资。“十一五”时期,山西省要加快运用高新技术和先进适用技术改造提升煤炭、焦炭、冶金、电力四大传统产业,我们要从提升这四大产业的国内外市场竞争力、建设资源节约型和环境友好型社会出发,扎实做好这些领域的引资工作,克服狭隘自利的思想,舍得拿出优势企业和优质资产,引进战略合作者,提升这些产业的整体发展水平和竞争实力。与此同时,围绕重点培育现代煤化工产业、装备制造业、材料工业和旅游产业这四大新的支柱产业,加大招商引资工作力度。

在煤化工领域,要推出一批化肥、甲醇及衍生物、乙炔、烯、苯、油等项目,积极招商引资。对于煤层气和焦炉煤气开发、煤焦油精深加工、煤基醇醚燃料和煤基合成油等大型煤化工建设项目,要尽力吸引国内外战略合作伙伴加入,这不仅可以解决融资问题,更重要的是能引进山西省目前十分紧缺的技术、人才和管理经验。

在装备制造业领域,要围绕整合培育和做大做强重型车及汽车零部件、矿山机械、重型机械、铁路机械、纺织机械、工程机械、精密铸锻件和铝镁合金及深加工等产业,积极开发、设计、推出一大批招商项目,争取引进国内外资金和先进工艺、设备、技术,推动山西省装备制造业上一个大台阶。

在材料工业领域,要发挥山西省新型建筑材料、钕铁硼磁性材料、耐火材料、纳米材料和高岭土材料等资源丰富、已具有一定产业基础的比较优势,开发、推出一大批招商引资项目,研究制定相应的鼓励优惠的政策措施,吸引外资进入这些领域,努力借助外资外力,加快山西省材料工业发展步伐。

在旅游业领域,要积极引进国内外投资者参与山西省旅游景区开发和旅游区基础设施、服务设施的建设,提升旅游景区和宾馆、酒楼、文化娱乐等服务设施水平,推动文化产业与旅游产业互动发展。同时要打开省门,欢迎鼓励国内外知名旅行社来晋开设分支机构,开展旅游业务。

在上述四大新支柱产业领域,既努力争取省外境外投资者与山西省国有、民营企业合资合作,也欢迎外商独资开发建设。与此同时,还要积极在电子通信、生物制药、新能源等高新技术产业和农业产业化以及农产品加工业等领域积极招商引资,务求取得较大发展。

2. 技术层次上，科学发展要与技术创新、自主创新相结合，建设科学技术支撑体系，是山西实现科学发展的技术保证

当今世界范围内竞争主要表现为技术竞争，而技术竞争越来越表现为自主创新能力的竞争。只有拥有高新技术并取得专利保护以及拥有品牌优势的单位和个人，才真正取得了竞争优势。党的十六届五中全会提出要以科学发展观统领我国经济发展的全局，其中一个最主要的原则是必须提高自主创新能力，把增强自主创新能力作为科学技术发展的战略基点和调整产业结构的中心环节。实现山西全面崛起，提高自主创新能力是关键。目前，国内拥有自主知识产权的企业仅有几千家，约占企业总数的万分之三，有99%的企业没有申请专利，60%的企业没有自己的商标。2005年，山西企业专利申请量301件，90%以上的企业专利数为零，有的企业产值数十亿元，而专利却是空白。特别是几家大型煤炭集团专利拥有量仍旧是空白。整体上山西自主创新能力弱，与山西创新意识、制度环境、知识产权保护意识、奖励机制、产业结构等因素有密切的关系。为提升山西自主创新能力，促进山西全面发展，我们必须做好观念、制度、人才、投入等方面的工作。

(1)转变观念是提高自主创新能力的先导。

思想是行动的先导，提高自主创新能力的关键是必须摒弃那些束缚自主创新能力发展的思想观念。对此，一要转变只重视资金引进，忽视核心技术掌握的思想。在招商引资工作中，不能片面强调引进外资多少、合资企业多少，而不关心是否得到了核心技术，能否在合作过程中培育自己的创新能力；否则到头来要受制于人。二要转变只注重眼前利益而忽视长远利益的思想。自主创新虽然在初期投入成本较高，但却避免了引进技术时要支付的高昂代价，也避免投产后需将绝大部分利润让给外方的痛心局面。从长远看，企业只有通过增加研发投入进行自主创新，才能真正掌握自身发展的命运。三要转变只注重跟踪仿制，而不愿自主创新的思想。跟踪仿制国外技术虽然对于技术发展自身而言风险较低，但在技术发展的道路上却始终落在别人后面，没有在根本上掌握技术发展的主动权，同时还存在着潜在的知识产权纠纷等危险。所以，只有进行自主开发，才能真正掌握技术发展的主导权，实实在在地规避各种风险，获得更大的经济效益和持续发展的后劲。四要在科技人员的思想上根除浮躁心理，树立敢于和国外研发机构竞争的信心，将自主创新的精神扎根于思想深处。五要改变国内企业在研发上只重视竞争而缺乏合作的思想。为此，要改变企业在研发上各自为政

的局面,加强企业间的技术交流与合作,集中研发力量,避免重复研究,加快研发速度,共享创新成果,增强对外竞争力。

(2)加大投入是提高自主创新能力的基础。

要提高自主创新能力就必须加大研发经费的投入。我国在研发经费总量上不断增长,但研发投入占 GDP 的比例远低于发达国家,不能满足自主创新的需要。要扭转我国在国际竞争力上的劣势,提高自主创新能力,必须加大研发经费投入。首先,政府要继续加大研发经费的投入。当研发强度不超过 1% 时,技术研发处于使用技术阶段;研发强度在 1%—2% 之间时,技术研发则处于改进技术阶段;而在研发强度超过 2% 时,技术研发处于技术创新阶段。大量的研究成果表明,我国的技术研发尚处于改进技术阶段。这说明我国科技投入体系尚未成熟,许多重大科研项目仍应由政府组织实施。这就决定了政府研发经费投入在全社会研发投入中仍将发挥主渠道作用,需要各级政府继续加大科技投入,切实强化财政科技投资,确保研发经费投入的增长。其次,要鼓励企业成为研发的主体。由于受计划经济体制的影响,我国研发资源配置处于长期不合理的状况,这一状况至今仍未得到根本性改变。政府科研院所是计划经济体制下的最大受益者,而企业则因政府研发的投入甚少,本身对研发投入缺乏兴趣,很难成为技术创新的主体。世界发达国家研发经费分配和人员配置都是以企业为主体,研发成果转化率较高,一般在 60%—70%,极大地增强了企业的竞争力。要确立我国企业成为研发活动的主体地位,就必须深化企业改革,通过制定宏观政策,鼓励企业技术创新。一方面,政府应采取优惠政策,吸引企业加大研发经费投入来提高企业研发能力。另一方面,要转变政府职能,通过制定相关的法律法规,吸引社会资金,组建各类创业投资公司;政府还可以通过建立担保机制、支持风险投资等联合手段,努力提高企业及其他研发机构的创新效率。此外,还要合理配置有限的研发经费资源。一方面,应逐步调整基础研究、应用研究和试验发展三部分研发活动的投入比例,特别要加大基础研究的投入比例;另一方面,还应通过在重点领域里的研究突破来带动我国科学技术的全面进步。

(3)人才资源是提高自主创新能力的核心。

自主创新的实现,最终要落脚于人的创新活动之中。在"十一五"期间,经济全球化进程仍将加快,世界各国的竞争态势将会更加激烈,综合国力竞争的焦点将日趋落在人才、智力资源的开发和使用上,谁拥有一流的创新人才,谁就拥有一流的发展优势。改革开放 20 多年来,我们尽管引进了大量技术先进的组装生产线，推出了大量新产品，然而，我们的技术能力尤其是核心技术能力却没有得到同步的提升。这一方面与引进技术后对技术的吸收消化努力有关；另一方面则是由于多年来我们对自己的人才培养和知识积累重视不够。要以自主创新推进我国的可持续发展，就必须认真解决人力资源的开发与使用问题。首先，要树立“以人为本”的人才观念。人才是具有高增值性和唯一具有能动性的资源，人才是创新之本。要提高自主创新能力，就要想方设法发现人才、培养人才、吸引人才和稳定人才，让人才的创造性得到最大限度的发挥。为此，要解决科技人才的后顾之忧，为他们充分发挥才能创造宽松的条件。其次，要培养一大批具有创新精神和能力的人才。要大力提倡创新教育，培养具有创新精神、能灵活驾驭知识和具备较强社会适应能力的有理想、有责任感、善于与他人合作、对科学和真理有执著追求的、具有终生学习能力、掌握基本生存技能和现代交往工具的、能进行国际交往的新型人才。再次，必须高度重视人才规划工作。根据国家科技发展规划，要按地区、行业编制人才战略规划，用以指导高等教育、职业教育和人才市场。根据我国宏观经济结构调整和产业结构优化升级的具体计划，要制定科技人才回国特别行动计划，重视优先从内部选拔人才，以避免从源头流失，同时做好重点人才的引进工作。最后，努力营造平等开放、宽容失败的创新文化氛围。

(4)体制创新是提高自主创新能力的保障。

我国是发展中国家，体制的创新应该为技术进步和自主创新搭建制度平台，成为提高自主创新能力的有力保障。由于体制创新的艰巨性不亚于技术创新，因此，作为国家战略的“提高自主创新能力”不仅仅是科技界的事。为了把自主创新战略落到实处，首先，要对国家的相关政策进行整合，即对国家的科技政策、教育政策、投资政策、进出口政策、政府采购政策、区域发展政策等各方面进行协调。特别是在一些领域的技术研发涉及多领域、多学科的情况下，更需要政府牵头，将分散于企业、高校、科研单位的人才有效组织起来，在人才优势互补的基础上协同攻关，寻求关键技术领域的突破。其次，要努力营造有利于科技人才发展的环境。一是调整国家投资政策，加大对教育和科研的投资力度，使之与经济和社会发展相协调。二是完善聚集人才和保护知识产权的法律体系，促进人才合理流动，有效保护知识产权和合理竞争。三是深化人事管理制度和分配制度改革，努力营造有利于发挥科技人员创造性的环境。

(5)强化企事业单位知识产权保护意识是提高自主创新能力的基础。

当今世界范围内竞争主要表现为技术竞争，而技术竞争越来越表现为知识产权的竞争。只有拥有高新技术并取得专利保护以及拥有品牌优势的单位和个人,才真正取得了竞争优势,因此,企业应把自主知识产权作为自己的生存之本。我们的许多企业,尤其是国有大中型企业对此尚无清醒的认识。造成此种状况的原因固然很多,但最重要的还是认识问题,不了解知识产权保护法律制度的地位和作用。针对这个问题,山西应该把知识产权保护知识普及置于先导地位,广泛深入地宣传保护知识产权方面的方针政策和法律法规,增强全社会的知识产权保护意识。

(6)发展和完善知识产权服务体系是提高自主创新能力的社会条件。

首先要动员鼓励社会各界努力兴办为知识产权保护提供服务的各种不同形式的知识产权服务机构,如技术作价和评估中心、著作权使用报酬收转中心、知识产权律师事务所等服务机构。其次要鼓励现有的专利事务所、商标事务所等机构,根据需要与可能,尽力扩展业务范围或增设网点,更好地为保护知识产权提供多方面的服务。再次,山西省应该对有条件的大中型企业,可以建立固定的知识产权保护部门,对其专门负责人员给予定期培训。对于无条件的和人员、经费不足的小企业,可以建立统一的知识产权中心或者信息中心,由专人负责,定期、主动地向各企业提供信息和咨询服务。这样不仅可以节约开支,提高效率,各小企业在该中心还可互相了解,交流情况。最后,山西应充分借鉴周边省市的一些好的做法,尤其注意对自主知识产权较集中且较易发生侵权的山西省的一些产业,如电子、玩具、服装、鞋帽等行业,指导其成立行业协会,以防止同行业侵犯他人知识产权,维护公平竞争的市场秩序。通过建立健全市场中介机构和行业组织,积极支持、鼓励行业协会和社会中介组织开展工作,充分发挥他们在服务社会、服务产业的重要作用,逐步形成政府监督管理、社团自我维权、企业依法经营的良性互动关系。

3. 发展方式上科学发展要与转变经济发展方式相结合,建立循环经济发展体系,从纵向上实现封闭生产,从横向上实现资源共享这是山西实现科学发展的内在机制

就当前来说,科学发展要与转变经济发展方式相结合,其中一个重要方面就是加快转变经济发展方式。经济发展方式,通俗地讲,就是依赖什么要素,借助什么手段,通过什么途径,来实现经济发展的问题。过去,我们一般讲转变“经济增长方式”,胡锦涛总书记在“6·25”重要讲话中提出了转变“经济发展方式”的任务,强调转变经济发展方式“是在探索和把握我国经济发展规律的基础上提出的重要方针,也是从当前我国经济发展的实际出发提出的重大战略”,具体措施要建立循环经济发展体系,从纵向上实现封闭生产,从横向上实现资源共享这是山西实现科学发展的内在机制。杜邦化学公司在 1994 年采用了“减量化”、“再使用”、“再循环”的 3R 制造法,比 20 世纪 80 年代生产造成的塑料废弃物和大气污染物少了 25% 和 70%。

4. 制度创新上科学发展要与各项制度、法律法规、各种考核体系的创新相结合,是山西科学发展的重要保证

全国人大制定了《中华人民共和国循环经济法》,修改了《中华人民共和国水污染防治法》,修订了《中华人民共和国节能法》。以循环经济为例,德国的循环经济是通过优先在废物管理领域制定《物质闭路循环与废物管理法》而展开的,并且在建立生产者责任延伸制度和消费者负担原则的基础上加以实施。完善资源产权与定价制度。资源低价使降低物耗和采用再生资源缺少必要的经济激励。制定和完善《建筑法》、《节约能源法》、《建筑节能法》等。“三同时”制度是指一切新建、改建和扩建的基本建设项目(包括小型建设项目)、技术改造项目、自然开发项目,以及可能对环境造成损害的其他工程项目,其中防治污染和其他公害的设施和其他环境保护设施,必须与主体工程同时设计、同时施工、同时投产。一般简称为“三同时”制度。

政府节能走合同能源管理路子:零投入、零风险,以节能效益支付节能项目成本的投资方式,即合同能源管理。如一个建筑改造前用电量为 5000 元,能源服务公司免费为其改造,改造后月用电量为 2000 元,节约下来的 3000 元由能源服务公司和建筑所有者分成。双方合同期限满后,高效能的设备和节能效益归建筑者所有。目前,教学、办公、住宅等节能空间非常大,需要靠节能采购来解决问题。目前存在“轻节重价”的倾向,为此我们应补贴生产者或消费者,让节能产品有竞争力。一方面提高市场准入门槛,拒绝高耗能、重污染产品进入市场;另一方面降低门槛,使节能产品具有竞争力。

对污染企业实施“断奶”政策。据统计,2007 年上半年,国内工业增加值增长 18.5%,六大高耗能行业增加值更是增长 20.1%。2007 年第一季度数据表明,工、农、中、建、交五家大型银行向高耗能、高污染行业发放的贷款额度高达 13326.39 亿元,占其全部贷款余额的 11%。7 月底,环保总局向央行和银监会通报了一份“黑名单”,30 家环境违法企业在列,而全国的金融机构将不得对这批污染企业新增任何形式的授信支持。时隔 4 个月后,12 家重污染企业被银行

"断奶"。根据现行法律,环保部门对污染企业最高罚款只有10万元,使企业违法成本大大低于减排成本。在此背景下,动用经济杠杆,逼迫高能耗高污染的"双高"企业节能减排就显得十分必要,而"绿色信贷"的实施有望加重环保部门治污"权杖"。

传统的国民经济核算体系主要使用国内生产总值(GDP)统计方法。GDP作为一项一国的经济水平与经济实力的综合指标具有重要作用。由于传统GDP不能准确反映一个国家财富的变化,不能反映某些重要的非市场经济活动,不能全面反映人的福利状况,特别是不能反映经济发展给生态环境造成的负面影响,因此,国内外学者对如何衡量经济发展、社会进步和生态环境保护,开展了有关研究。举其要者,包括绿色GDP(EDP,绿色国内生产总值)、人文发展指数(HDI)、生态需求指标(ERI)、经济福利指标、真实进步指标(GPI)、主观幸福指标(SWB)、国内发展指数(MDP)等,绿色GDP受到特别的关注。绿色国内生产总值(EDP)等于国内生产总值减去产品资本折旧、自然资源损耗和环境资源损耗(环境污染损失)之值。建立循环经济要求改革现行的经济核算体系,从企业到国家探索一套绿色经济核算制度,包括企业绿色会计制度、政府和企业绿色审计制度、绿色国民经济核算体系等,与传统核算体系并行,或者以此为主,以达到结合环境因素和消耗量全面、客观地评价经济状况。环境保护纳入领导干部政绩考核,对不重视环保的领导干部进行环保"一票否决",有利于形成正确的政绩观,有利于科学发展观的贯彻执行。2006年焦煤成本价150元/吨,市场价600元/吨,但这里的成本价没有考虑采煤带来的生态问题、环境问题、社会问题,只有通过绿色GDP,才能建立山西可持续发展的长效机制。

5. 消费模式上科学发展要与环保、节能、高科技消费相结合,走一条科学消费之路,是实现山西科学发展的群众基础

著名的广义进化论学者欧文·拉兹洛说过,"我们共同的未来,大部分取决于今天所选择的生活方式和消费方式"。通过生活和消费方式对产品和服务重新理解,发展引导和实现科学的生活方式和消费方式的科学技术。从消费组成上看可分为企业消费、政府购买、个人消费,从消费的产品上看分为生产消费和生活消费。我们需要通过各种途径改变人们的消费观念。古人说得很好:"历览前贤国与家,成由勤俭败由奢。"在自上而下的考核体系建立的同时,要加大公众的科学发展意识,形成自下而上"环保、节能、科学消费"的模式。"据统计,我国平均每个家庭每年的二氧化碳排放量为27吨,以全国3.5亿个家庭计算,

一年的排放量达10亿吨，而目前全国的二氧化碳的排放量为50亿吨，家庭占20%。”

总之，山西要实现科学发展，大力发展新技术产业是它发展的突破口，重点发展新材料技术、新能源技术、节能技术、环保技术、信息技术、生物医药技术等，重点培育现代煤化工产业、装备制造业、材料工业和旅游产业这四大新的支柱产业。利用新技术，构想新思路、培育新产业、提升创新力、构建新环境、创造新山西。通过“一新”提升“五新”，实现山西三大跨越：通过新技术这把利箭，解决山西发展中的能耗、环保、科技等问题，促进山西科学发展。相信，不久的将来会出现一个经济发达、人民富裕、山川秀美的“新山西”！

参考文献

1. 苗东升:《系统科学精要》,中国人民大学出版社 1999 年版。

2. 牛芳、苏玉娟:《对促进我国科技与经济紧密结合的思考》,《理论探索》2003 年第 1 期。

3. 冯之浚:《知识经济与中国发展》,中共中央党校出版社 2000 年版。

4. 苏玉娟、董华:《企业技术创新的内源动力和外源支持》,《山西财经大学学报》2001 年第 S_2 期。

5. 王玉仓:《科学技术史》,中国人民大学出版社 2004 年版。

6. 王鸿生:《中国科技小史》,中国人民大学出版社 2004 年版。

7. 王鸿生:《中国历史中的技术与科学》,中国人民大学出版社 1997 年版。

8. 林坚:《二十世纪中国留学生与科技发展》,《山西师大学报》2004 年第 2 期。

9. 赵冬、邢润川:《清末民初中国留日学生的科技活动及其影响》,《科学技术与辩证法》2003 年第 5 期。

10. 韩建民:《晚清科学传播的几种模式》,《上海交通大学学报》2003 年第 5 期。

11. 阿尔文·托夫勒:《第三次浪潮》,新华出版社 1996 年版。

12. 童天湘:《高科技的社会意义》,社会科学文献出版社 1998 年版。

13. 杨小波:《走有中国特色的可持续发展道路》,《科学对社会的影响》2000 年第 2 期。

14. 吴永忠:《论技术创新的不确定性》,《自然辩证法研究》2002 年第 6 期。

15. 王克敏:《经济伦理与可持续发展》,社会科学文献出版社 2000 年版。

16. 孙海鹰、冯波:《加强科技政策引导推动我国公共安全科技发展》,《科学学与科学技术管理》2005 年第 9 期。

17. 魏屹东:《科学活动中的利益冲突及其控制》,《中国软科学》2006 年第 1 期。

18. 周卓儒、王谦、韩才义:《公共管理部门的目标管理现状及对策研究》,《西南交通大学学报》2003 年第 7 期。

19. 周祖城:《企业社会责任:视角、形式与内涵》,《理论学刊》2005 年第 2 期。

20. 吕玉玲:《从"三鹿奶粉"看企业社会责任承担》,《企业研究》2008 年第 10 期。

21. 林雄弟:《公共安全问题的发展趋势和应对策略》,《铁道警官高等专科学校学报》2008 年第 1 期。

22. 种焰:《论社会转型与公共安全》,《政法学刊》2002 年第 1 期。

23. 马克思:《资本论》第 1 卷,人民出版社 1975 年版。

24. 江涌:《中央政府机构中的部门利益问题值得警惕》,《廉政瞭望》2007 年第 3 期。

25. 马得勇:《信任的起源与信任的变迁》,《开放时代》2008 年第 4 期。

26.《"三鹿奶粉"事件与食品安全》,《中国人大》2008 年第 19 期。

27. 唐泽瀛:《我国食品安全所面临的问题和对策》,《金卡工程》2008 年第 9 期。

28. 马晓玲:《试论"顾客让渡价值"对我国政府公共管理的启示》,《天府新论》2007 年第 12 期。

29. 苗婧:《浅谈政府公共危机管理》,《中国财经信息资料》2008 年第 18 期。

30. 何平、米佳、尹伟巍:《中国公共安全科技问题分析与发展战略规划研究》,《中国工程科学》2007 年第 4 期。

31. 吕乃基:《科技革命与中国社会转型》,中国社会科学出版社 2004 年版。

32. 童鹰:《现代科学技术史》,武汉大学出版社 2000 年版。

33. 刘立:《改革开放以来中国科技政策的四个里程碑》,《中国科技论坛》2008 年第 10 期。

34. 周元、王海燕:《中国应加强发展民生科技》,《中国科技论坛》2008 年第 1 期。

35. 白金和编:《中华人民共和国经济大事辑要(1978—2001)》,中国计划出版社 2002 年版。

36. 方新、柳卸林:《我国科技体制的改革与展望》,《求是》2004 年第 5 期。

37. 中发[1985]6 号:《中共中央关于科技体制改革的决定》,1985 年 3 月 23 日。

38. 国发[1987]6 号:《国务院关于进一步推进科技体制改革的若干规定》,1987 年 1 月 20 日。

39.《中共中央国务院关于加速科学技术进步的决定》,1995 年 5 月 6 日。

40.《中共中央国务院关于加强技术创新发展高科技实现产业化的决定》,1999 年 8 月 20 日。

41. 张虎林:《我国科技体制改革进展》,《医学研究通讯》2002 年第 1 期。

42. 李会平:《共和国 7 个科技规划回放》,《创新科技》2006 年第 3 期。

43. 马惠娣:《科学技术宏观管理的"规划模式"——对中国第一个科学技术发展规划的评析》,《自然辩证法通讯》1995 年第 4 期。

44. 丹·米都斯等:《增长的极限》,吉林人民出版社 1997 年版。

45. 孙家驹:《人、自然、社会关系的世纪性思考》,《北京大学学报》2005 年第 1 期。

46. 张守一、葛新权等:《微观知识经济与管理》,社会科学文献出版社 2003 年版。

47. 陈昌胜:《知识经济专家谈》,经济科学出版社 1998 年版。

48. 张宏科、孟金全编:《信息高速度公路》,电子工业出版社 1996 年版。

49. 刘敏、雷有毅:《知识经济与山西产业结构优化》,《太原师范专科学校学报》2001 年第 4 期。

50. 李连济、孙晓勇:《知识经济与山西发展》,《能源基地建设》1999 年第 5 期。

51. 梁志祥:《知识经济与山西的发展对策》,《前进》1999 年第 7 期。

52. 胡忠贵:《知识经济:山西的机遇和应对策略》,《生产力研究》1999 年第 6 期。

53. 陶承德:《知识经济干部读本》,九州图书出版社 2004 年版。

54. 陈志良:《高科技与知识经济》,科学普及出版社 1999 年版。

55. 路甬祥主编:《可持续发展论》,中国环境科学出版社 1997 年版。

56. 王鸿生:《公民高科技读本》,中国人民大学出版社 1997 年版。

57. 李元庆:《三晋古文化源流》,山西古籍出版社 1997 年版。

58. 全国干部培训教材编审指导委员会组织编写:《从文明起源到现代化》,人民出版社 2002 年版。

59. 国外百科辞书条目选译:《文明和文化》,求实出版社 1982 年版。

60. 温泽先主编:《山西科技史》,山西科学技术出版社 2002 年版。

61. 孙健:《中国经济通史》,中国人民大学出版社 2000 年版。

62. 《2003 年中国区域经济发展报告》,上海财经大学出版社 2003 年版。

63. 刘树信等主编:《山西省情与走进新世纪发展战略》,中国城市出版社 2002 年版。

64. 中国科学院可持续发展战略研究组:《2005 年中国可持续发展战略报告》,科学出版社 2005 年版。

65. 石兰亚:《山西高新技术产业的发展现状及对策研究》,《晋阳学刊》2003 年第 5 期。

66. 苏玉娟:《从系统论看科技成果转化》,《系统辩证学学报》2002 年第 3 期。

67. 牛芳、苏玉娟:《技术创新与可持续发展对接的对策研究》,《山西广播电视大学学报》2003 年第 2 期。

68. 牛芳、苏玉娟:《科技成果转化与组织结构互动关系探析》,《科技情报开发与经济》2003 年第 6 期。

69. 苏玉娟:《从技术史看山西在华夏文明中的地位和作用》,《科学之友》2005 年第 1 期。

70. 苏玉娟:《我国科技与经济互动关系研究》,《淮海工学院学报》2005 年第 3 期。

71. 张晓强主编:《2005 年中国高技术产业发展年鉴》,北京理工大学出版社 2005 年版。

72. 国家统计局等编:《2005 年中国高技术产业统计年鉴》,中国统计出版社 2005 年版。

73. 山西省史志研究院编:《当代山西重要会议》,中央文献出版社 2002 年版。

74. 《1985—2006 年山西经济年鉴》,中国年鉴出版社 1985 年版。

75. 涂元季:《从科学与政治结合的高度理解“三个代表”重要思想——记钱

学森同志学习“三个代表”重要思想》,《人民日报》2002 年 6 月 24 日。

76. 郭贵春:《论语境》,《哲学研究》1997 年第 4 期。

77. 魏屹东:《论科学的社会语境》,《科学学研究》2000 年第 4 期。

78. 苏玉娟:《从价值观选择下科技与社会和谐发展模式研究》,《经济问题》2008 年第 6 期。

79. 张景荣:《论历时性矛盾》,《中国人民大学学报》1991 年第 6 期。

80. 童天湘:《高科技的社会意义》,社会科学文献出版社 1998 年版。

81. 崔文杰:《高新技术产业发展与风险投资》,《财经问题研究》2004 年第 3 期。

82. 刘元力:《山西科技百年回眸(下)》,《山西科技》2001 年第 6 期。

83.《山西:修订政绩考核意见》,《环保、收入最重要领导文萃》2008 年第 1 期。

84. J. D. 贝尔纳:《科学的社会功能》,商务印书馆 1982 年版。

85. H. A. 洛莫夫:《科学技术进步与军事上的革命》,中国人民解放军战士出版社 1982 年版。

86. 恩格斯:《自然辩证法》,人民出版社 1984 年版。

87. 科恩:《科学中的革命》,商务印书馆 1999 年版。

88. 余光胜:《企业发展的知识分析》,上海财经大学出版社 2000 年版。

89. 迈克尔 · 德图佐斯:《未来会如何》,周昌忠译,上海译文出版社 1999 年版。

90. 胡善德:《网络政治视野中的民主建设》,www,studa,net。

91.《中西方价值观差异的对比分析》,www. bijiaolunwen。

92. 陈柳钦:《解决民生问题,构建和谐社会》,http://www. globrand. com/2009/181921. shtml。

93.《现代科学技术发展的特点》,http://blog. sina. com. cn。

94.《分析中国制造业发展现状及其对策》,中华机械网。

95. 梁向东、刘建江:《建立和完善信誉机制,促进高技术产业集群发展》,《光明日报》2008 年 7 月 13 日。

96. 郝晓辉:《中西部地区可持续发展研究》,经济管理出版社 2000 年版。

97. 安虎森:《空间接近与不确定性的降低——经济活动聚集与分散的一种解释(1)》,《南开经济研究》2001 年第 3 期。

98. 袁莉:《聚集效应与西部竞争优势的培育》,经济管理出版社 2002 年版。

99. 叶国标、黄威、张学全:《中关村“对话”张江园　未来谁是中国硅谷》,新华网 2002 年 3 月 11 日。

100. 蔡宁、杨闩柱:《企业集群竞争优势的演进:从“聚集经济”到“创新网络”》,《科研管理》2004 年第 4 期。

101. 谢作渺、赵西亮:《产业聚集与区域经济发展》,《经济师》2004 年第 7 期。

102. 周洁:《空间聚集的经济后果》,《商业研究》2003 年第 7 期。

103. 寥逊:《聚集经济效应》,《中国经济信息》1994 年第 8 期。

104. 祈金立:《城市化聚集效应和辐射效应分析》,《暨南学报(哲学社会科学)》2003 年第 5 期。

105. 张向前:《中国大陆地区人力资源与区域经济发展模型研究》,《贵州财经学院学报》2002 年第 5 期。

106. 李忠民:《人力资本——一个理论框架及其对中国一些问题的解释》,经济科学出版社 1999 年版。

107. 周振华、韩双君:《流量经济及其理论体系》,《上海经济研究》2002 年第 1 期。

108. Association of Academic Health Center. “Conflicts of Interest in Academic Health Centers”, *A Report by the AHC Task Force on Science Policy*, Washington, D. C, 1990.

109. Center for Risk Research, “Stockholm School of Economics, Attitudes Toward technology and Risk: Going beyond what is immediately given”, *Policy Sciences*, 35, 2002.

110. Gary E. Marchant & Douglas J. Sylvester &Kenneth W. Abbott, “Risk Management Principles for Anotechnology”, *Nanoethics*, (2008) 2.

111. Public Health Service, “U. S. Department of Health and Human Services”, *PHS Grant Policy Statement*. 1990, Section 8. Rockville, Maryland. 17.

后　　记

长期以来，我有一个愿望，就是希望从科技与社会的角度研究两者之间的融合问题。因为21世纪科技与社会之间的融合越来越明显，而更多的著作是研究科技史、科技与社会发展规律、科学哲学，而具体研究科技与社会两者之间融合的模式相对要少些。2008年的一次会议，我首次接触到民生科技，使我隐约感觉到研究二者微观机制的时候到了。

在魏屹东教授的辛勤指导下，我们俩合作的《民生科技解决民生问题的维度研究》一文为本书打下了理论框架。魏教授常用的广义语境方法、概念分析方法也深入地影响了我，在本书中都有体现。在此，我特别感谢魏教授对我的帮助和指导，这将使我终身受益。

本书在写作过程中，还得到领导和同事的关心和帮助，特别是2009年7月中共山西省委党校进行的一次案例教学培训，使我领悟到三圈理论分析问题的直观性与便捷性，在此也表示感谢！感谢人民出版社洪琼博士对本书出版所给予的大力支持！

民生科技解决民生问题作为一个重要的课题，对于解决目前我们所面临的现实问题具有重要的现实意义。而民生科技解决民生问题的维度分析又反映出不同时代民生科技解决民生问题的共性问题，因此又具有重要的理论意义。民生科技概念的创新对于融合军用科技和民用科技也具有重要的意义，反映了当代科学技术发展的规律。目前民生科技发展主要集中于三个领域，即传统民生科技、高技术和公共科技。通过对民生科技解决民生问题的研究，使我充分认识到科技、社会与历史多维度的关系，并促使我采用系统方法、广义语境分析方法和三圈理论、案例方法等进行分析。

在本书的写作过程中，苏玉娟撰写了绪论、第一、二、三、四、六、七、十一、十二章的内容，郭智渊撰写了第五、八、九、十章的内容。

由于时间紧迫，涉及的理论问题难度大，加上能力有限，书中不足之处请专家、读者批评指正，以便以后修订改正。学海无涯，我深知我们只是天资愚钝的平凡探索者，需要在不断的探索中完善自己，回报社会、亲人和朋友！

苏玉娟

2009 年 10 月

责任编辑:洪　琼

图书在版编目(CIP)数据

民生科技研究——解决民生问题的新视野/苏玉娟　郭智渊 著.
-北京:人民出版社,2010.3
ISBN 978-7-01-008817-4

Ⅰ.民…　Ⅱ.①苏…②郭…　Ⅲ.科学技术-技术发展-研究-中国　Ⅳ.G322

中国版本图书馆 CIP 数据核字(2010)第 055373 号

民生科技研究

MINSHENG KEJI YANJIU

——解决民生问题的新视野

苏玉娟　郭智渊　著

人民出版社 出版发行

(100706　北京朝阳门内大街 166 号)

北京龙之冉印务有限公司印刷　新华书店经销

2010 年 3 月第 1 版　2010 年 3 月北京第 1 次印刷

开本:710 毫米×1000 毫米 1/16　　印张:22.5

字数:400 千字　印数:0,001-3,000 册

ISBN 978-7-01-008817-4　　定价:52.00 元

邮购地址 100706　北京朝阳门内大街 166 号

人民东方图书销售中心　电话 (010)65250042　65289539